现代物理学导论

李宏荣 编著

科学出版社
北京

内 容 简 介

全书共十章. 第 1 章是对经典物理学体系基本完整的概述,可作为普通大学物理最基本的学习内容;第 2 章是原子与电子,从经典物理到现代物理的过渡;第 3 章是相对论和电磁场部分,包括了狭义相对论、广义相对论和宇宙论以及电磁波和电磁场;第 4~9 章是量子力学及由其衍生发展的量子信息、量子光学、热力学与统计物理和凝聚态物理;第 10 章是现代物理学的发展. 本书重点突出物理理论的逻辑体系和思想性,内容编写尽可能提供了必需的量化公式,但除第 1 章以外,其他章节内容的学习对量化计算不作要求,读者可以选择开展与各章内容所对应的课题研究.

本书是为非物理学专业的理工科学生系统学习现代物理学体系编写的,由于内容以现代物理学的理论和逻辑体系为主,可作为试点改革的教学教材,以替代普通大学物理教材. 由于首次尝试将从经典物理到量子信息等物理学前沿发展放在一起,本书也适合物理学专业的学生和对此感兴趣的读者,可作为学习现代物理学整体轮廓的参考书.

图书在版编目(CIP)数据

现代物理学导论 / 李宏荣编著. -- 北京:科学出版社, 2025. 1.
ISBN 978-7-03-079678-3

Ⅰ. O4

中国国家版本馆 CIP 数据核字第 2024XC8967 号

责任编辑:罗 吉 龙嫚嫚 崔慧娴 / 责任校对:杨聪敏
责任印制:吴兆东 / 封面设计:有道文化

科 学 出 版 社 出版
北京东黄城根北街 16 号
邮政编码:100717
http://www.sciencep.com

北京富资园科技发展有限公司印刷
科学出版社发行 各地新华书店经销

*

2025 年 1 月第 一 版　开本:720×1 000　1/16
2025 年 6 月第二次印刷　印张:20 1/2
字数:413 000

定价:**69.00 元**
(如有印装质量问题,我社负责调换)

序　言

物理学是几乎所有技术科学的基础，这是不争的事实. 培养高素质专业人才，无论如何强调物理学基础的重要作用都不过分. 培养具有创新思维和创新能力的人才，不仅需要使其物理学基础扎实，还应在教学中充分融入物理学的前沿发展，从物质世界的新规律、新现象和新概念中获取灵感，使学生具备开拓新技术的视野、突破科技瓶颈的新方法和思路，以及破解科技难题的勇气和决心.

大学物理是高等学校理工科专业的必修课程. 尽管不同高校和专业对课程的学时要求不同，但大多课程内容主要基于 100 多年前创立的知识体系，主要涵盖力学、热学、光学、电磁学和部分近代物理的内容，学生几乎接触不到完整的量子力学理论架构，尤其是近 100 年以来由相对论和量子力学衍生的新知识体系. 虽然传统的大学物理课程的内容足以使学生具备扎实的物理学基础并强化应用训练，但面向当前国家和社会的快速发展，新技术的孕育和探索已不仅仅依赖于传统通用技术，而是紧密关联于相对论和量子力学的新发展. 例如，量子光学在精密测量和传感中的应用，量子相变在新型功能材料和超导材料中的应用，以及量子力学在量子信息和计算中的应用.

多数非物理专业的理工科学生在本科阶段若未接触到这些新知识体系，以后可能很难有足够的时间系统学习这些新的知识和发展，更可能出现对未来催生新技术的某些物理学前沿细节"闻所未闻"的情况. 因此，大学理工科学生的物理学基础课程亟须改革.

改革可以从部分有较高需求的专业和学生入手. 人工智能专业是当前引领新技术革命的突出专业之一，由于人工智能学科高度综合且需要不断创新，人工智能专业人才的发展也必须以物理学为基础. 尽管不需要有大量传统物理知识的量化训练，但必须要有开阔的物理学眼界和不断寻求发展的洞察力. 换句话说，对必需的物理基础，要知道得多、了解得深，并掌握物理学的思维能力和探索未知领域的思想方法. 十年前，我和我的团队便开始思考和布局人工智能本科专业人才培养的改革，取得了一些重要进展，特别是近年来对物理基础课程体系的改革，重点强调现代物理学知识体系的核心及与人工智能知识架构的融合. 另外，教育部早在 2007 年就开始全面推进本科拔尖创新人才的培养，许多高校和专业都设立了拔尖学生培养专项班. 然而，迄今为止，多数的非物理理工科拔尖班的物理课程仍采用与大部分理工科学生相同的大学物理课程内容，鉴于此，我极力倡导要进行改革.

在我的建议下，李宏荣教授编著了《现代物理学导论》，正是为非物理理工科拔尖班量身定制的物理学教材，可以替代传统的大学物理教材并进行课程教学改革. 当然，适用对象并不局限于这些专业班级的学生. 《现代物理学导论》在保留经典和近代物理学体系架构的基础上，充分压缩了内容细节，同时系统讲授了相对论和量子力学完整的理论基础，并在此基础上介绍了量子信息和计算、量子光学和凝聚态物理的知识体系及其前沿发展，使学生在学习后，对量子纠缠、量子比特、玻色-爱因斯坦凝聚、超导等物理学前沿概念不再陌生.

该教材根据理论体系构建、思想方法形成及读者学习的需求，列出了几乎所有基本的量化过程和公式，但并不强调量化训练. 这样的设计既保证了学生可以系统学习现代物理学知识体系和思想方法，又可以使学生按照需要进一步深入学习，或者加强量化训练和应用. 这一改革不仅有助于培养学生的创新思维和能力，还能为他们在未来新技术领域的探索提供坚实的理论基础和广阔的视野.

郑南宁
中国工程院院士
西安交通大学前校长

前　言

我国已进入中国式现代化发展阶段，中国式现代化要以科技现代化作为支撑，实现高质量发展要靠科技创新培育新动能．党的二十大报告深刻提出，教育、科技、人才是全面建设社会主义现代化国家的基础性、战略性支撑．必须坚持科技是第一生产力、人才是第一资源、创新是第一动力．作为第一资源的人才发展战略，具备高科技创新的创新拔尖人才培养，应该是高等教育的首要任务之一．由于物理学是所有高等学校理工科学生必修的自然基础课程，因此，筑牢物理学基础，引导学生从物理学发展前沿出发，准确面向新的科技革命和新工业的使命，是发挥好基础学科在创新拔尖人才培养中基础作用的关键．

教育部早在 2009 年就启动了拔尖学生培养计划，许多高等学校实施了各具特色的拔尖学生培养计划，并且成效已经凸显．但截至目前，还没有针对非物理理工科拔尖学生使用的基础物理学教材．西安交通大学前校长郑南宁院士率先启动了针对人工智能专业的培养方案改革，提出物理课程教学必须要重点强化现代物理学的前沿发展．受郑院士改革思想的启发，本书就是为普通高等学校非物理理工科拔尖学生基础物理课程教学而编写的，可以替代普通的大学物理课程教材．

本书的编写具备以下几个主要特点：第一，教材的主要内容围绕相对论和量子力学及以其为基础发展起来的现代物理学体系，将通用大学物理课程所讲授的普通物理内容在保留体系构架和主要思想方法的基础上大幅度压缩，但能够保证基础的扎实性；第二，教材内容以物理学主体理论框架、思想方法为主，围绕物理学理论发展逻辑列出了几乎所有必需的量化公式，但对内容学习定量计算的要求和训练可根据需求而定；第三，教材针对现代物理学发展部分的内容，更加适于研究性学习参考使用，可适当增加文献调研和论文研讨配套学习．

第 1 章为经典物理概述，浓缩了普通物理力学、热学、电磁学（含波动光学）的主要知识体系和方法，是学习后面内容的基础；第 2 章为原子结构探索和半经典量子论，是从经典物理向现代物理的过渡；第 3 章为相对论与电磁场，基本完整地呈现了狭义相对论、广义相对论和电磁场的基本内容；第 4、5 章分别为量子力学的波动理论和形式理论，能够为非物理专业学生提供基本完善的量子力学基础体系，也是继续学习后面内容的基础；第 6 章围绕量子信息的基础、量子计算和量子通信的主要发展展开，可为学生打开量子信息和量子计算前沿发展的大门；第 7 章的量子光学可以作为量子力学理论的一个主要应用，同时也是量子信息和计算实现的物理平台基础；第 8、9 章尽可能为本科生呈现一个基本完善的凝聚态物理学基础和前沿发展；第 10 章介绍了部分聚焦程度高且能够指向工科新技术发展基础的现代物理学发展前沿. 粒子物理学是现代物理学的主体部分之一，但由于系统学习其思想方法体系需要以量子场论为基础，这对非物理专业学生来说学习难度较大，所以本书没有将粒子物理学列入其中. 另外，本书仅为近代物理的内容配了少量的例题，而从相对论的内容开始没有提供例题，全书也没有习题. 建议在教学和学习中，可根据需求增加用于训练的例题或者阅读文献.

本书在编写过程中得到了很多非常有价值的帮助. 其中，西安交通大学物理学院的蒋臣威副教授为本书编写了所有的科学家小传，冯俊教授协助编写了宇宙学简介部分，刘瑞丰副教授、刘博教授、张磊教授及同济大学的许静平教授和江苏大学的陈元平教授分别协助撰写了第 10 章 10.1 节、10.3～10.6 节的内容，刘萍教授为第 1 章部分内容提供了配图，渭南师范学院的张修兴教授为第 7 章部分内容提供了配图，博士生余轲辉、韩宇祥、梁一博在量子信息和量子光学等内容编写过程中提供了一些帮助，绘图工作由李普选老师协助完成. 另外，本书的出版得到了西安交通大学钱学森学院的支持. 在此一并感谢！

本书的编写是一种新的尝试性改革，由于作者的水平所限，还有需要进一步完善和值得商榷的地方，敬请读者批评指正.

编　者

2024 年 6 月

目 录

序言

前言

绪论 ··· 1

第 1 章 经典物理概述 ·· 4

  1.1 机械运动的基本规律 ·· 4

    1.1.1 测量与运动的量化 ··· 4

    1.1.2 机械运动的分类及其描述方法 ··· 6

    1.1.3 惯性定律及牛顿三定律 ·· 13

    1.1.4 角动量定理及刚体转动规律 ·· 17

    1.1.5 谐振动及其叠加 ·· 22

    1.1.6 简谐波及其相干叠加 ··· 26

    1.1.7 理想流体的压强与伯努利方程 ··· 32

    1.1.8 分析力学基础 ··· 36

  1.2 热物理概述 ·· 43

    1.2.1 热力学系统及其基本描述 ··· 43

    1.2.2 温度与热力学第零定律 ·· 44

    1.2.3 热机与热力学第一定律 ·· 45

    1.2.4 做功、传热和系统的内能 ··· 47

    1.2.5 热机效率极限与熵 ·· 49

    1.2.6 制冷与热力学第三定律 ·· 51

    1.2.7 麦克斯韦分布和玻尔兹曼分布 ··· 54

    1.2.8 熵的微观统计意义 ·· 58

    1.2.9 信息熵简介 ·· 62

  1.3 电磁运动规律 ··· 63

  1.3.1 电荷与电场 ·· 63
  1.3.2 稳恒电流的磁场 ·· 68
  1.3.3 静电场和稳恒磁场的散度和旋度 ·· 73
  1.3.4 介质的极化和磁化 ·· 76
  1.3.5 法拉第电磁感应定律　电磁场的互相转化 ···························· 80
  1.3.6 光的干涉与测量 ·· 84
  1.3.7 光的偏振性 ··· 90

第 2 章　原子与电子
2.1　原子及其结构的探索
  2.1.1 原子论的确立 ·· 92
  2.1.2 电子的发现与原子结构的探索 ·· 93
2.2　原子理论模型的早期发展
  2.2.1 黑体辐射与普朗克的能量量子 ·· 95
  2.2.2 光电效应和爱因斯坦的光量子假说 ···································· 98
  2.2.3 原子的谱线及玻尔的定态原子理论 ···································· 99
2.3　电子自旋及其简单应用
  2.3.1 电子自旋 ··· 103
  2.3.2 元素周期表的量子解释 ··· 105
  2.3.3 塞曼效应 ··· 106
2.4　激光 ·· 107

第 3 章　相对论与电磁场
3.1　狭义相对论
  3.1.1 光速与经典物理的困局 ··· 111
  3.1.2 相对时空观和狭义相对论的基本假设 ································ 114
  3.1.3 洛伦兹变换 ·· 117
  3.1.4 相对论力学 ·· 119
  3.1.5 相对论的四维时空表示 ··· 119
3.2　广义相对论
  3.2.1 理论背景 ··· 123
  3.2.2 两个基本假设和理论框架简介 ·· 124
  3.2.3 广义相对论理论预言的验证 ··· 129
3.3　宇宙论简介 ··· 131
3.4　电磁波的传播
  3.4.1 电磁波的平面简谐波的求解 ··· 137
  3.4.2 真空中电磁场的推迟势和电磁波的辐射 ···························· 140

3.5 四维形式的电磁场方程 143
    3.5.1 电荷守恒定律 144
    3.5.2 达朗贝尔方程 145
    3.5.3 四维形式的麦克斯韦方程组 145

第4章 量子力学的波动理论 148
4.1 物质波理论 149
    4.1.1 物质波及其统计诠释 149
    4.1.2 物质波的相干叠加性 151
4.2 薛定谔方程 152
    4.2.1 薛定谔方程的建立 152
    4.2.2 定态薛定谔方程 154
    4.2.3 定态薛定谔方程的应用 155

第5章 量子力学的形式理论 162
5.1 量子力学的算符理论 162
    5.1.1 力学量与算符 162
    5.1.2 算符的基本运算 165
    5.1.3 厄米算符及力学量的测量 166
5.2 希尔伯特空间 狄拉克符号 169
    5.2.1 力学量的矩阵表示 169
    5.2.2 狄拉克符号 170
5.3 量子体系的纯态和混合态 172
5.4 量子不确定关系 174

第6章 量子信息导论 176
6.1 量子信息和量子比特 176
    6.1.1 量子信息比特的基本概念 176
    6.1.2 量子态的不可克隆性 178
6.2 量子计算和典型量子算法介绍 180
    6.2.1 量子计算的基本概念 180
    6.2.2 典型量子算法介绍 183
6.3 量子纠缠与量子通信 190
    6.3.1 EPR 佯谬及量子纠缠 190
    6.3.2 量子态的隐形传输 195
6.4 量子密码学 196

第 7 章　量子光学及量子信息的技术实现 ········ 200
7.1　电磁场的量子化 ········ 200
7.2　典型的非经典量子光场态 ········ 202
7.2.1　粒子数态（Fock 态） ········ 202
7.2.2　相干态 ········ 203
7.2.3　压缩态 ········ 204
7.3　量子场的维格纳分布函数 ········ 208
7.4　光与原子相互作用 ········ 210
7.4.1　半经典理论 ········ 210
7.4.2　全量子理论 ········ 213
7.5　原子相干辐射　电磁诱导透明现象 ········ 215
7.6　量子计算物理平台 ········ 218
7.6.1　光量子计算平台 ········ 218
7.6.2　量子退相干 ········ 220
7.6.3　离子阱平台 ········ 220
7.6.4　中性原子阵列平台 ········ 222
7.6.5　核磁共振平台 ········ 223
7.6.6　量子点平台 ········ 225
7.6.7　金刚石氮-空位色心平台 ········ 225
7.6.8　超导量子电路平台 ········ 227

第 8 章　热力学与统计物理基础 ········ 230
8.1　热力学基础 ········ 230
8.1.1　热力学系统 ········ 230
8.1.2　热力学基本状态函数 ········ 233
8.2　物态的分类及相变 ········ 238
8.3　统计物理学基本方法 ········ 242
8.3.1　微观粒子的状态 ········ 242
8.3.2　系统微观状态数量的统计 ········ 244
8.3.3　玻尔兹曼分布 ········ 245
8.3.4　玻色与费米统计 ········ 247

第 9 章　凝聚态物理导论 ········ 252
9.1　物质的凝聚现象 ········ 252
9.1.1　凝聚现象概述 ········ 252
9.1.2　实际气体的状态 ········ 253

9.1.3　气液固相变基本现象 ·· 256
　　　9.1.4　固液气相变的理论 ·· 258
　　　9.1.5　金兹堡-朗道相变理论 ·· 261
　9.2　固体物理概述 ·· 263
　9.3　晶体的结构 ·· 264
　　　9.3.1　晶体的空间点阵 ·· 265
　　　9.3.2　晶体微观粒子间的结合力 ··· 268
　9.4　能带理论及晶体的导电性能 ·· 270
　　　9.4.1　近自由电子模型及布洛赫定理 ····································· 270
　　　9.4.2　克勒尼希-彭尼(Kronig - Penney)模型 ··························· 272
　　　9.4.3　能带与导电性 ··· 274
　　　9.4.4　杂质半导体与 pn 结 ··· 276
　9.5　晶格振动与声子 ·· 278
　9.6　超导现象 ··· 281
　　　9.6.1　超导实验现象 ··· 281
　　　9.6.2　伦敦唯象理论 ··· 283
　　　9.6.3　金兹堡-朗道相变理论 ··· 284
　　　9.6.4　BCS 理论简述 ·· 286

第 10 章　现代物理学的发展 ·· 290
　10.1　量子传感技术 ··· 290
　10.2　新形态能源 ·· 293
　10.3　新型材料的发展 ·· 295
　10.4　光子微结构材料 ·· 300
　10.5　纳米结构中电子的量子输运现象 ······································ 304
　10.6　生物物理学的发展 ··· 307

参考书目 ·· 312

绪　　论

物理学理论体系的建立虽然跨越了几百年的历程，但是主要规律的发现和理论的集大成却基本集中在几个阶段. 如果把在伽利略(Galileo. Galilei)之前以亚里士多德(Aristotle)为代表的思辨型的科学学说称为古典物理学发展阶段，而把从伽利略到普朗克(M. Planck)能量量子化学说提出之前的物理学称为经典物理学，则可以把1900年以后建立、以相对论和量子力学为基础的物理学及当今的前沿发展称为现代物理学.

从17世纪伽利略开启了真正意义的物理学研究开始，以牛顿(I. Newton)、拉格朗日(J. L. Lagrange)等为代表的物理学家建立了经典力学体系，可以非常精确地描述微粒到太阳系等天体的运动规律，也为其他的理论体系提供了坚实的基础. 以法拉第(M. Faraday)和麦克斯韦(J. C. Maxwell)等为代表的物理学家建立了经典电磁场理论，形成了完整系统的与电和磁相关的理论体系，预言并发现了电磁波，明确了光波是电磁波的一种，开启了电气产业革命时代，极大地推动了人类文明的发展. 以焦耳(J. P. Joule)、开尔文(Lord Kelvin, W. Thomson)、玻尔兹曼(L. E. Boltzmann)等为代表的物理学家建立了经典热力学和统计物理学，从宏观和微观两个角度构建了能够系统描述由大量微观粒子构成的宏观热力学体系的运动规律，极大地拓展了物理学的研究方法和研究范围. 经典力学体系、电磁场理论体系及热力学和统计物理构建形成了完整系统的经典物理学大厦，可以很好地解决小至微粒、大至宇宙天体的运动和运行规律.

经典物理学虽然取得了巨大的成功，但也存在一些深层次的缺陷，随着实验技术手段的不断完善，以及对物理学研究范围和深度的不断挖掘，这些缺陷导致在高速和微观领域里理论和实验的不一致问题越来越突出. 其中最突出的两个矛盾，正如开尔文1900年4月所指出的"物理学晴朗天空飘浮着的两朵乌云"，分别是近代时空观和迈克耳孙(A. A. Michelson)-莫雷(E. W. Morley)实验结果的冲突，以及黑体辐射的试验曲线与用经典电动力学和统计物理学得到的理论结果不一致. 从这两个矛盾出发，物理学分别诞生了狭义相对论和量子物理学理论，这为现代物理学的发展奠定了基础.

1865 年，麦克斯韦创建了电磁场方程组，预言了电磁波的存在，认定光波属于电磁波，使得人类对光的认识又前进了一大步. 但由于出现了光速是否为常量或者光速仅相对什么参考系为常量的问题，物理学家开始重新审视经典物理学中有关时空变换的理论基础. 基于在迈克耳孙-莫雷实验中所得到的光速不参与速度叠加的结果，1905 年，爱因斯坦(A. Einstein)以光速不变和相对性原理为基础，独立提出了完整的狭义相对论，将力学和电磁学统一为具有自洽的时空变换基础的物理学理论，这也是人类第一次认真思考了时空问题并取得了巨大的成功. 出于对引力本质问题的思考，10 年以后爱因斯坦又完整地提出了广义相对论，他借助于数学中的黎曼(G. F. B. Riemann)几何工具，将牛顿的万有引力描述为弯曲时空的结果，而广义相对论的引力场几个重要的理论预言也在随后陆续被实验观测所证实.

相比而言，量子力学的建立过程要比相对论的建立复杂一些. 19 世纪末，针对热辐射现象，实验物理学家对黑体空腔模型的电磁辐射性质进行了大量研究，得到了确定的实验规律，但是如何从已有的理论出发导出与实验曲线相同的结论，却给理论物理学家造成了很大的困扰. 1896 年，维恩(W. Wien)由热力学出发推导出的维恩公式，在高频波段与实验符合得很好，但在低频波段与实验有偏离. 1900 年，瑞利(Rayleigh)和金斯(J. H. Jeans)根据经典电动力学和统计物理学导出的瑞利-金斯公式，在低频波段与实验相吻合，但在高频波段与实验结果大相径庭，这会导致非常不可思议的黑体紫外辐射灾难. 几乎在同时，X 射线、放射性元素和电子的发现，导致物理学研究深入到了原子内部. 但是，基于经典物理学完全无法理解原子发出的光谱线规律，同时面对的一个困难就是缺少一个正确的原子结构模型.

1900 年，普朗克在维恩公式和瑞利-金斯公式的基础上，提出了著名的普朗克公式，在所有波段都和实验曲线十分吻合，但是要从理论上得到这个公式必须做一个能量子化的假定，即处于热平衡状态的黑体辐射空腔，其腔壁和腔内电磁波交换的能量不能是连续的. 继而在 1905 年，爱因斯坦在他的原子辐射理论中提出了光的能量子假说，成功解释了光电效应中经典物理学无法回答的问题，同时也提出了光的波粒二象性. 针对 1911 年卢瑟福(E. Rutherford)提出的原子核式结构模型，1913 年玻尔(N. Bohr)将量子化概念继续推广，提出了电子绕核运动的量子化空间轨道模型，给出了氢原子光谱谱线的精确描述. 半经典量子理论持续发展，直到 1924 年，德布罗意(L. V. de Broglie)将光的波粒二象性推广至所有物质粒子，提出了物质波的概念，结合 1926 年薛定谔(E. Schrödinger)提出的描述物质波状态演化的薛定谔方程，正式开启了量子力学的波动理论的研究. 量子力学的另外两种形式，即量子矩阵力学和路径积分理论分别由海森伯(W. K. Heisenberg)和费曼(R. P. Feynman)于 1925 年、1943 年提出. 由狄拉克(P. Dirac)于 1927 年提出的相对论量子力学方程和费曼等关于量子电动力学的理论发展，构成了完善的量子电动力学.

从今天物理学的角度来看，经典物理学仍旧是处理和我们日常生活息息相关的物理现象的主要理论. 首先，它给人类文明的发展提供了正确的科学观和重要的方法论，比如科学社会学的基础一定要进行调查研究就源自物理学的实验方法，又比如经典统计物理学中熵的概念及统计方法被广泛应用于信息学，甚至描述经济社会学现象. 其次，经典物理学促使了人类工业革命的发展，直到今天，地球上的绝大多数以运动形式体现的工业产业，包括车辆、船舶、机器机械和热动力装置以及航天器等，都可以用力学和热力学知识进行精确设计和实施. 电磁学带给人类的贡献更是有目共睹的. 很难想象，当代人如何忍受离开电气革命所带来的成果. 最后，虽然当今几乎所有的物理学前沿研究都或多或少与 1900 年以后发展起来的物理学相关，以至于可以很放心地将与经典物理学有关系的研究发展称为技术而非科学，但同时不得不承认，大多数前沿物理学的发展能够像经典物理学那样，对人类生活产生翻天覆地的影响，不过这还有待大家继续努力.

今天，人类文明的快速发展促使工业产业向"新、精、尖、专"等方向发展. 由于未涉及原子及亚原子以下的尺度和高速、高能量的范畴，总体而言，经典物理学具备笼统、线性和平均等特点，但由于无法做到细致入微，所以也就无法满足新工业产业的导向特点，因此前沿物理学必将迅速站上科技舞台中央. 然而，目前针对工科学生的大学物理课程，大多都只涉及经典物理学的内容，对于现代物理的内容也只是涉及狭义相对论和量子化的简要介绍，对现代物理学的发展几乎都没有涉及，这严重影响了学生对前沿物理学特别是未来科学动态的把握.

虽然经典物理学已经成为所有科技发展的基石，但量子物理学所带来的革命已经体现在各个新兴领域，比如爱因斯坦的光辐射理论开启了量子光学方向的研究，最终促使 20 世纪 60 年代激光技术的出现，从而使得光纤通信遍布世界的各个角落，蓝光辐射机制的突破促使 LED 照明技术的普及. 还有一个重要的方面体现在固体理论的聚焦研究，早期的成果促使半导体电子和微电子工业革命的诞生，极大地推动了计算机技术的出现和迅猛发展. 目前，量子物理学的发展已远远超过了这些范畴，从微观尺度出发寻找和构造新的功能材料，使其能够满足技术革命发展的各项要求；核物理除了探索安全利用核聚变机制以外，正在加大对核子尺度以下结构和机制的探索力度，粒子物理学已经形成了趋于系统完整的理论框架，对我们所处宇宙的"刨根问底"已逐渐成为事实；量子信息和量子计算是现有半导体芯片发展极限的必然，已表现出对传统信息存储、运算和安全的跨越性突破的趋势，并已成为各个国家科技角逐竞赛的一个焦点.

第 1 章 经典物理概述

1.1 机械运动的基本规律

1.1.1 测量与运动的量化

物理学是研究物质世界基本运动规律的科学,物质的运动非常复杂,但其规律可以被认识.物理学是实验科学,物理规律是物理量之间以及随时间和空间变化的相互依赖关系.物理量之间的关系可以通过实验测量得到,也可以通过抽象的理论推演得到,但最终都需要得到实验的验证.因此,观察和测量是物理学的基础,由于其必须依赖于特定的观测装置和观测方案,所以物理规律的建立具有起点,规律本身具有一定的边界,不可能解决一切问题.

物理规律的描述依赖于建立在一定模型基础上的物理量之间的依赖关系,物理量的观测意味着物质运动本身描述的量化,即运动的量化.一方面,运动的量化依赖于特定的抽象模型,这些模型抽取了在运动过程中物质最重要的特征而忽略了其特殊性,所以带有普遍性,但也只能是真实运动的无限逼近;另一方面,量化的运动可借助数学的语言写成数学方程,从而变成了在物理的背景下去求解数学的方程,即一个物质的运动通过物理建模过程变成带有一定普遍性的数学方程,对数学方程进行求解和分析,最终实现对运动本身的特征的揭示.

物理量在描述运动过程中十分关键,为了进行比较,所有的物理量都需要有单位,由于物理量之间存在着规律性的联系,所以可以先确定一些基本物理量的单位,然后根据物理规律确定其他量的单位.将选定的基本物理量称为基本量,其他的物理量称为导出量,其对应的单位分别称为基本单位和导出单位,而将物理量的基本单位和导出单位之间的关系称为量纲.

力学中的基本量包括长度、质量和时间,在国际单位制(SI)中,其基本单位分别为米(m)、千克(kg)和秒(s).其他一些常用的物理量的单位如表 1-1 所示.

表 1.1　常用物理量的单位

力学量	速度	加速度	力	动量	冲量	功和能
单位（SI）	m/s	m/s^2	N（1N=1kg·m/s^2）	kg·m/s	N·s	J（1J=1N·m）

如前所述，由于物理量之间通过物理规律进行联系，所以所有物理量的单位都可以通过米、千克和秒三个基本量的基本单位导出. 具体而言，用 L、M、T 分别表示长度、质量和时间的量纲，那么任意其他物理量 Q 的量纲可表示为

$$[Q] = L^\alpha M^\beta T^\gamma, \tag{1.1}$$

其中，α、β、γ 称为量纲指数. 比如动量的量纲可由下式确定：

$$[p] = [m][v] = LMT^{-1}. \tag{1.2}$$

量纲分析是非常重要的物理学分析法. 利用量纲分析可以检验一个经验关系式是否正确，甚至可以协助构建全新的物理量的方程或者关系式.

科学家小传

柏拉图

柏拉图（Plato，公元前 427—前 347），古希腊哲学家、数学家和思想家. 柏拉图最著名的作品是《理想国》和《斐多篇》，其中《理想国》中描述了柏拉图对理想国家的构想，提出了许多政治和社会上的理念，同时也包括他对教育、道德和政治组织的看法. 他认为哲学家应该成为统治者，因为他们具备最高的智慧和见识，能够带领国家走向最好的境地. 柏拉图提出了许多重要的观点和理论，其中包括著名的"理念论". 根据这一理论，物质世界中的事物都是不完美和变化的，而真正的现实存在于理念的世界中，即超越经验世界的永恒、普遍和不变的世界. 此外，他还对伦理学、形而上学、认识论和政治哲学等领域做出了重要贡献. 柏拉图还对数学和自然科学有着浓厚的兴趣，他认为数学是揭示真理的重要工具，并强调了数学的重要性和美学价值. 他的思想和方法对后来的数学家和科学家产生了深远的影响.

亚里士多德

亚里士多德（Aristotle，公元前 384—前 322），古希腊哲学家、科学家、教育家，柏拉图的学生，古希腊亚历山大大帝的老师，主要著作有《物理学》《形而上学》《尼各马可伦理学》《政治学》《逻辑学》等，这些著作对后世的哲学和科学发展产生了深远的影响. 亚里士多德把科学分为 3 种：理论性科学、实践性科学和创造性科学. 理论性科学包括数学、自然科学、形而上学；实践性科学包括伦理学、政治学、经济学、战略学、修辞学；创造性科学包括诗学、

分析学或逻辑学.亚里士多德的物理学主要思想是基于他对自然现象的观察和推理.他认为物质世界由四种元素组成:地、水、火、气,它们具有不同的本质和属性.亚里士多德提出了运动学理论,认为物体在运动中必须有一个推动它的原因,即运动必须由外力引起.他还提出了自然界中的"本质"概念,即物体的本质决定了它的属性和行为.

1.1.2 机械运动的分类及其描述方法

物质的基本运动形式包括机械运动、热运动、电磁运动和量子运动等,以描述这些基本运动为主要内容的体系,构成了近代物理的基本框架.机械运动是指宏观物体的空间位置随时间变化的运动,在不同的情况下又具体体现为整体运动、转动、振动、波动、流体的流动等形式.

1. 整体(质点)运动

整体运动是指物体在运动过程中,只需要考虑其作为一个整体在空间中位置的变化情况,而不需要考虑其大小和其他的变化.一个物体的整体运动可以用其上的一个点来代表,即可抽象成质点模型来描述,所以整体运动也称为质点运动.由于既有大小又有形状的物体可以看成是若干质点的组合,所以质点运动也是所有其他机械运动的基础.

一个质点具有3个空间自由度,所以其位置相对于某一个参考系需要用三个相互独立的坐标来描述,比如我们熟知的三维直角坐标系中的(x,y,z)或者球坐标系中的(r,θ,φ).任何一个质点的运动,一般会表现为其位置坐标随时间变化的函数方程,称之为运动方程,可形式化表示为$f(x,y,z;t)=0$;或者在空间中,其位置的变化表现为一条曲线,即轨迹,将运动方程中的时间消去,即可得轨迹方程$g(x,y,z)=0$.比如,我们非常熟知的平抛运动,运动方程可以表示为$x=at^2+c$, $y=bt$, $z=0$,通过消去时间参数,可以得到轨迹方程$b^2x-ay^2-b^2c=0$.

按照质点运动的时间顺序,如果需要考虑从时刻t_A到时刻t_B之间的运动,可以将运动时间进行分段$\{t_A \to t_1; t_1 \to t_2; \cdots; t_{n-1} \to t_n = t_B\}$,质点的整体运动为所有分段运动的依次求和$\sum_{i=1}^{n}\Delta f_i$,当分段的数量趋向无限多,即$n \to \infty$时,求和体现为数学的积分,即$\int_{t_A}^{t_B}df$.其中,$df$表示在运动过程中任意某个时刻$t$对应的微小时间段$t \sim t+dt$所发生的微小(数学上对应为无限小)的运动过程,称之为微运动,如图1.1所示.

图 1.1

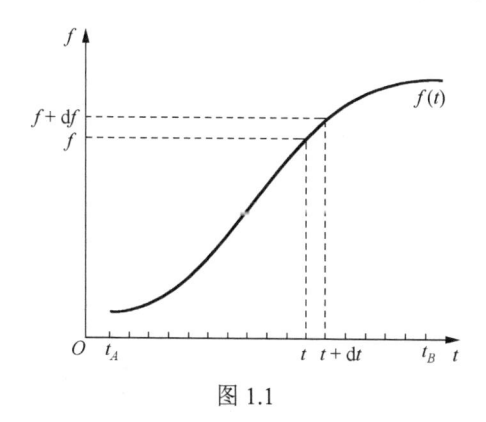

微运动是借助数学微积分工具量化研究宏观运动的基本方法.首先,是因为一段整体运动太过复杂,无法直接掌握其在各个位置的变化特点,而任意一个特定位置处的微运动既可以代表所有位置处的变化,又由于具体只跟那个特定位置处空间点的具体情况相关,所以可以直接写出其要满足的关系式,这样原则上就可以写出所有位置处所需要的微运动的关系式;其次,微运动的参数可用中学中熟知的平均值来替代,微运动对应参量的极限一般为该段微过程的极限;最后,由于无限多微运动的求和即积分是准确的数学求和,对所有微运动实施积分后将会得到整体运动的准确解.

将一个有限时长的运动分解为无穷多个微运动,通过研究并写出任意一个特定时刻(位置)微运动的运动关系式,再对所有微运动的关系式进行积分求和得到整体运动的方法,是近代物理学研究的基本方法之一.

2. 转动

一个物体相对某个固定点或者某个固定轴的空间位置的变化即为转动,分别称为绕定点转动和绕轴转动.绕定点转动可以看成是特殊的整体运动,绕轴转动本质上是物体作为质点组合(质点组)中各质点整体运动的组合.转动具有比整体运动更多的性质.相对于转动,将物体(质点)一般的整体运动称为平动.

比如,地球相对于太阳的公转,既可以当作质点平动,也可以视作绕定点(太阳的位置)转动;地球的自转则是地球相对于自身轴的绕轴转动.

转动一般用角量来描述,即物体相对某个参考方位转过的角度,由此可以定义角速度、角加速度.如图 1.2 所示,以陀螺的转动为例,绕定点转动的物体具有 3 个自由度,一般需要借助空间立体角(ψ, φ, θ)来描述,分别代表了陀螺的自转、进动和章动.而限制在平面上的绕定点转动则只有 2 个自由度.对于绕轴转动,为了研究其主要性质,一般多考虑定轴转动,同时忽略物体在转动过程中大小和形状的变化,将这样的物体称为刚体.刚体同质点一样,是理想的物理模型,本书只介绍刚体的绕定轴转动和平行平面运动(转轴始终平行于某个固定方向)两种形式,如图 1.3 所示. 刚体的定轴转动只有 1 个自由度.

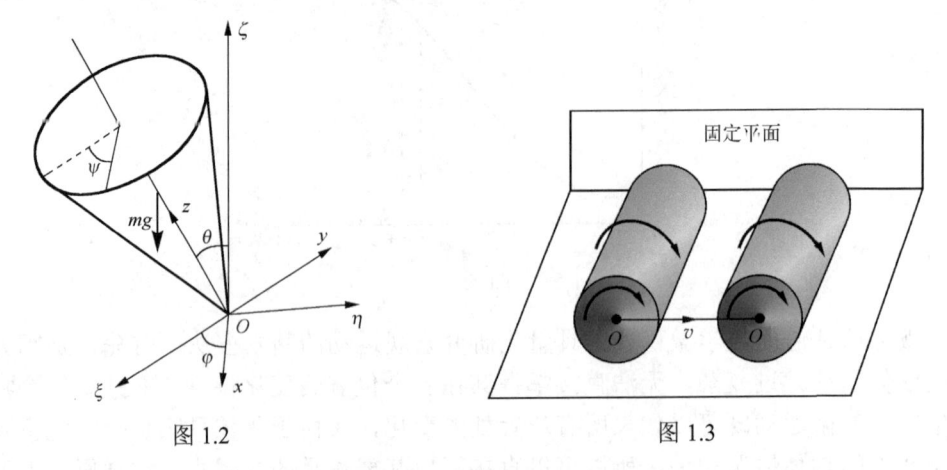

图 1.2

图 1.3

一个绕自身中心轴转动的质量分布均匀的飞轮(圆柱形),其动量大小 $p = mv$ 等于零,所以动量不足以描述其运动状态,需要引入新的物理量——角动量,角动量被定义为物体相对于固定点或者固定轴的矩与其动量的叉乘,即

$$L = r \times p, \tag{1.3}$$

其中,矩 r 为从固定点指向物体的位置矢量,或者从固定轴垂直出发指向物体的位置矢量. 如图 1.4 所示,角动量的大小等于 $r'mv\sin\theta$,其中 θ 为矩 r' 与动量 p 的夹角. 对于绕定轴转动的刚体,由于刚体上各质点(质量微元)绕轴转动的角速度都一致,角动量的方向也都指向轴向,所以刚体的角动量可以写为

$$L = \sum r_i \Delta m_i r_i \omega = I\omega, \tag{1.4}$$

其中,$I = \sum \Delta m_i r_i^2$ 称为刚体的转动惯量,只跟刚体的质量分布和转轴的位置相关,跟运动没关系,是刚体的固有属性;角速度矢量 ω 的方向可利用右手定则确定,即右手四指绕向转动的方向,竖直大拇指指向角速度的方向. 如图 1.5 所示,对于质量连续分布的刚体,其转动惯量用积分来表示,即 $I = \iiint r^2 dm$,积分范围为整个刚体,r 为质量微元 dm 相对于固定轴的矩的大小. 绕定轴转动的刚体的动能也可以用转动惯量表示为

$$E_k = \frac{1}{2}\sum \Delta m_i (r_i \omega)^2 = \frac{1}{2}I\omega^2. \tag{1.5}$$

转动运动的求解方法与质点平动的求解方法一致,即通过微运动分解直至积分求和的方法.

图 1.4

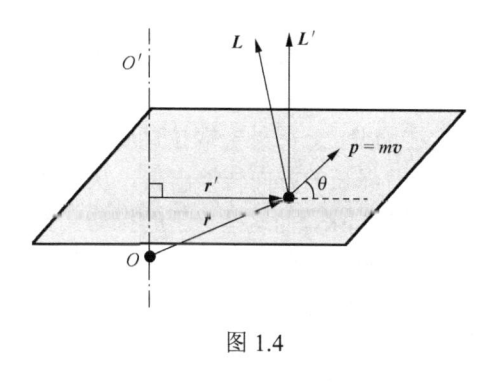

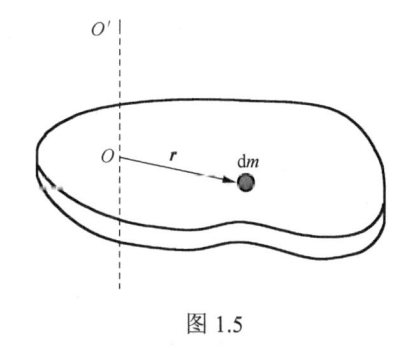

图 1.5

3. 振动

质点模型忽略了物体的形状和大小,刚体模型忽略了物体大小和形状的变化,当需要考虑这些变化时,就要研究物体的振动.

机械振动是指一个物体在某个平衡位置附近进行的往复运动,更广义的振动是指一个物理量围绕某个特定值做往复性的变化. 如图 1.6 所示,最典型的机械振动是中学就很熟悉的理想弹簧振子的弹性振动,常见的振动包括电磁振动、光振动和原子振动等,振动是物质世界最普遍存在的运动之一.

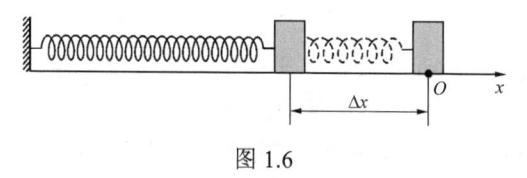

图 1.6

质点(或刚体)的振动可以当作特殊的质点平动(或刚体的转动)来处理,将理想的弹簧振子的振动称为简谐振动. 理论分析(利用傅里叶级数)和实验都可以证明,任何复杂的运动都可以分解为若干简谐振动的叠加,同时反过来也可以利用若干简谐振动的叠加来合成所需要的运动形式,所以弄清楚简谐振动及其叠加是研究振动的关键. 描述简谐振动最关键的物理量是振幅、周期、相位(振动发生的先后次序).

理想的简谐振动是不存在的,实际中任何振动都会由于环境的扰动而发生衰减,因此,如何加入周期性的策动抵抗阻尼,从而产生与理想振动相同的效果,即受迫振动,也是振动研究的重要内容之一.

简谐振动模型在现代物理中有重要的应用,比如在爱因斯坦光量子模型中,电磁(光)波被理解为以不同模式振动的谐振子的组合,也可简单理解为光量子流,称为光场的量子化理论,其理论计算结果和实验结果高度吻合.

4. 波动

当振动发生在弹性介质中时,该振动状态会引起周围介质中的质元(质量微元)

由近及远依次传播出去，这种振子的振动状态在介质中由近及远的传播就是机械波动，持续做振动的振子称为波源.

例如，如图 1.7 所示，将尼龙绳的一端固定在墙壁上，另外一端拉直后沿垂直于绳长的方向上下抖动(振动)，这种抖动的状态会沿着绳长的方向传播出去，从而形成绳子波. 振动的音箱鼓膜，会使得紧挨的空气分子振动起来，而这些分子的振动又会引起与其紧邻的后方的分子振动起来，如此类推，鼓膜的振动会使得周围的空气分子的疏密程度由近及远依次发生周期性变化，这就是声波传播的原理. 演示原理如图 1.8 所示.

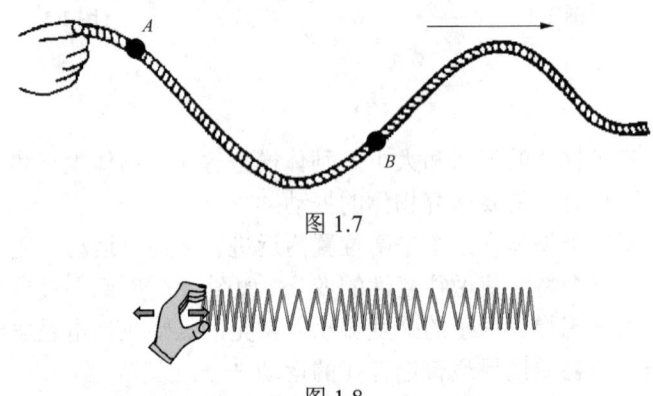

图 1.7

图 1.8

在波动中，介质中的质元只会在其平衡位置附近发生振动，各处质元的振动在一定程度上重复着波源的振动，只是振动的先后顺序(即相位)由近及远依次在变化. 因此，波动是波源的振动状态沿着介质传播的一种特殊运动，介质中的质元只会在各自平衡位置附近振动，而不会随波动发生定向的移动. 根据质元振动方向和波动传播方向相互一致或垂直，可将波分为纵向波和横向波. 将介质中所有振动相位相同的点形成的面称为波面，把以波源为起点指向波传播方向并且连接各波面中的点形成的与各波面垂直的有向直线称为波线，波动最前列的波面称为波前. 如图 1.9 所示，根据波面形状又可将波动分为平面波、柱面波、球面波等.

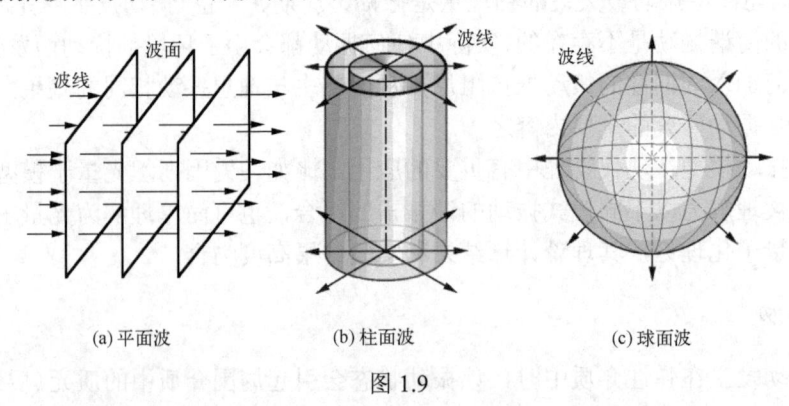

(a) 平面波 (b) 柱面波 (c) 球面波

图 1.9

由于波动的本质是介质中质元的振动,所以振动的特征也是波动的主要特征. 对于各向同性的介质,简谐振动引起的波动,波传播中的各质元均在依次重复波源的振动,只是振动相位产生由近及远的先后变化,这种波称为简谐波. 研究简谐波只需要考虑同一根波线上各个质元的振动状态,或者只需要确定出波线上不同位置质元的振动函数 $\psi(\boldsymbol{r};t)$ 即可,其中 $\boldsymbol{r}=x\boldsymbol{i}+y\boldsymbol{j}+z\boldsymbol{k}$ 为质元在波线上的位置,$\psi(\boldsymbol{r};t)$ 是 t 时刻 $\boldsymbol{r}$ 处质元偏离平衡位置的位移大小,称为波函数.

波动的特征量包括周期、频率、波长和波速,波速是指波的振动状态(相位)的传播速度. 在一般的介质中,周期和频率与波传播的介质无关,但在非线性及各向异性的介质中,波的频率可能会依赖于介质和波速,这种现象称为波的色散效应. 色散效应具有重要的技术应用.

两列以上的波在介质同一位置相遇后会叠加,本质上是两列波引起那个位置处的质元两个振动的叠加,两列波在空间中的叠加会使得各点的振动强弱分布发生变化,如果产生的叠加效果使得空间中各点的强弱分布不随时间变化,也就是说有些位置的振动始终振幅最大,有些位置的振动始终被减弱,就对应于相干叠加,或称之为相干干涉,简称为干涉,如图1.10所示.

波动传播过程中遇到尺寸小于或等于波长的障碍物后,产生绕开障碍物等现象被称为波的

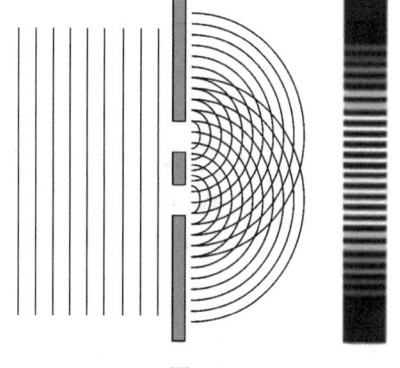

图 1.10

衍射,如图 1.11 所示. 干涉和衍射是波动的本质特征,也是利用波实施测量和特殊目的探测的基本原理. 一列前行的波遇到障碍物后产生反射波,反射波与入射波相遇产生的干涉现象称为驻波. 驻波是相位不沿着波线传播的特殊波,驻波具有与波传播所处受限空间尺寸有关系的频率(波长)和振动模式,可以用来实现滤波. 将电磁波囚禁在封闭的金属腔中可实现滤波,这也是最常用的电磁波滤波的方法.

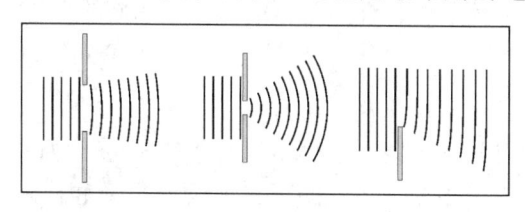

图 1.11

当波源、介质、观测者之间有相对运动时,观测者接收到的波的频率与波源发出的频率不同,该现象称为多普勒效应. 多普勒效应的原理常用来监测车速、卫星的运动轨迹和血管中的血流等.

5. 流体的流动

对比固体，流体没有固定的形态，因此对流体研究首先需要确定研究对象，常用的有两种方法.

一种方法称为拉格朗日法，是将流体分解为许多相互作用的质量微元，通过跟踪各质量微元的运动来确定流体的性质和运动特征. 这种方法很直接，但由于在流体运动中，除了正常流动，还有扩散等运动，跟踪实际上很难实现，所以一般不采取这种方法.

另一种方法称为欧拉(L. Euler)法，是将流体视作不可区分的质量体，不去关注质量微元的运动，而是确定不同位置处流体微元流过时的运动特征，比如压强、流速等，由此可确定出各空间位置流速的分布，称为流速场. 通过研究流速场的性质及其所依赖的关系可得到流体流动的基本情况.

如图 1.12 所示，可定义流线和流管. 流线是人为地画出许多曲线，使曲线上每一点的切线方向与质元经过该点时的速度方向相同. 流线不能相交. 流管是由流线围成的管状区域. 因为流线不相交，所以流管内外的流体不能互相进入，只能是从一端进，另一端出.

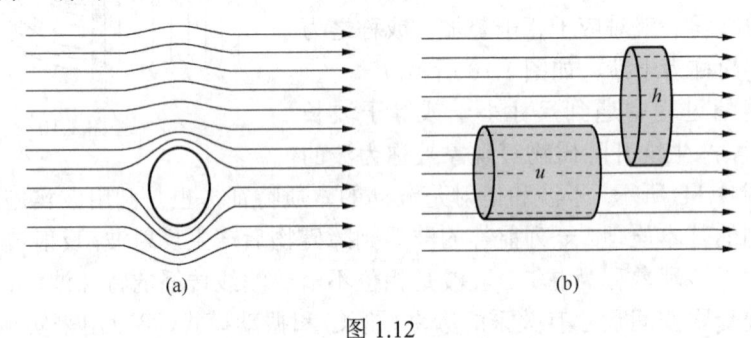

图 1.12

流体可简单地分为流动中黏性力和压缩都可被忽略的理想流体和非理想流体.

思考题

1. 人体在运动过程中，能否作为刚体模型来描述？如何进行物理建模？

2. 波动和振动有哪些主要区别和联系？简谐振动和简谐波动的主要特征有哪些？

3. 用一个塑料袋装半袋水，将口扎起来不让水漏出，然后将装有水的袋子顺着有摩擦力的斜坡落下，观察其运动，分析包括哪些运动. 如果要进一步量化描述，你准备构建什么样的物理模型？会涉及哪些可以观测的物理量？

> **科学家小传**
>
> ### 托勒密
>
> 托勒密(C. Ptolemaeus,约 90—168),古希腊数学家、天文学家和地理学家.主要著作有《天文学大成》《地理学指南》《天文集》《光学》.托勒密是"地心说"的集大成者,他设想各行星都在做圆周运动,而每个圆的圆心则在以地球为中心的圆周上运动.他把绕地球的那个圆叫"均轮",每个小圆叫"本轮".同时假设地球并不恰好在均轮的中心,而是偏开一定的距离,均轮是一些偏心圆;日、月、行星除做上述轨道运行外,还与众恒星一起,每天绕地球转动一周.托勒密这个不反映宇宙实际结构的数学图景,较为圆满地解释了当时观测到的行星运动情况,并取得了在航海领域的实用价值,从而被人们广为信奉.
>
> ### 哥白尼
>
> 哥白尼(N. Copernicus,1473—1543),波兰天文学家、数学家.经过长年的观察和计算,哥白尼提出了日心说,完成他的伟大著作《天体运行论》,改变了人类对自然以及对自身的认识.他在《天体运行论》中观测计算所得数值的精确度是惊人的.例如,他观测计算得到恒星年的时间为 365 天 6 小时 9 分 40 秒,仅比精确值约多 30s,误差只有百万分之一.他观测计算得到的月亮到地球的平均距离是地球半径的 60.30 倍,和精确值 60.27 倍相比,误差只有万分之五.

1.1.3 惯性定律及牛顿三定律

惯性定律:物体将保持静止或匀速直线运动直至有外力改变其运动状态.

惯性定律是伽利略通过实际的和理想的斜面实验总结而成的,如图 1.13 所示.惯性定律是物体运动最基本的规律,但是相对于做加速运动的参考系,惯性定律不再成立.将惯性定律成立的参考系称为惯性系,其余的参考系统称为非惯性系.以下内容,如果没有特别之处,都将对应惯性系.

考虑由两个有相互作用的物体 A 和 B 构成的一个孤立自由体系,体系的运动满足惯性定律,A 和 B 分别沿着各自的轨迹运动,在不同时刻分别测量 A 和 B 的运动速度 $v_A(t)$、$v_B(t)$,基于惯性定律或者通过大量的测量发现如下结论:两个物体运动速度的变化量成比例关系;通过分别改变 A 和 B 继而发现比例系数依赖于 A 和 B 的不同,即可以总结为下面的量化关系:

$$\alpha_A \Delta v_A(t) = -\alpha_B \Delta v_B(t). \tag{1.6}$$

图 1.13

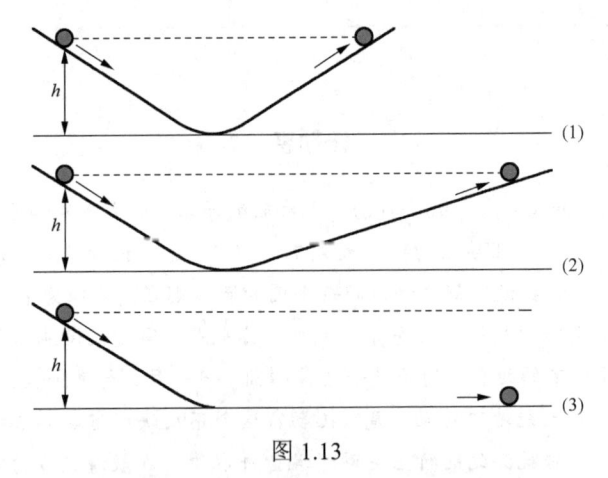

根据这个实验，按照物理量单位制确定的惯用做法，选定一个标准的物体，将其对应的实验的比例系数确定为 $\alpha_0 = 1$，称之为惯性质量原器，将其他所有物体所对应的比例系数称为其惯性质量，记为 m. 实验的结论同时告诉我们，孤立自由体系的 mv 是不变化的(同样也适用于单个物体)，是描述体系(或物体)的状态参量，定义为动量 $p = mv$. 用惯性质量将上式重新表述为

$$m_A[v_A(t_2) - v_A(t_1)] = -m_B[v_B(t_2) - v_B(t_1)], \tag{1.7}$$

或者

$$m_A v_A(t_1) + m_B v_B(t_1) = m_A v_A(t_2) + m_B v_B(t_2). \tag{1.8}$$

上式说明孤立体系的动量是守恒的，该结论也称为动量守恒定律. 将上式除以时间变化量 $\Delta t = t_2 - t_1$，并取 $\Delta t \to 0$ 的极限，即可得

$$\frac{d(m_A v_A)}{dt} = -\frac{d(m_B v_B)}{dt}. \tag{1.9}$$

分别定义 $F_{AB} = \frac{d(m_A v_A)}{dt}$ 和 $F_{BA} = \frac{d(m_B v_B)}{dt}$ 代表 A 对 B 的作用力及 B 对 A 的作用力，就可以得到牛顿第二定律(写成针对任意物体的一般形式)

$$F = \frac{d(mv)}{dt}. \tag{1.10}$$

即物体的动量的变化率等于作用于其上的合外力. 当物体运动时质量不变化，则式(1.10)对应为中学熟知的形式 $F = ma$，其中 a 为物体的加速度. 牛顿第三定律: 两个相互作用物体的相互作用力大小相同、方向相反，即

$$F_{AB} = -F_{BA}. \tag{1.11}$$

牛顿第二定律对应于物体运动中的一个微过程的动力学微分方程，其等价形式

为动量定理 $\boldsymbol{F}\mathrm{d}t = \mathrm{d}(m\boldsymbol{v})$，表示物体所受的冲量等于其动量的增量；也可以对应于有限时间的累积（积分）形式，即

$$\int_{t_1}^{t_2} \boldsymbol{F}(t)\mathrm{d}t = \int_{"1"}^{"2"} \mathrm{d}(m\boldsymbol{v}) = \boldsymbol{p}_2 - \boldsymbol{p}_1. \tag{1.12}$$

如果物体（或者体系）在运动中质量不发生变化，则牛顿第二定律可简化成中学熟悉的形式 $\boldsymbol{F} = m\boldsymbol{a}$. 利用牛顿第二定律求解问题的思路为：分析得到其在运动过程中所受的力 $\boldsymbol{F}(t)$，代入牛顿第二定律的微过程方程，通过求解积分就可以确定任意时刻速度等运动参量. 反过来，可以从物体的运动方程 $\boldsymbol{r} = \boldsymbol{r}(t)$ 出发，依次得到速度 $\boldsymbol{v}(t) = \dfrac{\mathrm{d}\boldsymbol{r}(t)}{\mathrm{d}t}$、加速度 $\boldsymbol{a}(t) = \dfrac{\mathrm{d}\boldsymbol{v}(t)}{\mathrm{d}t}$ 和所受的外力 $\boldsymbol{F}(t) = m\dfrac{\mathrm{d}^2\boldsymbol{r}(t)}{\mathrm{d}t^2}$.

从 $\boldsymbol{F} = m\dfrac{\mathrm{d}\boldsymbol{v}}{\mathrm{d}t}$ 出发，式子两端乘以 $\mathrm{d}\boldsymbol{r}$，可得 $\boldsymbol{F} \cdot \mathrm{d}\boldsymbol{r} = m\dfrac{\mathrm{d}\boldsymbol{r}}{\mathrm{d}t} \cdot \mathrm{d}\boldsymbol{v}$，两端积分后可得

$$\int \boldsymbol{F} \cdot \mathrm{d}\boldsymbol{r} = \int m\boldsymbol{v}\mathrm{d}\boldsymbol{v} = \frac{1}{2}mv_2^2 - \frac{1}{2}mv_1^2 = E_{k2} - E_{k1}. \tag{1.13}$$

上式称为动能定理，其中 $W = \int \boldsymbol{F} \cdot \mathrm{d}\boldsymbol{r}$ 表示力 $\boldsymbol{F}$ 对物体所做的功，$E_k = \dfrac{1}{2}mv^2$ 称为物体的动能.

万有引力定律：两个质点存在相互吸引力，力的大小正比于其质量的乘积、反比于其相互距离，方向指向对方. 万有引力属于超距力，其中的质量称为引力质量. 大量的实验表明物体的引力质量等于惯性质量，作为广义相对论的基础，爱因斯坦假设两种质量是等价的.

将惯性定律作为牛顿第一定律，与牛顿第二、第三定律及万有引力定律一起构成了牛顿力学体系的基础. 相对于非惯性系，牛顿定律不再成立，此时可人为引入惯性力平衡使其满足牛顿定律.

例题 1.1.1 一个质点沿着 x 轴运动，其速度与时间的关系为 $v = 4 + t^2$，当 $t = 3\mathrm{s}$ 时，质点位于 $x = 9\mathrm{m}$ 处，求质点的位置随时间的变化方程，即运动方程.

解 已知质点做一维运动，根据质点的速度定义可得

$$\mathrm{d}x = v\mathrm{d}t,$$

对该式两边积分，可得

$$x = 4t + \frac{1}{3}t^3 + C,$$

代入 $t = 3\mathrm{s}$ 的位置的数值可知 $C = -12$，则可得到运动方程为

$$x = 4t + \frac{1}{3}t^3 - 12.$$

例题 1.1.2 一根质量为 m、长度为 L 的均质链条，被竖直悬挂起来，其最底端刚好和磅秤的秤盘接触，某一时刻，将链条释放使其落下，问当链条下落长度为 x

时，磅秤的读数为多少？

解 链条下落过程中任一时刻，磅秤的读数即为磅秤所受链条的作用力，应该等于已下落链条部分的重量与链条由于下落对秤盘形成的冲力，其中冲力可由单位时间下落链条的动量的变化量计算得到. 即当链条下落长度为 x 时，正在下落部分链条的速度为 $v = \sqrt{2gx}$，其中 g 为重力加速度，则在 $\mathrm{d}t$ 时间内，长度为 $\mathrm{d}x$ 部分的链条速度由 v 突然减少为 0，其受到秤盘的冲力 T' 满足

$$T'\mathrm{d}t = 0 - (\rho \mathrm{d}x)v,$$

即 $T' = -\rho v^2$，其中 $\rho = m/L$ 为链条的质量密度，则可求得磅秤的读数为

$$N = \rho g x - T' = 3\frac{m}{L}gx.$$

? 思考题

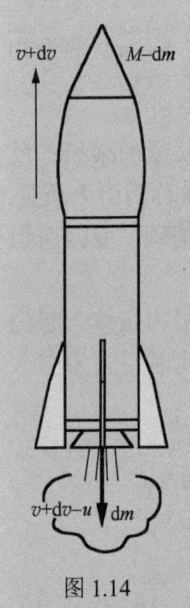

我国的航天技术在全球处于领先地位，而航天技术的重要基础就是火箭的发明及其发展. 如图 1.14 所示，火箭是通过其尾部喷发出高速燃烧的气体从而获得加速度. 在火箭沿着竖直方向加速上升过程中，假设在某一 t 时刻，火箭的质量为 M、速度为 v，在经历 $\mathrm{d}t$ 时间段后，火箭尾部以相对速度 u 喷发出质量为 $\mathrm{d}m$ 的燃气，从而获得加速度，该微过程中火箭的运动满足动量定理，从而有

$$F\mathrm{d}t = (M - \mathrm{d}m)(v + \mathrm{d}v) + \mathrm{d}m(v + \mathrm{d}v - u) - Mv,$$

其中，F 为火箭所受的合外力. 化简上式可得火箭的运动方程

$$F = \frac{M\mathrm{d}v}{\mathrm{d}t} + u\frac{\mathrm{d}M}{\mathrm{d}t},$$

其中，$F_P = u\dfrac{\mathrm{d}M}{\mathrm{d}t}$ 可定义为火箭的推力，同时代入了 $\mathrm{d}M = -\mathrm{d}m$. 如果不计空气阻力，设火箭初始质量为 M_0，则可通过积分得到任一时刻火箭的速度方程为

$$v = u\ln\frac{M_0}{M} - gt.$$

基于此，如果不计重力，同时定义火箭的质量比 $N = M_0/M$，则火箭的速度方程简化为

$$v = u\ln N.$$

请完成以上分析中的数学推导，思考多级火箭的加速原理并验证其速度方程 $v = u\ln(N_1 N_2 N_3 \cdots)$.

图 1.14

> **科学家小传**
>
> **第谷**
>
> 第谷(Tycho Brahe, 1546—1601), 丹麦天文学家. 1572年, 第谷发现仙后座中的一颗新星, 后受丹麦国王弗雷德里克二世的邀请, 在位于哥本哈根和赫尔辛基之间海峡上的汶岛上建造了近代第一个真正意义上的天文台, 配备了当时最精密的观测仪器. 第谷以极大的热情和坚韧的毅力在位于汶岛的天文台进行了长达20年的观测, 积累了相当多的观测资料, 发现了许多新的天文现象. 他所做的观测精确度很高, 是与他同时代的人无法相比的. 他在20年间对各个行星位置的测定, 误差不大于0.067, 这个角度大致相当于将一枚针举一臂远处, 用眼睛看针尖所张的角度.
>
> **开普勒**
>
> 开普勒(J. Kepler, 1571—1630), 德国天文学家、物理学家、数学家, 主要著作有《宇宙的奥秘》《新天文学》《折射光学》《鲁道夫星表》等. 开普勒在第谷20多年辛勤观测的基础上, 经过16年的精心推算, 发现了行星运动的三大定律. 开普勒定律在科学思想上表现出无比勇敢的创造精神, 在历史上第一次否定了天体遵循完美的匀速圆周运动这一观念. 此外, 开普勒定律彻底摧毁了托勒密的本轮系, 把哥白尼体系从本轮的桎梏下解放出来, 不需再借助任何本轮和偏心圆就能简单而精确地推算出行星的运动. 开普勒定律使人们对行星运动的认识得到明晰概念, 它证明行星世界是一个匀称的"和谐"系统. 这个系统的中心天体是太阳, 受来自太阳的某种统一力量所支配, 太阳位于每个行星轨道的一个焦点上. 开普勒的重要发现为牛顿创立天体力学理论奠定了基础.

1.1.4 角动量定理及刚体转动规律

从一个质点的牛顿第二定律 $\boldsymbol{F}=m\dfrac{\mathrm{d}\boldsymbol{v}}{\mathrm{d}t}$ 出发, 选择一个固定参考点 O, 考虑 m 相对 O 点的角动量 $\boldsymbol{L}=\boldsymbol{r}\times m\boldsymbol{v}$ 随时间的变化量, 计算可得质点绕定点转动的角动量定理

$$\boldsymbol{M}=\boldsymbol{r}\times\boldsymbol{F}=\frac{\mathrm{d}(\boldsymbol{r}\times m\boldsymbol{v})}{\mathrm{d}t}=\frac{\mathrm{d}\boldsymbol{L}}{\mathrm{d}t}, \tag{1.14}$$

即质点相对固定点的角动量 $\boldsymbol{L}$ 对时间的变化率等于作用于质点上的力 $\boldsymbol{F}$ 对同一固定点的力矩 $\boldsymbol{M}=\boldsymbol{r}\times\boldsymbol{F}$. 由角动量定理可知, 如果作用力 $\boldsymbol{F}$ 对点的力矩 $\boldsymbol{M}$ 等于零, 那么质点的角动量将会守恒, 称为角动量守恒定律, 该定律也是宇宙中普遍存在的基本定律之一.

考察地球(设质量为 m)绕太阳(都视作质点)的公转运动,如图 1.15 所示,选取太阳的位置为固定参考点 O,在某一时刻,地球相对的位置矢量记为 $\boldsymbol{r}_O$,所受到的万有引力 $\boldsymbol{F}_O$ 始终指向太阳,意味着 $\boldsymbol{M}_O = \boldsymbol{r}_O \times \boldsymbol{F}_O = 0$。由此可知,地球(所有行星)相对太阳的角动量始终是守恒的,同时说明地球(所有行星)的角动量 $\boldsymbol{r}_O \times m\boldsymbol{v}$ = 常矢量,其方向始终垂直于黄道面(开普勒第一定律),其大小 $r_O mv\sin\theta$ 不变,说明公转速度和距日心距离之间成反比关系(开普勒第二定律)。

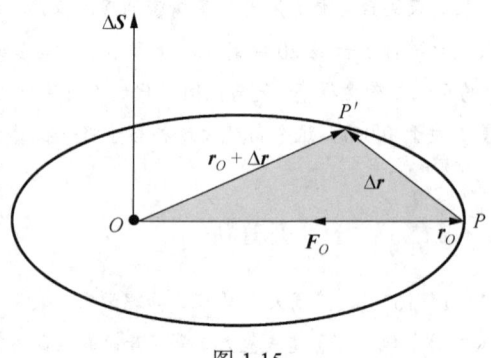

图 1.15

将刚体视作大小和形状都不变化的质点组,如图 1.16 所示,刚体绕定轴 z 轴转动等效于刚体上的所有质元(质点)都在固定的平面上绕各自的圆心做圆周运动,对各点都利用上述的角动量定理,求和后可得刚体绕定轴 z 轴的转动定律

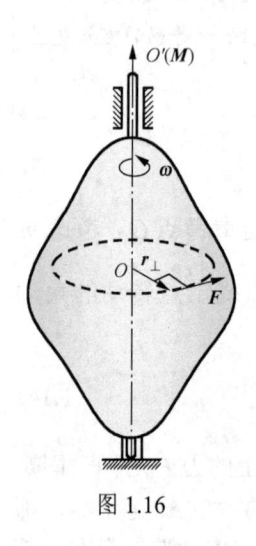

$$\boldsymbol{M}_z = \boldsymbol{r}_\perp \times \boldsymbol{F} = \frac{\mathrm{d}}{\mathrm{d}t}(\boldsymbol{L}_z), \tag{1.15}$$

其中,$\boldsymbol{r}_\perp$ 是转轴垂直指向力矢量 $\boldsymbol{F}$ 的位置矢量,角动量则可表示为 $\boldsymbol{L}_z = I_z \boldsymbol{\omega}$,$\boldsymbol{\omega}$ 是刚体的转动角速度。对比质点的动量定理,可以将转动惯量理解为刚体的转动惯性。转动惯量的计算对于求解转动定律很重要,其满足以下两个定理。

平行轴定理:对于质量为 m 的刚体,如果刚体对于通过其质心的轴的转动惯量为 I_C,则对于通过任意平行于该质心轴且相距为 d 的轴转动惯量 I_D 满足关系式 $I_D = I_C + md^2$。

(薄板)垂直轴定理:薄板绕其与板面垂直的 z 轴的转动惯量 I_z 等于绕位于板面上与 z 轴相交且相互垂直的 x 轴和 y 轴的转动惯量 I_x 和 I_y 之和,即 $I_z = I_x + I_y$。

图 1.16

典型形状刚体的转动惯量如表 1.2 所示。

表 1.2

刚体绕轴情况	均匀直杆绕过端点的垂直轴转动	均匀圆环绕过中心点的垂直轴转动	均匀圆盘绕过中心点的垂直轴转动	均匀球体绕过中心点的垂直轴转动
刚体形状	m, l	m, r	m, r	m, R
转动惯量	$I = ml^2/3$	$I = mr^2$	$I = mr^2/2$	$I = 2mR^2/5$

  根据转动定律，如果刚体绕轴 OO' 所受的力矩为零，那么刚体绕轴 OO' 转动的角动量守恒，即 $I_{OO'}\omega =$ 常数．刚体的角动量守恒有很多典型的应用实例，例如，如图 1.17 所示的机械陀螺定向仪，由于其处在中心的陀螺相对自身转轴的外力矩等于零，所以不论陀螺外支架如何翻转，其高速自转产生的轴向角动量会始终保持同一方向；直升机在空中所受到的相对自身轴的外力矩近似为零，所以当动力螺旋桨高速启动后，由于角动量守恒，机身主体会产生反转，为平衡这种效应，机尾的小螺旋桨（相当于风扇）高速转动产生与机身相反的力矩，从而达到平衡；还有跳水运动员、花样滑冰运动员为何要在起跳（起转）前伸直手臂，在翻转（转动）后要收紧手臂呢？图 1.18 是角动量守恒的演示示意图．

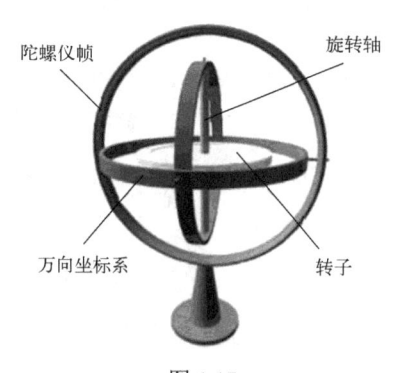

图 1.17

  当刚体受到的合外力和合外力矩都为零时，刚体保持平衡状态．

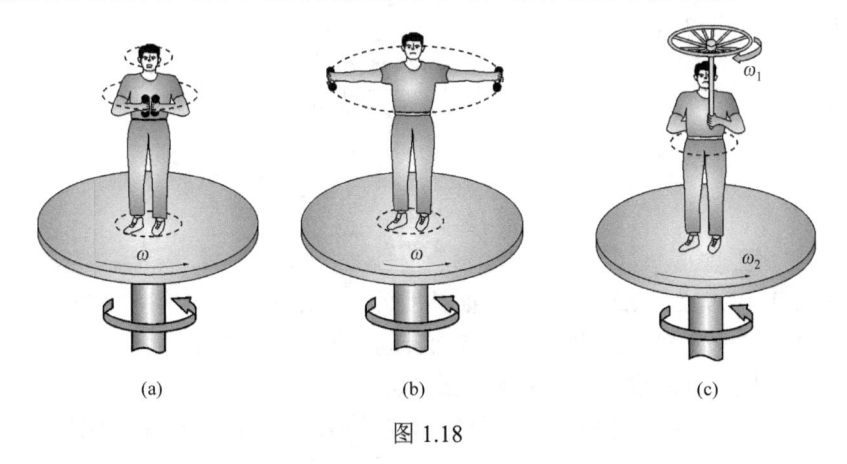

(a)   (b)   (c)

图 1.18

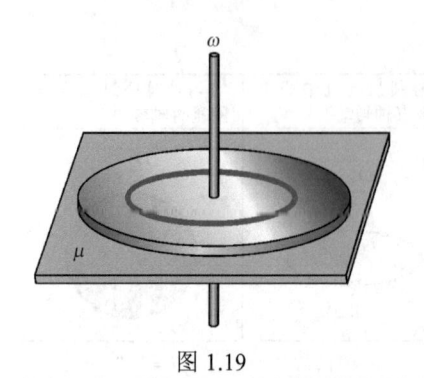

例题 1.1.3 如图 1.19 所示，一质量为 m、半径为 R 的均质薄圆盘，绕其中心轴在水平桌面上转动，设其初始角速度为 ω_0，圆盘与桌面的滑动摩擦系数为 μ，试求圆盘受摩擦力而静止所需要的时间．

图 1.19

解 圆盘转动过程中，由于重力对桌面产生压力，圆盘的每一部分都会受到桌面的摩擦力，圆盘的转动由于受到摩擦力矩而最终停止．如果将圆盘分割成许多微小的质量微元，每一个微元受到的摩擦力与其速度方向相反．由于转动的轴对称性，可将薄圆盘分解为以其中心（即转轴与圆盘交点）为圆心的若干细圆环，通过分别计算这些细圆环的转动惯量和摩擦力矩积分，得到总的转动惯量和摩擦力矩，代入到转动定律从而求解问题．具体为，在距中心半径为 r 的位置选取宽度为 dr 的质量微圆环，微圆环的面积为 $ds = 2\pi r dr$，因此其质量为 $dm = 2\pi r dr \dfrac{m}{\pi R^2}$，由于对称性，薄圆盘相对于转轴的转动惯量为

$$I = \int_0^m r^2 dm = 2m \int_0^R \frac{r^3}{R^2} dr = \frac{1}{2} mR^2,$$

同理，相对于转轴的摩擦力矩为

$$M = \mu g \int_0^m r dm = 2\mu m g \int_0^R \frac{r^2}{R^2} dr = \frac{2}{3} \mu m g R.$$

根据转动定律可以写出

$$M = -I \frac{d\omega}{dt},$$

上式变形后积分可以写出

$$\int_0^t dt = -\int_{\omega_0}^0 \frac{3R}{4\mu g} d\omega,$$

即可得

$$t = \frac{3R\omega_0}{4\mu g}.$$

例题 1.1.4 如图 1.20 所示，一根长度为 l、质量为 m 的均质细杆，可绕通过其中心 O 的固定水平轴在竖直平面内自由转动，开始时杆静止于水平位置．一只质量与杆相同的昆虫以速度 v_0 垂直落到距离中心 O 点 $l/4$ 处的杆上，昆虫落下后立即向杆的一端爬行．试问：若要使杆以匀角速度转动，昆虫的爬行速度应保持多大？

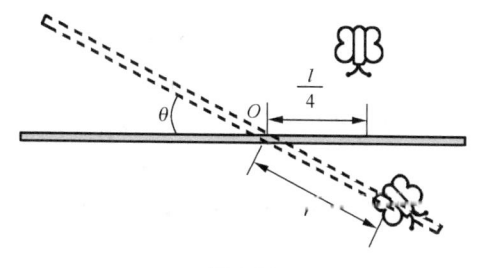

图 1.20

解 由于昆虫落到杆上的过程时间很短，其重力可忽略不计，因此该过程可视为非弹性碰撞，由昆虫和杆构成的系统相对于转轴角动量守恒，即为

$$mv_0 \frac{l}{4} = I\omega = \left[I_{杆} + m\left(\frac{l}{4}\right)^2\right]\omega,$$

其中，ω 为昆虫落下后随杆转动的角速度，杆绕中心轴的转动惯量 $I_{杆} = ml^2/12$，由此可以算得 $\omega = 12v_0/(7l)$，将其代入转动定律并满足匀速转动的条件

$$M = \frac{d(I\omega)}{dt} = \omega \frac{dI}{dt},$$

其中，$M = mgr\cos\theta$，$\theta = \omega t$ 表示 t 时刻系统相对水平位置转过的角度，而昆虫在杆上爬行的速度可由此刻其相对于 O 点的距离 r 来确定，即为 $v = \frac{dr}{dt}$，由此即可求得所需要的速度值.

思考题

太阳系和银河系为什么都近似为扁平的椭圆面？该面与其转动之间的关系应该如何理解？

科学家小传

伽利略

伽利略（Galileo. Galilei，1564—1642），意大利天文学家、物理学家和工程师，欧洲近代自然科学的创始人之一，被后世称为"观测天文学之父""现代物理学之父""科学方法之父""现代科学之父"，主要著作有《关于托勒密和哥白尼两大世界体系的对话》《关于两门新科学的对谈》《星际信使》等. 在物理学方面，伽利略对运动的基本概念，包括重心、速度、加速度等都做了详尽研究并给出了严格的数学表达式，尤其是加速度概念的提出，在力学史上是一个里程碑. 有了加速度的概念, 力学中的动力学部分才能建立在科学基础之上, 而在伽利略之前, 只有静力学部分有定量的描述. 伽利略还对物体在斜面上的运动、抛射体的运动等做过实验和观察, 并在这些研究基础上提出了加速度的概念及其数学表达式. 他曾非正式地提出惯性定律和物体在外力作用下运动的规律, 并提出运动相对性原理, 被爱因斯坦称为伽利略相对性原理. 伽利略的贡献为牛顿正式提出牛顿第一定律、牛顿第二定律奠定了基础. 在经典力学的建立上, 可以说伽利略是牛顿的先驱.

牛顿

牛顿(I. Newton, 1643—1727), 英国物理学家、数学家、哲学家, 经典力学体系的奠基人, 主要著作有《自然哲学的数学原理》《光学》等. 牛顿在物理学上的成就和贡献是丰富而伟大的. 在力学上, 他提出了万有引力定律, 并通过论证开普勒行星运动定律与他的引力理论间的一致性, 展示了地面物体与天体的运动都遵循着相同的自然定律, 为太阳中心说提供了强有力的理论支持. 牛顿还阐明了动量和角动量守恒的原理, 提出了著名的牛顿运动定律. 在光学上, 他发明了反射望远镜, 通过对三棱镜的研究, 发现了白光可以分解成不同颜色的光谱, 从而揭示了光的色散现象. 此外, 牛顿系统地阐述了光的反射和折射定律, 为光学学科的发展做出了重要贡献. 他还系统地表述了冷却定律, 并研究了声速. 由于牛顿的成就和贡献对人类的进步产生了深远的影响, 牛顿被称为人类历史上最伟大的物理学家之一. 微积分的创立是牛顿最卓越的数学成就. 为了解决物体运动问题, 牛顿创立了被其称为"流数术"、与物理概念直接联系的数学理论——微积分. 微积分的发明为近代科学发展提供了最有效的工具, 开辟了数学上的一个新纪元.

1.1.5 谐振动及其叠加

如图 1.21 所示, 理想弹簧振子的振动属于谐振动, 它在水平方向上始终受到一个指向其平衡位置的线性回复力

$$F = -kx, \qquad (1.16)$$

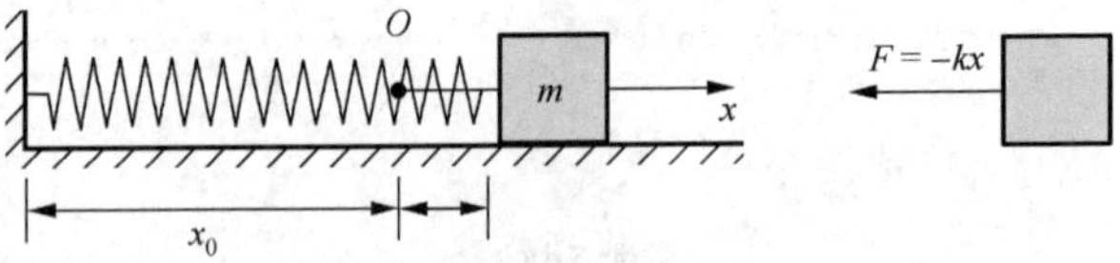

图 1.21

所以弹簧的运动方程为 $kx + ma = 0$, 或对应为微分方程的形式

$$\frac{d^2 x}{dt^2} + \omega^2 x = 0, \qquad (1.17)$$

其中, k 为弹簧的刚度系数; $\omega = \sqrt{k/m}$ 为谐振动的圆频率, 与频率 f 和振动周期

T 的关系为 $\omega/(2\pi)=f=1/T$. 微分方程的解表示弹簧振子在时刻 t 偏离平衡位置的位移(振动位移)

$$x = A\cos(\omega t + \varphi_0), \tag{1.18}$$

其中，A 为谐振动的振幅；$\varphi = \omega t + \varphi_0$ 为谐振动的相位；φ_0 为初相. 振动位移表示谐振动是一个等幅的周期运动.

一般而言，如果一个物体受到的力(或力矩)与式(1.16)等价，或者其运动方程与式(1.17)等价，或者其位置参量的变化与式(1.18)等价，都可以证明该物体做谐振动. 如图 1.22 所示，小摆幅的单摆受到的切向力为 $F = -mg\sin\theta \approx -mg\theta$，因此受到了线性回复力，可以得到结论：小幅单摆做谐振动. 可以证明，其运动方程为

$$\frac{d^2\theta}{dt^2} + \frac{g}{l}\theta = 0, \tag{1.19}$$

由此即可以得到小幅单摆的运动周期为 $T = 2\pi\sqrt{l/g}$.

在工程中，可用欧拉公式将谐振动表示为指数形式，分别对应了振子在 x 和 y 两个方向的谐振动，即为

$$r = x + iy = Ae^{i\varphi}, \tag{1.20}$$

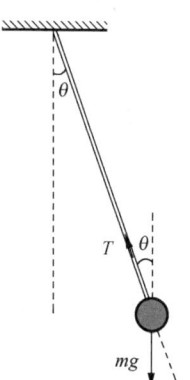

图 1.22

其中，相位 $\varphi = \omega t + \varphi_0$. 请读者按照欧拉公式自行展开理解.

谐振动的叠加以两个谐振动的叠加为基础，两个谐振动的叠加分别考虑振动方向相互平行和相互垂直振动的叠加.

首先考虑两个同方向振动的叠加，两个谐振动如下：为了数学上表示简单，假定它们同振幅，即

$$x_1 = A\cos(\omega_1 t + \varphi_1), \tag{1.21a}$$
$$x_2 = A\cos(\omega_2 t + \varphi_2), \tag{1.21b}$$

合振动为

$$x = x_1 + x_2. \tag{1.22}$$

通过分析叠加的结果，可以得到几个有用的结论.

(1) 如果是同频率的谐振动叠加，即 $\omega_1 = \omega_2 = \omega$，那么合振动 x 也是同频率的谐振动，其振幅 $A_{合成}^2 = 2A^2 + 2A^2\cos(\varphi_2 - \varphi_1)$. 很明显，两个分振动的相位差决定了合成以后振动是加强还是减弱. 在生活实际中，这一点对应于两个分振动合成时是步调相同还是相反.

(2) 如果两个分振动频率不相同但相差不大，即 $|\omega_1 - \omega_2| \ll (\omega_1 + \omega_2)/2$，将会形成一种特殊的振动，称之为"拍"，其表达式为

$$x = A'\cos\left(\frac{\omega_1 + \omega_2}{2}t\right), \tag{1.23}$$

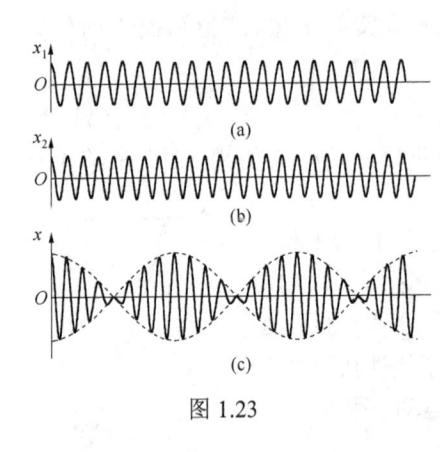

其中，$A' = 2A\cos\left(\dfrac{\omega_1 - \omega_2}{2}t\right)$. 拍的特点是合振动以与分振动相近的频率振动，振幅不再是个常数，而是在"缓慢"地变化. 由于振幅变化的频率远远小于振动频率，所以合振动可以近似理解为振幅缓慢变化的谐振动，如图 1.23 所示. 拍有很多实际应用，比如可以用来进行乐器校准等.

(3) 如果分振动频率相差较大，合振动仍然是一个周期运动，但不再是一个谐振动.

图 1.23

对于两个振动方向相互垂直的振动的叠加，可以证明，将频率相同的两个振动叠加以后，合成运动的轨迹将是一个左旋或者右旋的椭圆；将两个频率值比为有理数的分振动叠加以后，其合成运动的轨迹将是一个复杂的闭合曲线，称之为李萨如图，如图 1.24 所示；而当两个分振动的频率值比为无理数时，合振动的运动轨迹将永不闭合.

图 1.24

例题 1.1.5 一个质量为 m 的小球在一个光滑的半径为 R 的球形碗底做微小振动,如图 1.25 所示. 设 $t=0$ 时,$\theta=0$,小球的速度为 v_0,向右运动. 试求在振幅很小情况下小球的振动方程.

解 如图 1.25 所示,该小球做振动的平衡位置为碗底中心,以过此中心的竖线为轴,小球的振动可类比于小球的单摆运动. 假定小球与 O 点连线相对中心轴线转角为 θ 时,小球沿碗底切线方向的加速度方程为

$$-mg\sin\theta = ma_\tau,$$

其中,$a_\tau = R\dfrac{\mathrm{d}^2\theta}{\mathrm{d}t^2}$ 为小球的切向加速度. 当 $\theta \sim 0$ 时,$\theta \approx \sin\theta$,上述方程可重新写为

$$\ddot{\theta} + \frac{g}{R}\theta = 0.$$

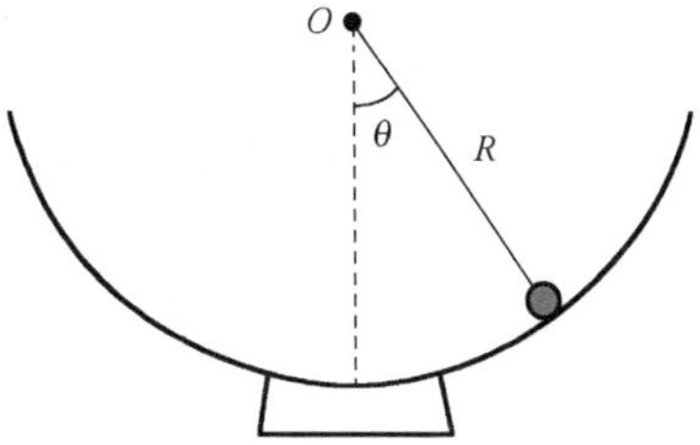

该式表明,小球在碗底做的微小振动为简谐振动,其圆频率为 $\omega = \sqrt{g/R}$,振动的周期为 $T = 2\pi\sqrt{R/g}$,运动方程具有如下形式:

$$\theta = \theta_0 \cos(\omega t + \varphi_0).$$

图 1.25

根据初始条件,当 $t=0$ 时,$\theta=0$,$\dot{\theta}=v_0/R$,代入可求得 $\theta_0 = v_0/(\omega R)$,$\varphi_0 = -\pi/2$. 因此可得运动方程

$$\theta = \frac{v_0}{\omega R}\cos\left(\sqrt{\frac{g}{R}}t - \frac{\pi}{2}\right).$$

科学家小传

胡克

胡克(R. Hooke,1635—1703),英国天文学家、物理学家、生物学家、仪器发明家. 胡克是 17 世纪英国最杰出的科学家之一,他的贡献是多方面的. 他以惊人的动手技巧和创造能力对当时的天文学、物理学、生物学、化学、气象学等学科都做出过重要贡献,并制造了复式显微镜、轮式气压计、摆钟、海洋测深仪、海水取样器等. 他对英国皇家学会初期开展的以实验为基础的研究做出了巨大的贡献,被称为"皇家学会的台柱". 在所有科学分支当中,胡克对力学的贡献是最为重要的. 弹性定律是胡克最重要的发现之一,也是力学最重要的基本定律之一.

> **笛卡儿**
>
> 笛卡儿(R. Descartes, 1596—1650), 法国数学家、物理学家、哲学家. 主要著作有《方法论》《几何学》《屈光学》《哲学原理》等. 笛卡儿最为世人熟知的是其作为数学家的成就, 他于 1637 年发明了现代数学的基础工具之一——坐标系, 将几何和代数相结合, 创立了解析几何学. 同时, 他也推导出了笛卡儿定理等几何学公式. 在物理学方面, 笛卡儿将其坐标几何学应用到光学研究上, 第一次对折射定律做出了理论上的推理论证. 在他的《哲学原理》一书中以第一和第二自然定律的形式首次比较完整地表述了惯性定律, 并明确地提出了动量守恒定律, 这些都为后来牛顿等的研究奠定了一定基础.

1.1.6 简谐波及其相干叠加

1. 波动的描述

为了理解方便，下面主要以平面简谐波为例，其波面为平面，因此波线是相互平行的直线.

首先确定波函数. 假定波源在坐标原点 O，波沿着 x 轴的正向传播，波源的振动方程为 $y = A\cos(\omega t + \varphi_0)$，根据前面的分析，波线上任意位置 x 处质量微元的振动在时间上滞后波源 $\dfrac{x}{u}$，从而在相位上滞后 $\omega \dfrac{x}{u}$ 或者 $2\pi \dfrac{x}{\lambda}$，其中 u 为波速，λ 为波长. 因此，x 处的振动方程为

$$y(x,t) = A\cos\left(\omega t - \frac{\omega x}{u} + \varphi_0\right), \tag{1.24}$$

或者

$$y(x,t) = A\cos\left(\omega t - 2\pi \frac{x}{\lambda} + \varphi_0\right). \tag{1.25}$$

由于上式代表波线上任意位置处质量微元的振动，表示波源的振动状态在介质中的传播，因此上式就是平面简谐波的波函数. 波速是相位传播的速度，波长是相位重复波传播非零的最小距离. 如果固定质量微元的位置，波函数就等效于该位置处的振动方程；如果固定时刻，波函数就对应为该时刻波线上所有位置偏离平衡位置的位移，即波形图，如图 1.26 所示.

图 1.26

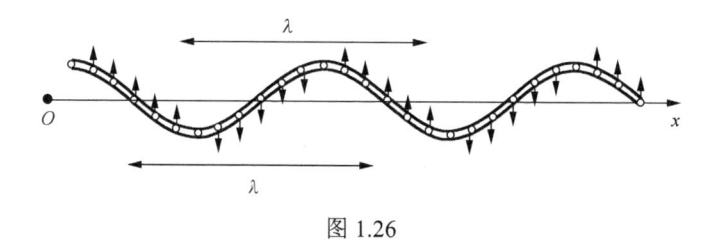

引入波数 $k = \dfrac{2\pi}{\lambda}$，表示长度上波长重复的次数，则波函数也可以表示为

$$y(x,t) = A\cos(\omega t - kx + \varphi_0). \tag{1.26}$$

对于三维介质，也可用矢量波矢（方向为波的传播方向）表示 $\boldsymbol{r} = x\boldsymbol{i} + y\boldsymbol{j} + z\boldsymbol{k}$ 位置处的波函数表达式

$$y(\boldsymbol{r},t) = A\cos(\omega t - \boldsymbol{k}\cdot\boldsymbol{r} + \varphi_0). \tag{1.27}$$

回到一维情况，如果波沿着轴负向传播，那么波函数具有以下等价形式（请读者思考原因）：

$$y(x,t) = A\cos(\omega t + kx + \varphi_0). \tag{1.28}$$

以上的波函数也可以通过分析介质中质量微元的动力学行为得到. 可以证明，一维弹性介质在波源的驱动下，x 处的质量微元的动力学方程为

$$\frac{\partial^2 y}{\partial x^2} = u^2 \frac{\partial^2 y}{\partial t^2}. \tag{1.29}$$

读者可以自行验证，波函数就是上述方程的一个解. 该方程可以推广至波在三维介质中的情况，其中利用 ξ 表示质量微元偏离平衡位置的位移

$$\nabla^2 \xi = u^2 \frac{\partial^2 \xi}{\partial t^2}. \tag{1.30}$$

梯度算符 $\nabla = \dfrac{\partial}{\partial x}\boldsymbol{i} + \dfrac{\partial}{\partial y}\boldsymbol{j} + \dfrac{\partial}{\partial z}\boldsymbol{k}$ 的平方 $\nabla^2 = \nabla\cdot\nabla = \dfrac{\partial^2}{\partial x^2} + \dfrac{\partial^2}{\partial y^2} + \dfrac{\partial^2}{\partial z^2}$ 代表作用于位移函数上的二阶全微分. 这同时说明波速可以通过介质的动力方程得到. 比如在电磁学中，麦克斯韦利用麦克斯韦方程组得到了真空中电磁波的动力学方程具有的形式 $\nabla^2 \xi = \dfrac{1}{\varepsilon_0 \mu_0} \dfrac{\partial^2 \xi}{\partial t^2}$，从而发现真空中的电磁波速等于 $\sqrt{\dfrac{1}{\varepsilon_0 \mu_0}}$，代入实验所得到的 ε_0 和 μ_0 的值（还记得中学它们是什么吗？）以后，发现真空中的电磁波速就等于光的传播速度，从而印证了光是电磁波的结论.

机械波的能量定义为介质中所有质量微元振动的动能和势能之和，即机械能. 可以证明，单位体积的能量即能量密度正比于波振幅的平方. 定义单位时间垂直通过单位横截面积的能量密度为能流密度，其对应为一个重要的物理量，称为坡印亭矢量 $\boldsymbol{S}$. 波的强度定义为能流对传播时间的平均值，也正比于波振幅的平方.

对于无损耗的介质，请读者自行证明. 一个点波源发出的球面波的波函数具有如下形式：

$$y(x,t) = \frac{A}{r}\cos(\omega t + kr + \varphi_0),\tag{1.31}$$

其中，r 表示波前的半径.

2. 波动的叠加

两列或者多列波的叠加本质是，它们在介质中同一点相遇后引起该点质量微元的振动的叠加. 如图 1.27 所示，考虑由波源 S_1 和 S_2 独立发出的同方向振动的波列在分别距离波源 r_1 和 r_2 的 P 点处相遇，引起该点质量微元振动的叠加，即

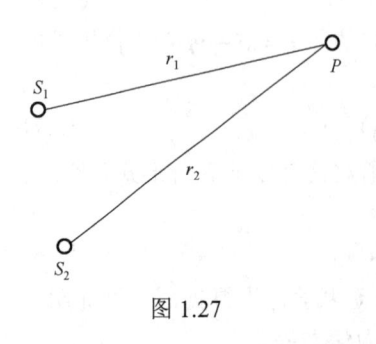

$$y_1(r_1,t) = A_1\cos(\omega_1 t - kr_1 + \varphi_{10}),\tag{1.32a}$$

$$y_2(r_2,t) = A_2\cos(\omega_2 t - kr_2 + \varphi_{20}).\tag{1.32b}$$

图 1.27

根据谐振动叠加的结论，立即可以得知，如果两列波的频率相同，那么该点合成的振动仍然是谐振动，表示为 $y(r,t) = y_1(r_1,t) + y_2(r_2,t)$，即

$$y(r,t) = A_{叠加}\cos[\omega t - k(r_2 - r_1) + \varphi_{20} - \varphi_{10}],\tag{1.33}$$

其振幅 $A_{叠加} = \sqrt{A_1^2 + A_1^2 + 2A_1 A_2 \cos[-k(r_2 - r_1) + \varphi_{20} - \varphi_{10}]}$. 由此可见，这两列波在空间各点相遇后叠加的振幅仅依赖于所在位置而不随时间变化的谐振动分布，称这种波叠加的现象为相干叠加. 两列分波称为相干波. 请思考，上述分析中为什么两列波用了相同的波矢？

波的相干叠加具有非常广泛和重要的应用，比如精密测量等（本章 1.3.6 节的光学中有举例），常见的现象有校园内多个喇叭产生的声音强度在不同位置的变化、水面波的叠加形成漂亮的水纹分布等. 下面考虑一种特殊的相干叠加——驻波.

驻波产生于两列相向而行的相干波的叠加，为简单起见，考虑绳子上传播的入射波和反射波在同一位置相遇，忽略初相，即

$$y(x,t) = A\cos(\omega t - kx) + A\cos(\omega t + kx),\tag{1.34}$$

计算得到叠加的结果

$$y(x,t) = 2A\cos kx \cos \omega t.\tag{1.35}$$

这是一个很有趣的结果，第二个余弦函数表示频率为 ω 的谐振动，而第一个余弦函数则表示随绳子（介质）位置周期性变化的振幅，综合起来可以理解为振幅随介质位置周期性变化的谐振动，而不再是一列行进的波，好像这两列波叠加后停止不行进了，因此称为驻波. 行进的波称为行波.

如图 1.28 所示,驻波使得介质中某些位置始终静止——波节,某些位置始终振幅最大——波腹,很容易证明相邻波节(波腹)间距为 $\lambda/2$. 这就意味着约束于两个反射面之间长度为 L 的平面行波相干叠加后形成驻波,两个反射点是波节. 由于驻波稳定性要求,波线(介质)被分割为若干个半波长,因此波长和介质长度之间满足关系

$$L = N\frac{\lambda}{2}, \tag{1.36}$$

其中 N 是正整数. 驻波的频率 $f = \dfrac{2L}{Nu}$,其受约束空间尺度限制,因此可以实现滤波.

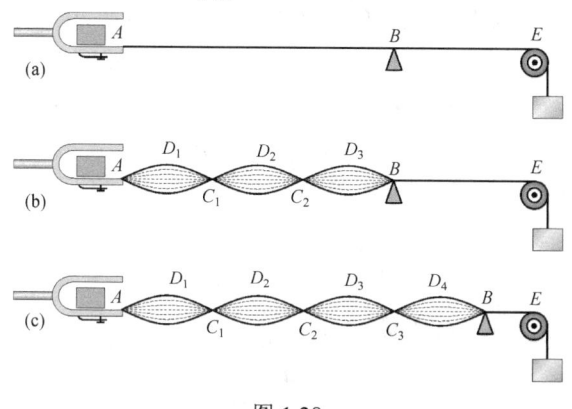

图 1.28

3. 多普勒效应

多普勒效应是一种典型的波动现象. 19 世纪奥地利物理学家多普勒(C. Doppler)发现机械波的多普勒效应并给出相应的理论. 多普勒效应是指,当波源和观测者有相对运动时,观测者接收到的波的频率与波源发出的波的频率不同的现象. 该现象不仅适用于机械波,而且也适用于电磁波和引力波等波动现象.

下面以一维波动为例来阐述机械波多普勒效应的物理机制,如图 1.29 所示.

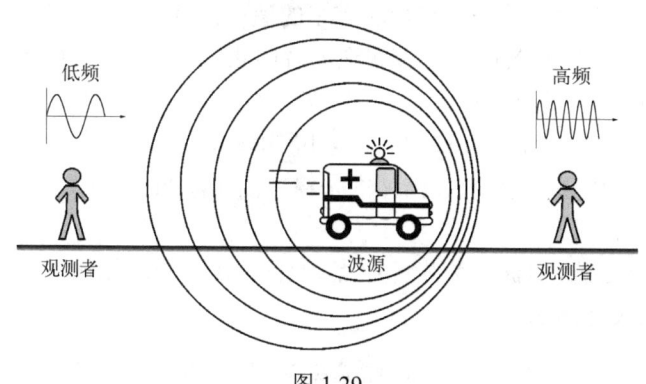

图 1.29

首先，假设波源 S 保持静止，其发出频率为 f_0 的波列，而观测者 O 以速度 v_O 朝着波源运动而来. 对于与波源相对静止的观测者来说，单位时间将会接收到 f_0 个波列，而由于观测者的运动，实际上在单位时间内会多接收到 $\dfrac{v_O}{\lambda} = v_O \dfrac{f_0}{u}$ 个波列，其中 u 为波的传播速度. 因此，对于运动的观测者来说，他接收到的波的频率为

$$f = \left(1 + \dfrac{v_O}{u}\right) f_0. \tag{1.37}$$

也就是说，此时观测者实际观测到的波的频率要大于波源本身发出的频率. 当然，如果观测者和波源相对运动方向相反，则实际观测到的波的频率会变小.

其次，假设观测者不运动，而波源以速度 v_S 朝着观测者运动而去. 这说明波源在发出前一个波列与发出下一个波列的一个周期时间内，会朝着前一个波列靠近 v_S/f_0 的距离，也就是说，实际在介质中传播的波列的波长为

$$\lambda = \lambda_O - \dfrac{v_S}{f_0} = \dfrac{u - v_S}{f_0}, \tag{1.38}$$

因而，观测者实际接收到的波的频率为

$$f = \dfrac{u}{u - v_S} f_0. \tag{1.39}$$

这也同样意味着波源和观测者相互靠近时，观测者接收到的频率要大于原频率，反之亦然. 如果综合上述两种情况，当波源和观测者同时运动时，观测者实际接收到的波的频率为

$$f = \dfrac{u + v_O}{u - v_S} f_0. \tag{1.40}$$

请读者自行理解波源和观测者速度的正负. 以上的结论具有广泛的实际应用，比如通过监测卫星信号的频率变化来确定其运动速度；通过测量固定信号源发出波列经运动汽车反射后频率的变化来检测汽车的速度；雷达技术和声呐技术也是基于同样的原理. 上述分析的条件是波源和观测者的相对速度没有超过波速，否则将会产生冲击波，请读者自行学习.

例题 1.1.6 波源的振动方程为 $y = 6 \times 10^{-2} \cos(\pi t / 5)$m，它所激起的波以 2.0m/s 的速度在一直线上传播，求：(1)沿波的传播方向距波源 6.0m 处一点的振动方程；(2)该简谐波的波函数.

解 (1)根据题意，以波源为坐标原点，坐标为 x 处的质元振动方式与波源相同，其振动相位相对波源滞后

$$\Delta \varphi = \omega \dfrac{x}{u} = \dfrac{\pi}{5} \times \dfrac{x}{2},$$

代入 $x=6.0\mathrm{m}$，可得 $\Delta\varphi=3\pi/5$，因此该点的振动方程为

$$y=6\times10^{-2}\cos\left(\frac{\pi t}{5}-\frac{3\pi}{5}\right).$$

(2) 任意一点 x 处质元的振动方程为该简谐波的波函数，即

$$y=6\times10^{-2}\cos\left(\frac{\pi t}{5}-\frac{\pi x}{10}\right).$$

例题 1.1.7 一个固定的超声波波源发出频率为 $f_0=100\mathrm{kHz}$ 的超声波. 当一辆汽车迎面驶来时，在超声波所在处接收到从汽车反射回来的超声波，其频率为 $f=110\mathrm{kHz}$. 设声波的波速为 $u=330\mathrm{m/s}$，求汽车的行驶速度.

解 根据声波的多普勒效应，汽车作为观测者接收到的超声波的频率为

$$f'=\frac{u+v}{u}f_0.$$

作为波源的汽车反射波在空气中的频率为

$$f''=\frac{u}{u-v}f'.$$

综合两式可以求得汽车的速度为

$$v=\frac{f''-f_0}{f''+f_0}u=16.7\mathrm{m/s}=60.12\mathrm{km/h}.$$

> **思考题**
>
> 一固定的超声波波源在观测者前方发出频率为 $v_0=100\mathrm{kHz}$ 的超声波，一汽车相对于观测者迎面驶来时(假设波源位于汽车和观测者之间，汽车速度远远小于光速)，在超声波所在处接收到的从汽车反射回来的超声波的频率有什么变化？观测者能观测到超声波所产生的拍现象吗？为什么？

科学家小传

欧拉

欧拉(L. Euler，1707—1783)，瑞士物理学家、数学家. 欧拉是18世纪数学界最杰出的人物之一. 欧拉出生于瑞士巴塞尔附近的一个小镇，他在年轻时就展现了出色的数学天赋. 后来，他前往圣彼得堡，成为俄国科学院的成员，并在那里度过了大部分职业生涯. 欧拉一生中撰写了大量的著作，其中包括约600多篇科学论文和书籍，对数学和物理学的发展产生了深远的影响. 他所完成的

著作《无穷小分析引论》《微分学原理》《积分学原理》都成为数学界中的经典著作. 欧拉不但为数学界做出贡献,更把整个数学推至物理的领域. 他将数学分析方法用于力学,是刚体力学和流体力学的奠基者、弹性系统稳定性理论的开创人. 他认为质点动力学微分方程可以应用于液体,奠定了理想流体的理论基础,给出了反映质量守恒的连续方程和反映动量变化规律的流体动力学方程. 在光学领域,欧拉研究了光的传播和干涉现象,并对光波理论做出了贡献.

高斯

高斯(C. F. Gauss, 1777—1855),德国数学家、物理学家、天文学家. 在数学领域,作为近代数学奠基人之一的高斯被世人称为"数学王子". 高斯证明了费马大定理的特殊情形,并提出了同余理论,为现代数论的发展奠定了基础. 高斯发展了微分几何,建立了曲面内蕴几何学,并提出了高斯绝妙定理,揭示了曲面的本质特征. 这一理论不仅在数学领域产生了深远影响,还对物理学和工程学等领域产生了广泛影响. 高斯在复变函数论方面也取得了开创性成果. 他引入了复数的概念,并发展了复数平面上的解析函数理论,为现代复分析的发展奠定了基础. 在物理学与天文学领域,他与韦伯合作,提出了电磁场理论的基本方程,即高斯定律和韦伯定律,为电磁学的发展做出了重要贡献. 他独立推导出了行星运动的摄动理论,并成功预测了谷神星的位置,这展示了他在天文领域的深厚造诣. 高斯的研究视野跨越了多个学科领域,他的成就不仅在数学领域具有重要地位,还对物理学、天文学等领域产生了广泛影响. 这种跨学科的研究方法为后世科学家树立了典范.

1.1.7 理想流体的压强与伯努利方程

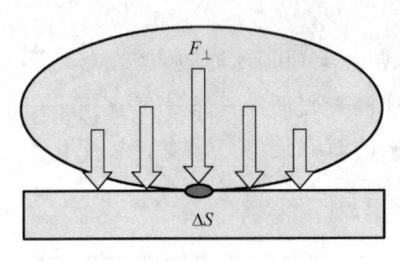

图 1.30

由于流体的特殊性,压强作为基本观测量更为方便. 首先考虑静流体压强的特点,如图 1.30 所示,流体中某一点的压强定义为该点处单位面积所受的垂直压力,即

$$p = \frac{\mathrm{d}F_\perp}{\mathrm{d}S}. \tag{1.41}$$

取图 1.31 所示的一个小三棱体的液体模型,通过分析三个垂直方向的受力平衡方程,可以得到结论:静流体中任意一点各方向的压强相同,这个结论按照同样的方法也可以推广至动流体中. 因此,无论是静流体还是流动的流体,流体内各点压强在各个方向的大小是相同的.

对于静流体内不同位置的压强,如图 1.32 所示,分别选取同一水平面上 A、C 两点和同一竖直线上 A、B 两点,分别做液体小圆柱,根据牛顿定律,圆柱分别对应的力学方程为

$$p_A\Delta S - p_C\Delta S = \Delta m \times 0, \tag{1.42a}$$
$$p_A\Delta S + \Delta mg = p_B\Delta S. \tag{1.42b}$$

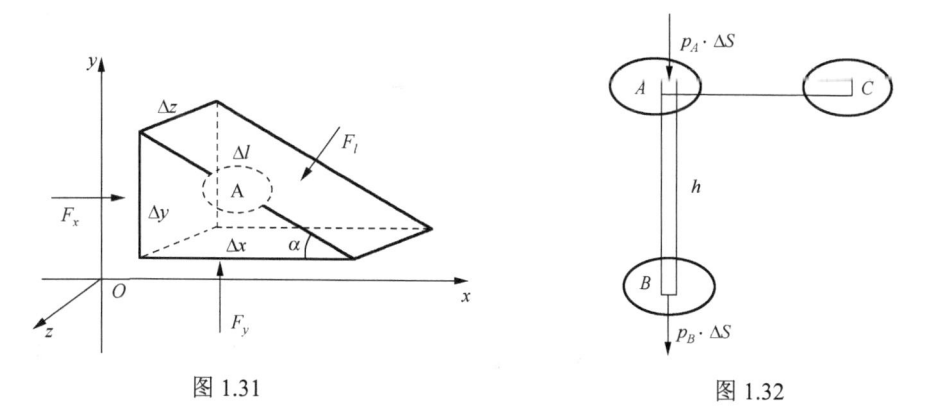

图 1.31

图 1.32

显然可以得到结论,同一高度上的两个位置处的压强相同,而相距垂直高度为 h 的两点之间的压强满足关系

$$p_B = p_A + \rho gh, \tag{1.43}$$

其中, ρ 是流体的密度. 根据同样的分析可以得到如下两个重要的定律.

阿基米德浮力定律：流体中物体所受的浮力等于其排开流体的重力.

帕斯卡定律：作用在密闭容器中流体的压强会等值地传到流体各处和器壁上.

读者可以尝试自行分析以上两个定律的物理内涵. 帕斯卡定律常应用于设计各类液压机械.

对于流动的流体,选一细流管,如图 1.33 所示,取两个与细流管垂直的截面 S_1 和 S_2, 两处的流速分别为 v_1 和 v_2, 由于理想流体的不可压缩性及密度分布的均匀性 $\rho_1 = \rho_2$, 在一段时间内从 S_1 面流入的流体的质量和从 S_2 面流出的流体的质量应相同,即 $S_1 v_1 \Delta t \rho_1 = S_2 v_2 \Delta t \rho_2$, 所以有

$$S_1 v_1 = S_2 v_2. \tag{1.44}$$

此式称为流体流动的连续性方程. 生活中若捏紧橡皮软管口,水流会加大流速并喷出很远.

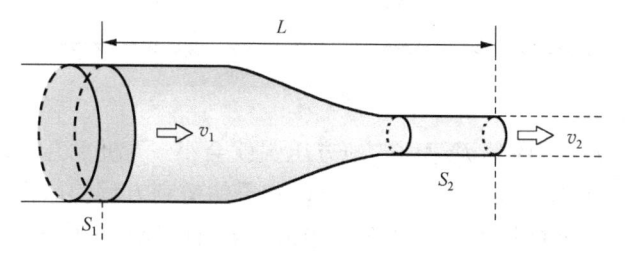

图 1.33

下面来解决流动流体中不同点的压强关系. 如图 1.34 所示, 选取一细流管, 考虑一段流体, 在时刻 t, 流体位于 a_1a_2, 经过微小的时间段 Δt, 流体位于 b_1b_2. 由于 Δt 很小, a_1 和 a_2 处的截面积为 S_1, b_1 和 b_2 处的截面积为 S_2. 由于流体的不可压缩性, a_1a_2 段的质量等于 b_1b_2 段的质量, 记为 Δm. 根据力的做功原理, 有

$$W = E(t+\Delta t) - E(t), \tag{1.45}$$

其中

$$W = p_2 S_2 \Delta l_2 - p_1 S_1 \Delta l_1 = (p_2 - p_1)\Delta V, \tag{1.46a}$$

$$E(t+\Delta t) - E(t) = E_{a_2b_2} - E_{a_1b_1}, \tag{1.46b}$$

$$E_{a_2b_2} = \frac{1}{2}\Delta m v_2^2 + \Delta m g h_2 = \frac{1}{2}\rho \Delta V v_2^2 + \rho \Delta V g h_2, \tag{1.46c}$$

$$E_{a_1b_1} = \frac{1}{2}\Delta m v_1^2 + \Delta m g h_1 = \frac{1}{2}\rho \Delta V v_1^2 + \rho \Delta V g h_1. \tag{1.46d}$$

整理可得

$$p + \frac{1}{2}\rho v^2 + \rho g h = 常数. \tag{1.47}$$

此式称为伯努利方程.

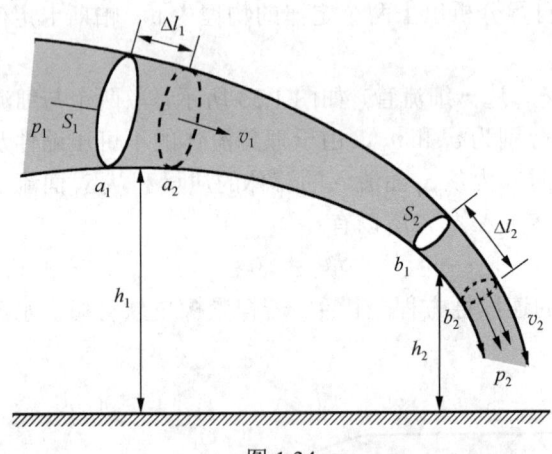

图 1.34

伯努利方程表明, 流体流速大的地方压强就会小. 飞机上升的动力就是基于这个原理; 流体流速的测量、虹吸原理也可以基于伯努利方程的原理.

例题 1.1.8 一圆柱形容器, 高 $H = 70\text{cm}$, 底面积 $S = 600\text{cm}^2$, 其中注满了水. 若容器的底有一面积 $S_1 = 1\text{cm}^2$ 的孔, 试问容器中的水全部流尽需多少时间?

解 如图 1.35 所示，设在某时刻，水面高度为 y_l，水面的下降速率为 v_2，小孔的水流速率为 v_1，根据连续性方程

$$S_1 v_1 = S v_2$$

和伯努利方程

$$\frac{1}{2}\rho v_2^2 + \rho g y_l = \frac{1}{2}\rho v_1^2,$$

消去 v_1，可得

$$v_2 = \sqrt{\frac{2g y_l S_1^2}{S^2 - S_1^2}}.$$

图 1.35

将上述结果代入 $\mathrm{d}y_l = -v_2 \mathrm{d}t$，完成积分

$$\int_0^t \sqrt{\frac{2g S_1^2}{S^2 - S_1^2}} \mathrm{d}t = -\int_H^0 \frac{\mathrm{d}y_l}{\sqrt{y_l}}$$

可得

$$t = \sqrt{\frac{2H(S^2 - S_1^2)}{g S_1^2}} \approx \frac{S}{S_1}\sqrt{\frac{2H}{g}} = 227\,\mathrm{s}.$$

思考题

虹吸现象是伯努利方程应用于液体的典型现象，请自行查找相关虹吸现象的资料进行学习，并给出图 1.36 中虹吸现象不同高度处量的关系．

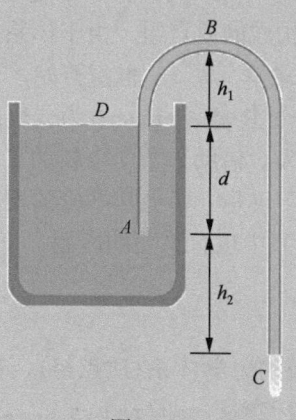

图 1.36

> **科学家小传**
>
> ### 哈密顿
>
> 哈密顿(W. R. Hamilton, 1805—1865), 英国数学家、物理学家、天文学家. 哈密顿的研究工作涉及很多领域, 最大成果是光学、力学和四元数. 哈密顿在科学史中影响最大的是他对力学的贡献. 哈密顿量是现代物理学中最重要的物理量之一. 哈密顿发展了分析力学, 于1834年建立了著名的哈密顿原理, 使各种动力学定律都可以从一个变分式推出. 根据这一原理, 力学与几何光学有相似之处. 后来发现, 这一原理又可推广到物理学的许多领域, 如电磁学等. 哈密顿把广义坐标和广义动量都作为独立变量来处理动力学方程, 这种方程现在称为哈密顿正则方程. 他还建立了一个与能量有密切联系的哈密顿函数. 这些成果在现代物理学中都有广泛应用.
>
> ### 拉格朗日
>
> 拉格朗日(J. L. Lagrange, 1736—1813), 法国物理学家、数学家. 拉格朗日是分析力学的创立者. 在其名著《分析力学》中, 拉格朗日在总结历史上各种力学基本原理的基础上, 发展了达朗贝尔、欧拉等的研究成果, 引入了势和等势面的概念, 进一步把数学分析应用于质点和刚体力学, 提出了运用于静力学和动力学的普遍方程, 引进广义坐标的概念, 建立了拉格朗日方程, 把力学体系的运动方程从以力为基本概念的牛顿形式改变为以能量为基本概念的分析力学形式, 奠定了分析力学的基础, 为把力学理论推广应用到物理学其他领域开辟了道路.

1.1.8 分析力学基础

牛顿基于牛顿三定律和万有引力定律构建的牛顿力学体系取得了巨大的成功, 原则上可以解决任何宏观的机械运动问题. 但是牛顿力学是建立在矢量的基础上, 需要从分析物体的受力开始, 并借助几何和矢量工具来处理和分析问题, 所以也被称为矢量力学. 特别对于由多个质点构成的质点组, 由于体系内的相互作用非常复杂, 很多稍微复杂的体系几乎无法得到求解. 从 18 世纪开始, 以拉格朗日、哈密顿、雅可比(C. G. J. Jacobi)和达朗贝尔(J. le R. d'Alembert)为代表的一些科学家, 构建了分析力学体系, 从能量和功的角度出发, 借助于数学分析的工具, 可以实现对运动体系更一般化的分析和求解. 分析力学不仅是一套更加严密的聚焦机械运动的物理理论体系, 在量子力学等近现代物理学体系中也有重要的应用, 下面对最基本的概念进行介绍.

1. 质点体系的广义坐标

考虑一个由 N 个质点构成的力学体系(质点组), 基于某一个空间坐标系, 确定体系的位置状态需要 $3N$ 个坐标参量, 即 (x_i, y_i, z_i), $i=1,2,\cdots,N$, 为了表述方便,

可以统一写为 $x_i(i=1,2,\cdots,3N)$. 如果体系的所有空间自由度都相互独立，那么体系的总自由度数为 $3N$，但是一般来说，体系中质点的各运动方向及不同质点之间的运动会存在一些关联，使得坐标参量之间要满足一定的约束方程，而约束的存在使体系的总自由度减少，或者独立的坐标参量数减少. 比如，用轻质刚性直杆连接在一起的两个质点，其位置坐标之间需要满足约束方程 $x_1^2+y_1^2+z_1^2=x_2^2+y_2^2+z_2^2+l^2$.

如果一个上述的体系需要满足 r 个约束方程，即

$$f(x_1,x_2,\cdots,x_{3N};t)=0, \tag{1.48}$$

那么体系的自由度数就会减少为 $s=3N-r$，利用约束方程定义 s 个独立的坐标参量 $q_i(i=1,2,\cdots,s)$，满足如下函数关系：

$$x_i=x_i(q_1,q_2,\cdots,q_s;t), \tag{1.49}$$

则称独立的坐标参量 $q_i(i=1,2,\cdots,s)$ 为体系的广义坐标. 分析力学就是要基于广义坐标构建体系的运动规律，其基本思路是通过虚功原理将动力学问题转化为静力学问题，从而得到基于广义坐标的运动规律.

2. 虚功原理

将质点随时间变化所发生的真实位移称为实位移，而将某一瞬间质点在约束条件下设想发生的微小位移称为虚位移. 如果质点的位置矢量为 $\boldsymbol{r}$，则实位移和虚位移分别表示为 $\mathrm{d}\boldsymbol{r}$ 和 $\delta\boldsymbol{r}$. 虚位移是假想的质点可能发生的位移，只要在满足约束的条件下，质点所有可能的位移都可设想为虚位移. 虚位移没有时间的变化. 实位移可能是虚位移中的一个，也可能不是.

质点移动时，作用在质点上的力会做功. 对应力的真实做功，对应质点的虚位移可以定义假象的虚功，表示为 $\delta W=\boldsymbol{F}\cdot\delta\boldsymbol{r}$. 将由约束条件确定的作用在质点上的力称为约束力，则作用在质点上的力可以分为主动力 $\boldsymbol{F}$ 和约束力 $\boldsymbol{F}_\mathrm{C}$. 当质点处于平衡状态时，需要满足条件 $\boldsymbol{F}+\boldsymbol{F}_\mathrm{C}=0$，同时力的虚功也要等于零，即

$$\delta W=(\boldsymbol{F}+\boldsymbol{F}_\mathrm{C})\cdot\delta\boldsymbol{r}=0. \tag{1.50}$$

考虑由 N 个质点构成的力学体系，将上式应用于每个质点并求和，即有

$$\sum_{i=1}^{N}\boldsymbol{F}_i\cdot\delta\boldsymbol{r}_i+\sum_{i=1}^{N}\boldsymbol{F}_{\mathrm{C}i}\cdot\delta\boldsymbol{r}_i=0. \tag{1.51a}$$

对应于许多实际情况，比如光滑曲面（曲线）、光滑铰链等约束运动，体系中的约束力的虚功之和等于零，称这类约束为理想约束，即有

$$\sum_{i=1}^{N}\boldsymbol{F}_{\mathrm{C}i}\cdot\delta\boldsymbol{r}_i=0. \tag{1.51b}$$

即在理想约束条件下，力学体系达到平衡的条件是作用在各个质点上主动力所做的虚功之和等于零，称该规律为虚功原理，其表达式为

$$\delta W = \sum_{i=1}^{3N} F_i \cdot \delta x_i = 0. \tag{1.52}$$

为了将虚功原理对应到广义坐标，考虑式(1.49)的全微分，即

$$\delta x_i = \sum_{\mu=1}^{s} \frac{\partial x_i}{\partial q_\mu} \delta q_\mu + \frac{\partial x_i}{\partial t} \delta t = \sum_{\mu=1}^{s} \frac{\partial x_i}{\partial q_\mu} \delta q_\mu. \tag{1.53}$$

将其代入式(1.52)中，经整理可以得到

$$\delta W = \sum_{\mu=1}^{s} \mathfrak{I}_\mu \cdot \delta q_\mu = 0. \tag{1.54}$$

该式即为广义坐标表示的虚功原理，其中引入了广义力

$$\mathfrak{I}_\mu = \sum_{i=1}^{3N} F_i \frac{\partial x_i}{\partial q_\mu} = \frac{\partial W}{\partial q_\mu}. \tag{1.55}$$

由于虚位移的性质，由式(1.54)可知，体系平衡时广义力都应该等于零，即在理想约束下，力学体系平衡的条件是广义力的各个分量都等于零，即

$$\mathfrak{I}_\mu = 0, \quad \mu = 1, 2, \cdots, s. \tag{1.56}$$

3. 拉格朗日方程

有了以上的基础，现在来构建质点体系的动力学方程。对于上述由 N 个质点构成的力学体系，质点的牛顿方程为

$$m_i \ddot{r}_i = F_i + F_{Ci}. \tag{1.57}$$

将上式简单移项以后可以得到

$$F_i - m_i \ddot{r}_i + F_{Ci} = 0. \tag{1.58}$$

如果把 $-m_i \ddot{r}_i$ 理解为作用在质点上的一个力，那么上式就等效于某一瞬间质点的静力学平衡方程，前两项为作用在质点上的主动力，那么在理想约束条件下，该动力学系统要满足虚功原理，即

$$\delta W = \sum_{i=1}^{3N} (F_i - m_i \ddot{x}_i) \cdot \delta x_i = 0. \tag{1.59}$$

该式也称为达朗贝尔-拉格朗日方程。请注意式(1.59)中 m_i 实际只对应为 N 个质点的质量，即第一个质点 $m_1 = m_2 = m_3$，第二个质点 $m_4 = m_5 = m_6$，以此类推。

为了将达朗贝尔-拉格朗日方程表示为广义坐标的方程，引入了广义速度

$$\dot{q}_\mu \equiv \frac{\mathrm{d}q_\mu}{\mathrm{d}t}, \tag{1.60}$$

则坐标空间速度为

$$\dot{x}_i = \frac{\mathrm{d}x_i}{\mathrm{d}t} = \sum_{\mu=1}^{s} \frac{\partial x_i}{\partial q_\mu} \dot{q}_\mu + \frac{\partial x_i}{\partial t}, \tag{1.61}$$

即 $\dot{x}_i = \dot{x}_i(q,\dot{q};t)$，即 $\dot{x}_i$ 是广义坐标、广义速度和时间的函数. 可以证明, 基于广义坐标和广义速度, 达朗贝尔-拉格朗日方程等效于 s 个方程

$$\frac{\mathrm{d}}{\mathrm{d}t}\left(\frac{\partial T}{\partial \dot{q}_\mu}\right) - \frac{\partial T}{\partial q_\mu} = \mathfrak{I}_\mu, \quad \mu = 1, 2, \cdots, s, \tag{1.62}$$

其中, $T = \sum_{i=1}^{3N} \frac{1}{2} m_i \dot{x}_i^2$ 为体系的动能. 该式也称为基本形式的拉格朗日方程组. 如果体系是保守系统, 则可引入体系的势能函数

$$V = V(x;t) = V(q;t). \tag{1.63}$$

在体系质点上的保守力(主动力)为势能函数梯度的负值, 其分量分别为

$$F_i = -\frac{\partial V}{\partial x_i}, \tag{1.64}$$

或者广义力的分量为

$$\mathfrak{I}_\mu = -\frac{\partial V}{\partial q_\mu}. \tag{1.65}$$

如此, 定义拉格朗日函数为

$$L(q,\dot{q};t) = T(q,\dot{q};t) - V(q;t), \tag{1.66}$$

则保守系统的拉格朗日方程组可以写为如下形式:

$$\frac{\mathrm{d}}{\mathrm{d}t}\left(\frac{\partial L}{\partial \dot{q}_\mu}\right) - \frac{\partial L}{\partial q_\mu} = 0, \tag{1.67}$$

其中, $\frac{\partial L}{\partial \dot{q}_\mu} = \frac{\partial T}{\partial \dot{q}_\mu} \equiv p_\mu$ 称为广义动量.

4. 哈密顿函数与正则方程

拉格朗日函数是广义坐标和广义速度的函数, 能够确定体系的运动状态, 也可以用广义动量代替广义速度, 即用广义坐标和广义动量来描述体系的运动状态. 计算拉格朗日函数的微分 δL 发现

$$\delta\left(L - \sum_{\mu=1}^{s} p_\mu \dot{q}_\mu\right) = \sum_{\mu=1}^{s}\left(\frac{\partial L}{\partial q_\mu}\delta q_\mu - \dot{q}_\mu \delta p_\mu\right). \tag{1.68}$$

上式右边的求和项表明，左边括号中的函数可以写成广义速度和广义动量的全微分，这意味着可以引入一个新的体系的状态函数，定义为哈密顿函数或者哈密顿量

$$H(q,p;t) = -L + \sum_{\mu=1}^{s} p_\mu \dot{q}_\mu. \tag{1.69}$$

可以证明，当系统的约束不随时间变化，即在稳定约束条件下，哈密顿函数就是力学系统的总机械能，即为

$$H(q,p) = T(q,p) + V(q). \tag{1.70}$$

也正因为如此，哈密顿函数在近代物理中也有广泛的应用. 基于哈密顿函数，从拉格朗日方程出发，可以得到基于哈密顿函数的体系的运动方程，称为哈密顿正则方程或者正则方程，即为

$$\dot{q}_\mu = \frac{\partial H}{\partial p_\mu}, \quad \dot{p}_\mu = -\frac{\partial H}{\partial q_\mu}, \quad \mu = 1,2,\cdots,s. \tag{1.71}$$

由于广义坐标和广义动量的相互独立性，正则方程是 $2s$ 个独立方程构成的方程组，给定体系的初始条件，求解正则方程即可确定体系任意时刻的状态，状态由 $2s$ 个状态变量函数唯一确定，即

$$q_\mu = q_\mu(t), \quad p_\mu = p_\mu(t), \quad \mu = 1,2,\cdots,s. \tag{1.72}$$

$2s$ 个广义坐标 q_μ 和广义动量 p_μ 也称为力学体系的正则变量，它们一起支撑形成了 $2s$ 维抽象的相空间，一组正则坐标 (q_μ, p_μ) 对应相空间中的一个点，称为相点，在相空间中也唯一确定了体系的状态.

例题 1.1.9 如图 1.37 所示，一个质量为 M、倾角为 θ 的斜面放置于光滑的水平面上，另一个质量为 m、半径为 r 的均质圆柱体沿着斜面高度为 h 的位置无滑动滚下，请利用拉格朗日方程组求解当柱体滚至平面瞬间的角速度及斜面的速度（设 $r\sin\theta \sim 0$）.

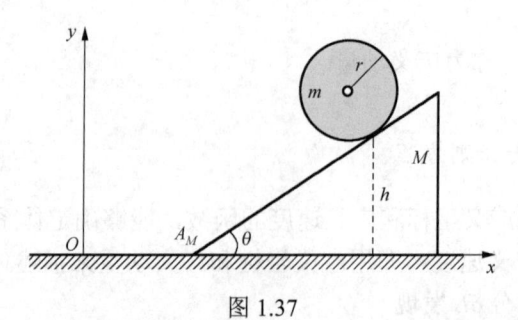

图 1.37

解 建立平面直角坐标系 (x,y)，由于体系需要四个坐标，设柱体的轴心坐标为 (x_m,y_m)，能够代表斜面位置的斜面底部尖端 A_M 点处的坐标为 (x_M,y_M). 令 ζ 表示柱体和斜面的切点与 A_M 的距离（ζ_0 代表初始距离），ϕ 表示柱体从初始位置相对斜面滚过的角度. 体系有两个约束，分别为：柱体只能沿着斜面做无滑动滚动（纯滚动），即柱体相对于斜面平动的速率等于其半径乘以相对于斜面滚动的角速度，可表示为

$$\dot{\zeta}=-r\dot{\phi},$$

其中 $\zeta=\zeta_0-r\phi$；斜面只能在平面上运动，即

$$y_M=0,\quad \dot{y}_M=0.$$

由此，需要寻找两个广义坐标，按照体系运动的特点，选择 x_M 和 ϕ 作为广义坐标. 为了写出拉格朗日函数，需要计算两个运动体的动能和势能. 由于 $r\sin\theta \sim 0$，结合几何关系可知 $x_m=x_M+\zeta\cos\theta$，因而两个运动体之间平移速率的关系为

$$\dot{x}_m=\dot{x}_M+r\dot{\phi}\cos\theta.$$

柱体的竖直位置满足关系 $y_m=r+\zeta\sin\theta$，因而竖直速率满足条件

$$\dot{y}_m=\dot{\zeta}\sin\theta=-r\dot{\phi}\sin\theta.$$

已知柱体的转动惯量 $I=mr^2/2$，则体系的动能和势能分别为

$$T=\frac{M}{2}\left(\dot{x}_M^2+\dot{y}_M^2\right)+\frac{m}{2}\left(\dot{x}_m^2+\dot{y}_m^2\right)+\frac{1}{2}I\dot{\phi}^2$$
$$=\frac{1}{2}(M+m)\dot{x}_M^2-m\dot{x}_M\dot{\phi}r\cos\theta+\frac{3}{4}mr^2\dot{\phi}^2,$$
$$V=mg(y_m-r)=mg(\zeta_0-r\phi)\sin\theta.$$

上述表达式都选择了两个运动体位于水平面上时为势能零点，由此可以写出拉格朗日函数为

$$L=T-V,$$

代入拉格朗日函数后可以求出

$$\frac{\partial L}{\partial \dot{x}_M}=(M+m)\dot{x}_M-mr\dot{\phi}\cos\theta,$$

$$\frac{\partial L}{\partial x_M}=0,$$

$$\frac{\partial L}{\partial \dot{\phi}}=-m\dot{x}_M r\cos\theta+\frac{3}{2}mr^2\dot{\phi},$$

$$\frac{\partial L}{\partial \phi}=mgr\sin\theta.$$

对应的拉格朗日方程组为

$$\frac{\mathrm{d}}{\mathrm{d}t}\left(\frac{\partial L}{\partial \dot{x}_M}\right) - \frac{\partial L}{\partial x_M} = (M+m)\ddot{x}_M - mr\ddot{\phi}\cos\theta = 0,$$

$$\frac{\mathrm{d}}{\mathrm{d}t}\left(\frac{\partial L}{\partial \dot{\phi}}\right) - \frac{\partial L}{\partial \phi} = -m\ddot{x}_M r\cos\theta + \frac{3}{2}mr^2\ddot{\phi} - mgr\sin\theta = 0.$$

求解方程组可以得到

$$\ddot{x}_M = \frac{2mg\sin\theta\cos\theta}{3M + (3 - 2\cos^2\theta)m},$$

$$\ddot{\phi} = \frac{2g(M+m)\sin\theta}{r\left[3M + (3 - 2\cos^2\theta)\right]}.$$

对上述方程积分,即可得到柱体和斜面的运动参数.

科学家小传

莱布尼茨

莱布尼茨(G. W. Leibniz, 1646—1716), 德国哲学家、数学家. 莱布尼茨在法学、力学、逻辑学、地质学、植物学等 40 多个领域都有研究成果. 作为历史上罕见的通才, 莱布尼茨被称为 17 世纪的亚里士多德. 莱布尼茨最为世人所熟知的成就是其作为数学家与牛顿先后独立创立了微积分. 与牛顿从物理学出发、运用几何方法研究微积分, 并在应用方面更多地结合运动学的方法不同, 莱布尼茨则从几何问题出发, 运用分析学方法引进微积分概念并得出运算法则, 其数学的严密性与系统性更强. 在二进制的发展上, 莱布尼茨也做出了重要贡献. 他在 1679 年发明了二进制算术, 还提出"二进制可以在全世界通用, 它的逻辑语言是无可挑剔的".

拉普拉斯

拉普拉斯(P. S. Laplace, 1749—1827), 法国数学家、天文学家和物理学家. 拉普拉斯在数学领域的主要成就包括对微分方程、概率论和天体力学的贡献. 在概率论领域, 拉普拉斯提出了拉普拉斯逼近法和拉普拉斯原理, 这些原理对于建立概率论的数学基础具有重要意义. 他也是概率论和统计学在科学研究中应用的先驱之一. 在天体力学领域, 拉普拉斯提出了拉普拉斯天体论, 这是一个关于太阳系形成和演化的宇宙学模型. 他对天体运动的研究使得人类对天体力学有了更深入的理解, 也为日后爱因斯坦的相对论提供了一定的启示. 拉普拉斯被认为是数学、天文学和物理学领域的杰出代表之一, 许多科学概念和定理用其名字来命名, 以纪念他在科学领域的卓越成就.

1.2 热物理概述

1.2.1 热力学系统及其基本描述

与冷热相关的现象统称热现象，热物理是研究热现象的物理体系. 热力学系统是指在给定范围内由大量的微观粒子构成的体系，热力学系统简称为系统，与之对应的外界环境称为环境.

物质系统由大量的分子、原子(统称为分子)构成，分子都在做无规则的热运动，分子之间持续发生着不停息的碰撞，在常温常压下，每秒碰撞频次高达数十亿次. 分子之间存在相互作用力，距离较远时表现为吸引力，距离相近时转化为排斥力，作用力等于零的平衡距离大约为 10^{-9}m，与真实分子平均间距及分子的尺度 10^{-10}m 相当. 由于分子之间的作用力，实际的系统同时存在分子动能和势能.

自然界中物质的存在形态可粗略分为固态、液态和气态，精确的形态可分为不同的相. 所谓的相是指被一定边界包围着的、具有确定并且均匀的物理和化学性质的一个系统或者系统的一部分. 通常气体只有一个相，液态在常温下处于液相，在极低温度下有两个相，固态会存在多个相. 不同相之间的转变称为相变.

热力学系统通常采用宏观法和微观法进行研究. 宏观法直接来自于实验的观测和提炼，微观法从物质的基本构成和相互作用出发，通过分析个体粒子的动力学行为，再利用统计平均的方法得到系统的宏观性质.

描述热力学系统的状态需要一些状态参量，通常分为几何、力学、电磁学、化学和热学参量，因此通常利用力学、电磁学和化学手段来实现对系统状态参量的测量和影响. 将没有外界影响的系统，其宏观性质长时间不发生变化的状态称为平衡态；将系统在演化过程中每一个中间状态都能无限逼近平衡态的热力学过程称为准静态过程，如图 1.38 所示. 平衡态和准静态过程是研究系统性质的主要模型. 由于系统微观构成的无规则运动和频繁碰撞，系统的宏观性质一般存在小的涨落，涨落的振幅反比于系统所包含单元数量的平方根，即 $\propto 1/\sqrt{N}$.

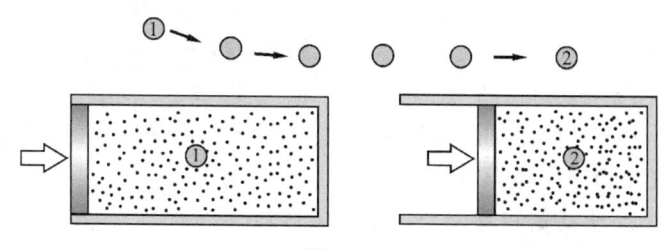

图 1.38

为了研究系统的主要热学性质，本书选取气体作为研究主体，还需要对气体系统进行模型简化，做出以下假定：

(1) 分子都是没有大小的质点，遵从牛顿力学规律；
(2) 分子之间的碰撞为弹性碰撞，除了碰撞以外没有作用力；
(3) 分子除了与其他分子碰撞瞬间以外都在做匀速直线运动.

满足这三条假定的气体称为理想气体，基于理想气体模型所得到的基本结论可以推广至其他热力学系统，具有很强的真实性.

气体系统的状态一般取决于体积 V、压强 p、温度 T 三个状态参量，对于处于平衡态的系统可用三个参量的坐标图中的一个点 (p, V, T) 来描述，准静态过程则对应于坐标空间中的一个曲线，如图 1.39 所示. 大量实验表明，理想气体的状态只取决于三个参量中的两个，满足理想气体状态方程，即对于 $\nu\,\mathrm{mol}$ 的理想气体，有

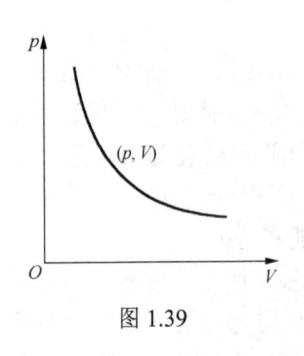

$$pV = \nu RT, \tag{1.73}$$

其中，$R = 8.31\,\mathrm{J\cdot mol^{-1}\cdot K^{-1}}$ 为普适气体常量. 对于多组分的混合理想气体，如果各组分的气体都均匀分布在整个空间中，上式仍然成立，其中总摩尔数 $\nu = \sum \nu_i$，压强 $p = \sum p_i$. 其中混合气体系统的压强等于各组分气体压强之和，是中学熟知的道尔顿分压定律. 考虑到分子间的吸引力和分子的大小后对理想气体状态方程进行修正，就可以得到能够逼近实际气体性质的范德瓦耳斯方程.

图 1.39

1.2.2 温度与热力学第零定律

温度是反映系统冷热程度的物理量.

经验表明，若把多个不同的物体进行热接触，经过一段时间后达到热平衡态，其中总能够达到共同数值大小的唯一物理量就是温度，所以温度是否相同的判据是热接触的系统是否达到热平衡.

实验表明，在不受外界影响的条件下，如果两个热力学系统中的每一个都和第三个热力学系统处于热平衡，则它们彼此也一定处于热平衡，称为热平衡定律. 如图 1.40 所示，热平衡定律是判断不同系统温度相同的基本定律，通常也称为热力学第零定律.

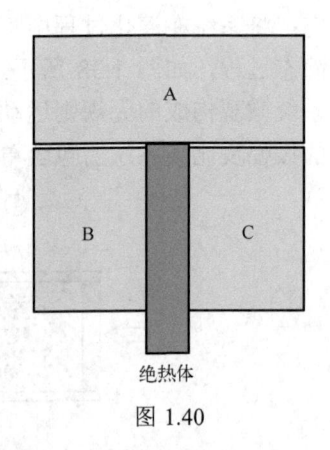

测温的基本原理就是将测温计与待测物体长时间接触后间接得到温度的数值. 为了给出温度的具体数值，需要有标记温度大小的方法，称为温标. 根据热力学第零定律，判定不同物体

图 1.40

温度的不同，需要第三个能够标记其由于温度变化而产生某种可读性变化的物质，称之为测温物质. 标记温度变化的可读性变化的物理量称为测温属性. 测温属性和温度之间一定是单值的变化关系.

经验温标常有华氏温标和摄氏温标，但均依赖于具体的测温物质属性. 由于热力学系统基本规律的研究，需要建立不依赖于任何物质属性的温标.

根据热力学的卡诺定理，工作于相同高低温热源之间的一切可逆热机的效率都相等，与具体的工作物质无关，仅仅是高低温热源温度的函数. 由此原理建立的温标体系称为绝对温标或热力学温标. 热力学温标的单位是开尔文(K)，1954 年国际计量大会规定，水的三相点的热力学温标为 273.16K，定义为水的三相点的热力学温度的 1/273.16.

1.2.3　热机与热力学第一定律

热机是指通过自然界的热资源不断驱动工作物质实现有用功的机器，提高热机效率是研究热力学最原始的动力. 一般热机的工作物质是指密封在气缸中的某种气体，如图 1.41 所示，气体系统在加热后膨胀推动活塞对外做功，然后通过放热收缩恢复到原有状态，再进入到加热膨胀做功，依次周而复始通过持续消耗热资源实现做功. 总结而言，热机的工作物质是限制在密封气缸中的气体系统，通过气体系统的体积变化实现做功，为了持续做功，气体系统必须要经历循环过程，即从某个确定状态出发的吸热膨胀(推动活塞对外做功)、压缩放热(外界做功对气体压缩)的循环过程，如图 1.42 所示. 生活中处处离不开热机，如汽车、飞机等的发动机.

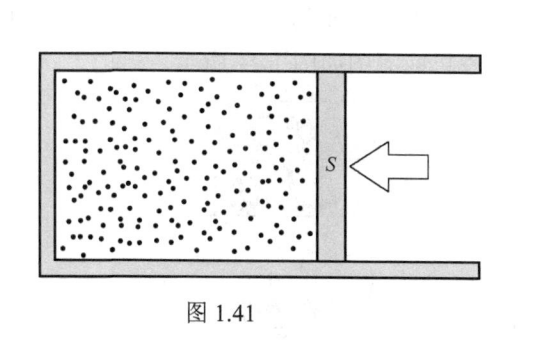

图 1.41 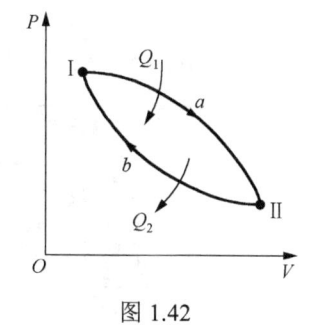　　　　　　　　　　图 1.42

以容器中的理想气体系统为研究对象，假定其演化过程都是准静态过程. 实践表明，系统和外界交换能量的方式有做功和热量交换两种. 除了系统和外界之间的能量交换，将系统内微观粒子(气体的分子)无规则运动能量(动能和势能)的总和称为系统的内能，表示为 U，内能是系统的状态量.

在热机探索中，不断有人尝试制造仅靠一次驱动而不用持续消耗资源就能够不停息做功的机器,称之为第一类永动机. 这种机器在本质上就是效率要大于 100% 的热机. 1840 年前后,焦耳通过大量的实验并由亥姆霍兹(H. von Helmholtz)进行了系统分析后,确立了由迈耶(J. R. Mayer)提出的能量守恒和转换定律,实际上就是热力学第一定律. 如图 1.43 所示,该定律表明,一个给定的系统,其从外界吸热 Q 过程中对外做功 W,系统的状态由 A 演化至 B,则与其内能 U 的变化要满足

$$Q = U_B - U_A + W, \tag{1.74}$$

或者其微分的变化关系

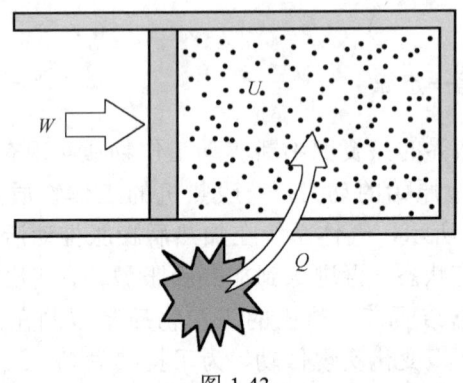

$$đQ = dU + dW. \tag{1.75}$$

图 1.43

热力学第一定律说明,热机做功的前提是要有源源不断的吸热,因此热机效率不可能大于 100%. 热机的效率能否等于 100% 呢?如果可以,根据热力学第一定律,系统需要将所有吸收的热量完全转化成对外做功,而其内能不发生变化. 这样的机器称为第二类永动机. 理想热机和理想制冷机能流图如图 1.44 所示.

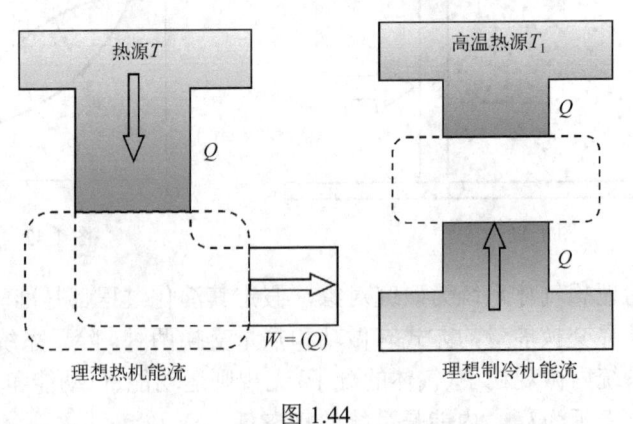

图 1.44

大量的事实表明,第二类永动机也是不存在的. 1850 年开尔文发表了热力学定

律的开尔文表述：不可能从单一热源吸热使之全部转化为有用功而不引起其他变化. 而早于开尔文一年，克劳修斯提出了热力学第二定律的克劳修斯表述：热不可能从低温物体流向高温物体而不引起其他变化. 理论可以证明，这两种看上去相差很远的表述实际上是等价的. 符合热力学第二定律的热机和制冷机的能流图，如图 1.45 所示.

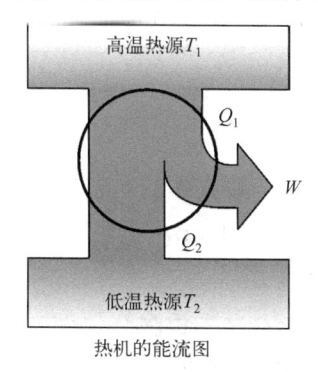

图 1.45

热力学第二定律的本质是传热和做功这两种能量交换的方式是不等价的，功可以完全转化为热，而热不能完全转化为功，也就是热机的效率不可能达到 100%. 热力学第二定律还有更为广泛的含义，那就是自然界的一切自发的过程都是单方向进行的，或者说是不可逆的. 一个完全可逆过程定义为：系统既可以沿正向从状态 A 演化到状态 B，也可以反向完全按照原路返回，即从状态 B 演化到状态 A，而且反向过程中产生的其他影响也能够达到和正向过程中的完全一样. 现实生活中有关"泼出去的水""说出去的话"，以及不断衰减的单摆、不可能弹回原来高度的皮球等，都说明自发过程具有不可逆性. 功和热转化的单方向性也是不可逆过程的体现.

1.2.4 做功、传热和系统的内能

系统体积变化无穷小时对外界做功

$$dW = pdV. \tag{1.76}$$

当体积从 V_A 变化到 V_B 时，系统对外做功为

$$W = \int_{V_A}^{V_B} pdV. \tag{1.77}$$

热的本质是系统的无规则运动，热量是在系统演化过程中和外界传递的一种能量. 热量无法直接测量，但可以通过温度的变化进行间接测量. 以 ΔQ 表示系统在某一过程中温度升高 ΔT 时所吸收的热量，则系统在该过程的热容量 C 为

$$C = \lim_{\Delta T \to 0} \frac{\Delta Q}{\Delta T}, \tag{1.78}$$

同时可以定义摩尔热容 c，表示单摩尔系统的热容量，与 ν 摩尔系统的热容关系为 $C = \nu c$. 常用的热容量有系统在等体变化和等压变化过程中的热容量，可分别表示为

$$C_V = \lim_{\Delta T \to 0} \left(\frac{\Delta Q}{\Delta T} \right)_V, \tag{1.79a}$$

$$C_p = \lim_{\Delta T \to 0} \left(\frac{\Delta Q}{\Delta T} \right)_p. \tag{1.79b}$$

注意上式中用下标代表了该过程中不变的量. 一般气体的热容在常温条件下是个常数，根据经验确定的热容量就可以用来度量热量的交换，即

$$Q = C \Delta T. \tag{1.80}$$

从微观分子构成的角度，假定构成系统的分子不可区分，分子的能量包括平动动能、转动动能、势能，这些能量具体体现在分子的相应自由度的能量，由于分子的无规则运动和永不停息的碰撞，有理由相信每个自由度分配的能量是相同的，没有哪个自由度占有优势. 通过大量的实践和大胆猜测总结得到：处在热平衡态下的气体系统，分子的每个自由度都具有相同的平均能量，根据分子统计理论可以得到平均能量的数值为 $k_B T/2$，称为能量按自由度均分定理. 在常温下这个定理几乎都是成立的，但是当物体的温度很低时，由于分子的无规则运动程度和碰撞频次大幅度降低，每个自由度的特殊性就会凸显，所以就需要寻求新的规律，后面讲到的爱因斯坦-德拜理论，就是基于这种考虑应运而生的新理论.

综上所述，对于分子数量为 N 的气体系统，如果每个分子的平均热运动能量用 $\bar{\varepsilon}$ 来表示，那么系统的内能 $U = N\bar{\varepsilon}$. 如果每个分子的平动自由度、转动自由度和振动自由度数分别为 t、r、s，根据能量按自由度均分定理，每个分子的 $\bar{\varepsilon}$ 为

$$\bar{\varepsilon} = \frac{1}{2}(t + r + s)k_B T. \tag{1.81}$$

单原子分子的 $\bar{\varepsilon} = \frac{3}{2}k_B T$，双原子分子的 $\bar{\varepsilon} = \frac{5}{2}k_B T$，而多原子分子的 $\bar{\varepsilon} = 3k_B T$.

焦耳通过大量的实验表明，理想气体的内能只跟温度有关，称之为焦耳定律. 由于构成实际气体的分子一定会有大小、分子间的作用力一定会存在，所以实际气体的内能还跟体积、压强等参量有关，所以是否满足焦耳定律也是判断理想气体的标准之一. 对于理想气体，其内能满足 $\Delta U = C_V \Delta T$（请读者自行用热力学第一定律证明），因此 $C_V = \mathrm{d}U/\mathrm{d}T$，由此可以得到理想气体内能的积分表达式

$$U = \int C_V \mathrm{d}T + U_0. \tag{1.82}$$

结合理想气体状态方程，还可以得到等体、等压热容之间的关系式

$$C_p = C_V + \nu R. \tag{1.83}$$

1.2.5 热机效率极限与熵

既然热机效率不能超过和等于 100%，那到底有没有极限？1840 年，年轻的工程师卡诺(N. L. S. Carnot)思考并解决了这个问题. 卡诺设计了一种循环，如图 1.46 所示，理想气体作为工作物质工作于高温 T_1 和低温 T_2 热源之间，分别经历高温吸热、低温放热及两个绝热过程，通过简单的计算，可以得到卡诺循环的热机效率为

$$\eta_{\text{卡诺}} = \frac{Q_{\text{吸}} - Q_{\text{放}}}{Q_{\text{吸}}} = 1 - \frac{T_2}{T_1}. \tag{1.84}$$

上式的第一个等式是热机效率的定义式，第二个等式为卡诺循环热机的效率公式. 由该效率公式可见，卡诺热机的效率只取决于高、低温热源温度之比，跟工作物质和过程无关. 基于卡诺循环，卡诺进一步得到了卡诺定理：

(1) 在高、低温都相同的热源之间工作的一切可逆热机的效率都相等，且与工作物质无关；

(2) 在高、低温都相同的热源之间工作的不可逆热机的效率都小于可逆热机的效率，且与工作物质无关.

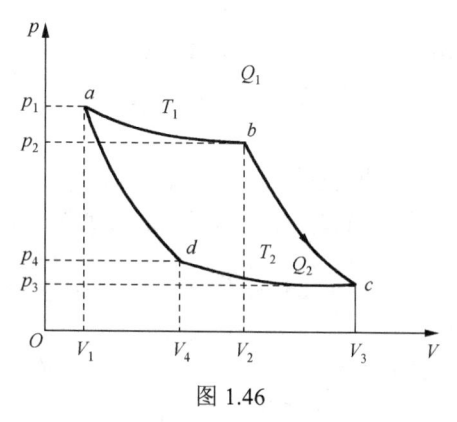

图 1.46

卡诺定理直接指出，卡诺循环热机的效率是所有同条件热机的效率极限，也指出了提高热机效率的途径.

考虑一个任意的循环，将其分割成若干段过程，根据卡诺定理(式(1.84)的后一个等式)，可知对于任一段过程都要满足

$$1 - \frac{Q'_j}{Q_i} \leq 1 - \frac{T_j}{T_i}, \tag{1.85}$$

其中，$Q'_j = -Q_j$ 为工作物质对热源 T_j 的放热；Q_i 为工作物质从热源 T_i 吸收的热量. 于是有

$$\frac{Q_i}{T_i} + \frac{Q_j}{T_j} \leq 0. \tag{1.86}$$

对循环的所有段代表的过程进行求和得到 $\sum \frac{Q_i}{T_i} \leq 0$，其中等号适用于可逆过程. 将所有过程无限小化，即可得对于热力学循环的所有过程，其热温比函数 $\frac{đQ}{T}$ 的环路积分都有

$$\oint \frac{đQ}{T} \leq 0. \tag{1.87}$$

这个不等式是由克劳修斯于 1854 年提出，称为克劳修斯不等式，实质是热力学第二定律的数学表达式. 进一步的分析证明，对于连接初态 i 和末态 j 的所有可逆过程(用下标 R 来表示)热温比函数 $\frac{đQ}{T}$ 的过程积分都相等，且都大于或等于任意过程的积分(等号适用于可逆过程)，即

$$\int_{i_{R_1}}^{j} \frac{đQ}{T} = \int_{i_{R_2}}^{j} \frac{đQ}{T} \geq \int_{i}^{j} \frac{đQ}{T}. \tag{1.88}$$

将可逆过程中的热温比函数的积分定义为熵 S，即

$$\int_{i_R}^{j} \frac{đQ}{T} = S_j - S_i = \Delta S. \tag{1.89}$$

由于热温比函数的积分仅取决于初态和末态，和可逆过程路径的选择无关，所以熵和内能一样，是一个状态函数. 对于无穷小的可逆过程，有

$$dS = \left(\frac{đQ}{T}\right)_R. \tag{1.90}$$

对于任意的在初态 i 和末态 j 之间演化的热力学过程，则有

$$\int_{i}^{j} \frac{đQ}{T} \leq S_j - S_i. \tag{1.91}$$

或者对于无限小的过程

$$\frac{đQ}{T} \leq dS. \tag{1.92}$$

上式就是热力学第二定律熵函数的表达式. 将上面的结果应用于绝热过程 $đQ = 0$，可知对于经历任意演化于两个平衡态的绝热过程，其熵变不会减少，其中可逆过程的熵会不变，而不可逆过程的熵始终会增加，称之为熵增加原理. 孤立体系所经历的过程

一定是和外界没有热交换的,因而是绝热过程,所以孤立体系的实际演化总是熵增的,这就是热力学第二定律的本质,与前面实际过程总是单方向进行的结论一致.

1.2.6　制冷与热力学第三定律

现在来简短了解一下制冷或者冷却. 制冷在物理学中占有极其重要的地位,形象地说,针对精密测量,如果由于尺子两端原子的热运动不能控制,尺子的长度无法保障,测量的值就变得十分不可信. 物质都是由原子构成的,现代物理的精密测量、精确定位都与精密调控原子的跃迁能级有关,如果原子不能被冷却,这些精密调控根本就无法实现.

在热力学系统经历的循环中,正循环对应热机,逆循环对应制冷机: 通过外界对工作物质做功,使其从低温热源吸热、在高温热源放热. 生活中最典型的制冷机就是空调. 比如,冷暖双制空调,工作物质就是我们平时所说的氟利昂,夏天时,它需要不断地从室内(低温热源)吸收热量,同时把热释放到室外(高温热源),以此保证室内始终处于低温状态,当然这个过程需要消耗电力来维持对工作物质做功; 冬天时,室内外高低温状态发生反转,工作物质仍然需要从低温的室外吸热,并将热源源不断排到室内,以此来不断补充室内透过墙壁释放到室外的热量.

在空调、冰箱等机器工作时,节流过程起了非常关键的作用. 节流过程是指高压气体经过多孔塞(棉絮等)流到低压一边的稳定流动过程. 最早的实验是1852年由焦耳和汤姆孙(即开尔文)首次完成的. 在常温常压下,所有的实际气体在节流膨胀(压强降低)后温度都会发生变化,温度降低称为正效应,温度升高称为负效应. 大多数气体都体现为正效应.

从微观角度来理解节流膨胀所产生的物理效应. 对于分子间吸引力起作用的气体,当系统经历节流膨胀后压强减小,从而使得分子间密度减小、距离增大,吸引力减小导致分子间的活动受限,因而无规则运动程度降低导致温度降低,出现正效应. 对于分子间斥力主导的气体,分子间距增加导致分子间的活力得到增强,因而无规则运动变得剧烈、温度增加,出现负效应. 在空调、冰箱的循环中,压缩器产生的高温高压气体通过节流阀后变成低温低压状态,从而可以吸取并带走低温热源的热量,实现降温效果.

利用热力学的降温方法可以实现很低的温度. 比如,1954年荷兰的菲利普实验室通过其制造的逆向斯特林制冷机得到了77K的低温,1970年又得到了7.8K的低温,但是想要得到更低的温度,则需要更专业的方法. 目前利用氦稀释冷却可以获得10^{-3}K的低温,利用核自旋冷却可以获得10^{-8}K的低温.

不断实现更低的温度,不仅是技术上的需求,更给物理学提出了一个重要的问题，即能否实现绝对零度？如果可以，就可以得到真正的绝对静止，就要重新审查物理学的基本原理.

20 世纪初，物理学家能斯特(W. H. Nernst)经过一些假定提出，不可能通过实施有限的过程把一个物体的温度冷却到绝对零度. 这个结论被称为热力学第三定律. 当然，这也是熵增加原理，即热力学第二定律的边界延伸.

例题 1.2.1 如图 1.47 所示，一个四周用绝热材料制成的气缸，中间有一个用导热材料制成的固定隔板 C，把气缸分成 A、B 两部分. D 是一绝热的活塞. A 中盛有 1mol 氦气，B 中盛有 1mol 氮气(均视为刚性分子的理想气体). 今外界缓慢地移动活塞 D，压缩 A 部分的气体，对气体做的功为 W. 试求：在此过程中两部分气体温度的变化；两部分气体内能的变化.

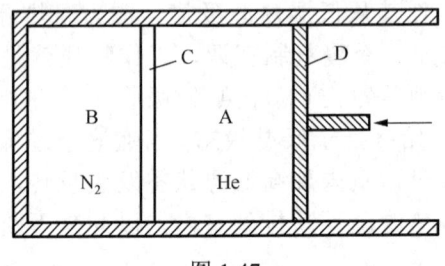

图 1.47

解 A+B 系统对外绝热，因此，在活塞做功过程中，有
$$Q = \Delta U - W = 0.$$
设 A、B 的内能改变分别为 ΔU_A、ΔU_B，过程前后温度变化为 ΔT，则有
$$\Delta U = \Delta U_A + \Delta U_B = \frac{3}{2}R\Delta T + \frac{5}{2}R\Delta T = 4R\Delta T,$$
因此
$$\Delta T = \frac{W}{4R}, \quad \Delta U_A = \frac{3}{8}W, \quad \Delta U_B = \frac{5}{8}W.$$

例题 1.2.2 等温过程是指系统在演化过程中保持其温度不变的过程. 绝热过程是指系统在演化过程中始终不与外界交换热量的过程. 比如，由良好绝热材料包围的系统发生的过程，或者由于过程进行得很快以至于来不及与外界发生热交换的过程，都可视作绝热过程. 等温过程和绝热过程都具有很广泛的应用. 请给出理想气体由压强和体积表示的等温过程和绝热过程的过程方程，并进行对比.

解 由理想气体的状态方程 $pV = \nu RT$，对于 ν mol 的理想气体，等温过程意味着压强和体积的乘积为与气体温度成正比的常数，即为等温过程方程
$$pV = 常数.$$

对于绝热过程，由热力学第一定律的微分表达式，有
$$dU + dW = 0,$$
即为
$$pdV = -C_V dT,$$
同时对理想气体状态方程进行微分可得 $pdV + Vdp = \nu RdT$，联合上式消去温度，有
$$(C_V + \nu R)pdV + C_V Vdp = 0.$$
利用等体和等压热容关系 $C_p = C_V + \nu R$，并定义绝热参数 $\gamma \equiv C_p/C_V$，则可得到绝热方程
$$pV^\gamma = 常数.$$

图 1.48 为理想气体等温过程和绝热过程的过程曲线，由于 $\gamma > 1$，绝热线要比等温线更加陡峭，这意味着如果系统从图中两条线的交点出发，经等温过程要比经绝热过程对外做更多的功.

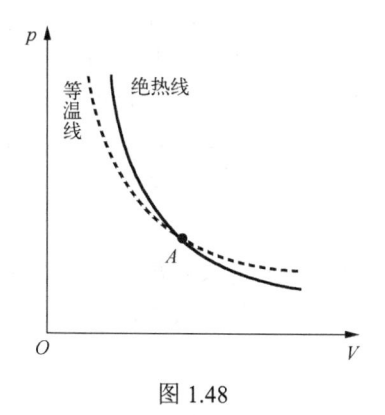

图 1.48

科学家小传

玻尔兹曼

玻尔兹曼(L. E. Boltzmann, 1844—1906)，奥地利物理学家、哲学家. 玻尔兹曼是热力学和统计力学的奠基人之一. 他将麦克斯韦提出的麦克斯韦速度分布律推广到保守力场作用下的情况，把物理体系的熵和概率联系起来，阐明了热力学第二定律的统计性质，并引出能量均分理论(麦克斯韦-玻尔兹曼定律)，得到了玻尔兹曼分布. 玻尔兹曼还提出用"熵"来量度一个系统中分子的无序程度，并给出熵 S 与无序度 W(即某一个宏观状态对应微观态数目，或者说是宏观态出现的概率)之间的关系为 $S = k_B \ln W$，这就是著名的玻尔兹曼公式，是统计力学和热力学之间的桥梁.

卡诺

卡诺(N. L. S. Carnot, 1796—1832), 法国物理学家、工程师. 卡诺是热力学的创始人之一, 他兼有理论科学才能与实验科学才能, 于 1824 年出版了《关于火的动力》一书. 在这部著作中, 卡诺出色地、创造性地用 "理想实验" 的思维方法提出了最简单但有重要理论意义的热机循环——卡诺循环, 并假定该循环在准静态条件下是可逆的, 与工质无关, 创造了一部理想的热机——卡诺热机, 并提出了 "卡诺原理" (现在称为 "卡诺定理"). 1831 年, 卡诺开始研究气体和蒸汽的物理性质. 1832 年 8 月他因染上霍乱而病逝.

1.2.7 麦克斯韦分布和玻尔兹曼分布

1. 统计与分布

热力学系统由大量的微观粒子构成, 粒子之间持续在做高频次的碰撞, 它们的状态信息也处在频繁的交换之中, 因此有理由相信粒子的个体信息最终都体现为集体信息. 另外, 基于实际观测发现, 微观粒子由于不停息的无规则运动和频繁的碰撞, 粒子个体的状态完全是随机的, 但是当系统处在平衡态时, 系统的温度、压强等宏观参量都基本保持不变, 由此可知, 粒子的状态应该满足一定的统计分布规律. 下面将从微观粒子个体的概率事件角度出发, 来分析系统的统计分布规律.

能够体现随机事件统计规律的典型实验是伽尔顿板实验, 如图 1.49 所示, 单个小球最终会落入下面哪个小槽中完全是随机的, 但是用大量的小球实验累计形成的所有小槽中小球的数量分布却是确定的.

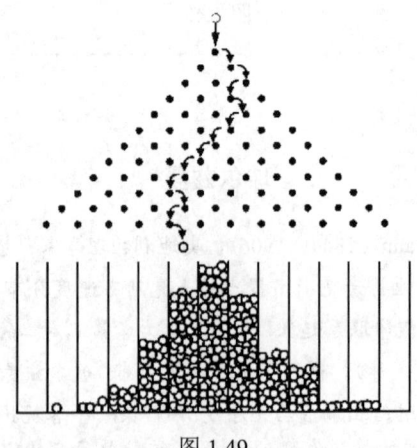

图 1.49

按照概率统计理论，对于一系列随机事件 $\{A_i\}(i=1,2,\cdots,N)$ 的组合，假设事件的总数为 N，其中出现第 A_i 类事件的次数为 N_i，则事件 A_i 发生的概率定义为

$$P_i = \frac{N_i}{N}. \tag{1.93}$$

考虑一系列随机事件用随机变量集合 $\{x_i\}$ 来表示，第 i 个变量发生的概率为 P_i，则称集合 $\{P_i\}$ 为随机变量的概率分布，需要满足归一化条件 $\sum P_i = 1$，随机变量的平均值为 $\bar{x} = \sum x_i P_i$，代入概率的表达式，可得

$$\bar{x} = \sum \frac{N_i}{N} x_i. \tag{1.94}$$

当事件的总数(试验次数) $N \to \infty$ 时，x_i 过渡为连续变量 x，分立的概率 P_i 对应于变量 x 附近微区间 $\mathrm{d}x$ 的概率，即

$$\mathrm{d}P = \lim_{N \to \infty} \frac{N_i}{N} = \frac{\mathrm{d}N}{N} = f(x)\mathrm{d}x, \tag{1.95}$$

求和变成积分，因此

$$\bar{x} = \int x f(x) \mathrm{d}x. \tag{1.96}$$

更一般地，对于任意物理量 $O(x)$，其平均值可定义为

$$\bar{O} = \int O(x) f(x) \mathrm{d}x, \tag{1.97}$$

其中

$$f(x) = \frac{1}{N} \frac{\mathrm{d}N}{\mathrm{d}x}, \tag{1.98}$$

称为分布函数，它表示随机变量 x 附近单位区间的随机事件发生的概率，所以又称为概率密度函数. 分布函数必须满足归一化条件

$$\int f(x) \mathrm{d}x = 1. \tag{1.99}$$

2. 麦克斯韦分布律

从微观构成来描述理想气体的宏观性质，首先需要确定气体微观构成的状态. 考虑到温度、压强等宏观参量都与分子的运动速度相关，因此可以从分子的速度或者速率入手. 个体分子的速度的变化虽然无章可循，但是速度大小的变化总是处于 $[0,\infty)$，可以建立一个速度空间，以速度的 3 个分量为坐标轴，这样可以将速度空间进行分割，由于平衡态下系统宏观性质长时间不变化，有理由相信处在每个速度空间的分子数基本是固定的，也就是有确定的分布规律.

考虑速度空间中 v 附近的一个小体积微元 $d^3v = dv_x dv_y dv_z$，如果系统分子的总数为 N，其中处于体积区间 $v_x \sim v_x + dv_x$，$v_y \sim v_y + dv_y$，$v_z \sim v_z + dv_z$ 中的分子数为 $dN(v_x, v_y, v_z)$，则有相应的分子按照速度空间的分布函数

$$f(v_x, v_y, v_z) = \frac{dN(v_x, v_y, v_z)}{N dv_x dv_y dv_z}. \tag{1.100}$$

由于热运动的随机性，三个方向实际是独立的，所以有

$$f(v_x, v_y, v_z) = f(v_x) f(v_y) f(v_z), \tag{1.101}$$

每个独立的方向都有

$$f(v_i) = \frac{dN(v_i)}{N dv_i}, \tag{1.102}$$

其中 $i = x, y, z$。麦克斯韦利用碰撞概率的方法得到了处于温度为 T 的理想气体平衡态的分布函数

$$f_V(v) = \left(\frac{m}{2\pi k_B T}\right)^{2/3} e^{-\frac{mv^2}{2k_B T}}, \tag{1.103}$$

表示在速度空间中上述体积元的分子数分布密度函数，同时也可以利用球坐标得到速率的分布函数

$$f_{VM}(v) = 4\pi v^2 \left(\frac{m}{2\pi k_B T}\right)^{2/3} e^{-\frac{mv^2}{2k_B T}}. \tag{1.104}$$

上式表示速度空间中位于半径 $v \sim v + dv$ 球壳微元的分子数密度函数，分布曲线如图 1.50 所示。其中玻尔兹曼常量 $k_B = \dfrac{R}{N_A} = 1.38 \times 10^{-23}$ J·K^{-1}，N_A 是阿伏伽德罗常量。麦克斯韦的分布函数确定了处在平衡态下理想气体的状态，虽然每个分子的速度时刻处于变化中，但是处于速度空间中确定区域的分子数是确定的，因此也使得相应的热力学宏观参量是确定的。对于任意一个以速度（速率）为函数的物理量，其平均值也可相应求得

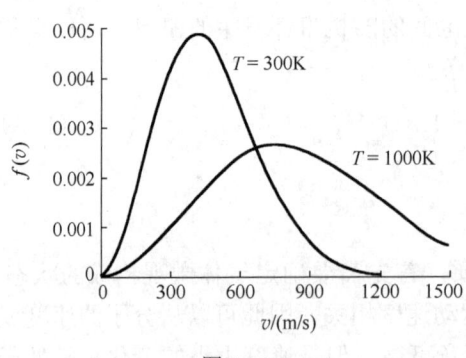

图 1.50

$$\bar{O} = \int O(v) f_V(v) dv. \tag{1.105}$$

1920 年施特恩 (O. Stern) 率先设计实验验证了麦克斯韦分布函数的正确性。下

面给出几个典型的平衡态下分子速率分布函数的表达式.

(1) 最概然速率 v_p，即系统处在平衡态下出现概率最大的速率，由 $\dfrac{\mathrm{d}f_{VM}(v)}{\mathrm{d}v}=0$ 计算给出

$$v_p = \sqrt{\dfrac{2k_B T}{m}}. \tag{1.106}$$

结果表明，系统的温度越高，最概然速率就越大，而分子的质量 m 越大，最概然速率就越小.

(2) 平均速率

$$\bar{v} = \int v f_{VM}(v)\mathrm{d}v = \sqrt{\dfrac{8k_B T}{\pi m}}. \tag{1.107}$$

结果表明，平均速率要大于最概然速率.

(3) 平方速率平均值

$$\overline{v^2} = \int v^2 f_{VM}(v)\mathrm{d}v = \dfrac{3k_B T}{m}. \tag{1.108}$$

由此立即可以得到分子的平均动能表达式

$$\bar{\varepsilon} = \dfrac{1}{2}m\overline{v^2} = \dfrac{3k_B T}{2}, \tag{1.109}$$

或者温度的微观表达式

$$T = \dfrac{2\bar{\varepsilon}}{3k_B}. \tag{1.110}$$

由此可见，宏观的温度取决于气体分子微观概念的平均动能，不仅和速率有关，而且也和分子质量相关. 结合压强和温度的关系式 $p = nk_B T$（请读者根据理想气体状态方程自行推导），可以得到压强的微观表达式

$$p = \dfrac{2}{3}n\bar{\varepsilon}. \tag{1.111}$$

对比温度的表达式，可知，压强不仅取决于气体分子的平均动能，而且还取决于分子数密度 n.

3. 玻尔兹曼分布律

麦克斯韦分布只是考虑了气体分子在速度空间中按照动能的分布，气体分子的分布还跟空间中外场的势能分布有关. 比如我们非常熟知的一个常识，由于重力的作用，空气分子的密度随离地面的高度增大在不断地降低. 玻尔兹曼率先研究了这个问题，得到了玻尔兹曼分布律. 如果气体分子位于外场的势能函数为 $U(r)$，则其

分布函数满足

$$f_B(r) = G_0 e^{-\frac{U(r)}{k_B T}}, \quad (1.112)$$

其中，G_0 是归一化常数. 该表达式也可以直接表达为在外场中位于 r 处的分子数密度

$$n_B(r) = n_0 e^{-\frac{U(r)}{k_B T}}, \quad (1.113)$$

其中，n_0 为参考基准位置处的分子数密度. 对于处在地球表面重力场中的空气分子，利用上式及 $p = nk_B T$，可以得到压强随高度变化的表达式

$$p(h) = p_0 e^{-\frac{mgh}{k_B T}}, \quad (1.114)$$

其中，p_0 为基准高度位置(比如地面)处的压强. 这是一个非常有用的公式，经常用在飞机飞行中气压，以及龙卷风、台风、飓风气压的估算中.

将两个分布律结合在一起就可以得到麦克斯韦-玻尔兹曼分布律：平衡态下的理想气体的分布函数为

$$f_{MB}(r,v) = C_0 e^{-\frac{\bar{\varepsilon}(v)+U(r)}{k_B T}}. \quad (1.115)$$

其中，C_0 为归一化常数. 或者位于体积区间 $x \sim x+dx$，$y \sim y+dy$，$z \sim z+dz$，且处于速度区间 $v_x \sim v_x+dv_x$，$v_y \sim v_y+dv_y$，$v_z \sim v_z+dv_z$ 的分子数为

$$dN(r,v) = C_0 e^{-\frac{\bar{\varepsilon}(v)+U(r)}{k_B T}} dxdydzdv_x dv_y dv_z. \quad (1.116)$$

这样某个有限区间中的分子数就可以通过上式积分得到.

1.2.8 熵的微观统计意义

从前面对于由热温比定义的熵的概念来看，熵的意义在于，对于任意实际的过程，熵总是增加的. 也就是说，熵是表征实际过程单方向演化的物理量. 由于热力学系统都是由大量的微观粒子构成的，熵的这种表征是否有微观的含义，下面进行简单的分析.

以理想气体的热膨胀过程为例，如图 1.51 所示. 将一个封闭的立方形气缸分成左右两个部分，中间用活塞进行阻隔，如果一开始气体完全被封闭在左半边，抽掉活塞以后，过一段时间，气体将会自发地几乎均匀地分布于气缸的所有部分；但是如果一开始，气体在气缸中均匀分布，我们从来没有发现气体会自动地演化到没有气体一边的状态. 因此，气缸中气体的自由膨胀是一个典型的实际热力学过程单方向演化的实例，应具体到每个分子的情况展开分析.

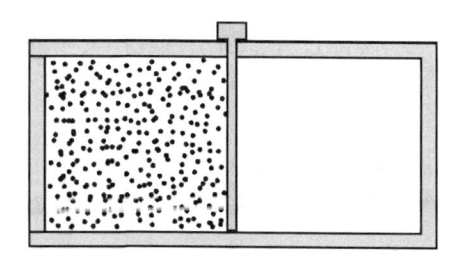

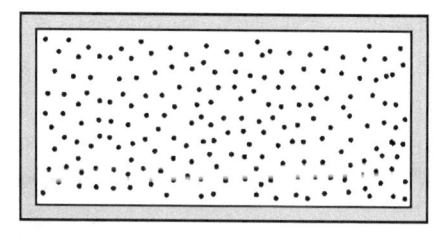

图 1.51

下面从少量的分子总数开始,试图寻找一定的规律.将气缸分成两部分,把分子按照左右两边分布所体现出的宏观数量分布的状态称为宏观态,把具体是哪些分子处在左边或者右边的不同的状态称为微观态.系统的宏观演化总是由一个宏观态变化到另外的宏观态.

首先假定气缸中只有 3 个分子,表 1.3 给出了状态数的统计情况.

表 1.3

左边	abc	ab	ac	bc	c	b	a	0
右边	0	c	b	a	ab	ac	bc	abc
宏观态	I	II			III			IV

由表 1.3 可以看出,3 个分子的情况,总共有 4 个宏观态、8 个微观态,每个微观态能够发生的概率是 $1/2^3$. 发生概率最大的宏观态是 II 和 III,也是实际最可能处于的状态.

对于 4 个分子,宏观态和微观态包括

$$\{(abcd, 0)\};$$

$$\{(abc, d), (abd, c), (acd, b), (bcd, a)\};$$

$$\{(ab, cd), (bc, ad), (cd, ab), (da, bc), (ac, db), (bd, ac)\};$$

$$\{(d, abc), (c, abd), (b, acd), (a, bcd)\};$$

$$\{(0, abcd)\}.$$

显然有 2^4 个微观态,宏观态有 $4+1$ 个.可以推知,对于有 N 个分子的系统,分子的微观态总数为 2^N,宏观态总数为 $N+1$,每一个微观态发生的概率为 $1/2^N$. 只有三四个分子很难体现出相应的规律,但是如果把分子数放大,比如 $N=20$,左右两边分子数近乎相等(相等以及差 2 个分子)的宏观态所包含微观态数为 520676,占到总微观态数 2^{20} 的一半,而当总分子数趋于实际气体的分子数量级,即 $N \to 10^{23}$ 时,左右两边分子数近乎相等的宏观态所包含的微观态数的分布趋向于一个标准的 δ 函数,而实际中的平衡态一定是气体均匀地处于气缸的左右两侧.

因此可以得到结论：孤立系统中发生的一切实际过程都是从微观态数少的宏观态向微观态数多的宏观态进行. 微观态数的多少可以用来判断热力学系统实际演化的方向，因而可以用来定义熵.

由熵的热温比定义来看，熵具有可加性，即两个熵分别为 $S_1 = Q_1/T$ 和 $S_2 = Q_2/T$ 的分系统合并以后，新的系统的熵为分系统熵之和 $(Q_1+Q_2)/T$；而微观态数代表了所有分子组合的可能性，具有概率函数的特征，即两个微观态数分别为 Ω_1 和 Ω_2 的宏观态合并以后，新宏观态总的微观态数为 $\Omega_1\Omega_2$，因此可用 $\ln\Omega$ 来替代表示熵函数的单调性. 基于以上考虑，包含微观态数为 Ω 的平衡态统计意义的熵应该正比于 $\ln\Omega$，后又被正式定义为

$$S_\Omega = k_B \ln \Omega. \tag{1.117}$$

上式即为玻尔兹曼熵的数学表达式，准确地诠释了热力学第二定律.

例题 1.2.3 已知温度为 T 的混合理想气体由两种理想气体 A、B 组成，其分子数分别是 N_A 和 N_B，分子质量分别为 m_A 和 m_B. 求：(1) 混合气体的速率分布；(2) 平均速率.

解 (1) 根据气体分子按速率分布律的定义，单一种类分子处在速率大小从 v 到 $v+dv$ 区间的分布概率为

$$f(v)dv = \frac{dN(v)}{N} = 4\pi v^2 \left(\frac{m}{2\pi k_B T}\right)^{2/3} e^{-\frac{mv^2}{2k_B T}} dv.$$

对于混合气体，A、B 气体所占的比率分别为 $\frac{N_A}{N_A+N_B}$、$\frac{N_B}{N_A+N_B}$，因此基于混合气体的两种分子的分布分别为

$$\frac{dN_A(v)}{N_A+N_B} = \frac{N_A}{N_A+N_B} f_A(v)dv,$$

$$\frac{dN_B(v)}{N_A+N_B} = \frac{N_B}{N_A+N_B} f_B(v)dv.$$

混合气体的速率分布可表示为

$$f_{混合}(v)dv = \frac{dN_A(v) + dN_B(v)}{N_A+N_B}.$$

将分布函数中分子质量分别用两种气体分子质量替代即可得到结果.

(2) 平均速率为

$$\bar{v} = \int v f_{混合}(v) dv = \frac{N_A}{N_A+N_B} \bar{v}_A + \frac{N_B}{N_A+N_B} \bar{v}_B$$

$$= \frac{N_A}{N_A + N_B}\sqrt{\frac{8k_BT}{\pi m_A}} + \frac{N_B}{N_A + N_B}\sqrt{\frac{8k_BT}{\pi m_B}}.$$

例题 1.2.4 拉萨海拔约为3600m，气温为273K，忽略气温随高度的变化. 当海平面上的气压为1.013×10^5Pa 时，求：(1) 拉萨的大气压强；(2) 若某人在海平面上每分钟呼吸 17 次，他在拉萨呼吸多少次才能吸入同样质量的空气.

解 (1) 根据地球表面压强随高度的变化关系，可以直接计算得到

$$p(h) = p_0 e^{-\frac{mgh}{k_BT}}$$

$$= 1.013\times10^5 \exp\left(-\frac{29\times10^{-3}\times9.8\times3600}{9.31\times273}\right)$$

$$= 6.8\times10^4 (\text{Pa}).$$

(2) 假设需要呼吸 x 次能够吸入同样质量的空气，则有

$$xVp(h) = 17\times Vp_0,$$

可算得

$$x = 25.3.$$

例题 1.2.5 试估算水分子质量、水分子直径、标准状态下纯水中分子数密度，以及分子斥力作用半径的数量级.

解 设水分子的质量密度为 ρ、分子数密度为 n、分子质量为 m、分子直径为 d，阿伏伽德罗常量为 N_A，水的摩尔质量为 $M = 1.8\times10^{-2}$ kg/mol，则可得水分子质量

$$m = \frac{M}{N_A} = 3\times10^{-26} \text{ kg}.$$

而分子数密度为

$$n = \frac{\rho}{m} = \frac{1\times10^3 \text{ kg/m}^3}{3\times10^{-26} \text{ kg}} = 3.3\times10^{28} \text{ m}^{-3}.$$

而由数密度可估算出每个水分子的体积，即

$$\frac{1}{n} = \frac{4}{3}\pi\left(\frac{d}{2}\right)^3,$$

可得

$$d \approx 3.8\times10^{-10} \text{ m}.$$

即可知水分子斥力作用半径的数量级为 10^{-10} m.

> **思考题**
>
> 1. 冰融化成水需要吸热，因而其熵是增加的. 但当水结成冰时需要放热，即 $đQ$ 为负，其熵是减少的. 这是否违背了熵增加原理?
>
> 2. 一粒肉眼可见、质量约为 10^{-11} kg 的灰尘微粒落入一杯冰水中，由于表面张力而浮在水面做二维自由运动，试估算它的为均根速率是多大.

1.2.9 信息熵简介

信息是指知识的不确定，因此可以用能够代表信息的数组的不确定性来度量信息的多少. 信息论的创始人香农(C. E. Shannon)参考热力学玻尔兹曼熵的表达式，引入了用来度量信息大小的香农熵. 针对需要确定其信息量的变量 X，其变量值对应为一组独立的随机数组 $\{x_i\}$，各数值出现的概率为 $\{p_i\}$，则香农熵定义为

$$H(X) \equiv H(p_1, p_2, \cdots, p_n) \equiv -\sum_i p_i \log p_i. \tag{1.118}$$

其中对数的底数为 2，即为 $\log_2$，并且规定 $0\log 0 = 0$. 香农熵的本质是在确定变量 X 的各个值之前，X 的总的不确定度的度量.

比如，一个由四个可能的数值 $\{3,7,9,11\}$ 构成的变量，其各值出现的概率分布为 $\{1/2, 1/4, 1/8, 1/8\}$. 物理实现不同概率数值的一个途径是准备不同的比特数量，也就是说，四个数值分别用来表征的比特 $\{0$ 或 $1\}$ 数量依次为 $\{1,2,3,3\}$. 由此可知，表征该变量信息需要平均耗用的比特(信息)数为

$$\frac{1}{2} \times 1 + \frac{1}{4} \times 2 + \frac{1}{8} \times 3 + \frac{1}{8} \times 3 = \frac{7}{4}$$

同时，计算香农熵的值为

$$H(X) = -\frac{1}{2}\log\frac{1}{2} - \frac{1}{4}\log\frac{1}{4} - 2\times\frac{1}{8}\log\frac{1}{8} = \frac{7}{4}$$

除了香农熵以外，还有其他度量信息熵的概念，比如在量子信息领域，被广泛认可的信息熵为冯·诺依曼(J. von Neumann)熵，读者可以进一步查阅更专业的资料进行了解.

科学家小传

开尔文

开尔文(Lord Kelvin, W. Thomson, 1824—1907)，原名威廉·汤姆孙，英国物理学家、

数学家、工程师、热力学温标(绝对温标)的发明人,被称为现代热力学之父. 由于威廉·汤姆孙在对大西洋第一条电缆的安装工程上做出了突出的贡献,英国女王授予他开尔文勋爵这一头衔,因此后世一般称威廉·汤姆孙为开尔文勋爵或开尔文. 开尔文是热力学的主要奠基人之一,在热力学的发展中做出了一系列的重大贡献. 1848 年,开尔文根据盖-吕萨克、卡诺和克拉珀龙的理论创立了热力学温标,并指出: 这个温标的特点是它完全不依赖于任何特殊物质的物理性质. 这是现代科学上的标准温标. 1851 年他从卡诺的热机理论研究出发,提出热力学第二定律: 不可能从单一热源吸热使之完全变为有用功而不产生其他影响. 他和克劳修斯是热力学第二定律的两个主要奠基人. 开尔文还将热力学第一定律和第二定律应用于电学、热学和弹性现象等方面的研究,对热力学的发展具有推动作用.

克劳修斯

克劳修斯(R. J. E. Clausius, 1822—1888),德国物理学家、数学家. 克劳修斯主要从事分子物理、热力学、蒸汽机理论、理论力学、数学等方面的研究,特别是在热力学理论、气体动理论方面建树卓著,是热力学的主要奠基人之一. 他重新陈述了卡诺定理,使得热物理的理论基础更加完善和趋于真实. 他是历史上第一个精确表示热力学定律的科学家. 1850 年他与兰金各自独立地表述了热与机械功的普遍关系——热力学第一定律,并且提出蒸汽机的理想的热力学循环(兰金-克劳修斯循环). 1850 年克劳修斯发表《论热的动力以及由此推出的关于热学本身的诸定律》的论文,首次明确指出热力学第二定律的基本概念(克劳修斯表述): 热不能自发地从较冷的物体传到较热的物体. 因此,克劳修斯是热力学第二定律的两个主要奠基人之一. 此外,克劳修斯还是首次提出熵的概念的物理学家.

1.3 电磁运动规律

1.3.1 电荷与电场

摩擦生电、带电物质存在相互吸引或者排斥现象,是人类最早发现并研究的基本物理现象之一. 1889 年前后,类比万有引力定律,库仑(C. A. de Coulomb)提出并通过大量实验证实了库仑定律: 在真空中,点电荷之间存在同性相斥、异性相吸的静电力,力的大小正比于电量的乘积而反比于其距离的平方,即

$$\boldsymbol{F} = \frac{1}{4\pi\varepsilon_0} \frac{q_1 q_2}{r^2} \hat{r}, \tag{1.119}$$

其中,$\varepsilon_0 = 8.85 \times 10^{-12}\,\text{F}\cdot\text{m}^{-1}$ 为真空介电常量;$\hat{r}$ 表示力方向的单位矢量. 类似于质点,点电荷是一个理想的概念,是指没有大小和形状的带电体. 对于一般带电体之间的静电力,可以将带电体分割成若干点电荷(带电微元),利用库仑定律写出点电

荷(带电微元)间的力,通过积分即可求得. 比如,体积分别为 V_1 和 V_2 的带电体,如图 1.52 所示,首先对两带电体分别进行分割,根据统一的坐标系,写出其任意两个带电微元间的库仑力大小的微元

$$dF = \frac{1}{4\pi\varepsilon_0} \frac{dq_1(r_1)dq_2(r_2)}{r_{12}^2}. \tag{1.120}$$

然后分别针对两个带电体的空间位置进行积分,有

$$F = \frac{1}{4\pi\varepsilon_0} \iiint \frac{\rho_1(r_1)\rho_2(r_2)dV_1dV_2}{r_{12}^2}. \tag{1.121}$$

即可得到两个带电体的库仑力,其中 $\rho_i(r_i)$ 表示位置 r_i 处的电荷密度.

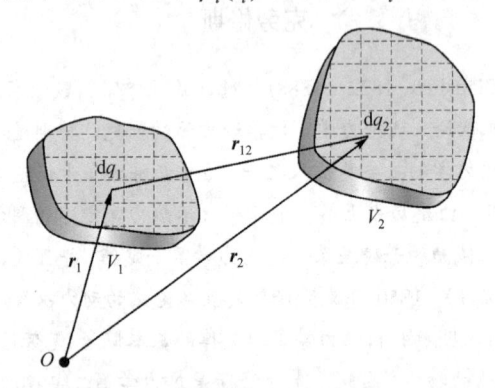

图 1.52

静电力是超距力,需要进一步引进场的概念. 为了更深刻地描述带电体对周围空间所产生的影响,法拉第创新性地提出了场的概念,他引入了在带电体周围弯弯曲曲的线来形象地表示电场的分布,描述如下.

(1) 任意带电体周围都会有电场,某一点的电场强度定义为放置在该点正的单位试验点电荷所受到的电场力,即

$$\boldsymbol{E} = \frac{\boldsymbol{F}}{q_0}, \tag{1.122}$$

其中试验点电荷是指电量足够小的点电荷.

(2) 引入电场线表示空间电场大小和方向的分布,电场线的疏密程度表示电场的大小分布,某一点电场线的切线方向代表该点电场的方向. 电场线起始于正电荷(或无穷远)、终止于负电荷(或无穷远),电场线不相交.

(3) 电场对放入其中的其他带电体产生力的作用,对于放入电场中的点电荷 q,其所受的电场力为 $\boldsymbol{F} = q\boldsymbol{E}$.

点电荷 q 的电场强度具有如下形式:

$$E(r) = \frac{1}{4\pi\varepsilon_0}\frac{q}{r^2}\hat{r}, \qquad (1.123)$$

其中，$\hat{r} = \frac{r}{|r|}$ 为位置矢量 r 的方向矢量. 对于一个有大小的带电体, 可将其分割为若干电荷微元 $\mathrm{d}q(r_2)$, 空间某点 r_1 处的电场强度为

$$\mathrm{d}E(r_1) = \frac{1}{4\pi\varepsilon_0}\frac{\mathrm{d}q(r_2)}{r_{21}^2}\hat{r}_{21}, \qquad (1.124)$$

其中，$\hat{r}_{21}$ 为从位置 r_2 指向 r_1 处方向的单位矢量. 在此基础上对变量 r_2 进行积分, 即可求得带电体的电场分布. 为了主要体现思想和方法, 以下内容, 除非专门说明, 将主要针对点电荷而言. 图 1.53 是几个典型带电体电场线的分布示意图.

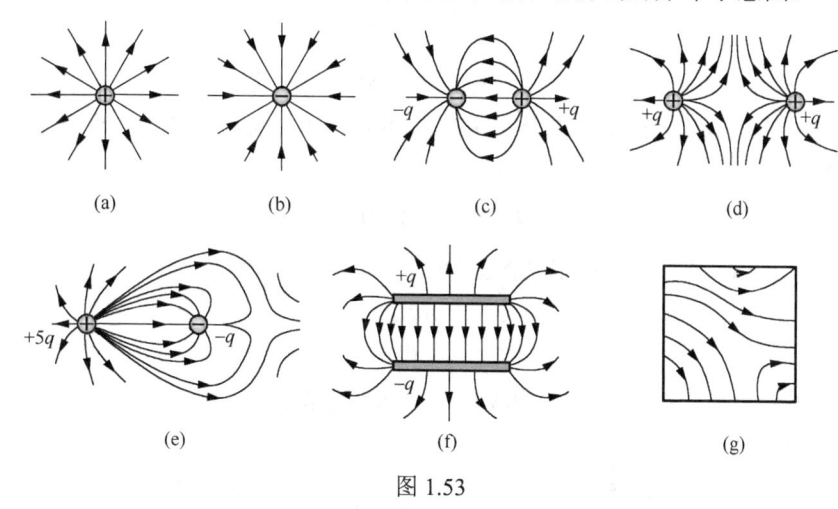

图 1.53

在电场中移动带电体, 电场力会做功. 设空间存在电场 $E(r)$, 沿着某条曲线 L 移动点电荷 q, 对应于位置 r 处微小移动 $\mathrm{d}l$ 的微功为

$$\mathrm{d}W = qE(r)\cdot\mathrm{d}l. \qquad (1.125)$$

如果移动的路径 L 闭合, 即从某点出发又回到该点, 可以证明静电场力做功等于零, 即

$$\oint qE(r)\cdot\mathrm{d}l = 0. \qquad (1.126)$$

物理学中将满足此性质的场称为保守场, 保守场施加给物体的力为保守力, 保守力做功只跟始末位置有关, 跟做功的路径无关. 质点力学中会发现, 引力、重力和弹性力都属于保守力, 而摩擦力做功与路径相关, 因此不是保守力.

由于保守力做功或者保守场沿路径的 (矢量) 积分只取决于始末位置, 说明只要

选取一个固定的参考位置 r_0，其他位置 r 的积分值 $\int_{r_0}^{r} E(r) \cdot dr$ 或者做功量 $q \int_{r_0}^{r} E(r) \cdot dr$ 都是 r 相对 r_0 的位置函数，因此可以引入保守场势和势能的概念. 定义静电场的任意位置 r 处的电势为：在电场中将正的单位点电荷从 r 处移动到零电势处电场力所做的功，即

$$\varphi(r) = \int_{r}^{0} E(r) \cdot dr, \tag{1.127}$$

其中，0 表示电势零点(参考点)的位置. 选取无穷远处为电势零点，点电荷场的电势为

$$\varphi(r) = \frac{1}{4\pi\varepsilon_0} \frac{q}{r}. \tag{1.128}$$

将带电体周围电势相同的点连接形成的面称为等势面，用等势面也可以表示电场的分布. 实际电路中电势等同于大家都熟知的电压. 也可以从电势分布函数得到电场强度

$$E(r) = -\nabla \varphi(r). \tag{1.129}$$

关于上式一维的情况，读者都很熟悉，即

$$E_x = -\frac{d\varphi(x)}{dx}. \tag{1.130}$$

图 1.54 是几个典型的带电体的等势面分布示意图.

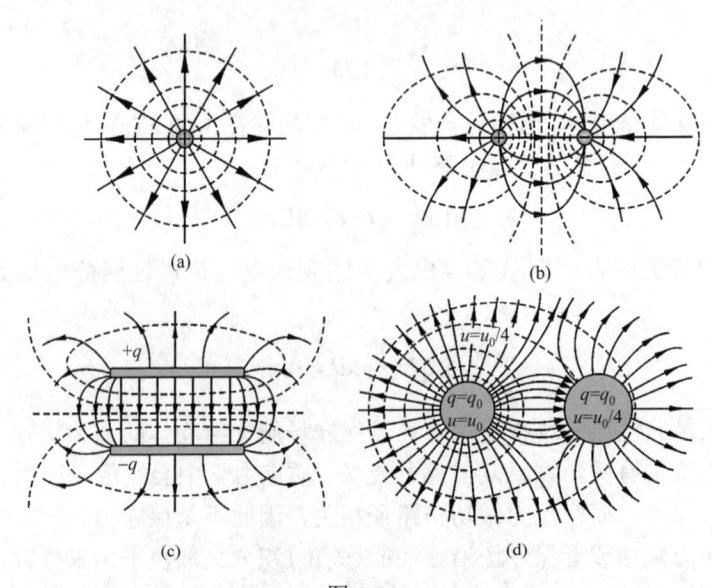

图 1.54

第 1 章 经典物理概述

电容器是存储电荷形成特殊电场的重要器件,下面从导体引入电容器.

将其中存在足够多自由流动电荷的物质称为导体.放入外电场中的导体,其内部的正负电荷分别顺着或逆着电场线的方向迅速移动到导体的两端边界上,形成与外电场大小相同、方向相反的感应电场,从而在导体内部抵消掉外电场,分布在导体外表面的感应电荷会在导体外表面产生感应电场,如图 1.55 所示.因此,处于外电场的导体达到静电平衡以后,内部电场强度为零,外表面的电场方向垂直于所在位置的导体表面(否则会引起电荷流动),导体是一个等势体.如果将处于外电场的导体接地,一般负电荷会迅速移动到地面,从而使导体变成带电体.

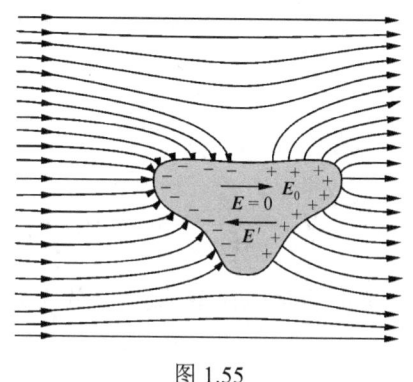

图 1.55

处于静电平衡的导体,如果带有电荷,电荷只能分布在外表面,导体也会成为一个具有非零电势的等势体,因而导体可以用来存储电荷,由此可引入导体的电容.定义孤立导体的电容 C 为加载单位电势所产生的电荷量,即

$$C = Q/U. \tag{1.131}$$

考虑到一般导体很难实现孤立,研究导体组的电容更有实际意义.最小的导体组包含两个分离的导体,称为电容器,通过给两个导体加载数量相同、电性相反的电荷,定义其电容为

$$C = Q/\Delta U, \tag{1.132}$$

其中,ΔU 为两个导体的电势差.常用的电容器包括平行板电容器、柱形电容器和球形电容器,电容器电容的大小取决于导体之间互相面对的面积、导体之间的距离、周围的介质分布等.

例题 1.3.1 考虑一个长度为 L 的均匀带电直杆模型,若电荷线密度为 λ,求其在空间一点产生的电场强度.

解 如图 1.56 所示,设直杆外任意一点 P 到直杆的垂直距离为 a,沿直杆建立 x 轴,垂直直杆过 P 点为 y 轴.在直杆上某一位置 x 处选取一个电荷微元 $\mathrm{d}q = \lambda \mathrm{d}x$,其在 P 点的电场强度的大小为

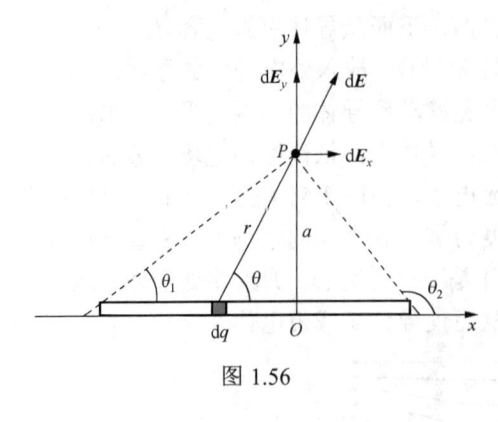

$$dE = \frac{1}{4\pi\varepsilon_0}\frac{dq}{r^2},$$

求解整段直杆的电场强度需要在两个方向完成积分,选取 r 与 x 轴的夹角 θ 为积分变量,则有

$$dE_x = dE\cos\theta, \quad dE_y = dE\sin\theta,$$
$$x = a\cot\theta, \quad r = a\csc\theta,$$

代入上述关系,可以得到两个方向的电场强度

图 1.56

$$E_x = \int_{\theta_1}^{\theta_2} dE_x = \frac{\lambda}{4\pi\varepsilon_0 a}(\sin\theta_2 - \sin\theta_1),$$

$$E_y = \int_{\theta_1}^{\theta_2} dE_y = \frac{\lambda}{4\pi\varepsilon_0 a}(\cos\theta_1 - \cos\theta_2).$$

上述结果可以推广至无限长直导线模型(或者等效为 P 点无限靠近带电直杆),此时

$$E_x = 0, \quad E_y = \frac{\lambda}{2\pi\varepsilon_0 a}.$$

例题 1.3.2 半径为 R 的导体球原先不带电,在距其球心为 x 的地方($x > R$),放置一个电荷量为 Q 的点电荷,试求该导体球的电势.

解 在导体球旁边放置电荷后,其上会产生正负电量相同的感应电荷并分布于导体球表面,当达到静电平衡状态后,导体球是一个等势体,感应电荷在球心处的电势之和等于零,因此导体球的电势等于点电荷 Q 在导体球心处的电势,即

$$\varphi = \frac{Q}{4\pi\varepsilon_0 x}.$$

请思考,如果导体球接地,达到平衡后其上的感应电荷的电量如何计算?

1.3.2 稳恒电流的磁场

电流和电流之间、电流和磁体之间、磁体和磁体之间都存在磁力作用,经过大量的实验和经验分析,安培(A. M. Ampère)提出了分子电流假说,认为磁力作用的本质是运动电荷之间的作用力. 类比于电场研究,毕奥(J. B. Biot)和萨伐尔(F. Savart)通过大量实验和凝练总结得到磁流体的磁场表达式,称之为毕奥-萨伐尔定律.

首先定义磁场的强度,在有磁场分布的区域,如图 1.57 所示,在载有电流为 I 的闭合回路中取一段电流元 $Id\boldsymbol{l}$,测量电流元的受力情况. 固定电流元的位置而改变其取向,发现存在一个方向,当电流元取此方向时,其受力等于零,则定义该方向为该位置处磁感应强度 $\boldsymbol{B}$ 的方向,电流元取其他方向均受力,而当取向与 $\boldsymbol{B}$ 方向垂直时受力最大,定义该点 $\boldsymbol{B}$ 的大小为

$$B = \frac{\mathrm{d}F_{\max}}{Id l}. \tag{1.133}$$

由此也可以得到电流元的受力方程

$$\mathrm{d}\boldsymbol{F} = Id\boldsymbol{l} \times \boldsymbol{B}. \tag{1.134}$$

该式称为电流元安培力公式. 在均匀磁场中,当将电流元取为一段长直载流线段,会得到中学非常熟悉的公式 $F = BIl$. 对于任意形状的载流导线,其所受力由上式积分得到,即

$$\boldsymbol{F} = \int Id\boldsymbol{l} \times \boldsymbol{B}. \tag{1.135}$$

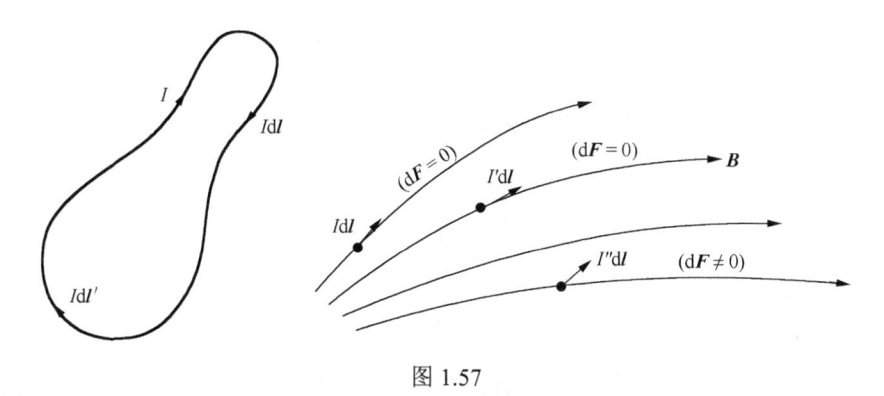

图 1.57

毕奥-萨伐尔定律给出了真空中电流磁场的分布规律,对于载有电流为 I 的闭合回路中的一段电流元 $Id\boldsymbol{l}$,如图 1.58 所示,在相对电流元的位置矢量为 $\boldsymbol{r}$ 处,由电流元所产生的磁感应强度为

$$\mathrm{d}\boldsymbol{B} = \frac{\mu_0}{4\pi} \frac{Id\boldsymbol{l} \times \hat{\boldsymbol{r}}}{r^2}, \tag{1.136}$$

其中,$\mu_0 = 4\pi \times 10^{-7}\,\mathrm{N \cdot A^{-2}}$ 为真空磁导率. 对于给定的某个空间位置,有限长度载流电流所产生的磁感应强度可由上式积分得到. 几个常用的载流体所产生的磁感应强度的计算结果如下(电流强度均为 I).

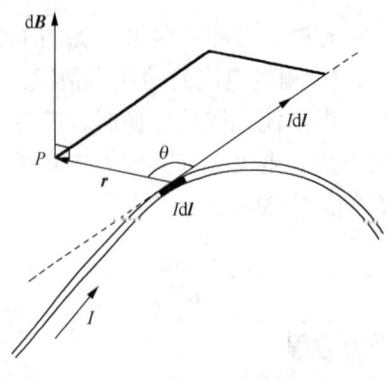

图 1.58

(1) 无限长载流直线，与其垂直距离为 a 的位置处的磁感应强度大小为

$$B = \frac{\mu_0 I}{2\pi a}, \tag{1.137}$$

方向遵循右手螺旋定则.

(2) 半径为 r 的圆形闭合载流线圈，其圆心处的磁感应强度大小为

$$B = \frac{\mu_0 I}{2r}. \tag{1.138}$$

磁感应强度方向沿过圆心的垂直轴向. 在过圆心垂直轴线上远离圆心处一点 x 的 ($x \gg r$) 磁感应强度为

$$B = \frac{\mu_0 IS}{2\pi x^3}, \tag{1.139}$$

其中，$\boldsymbol{S} = S\hat{\boldsymbol{n}}$ 为圆形电流的面积矢量；$\hat{\boldsymbol{n}}$ 代表圆形电流面的单位法向量. 引入磁矩 $\boldsymbol{p}_\mathrm{m} = I\boldsymbol{S}$ 表示圆形电流的磁场，上式可以重新写成

$$B = \frac{\mu_0 p_\mathrm{m}}{2\pi x^3}. \tag{1.140}$$

由于磁矩即为圆形电流，其在外磁场作用下会受到力和力矩的作用，在力矩作用下磁矩方向会顺着磁感应强度方向偏转. 由于物质都是由原子构成的，原子中电子除了自旋以外都在绕原子核旋转，所以每个电子都相当于一个圆形电流，都对原子的磁矩有贡献，其对分子乃至整个物质都会产生磁场的贡献，因此圆形电流的磁矩具有非常重要的研究价值.

(3) 螺线管的磁场. 如图 1.59 所示，将电流 (导线) 沿着某个方向在柱形物体上绕行形成的磁流体称为螺线管，螺线管是变压器的核心构件. 半径为 R 的螺线管轴线上磁感应强度大小为

$$B = \frac{\mu_0 nI}{2\pi}(\cos\beta_2 - \cos\beta_1). \tag{1.141}$$

图 1.59

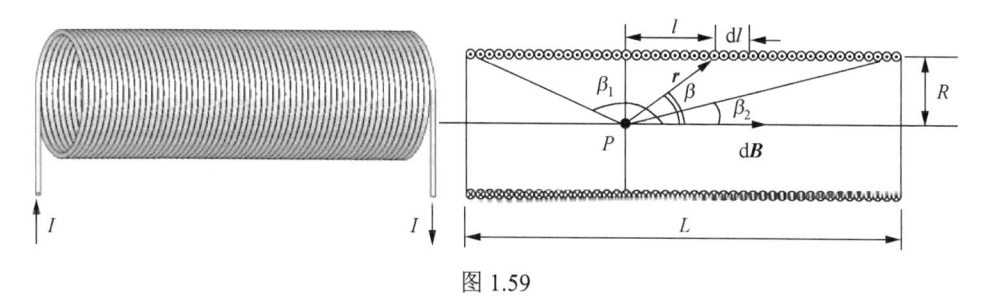

因此，无限长螺线管轴线上的磁感应强度为 $\mu_0 nI$，其中 n 为螺线管线圈的匝数密度. 螺线管远离两端的外部空间磁场几乎等于零，而当螺线管长度尺寸远大于其半径时，其内部磁场几乎是均匀的，因此螺线管是产生匀强磁场的重要器件之一. 除此之外，如图 1.60 所示，螺绕环也是常用的磁流体器件，请读者自行分析其磁场特征.

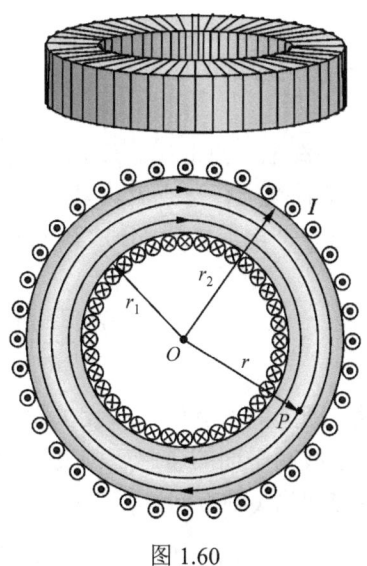

图 1.60

磁场也可以用磁场线进行描述，某点磁场线的切线方向代表该点磁感应强度的方向，而磁场线的疏密程度用来表示磁感应强度的大小. 由于磁场不对应实际的磁荷，磁场线是没有起点和终点的闭合曲线，不同磁场线之间不相交. 图 1.61 是几个典型磁流体的磁场线分布.

由于磁场的安培力做功与路径有关，因此磁场不是保守场，无法引入标量的磁势.

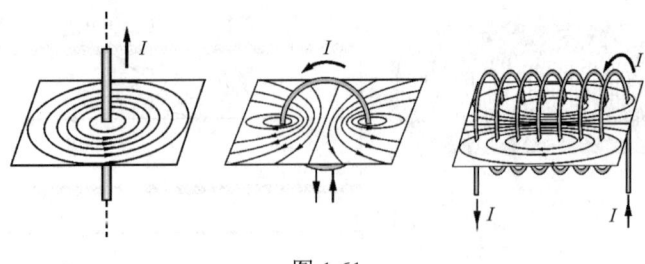

图 1.61

在磁场中运动的电荷会受到磁场力的作用,该力称为洛伦兹力,有

$$f_B = qv \times B. \tag{1.142}$$

由于受到洛伦兹力的影响,垂直于磁感应强方向进入磁场的运动电荷会做圆周运动,该现象可用来探测宇宙射线粒子的电性,以及用于带电粒子加速;如果进入磁场的速度方向既不垂直也不平行于磁场,带电粒子将会围绕磁力线螺旋前进,其绕行半径反比于磁感应强度.出现在北极的极光现象是地球磁场作用于宇宙射线的体现,这种现象也可用于核反应中的磁约束技术.对此感兴趣的读者可参考更专业的书籍.

例题 1.3.3 求载流线圈轴线上一点的磁感应强度 B,线圈电流为 I,半径为 R.

解 如图 1.62 所示,对于轴线上任意点 P,其与线圈圆心的距离为 x.选取线圈上任意一个电流微元 Idl,其在 P 点所产生的磁感应强度大小为

$$dB = \frac{\mu_0}{4\pi} \frac{Idl}{(R^2+x^2)}.$$

对线圈上的所有电流微元求积分,根据对称性,很容易得知平行于线圈平面的磁感应强度分量为零,线圈在 P 点的磁感应强度方向沿 x 轴方向,其大小为

$$B = \int \cos\theta dB = \frac{\mu_0 IR^2}{2(R^2+x^2)^{3/2}}.$$

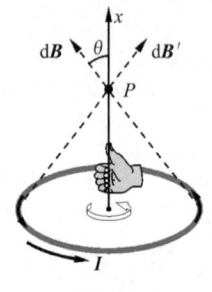

图 1.62

由结果可知,当 $x=0$ 时,载流线圈圆心处的磁感应强度 $B = \mu_0 I/(2R)$.亦由于对称性,一段载流圆弧 ϕ 在圆心处的磁感应强度为 $B = \mu_0 I\phi/(4\pi R)$.请读者自行验证.

上述的例题可以推广应用到微观的情况.根据氢原子的玻尔理论,在正常状态下,氢原子的电子(基态)在半径为 $r_0 = 0.53 \times 10^{-10}$ m 的圆形轨道上运动,速率 $v = 2.2 \times 10^{-10}$ m/s,已知电子的电量大小为 $e = 1.60 \times 10^{-19}$ C.由电子电量除以运动一周的时间可估算出电子电流,再根据上面的模型,可算出电子轨道中心处的磁感应

强度为
$$B = \frac{\mu_0}{2r_0}\frac{e}{2\pi r_0/v} = \frac{\mu_0 ev}{4\pi r_0^2} = 12.5\text{T}.$$

电子的磁矩 $p_m = IS = \frac{e}{2\pi r_0/v}\pi r_0^2 = \frac{evr_0}{2}$，轨道角动量 $L = m_e v r_0$，因此有

$$\boldsymbol{p}_m = -\frac{e}{2m_e}\boldsymbol{L}.$$

上式中考虑了磁矩和角动量方向相反(为什么呢？).

1.3.3　静电场和稳恒磁场的散度和旋度

由于电场和磁场都可用场线来描述，首先引入通量的概念. 在电(磁)场分布的区域选取一个曲面 S，将垂直通过面 S 的电(磁)场的条数称为电(磁)场通量，用 $\Phi_E(\Phi_M)$ 表示. 量化的定义从面元 d$\boldsymbol{S}$ 的通量开始，用电场强度和磁感应强度描述的通量分别定义为

$$\mathrm{d}\Phi_E = \boldsymbol{E}\cdot\mathrm{d}\boldsymbol{S}, \tag{1.143a}$$

$$\mathrm{d}\Phi_M = \boldsymbol{B}\cdot\mathrm{d}\boldsymbol{S}. \tag{1.143b}$$

因此，通过一个有限面积的通量可通过对上述微分形式进行一个曲面积分得到，即

$$\Phi_E = \int \boldsymbol{E}\cdot\mathrm{d}\boldsymbol{S}, \tag{1.144a}$$

$$\Phi_M = \int \boldsymbol{B}\cdot\mathrm{d}\boldsymbol{S}. \tag{1.144b}$$

由于电场线起源和终止于电荷，所以可以用通过一个闭合曲面的电场通量来描述电场的分布，即统计通过一个闭合曲面的电场线的条数；同样的考虑也可以应用于磁场的分布. 同时，考虑在电场或者磁场中沿着闭合路径移动的电荷或者电流元，分析对比移动的起点和终点的差别，由于此差别一定来自于场的影响，因此也可用来描述场的分布. 当上述的闭合曲面和闭合路径逐渐缩小到仅包含一个点时，相应的影响就只反映该点处场的性质，这样的方法分别对应场的散度和旋度. 下面分别针对电场和磁场进行以上思路的展开.

1. **静电场的散度　高斯定理**

由于静电场的电场线起源和终止于电荷(带电体)，容易证明以下结论：

$$\oint \boldsymbol{E}\cdot\mathrm{d}\boldsymbol{S} = Q/\varepsilon_0, \tag{1.145}$$

其中，Q 是闭合曲面内所包围的净电荷数量. 如图 1.63 所示，通过任意闭合曲面(称

为高斯面)的电通量只取决于其内所包含的净电荷总量 Q, 而与闭合曲面外的电荷无关; 如果闭合曲面内无电荷, 那么通过该闭合曲面的电通量等于零, 当然这并不意味着曲面上的电场强度等于零. 此结论称为静电场的高斯定理, 高斯定理给出了静电场的整体分布的描述.

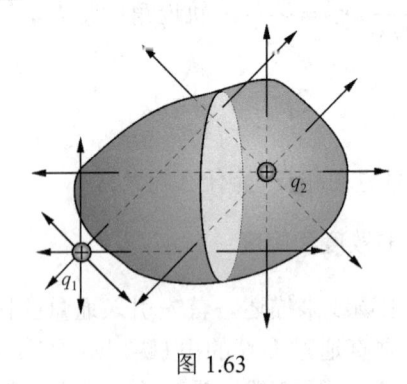

图 1.63

利用数学中闭合曲面积分与曲面内所包围体积的体积分的结论, 可将上式进一步深化如下:

$$\oint \boldsymbol{E} \cdot \mathrm{d}\boldsymbol{S} = \iiint \nabla \cdot \boldsymbol{E} \mathrm{d}V = \frac{Q}{\varepsilon_0} = \frac{1}{\varepsilon_0} \iiint \rho \mathrm{d}V. \tag{1.146}$$

由此可以得到, 对于静电场空间中的任意一个位置都有

$$\nabla \cdot \boldsymbol{E} = \frac{\rho}{\varepsilon_0}, \tag{1.147}$$

其中, ρ 代表该点处的电荷密度. 上式是静电场高斯定理的微分形式, $\nabla \cdot \boldsymbol{E}$ 称为电场的散度. 静电场的高斯定理说明静电场是有源场.

2. 稳恒磁场的散度

由于稳恒磁场的磁场线是闭合曲线, 可以证明, 通过任意闭合曲面的磁场线的通量始终等于零(磁场线穿入和穿出相对应), 即

$$\oint \boldsymbol{B} \cdot \mathrm{d}\boldsymbol{S} = 0, \tag{1.148}$$

$$\nabla \cdot \boldsymbol{B} = 0. \tag{1.149}$$

这说明稳恒磁场是无源场, 意味着稳恒磁场不对应于磁荷(磁单极子). 近现代也有物理学家提出了磁单极子假设, 也许未来有一天真正会发现磁单极子, 从而对现有的电磁理论提出挑战.

3. 静电场的旋度

根据前文中静电场力沿闭合路径做功等于零的结论，立即可以得到静电场沿着任意一条闭合路径的积分等于零，即

$$\oint \boldsymbol{E} \cdot \mathrm{d}\boldsymbol{l} = 0. \tag{1.150}$$

根据数学中的结论：矢量场沿闭合曲线积分等效于以此闭合曲线为边界的任意曲面的矢量场的旋度积分，上式等效为

$$\oint \boldsymbol{E} \cdot \mathrm{d}\boldsymbol{l} = \iint (\nabla \times \boldsymbol{E}) \cdot \mathrm{d}\boldsymbol{S} = 0, \tag{1.151}$$

因此可以得到

$$\nabla \times \boldsymbol{E} = 0. \tag{1.152}$$

该式意味着静电场任意位置处的旋度等于零，同前所述，静电场是保守场.

4. 稳恒磁场的旋度 安培定律

现在来考虑稳恒磁场的旋度. 计算表明，在由闭合载流回路或者长直载流导线产生的稳恒磁场中，磁感应强度沿着任意闭合路径的积分满足

$$\oint \boldsymbol{B} \cdot \mathrm{d}\boldsymbol{l} = \mu_0 I. \tag{1.153}$$

其中，I 是闭合积分路径所包围的电流的代数和. 这个结论称为安培定律，如图 1.64 所示. 安培定律的微分形式为

$$\nabla \times \boldsymbol{B} = \mu_0 \boldsymbol{j}, \tag{1.154}$$

其中，$\boldsymbol{j}$ 是该点的电流密度. 稳恒磁场的旋度不为零，说明其为有旋场.

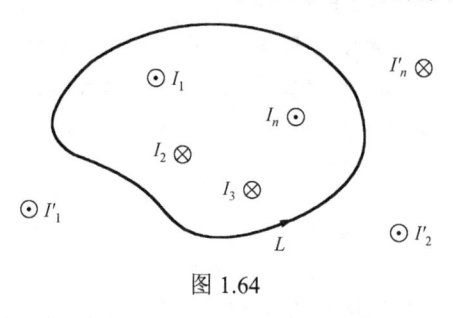

图 1.64

综合以上结果，可以得到结论：静电场是有源无旋场，而稳恒磁场是无源有旋场. 造成两者不同的原因是静电场产生于电荷，而磁场并不对应磁荷；如前所述，安培认为，磁场产生于运动的电荷，而由于运动的相对性，电荷是否运动取决于参考系的选取. 比如，两根相互平行的带电直线，如果使其同时沿相同的直线方向运

动起来，从地面上看来是电荷运动，从而是磁场间的作用，而相对于直线参考系本身，两者又是静止电荷的电场作用．结论肯定是一致的，而造成不同的原因可能是描述理论的不彻底，这个问题将在狭义相对论中进行解决．

科学家小传

卡文迪什

卡文迪什(H. Cavendish, 1731—1810)，英国物理学家、化学家．卡文迪什在热学、电学、化学等领域进行过许多实验探索．但由于他将荣誉看得很轻，所以对于发表实验结果以及是否发现优先权很少关心，致使其许多成果一直未被公开发表，直到麦克斯韦审阅整理并出版了他的手稿后，人们才知道他在物理学领域有很多重要发现．卡文迪什发现一对电荷间的作用力跟它们之间的距离平方成反比，这就是后来库仑导出的库仑定律内容的一部分；他提出每个带电体的周围有"电气"，与电场理论很接近；他演示了电容器的电容与插入平板中的物质有关；电势的概念也是卡文迪什首先提出的，这对静电理论的发展起了重要作用；他还提出了导体上的电势与通过电流成正比的关系．在牛顿发现万有引力定律之后，他是测出引力常量的科学家．

安培

安培(A. M. Ampère, 1775—1836)，法国物理学家、化学家和数学家，电磁学的奠基人之一．1819年，安培发表了《有关在电流线上相互作用产生力量的实验》这篇论文，其中描述了安培定律和安培环路定理，这两个定律为描述电流与磁场之间的相互作用奠定了基础．安培还是早期将电磁学与数学形式化结合的先驱之一．他发展了对电流元之间相互作用所产生的磁场的数学描述，从而创立了电磁学的定量理论．除了在电磁学领域的杰出贡献外，安培还对化学和数学有着深入的研究．他曾在巴黎高等师范学校担任数学教授，并在教学和研究中持续推动着科学领域的进步．

安培的名字被用来命名电流单位"安培"，以纪念他在电磁学领域的开创性工作．安培的继任者们继续在他的研究基础上发展电磁学理论，使得安培留下的科学遗产成为现代物理学和工程学的重要组成部分．

1.3.4 介质的极化和磁化

以上内容均是电场或者磁场在真空中的结果．放入场中的物质，其结构会因外场对原子分子的作用而发生变化，因此物质内场的分布有别于真空中场的分布，该现象称为介质的极化或者磁化．

电场对物质的极化．构成物质的分子一般被分为极性分子和无极性分子．比如水分子H_2O，如图1.65所示，由于其两个$H^+ - O^-$键的方向不一致，会形成一个等效的偶极子(由一对正负电荷构成). 也正因为水分子的这种结构,其易于跟大多数其他分子耦合,导致多数物质都具有水溶性,水也是生命之源.

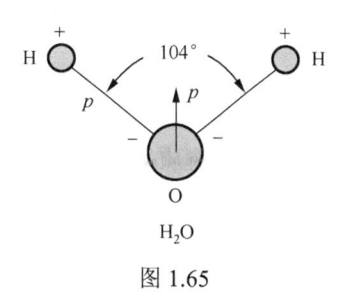

无论是由极性还是无极性分子构成的物质,由于热运动,没有外电场的影响,物质内部是电中性的. 而当有外电场 E_0 影响时,分子(或原子)中的电子和原子核之间的间距被拉开,极性分子会沿着外电场的偏向发生偏转,从而导致物质内部产生方向与外场方向相反的额外电场 E',因此在物质内部的电场为 E_0 和 E' 的叠加,即

$$E = E_0 + P/\varepsilon_0 = \varepsilon_r E_0. \tag{1.155}$$

图 1.65

其中,ε_r 称为相对介电常量,$\varepsilon_r > 1$ 说明极化后的电场其强度总是小于外电场. 下面以理想的平行板电容器两极间(两板间距远小于其面积尺寸)的介质极化为例,给出极化电场的一般性结论.

如图 1.66 所示,假定电容器的正负极板分别带电 Q_0 和 $-Q_0$. 没有充入介质前,极板间的电场强度大小为 $E = Q_0/(\varepsilon_0 S)$,方向垂直于两个极板方向且由正指向负. 充入 ε_r 的均匀介质被极化后,在分别靠近正负极板的两个介质表面会出现总量为 $-Q'$ 和 Q' 的极化的束缚电荷 Q',应用高斯定理后可得到

$$\oint \boldsymbol{E} \cdot \mathrm{d}\boldsymbol{S} = (Q_0 - Q')/\varepsilon_0 \tag{1.156}$$

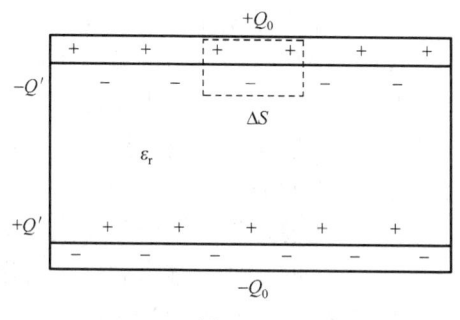

图 1.66

由于 Q' 的未知性,将上式移项后并定义电位移矢量

$$\boldsymbol{D} = \varepsilon_0 \boldsymbol{E} + \boldsymbol{P}' = \varepsilon \boldsymbol{E}, \tag{1.157}$$

从而可以得到介质中的高斯定理

$$\oint \boldsymbol{D} \cdot \mathrm{d}\boldsymbol{S} = Q_0, \tag{1.158}$$

或者

$$\nabla \cdot \boldsymbol{D} = \rho_0, \tag{1.159}$$

其中，ρ_0 是介质表面自由电荷密度．$\oint \boldsymbol{P}' \cdot \mathrm{d}\boldsymbol{S} = Q'$，其中 $\boldsymbol{P}'$ 表示介质的极化强度．同时也容易得到电位移矢量的旋度仍然等于零 $\nabla \times \boldsymbol{D} = 0$，也就是说，在介质中电场仍然是有源无旋场．

磁场对物质的磁化．按照安培分子电流假说，物质磁化的过程是由外磁场对物质中分子电流磁矩作用后产生的结果．如前所述，原子磁矩包括原子的轨道磁矩和电子自旋磁矩，分子磁矩为其内多个原子磁矩的叠加．磁矩不等于零的分子称为磁性分子，否则称为无磁性分子．但由于热运动，一般物质内部不显磁性．在外磁场的作用下，放入外磁场中介质的磁性分子的磁矩会偏向外磁场方向，从而增大介质内部的磁感应强度，此类磁化的介质称为顺磁质；而无磁性分子介质中，分析表明，在外磁场作用下分子磁矩会产生与外磁场方向相反的附加磁矩，从而减弱介质内部的磁感应强度，此类磁化的介质称为抗磁质．引入相对磁导率 μ_r，磁化后介质内的磁感应强度 $\boldsymbol{B}$ 和外磁场 $\boldsymbol{B}_0$ 之间满足关系

$$\boldsymbol{B} = \mu_\mathrm{r} \boldsymbol{B}_0. \tag{1.160}$$

对顺磁质 $\mu_\mathrm{r} > 1$，对抗磁质 $\mu_\mathrm{r} < 1$，但都有 $\mu_\mathrm{r} \approx 1$，因而都属于弱磁性物质．研究表明，存在一种特殊的磁性物质，称为铁磁质，其相对磁导率 $\mu_\mathrm{r} \gg 1$．铁磁质内部有接近宏观尺度的磁畴，如图 1.67 所示，每个磁畴都具有确定的宏观磁矩，在无外磁场影响时，热运动导致整体铁磁质无磁性．但是当铁磁质置于外磁场中被磁化后，每个磁畴的磁矩都趋向于与外磁场方向一致，从而大大增加了铁磁质内的磁感应强度；特别是当外磁场撤掉后，由于磁畴间宏观应力等因素的影响，磁畴的分布结构无法恢复到被磁化之前，导致铁磁质在撤掉外磁场后仍然保留有剩余的磁性，称为剩磁；消除剩磁需要加载与磁化反方向的磁场，去掉剩磁需要加载的最小的反向磁感应强度大小称为矫顽力．剩磁和矫顽力是描述铁磁质最重要的参量．常见的磁铁是磁畴构造的典型实例．

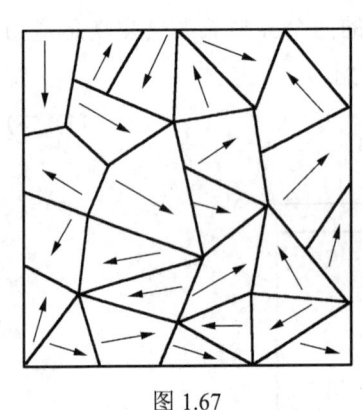

图 1.67

如图 1.68 所示，下面以内部充有顺磁质的螺线管为例，讨论介质内的磁化．假定线圈中的电流为 I_0，磁化后的介质内部所有的分子电流都趋向于一致，介质内部相邻的分子电流由于绕行方向一致而相互抵消，只有介质表面出现宏观的束缚电流 I_S，绕行方向与 I_0 一致，其磁矩 $\boldsymbol{P}_\mathrm{S}$ 和外磁场 $\boldsymbol{B}_0$ 方向一致，应用安培环路定理可以得到

$$\oint \boldsymbol{B} \cdot \mathrm{d}\boldsymbol{l} = \mu_0 (I_0 + I_\mathrm{S}) \tag{1.161}$$

(a)　　　　　　　　　　　　(b)

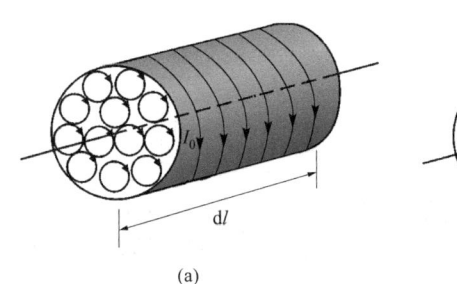

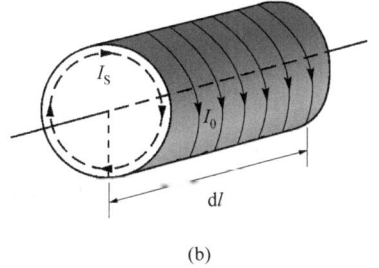

图 1.68

由于实验无法直接测量束缚电流，引入磁化强度 M（介质磁化后单位体积内分子磁矩的总和），可证明满足关系式 $\oint M \cdot dl = I_S$，因此上式可以写为

$$\oint (B - \mu_0 M) \cdot dl = \mu_0 I_0. \tag{1.162}$$

定义磁场强度为

$$H = \frac{B - \mu_0 M}{\mu_0} = \frac{B}{\mu'}, \tag{1.163}$$

描述介质内的磁场大小，其中 $\mu = \mu_0 \mu_r$，称为绝对磁导率. 因此介质内的安培环路定理可以写为

$$\oint H \cdot dl = I_0. \tag{1.164}$$

例题 1.3.4 根据量子理论可以算出原子核式模型中原子核周围电子云的分布. 作为最简单的情况，氢原子可以看作其中心质子带正电荷 $+e$、周围是带负电的电子云的模型. 当原子处在基态时，电子云的电荷密度为球对称分布，即为

$$\rho(r) = -\frac{e}{\pi r_0^3} e^{-2r/r_0},$$

请计算氢原子内的电场强度分布.

解 根据题设，如果让原子核中心位于 O 点，当氢原子处在基态时，带电分布具有球对称性，因而其电场分布也具有球对称性，可以利用静电场的高斯定理来求解电场强度的分布. 将原子核处理为点电荷，如果需要确定电场强度的位置离开 O 点的距离为 r，以 O 点为球心、r 为半径做一个球面，称为高斯面. 由于电场的对称性，该高斯面 S 上每一点的电场强度大小相同，方向都顺着该点的径向，因此根据高斯定理，通过该高斯面的总的电通量满足关系式

$$\oint E \cdot dS = 4\pi r^2 E = \frac{e + q(r)}{\varepsilon_0},$$

其中

$$q(r) = \int_0^r \rho(r') \cdot 4\pi r'^2 \mathrm{d}r' = \mathrm{e}^{-2r/r_0}\left[2\left(\frac{r}{r_0}\right)^2 + \frac{2r}{r_0} + 1\right]e - e.$$

综合上述两式即可得基态氢原子的电场强度分布.

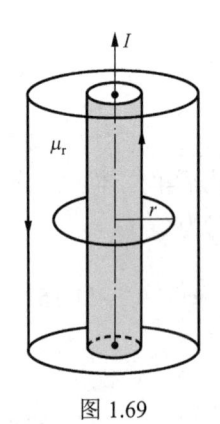

例题 1.3.5 无限长载流为 I 的直导线,半径为 R_1,其外包围一层磁介质,相对磁导率为 μ_r,磁介质外径为 R_2,试求磁介质中的磁化强度和磁感应强度.

解 在磁介质中任意位置,如图 1.69 所示,假设半径为 r 处,做一个绕中心轴的圆环,由于磁场的对称性,根据磁介质中安培环路定理,有

$$\oint \boldsymbol{H} \cdot \mathrm{d}\boldsymbol{l} = 2\pi r H = I,$$

图 1.69

即可得

$$H = \frac{I}{2\pi r}.$$

根据式(1.163),可得

$$B = \mu_0\mu_r H = \frac{\mu_0\mu_r I}{2\pi r},$$

$$M = (\mu_r - 1)H = \frac{(\mu_r - 1)I}{2\pi r}.$$

磁场和磁化强度的方向与电流 I 的方向呈右手螺旋关系. 根据上述结果,也可以确定出磁介质内外表面束缚电流密度的大小和方向.

1.3.5 法拉第电磁感应定律 电磁场的互相转化

继 1820 年丹麦物理学家奥斯特(H. C. Oersted)发现电流的磁效应以后,启发了一些物理学家去思考磁能否产生电效应. 法拉第经过十几年上千次的实验以后,终于发现了当通过一个闭合线圈的磁通量发生变化时,线圈中会激发出现电流的实验结论,被称为法拉第电磁感应定律. 通过引入电路中度量将正负电荷分开能力的物理量——电动势(等效于电源的电压) ε,楞次将法拉第电磁感应定律表示为数学形式

$$\varepsilon = -\frac{\mathrm{d}\Phi_B}{\mathrm{d}t}, \tag{1.165}$$

其中,$\Phi_B = \boldsymbol{B} \cdot \boldsymbol{S}$ 是通过回路的磁通量. 更细致的分析表明,回路的面积 S 发生变化一般对应于构成回路的部分导体(导线)沿着垂直磁感应强度的方向上存在移动,通

常称为切割磁场线,这时外力对导体(导线)移动所做的机械功会通过作用于导体(导线)内电荷的洛伦兹力转换为静电力做功,从而实现正负电荷分开,产生电动势. 由此产生的电动势称为动生电动势. 水力发电厂发电的原理正是如此,高度落差的水流推动回路中导体转动切割磁场线,从而产生电动势.

当回路的面积 S 不变化时,进一步的实验发现,磁场 $\boldsymbol{B}$ 发生变化会导致在发生变化的区域产生感生电场 $\boldsymbol{E}_V$,其方向和磁感应强度的变化方向呈左手螺旋关系,满足关系

$$\oint \boldsymbol{E}_V \cdot \mathrm{d}\boldsymbol{l} = -\iint \frac{\mathrm{d}\boldsymbol{B}}{\mathrm{d}t} \cdot \mathrm{d}\boldsymbol{S}. \tag{1.166}$$

感生电场引起处在其内的导体或者导体回路中的正负电荷分离或者移动,从而起到电源的作用,这是和切割磁场线完全不相同的机制. 在感生电场区域放入导体金属块,会产生涡流现象,涡流会使得金属迅速变热,如果变压器线圈内部是金属,涡流的热效应是不利于变压器工作的.

细致的读者会发现,感生电场和静电场的性质有很大不同,因为感生电场的环路积分(旋度)不等于零,说明感生电场是有旋场. 这的确是一个重大的发现,因为发现了一类全新的电场形式,而这种电场来源于磁场的变化!进一步对比会发现,奥斯特电流的磁效应本质只是运动的电荷产生磁场,这是安培对磁场本质的解释,不对应变化的电场产生磁效应!那么对应于**变化的磁场产生电场,变化的电场能否产生磁场呢?**

麦克斯韦通过进一步研究发现变化的电场也能够产生磁场,其关系式可表示为

$$\oint \boldsymbol{B}_V \cdot \mathrm{d}\boldsymbol{l} = \mu_0 \varepsilon_0 \iint \frac{\mathrm{d}\boldsymbol{E}}{\mathrm{d}t} \cdot \mathrm{d}\boldsymbol{S}, \tag{1.167}$$

其中, $\boldsymbol{B}_V$ 称为涡旋磁场. 可以证明涡旋磁场也是无源场,但其产生源不再是电流或者电荷的运动而是变化的电场.

将新的涡旋电场(磁场)与原来的静电场和稳恒磁场放在一起考虑,重新考察其散度和旋度,就会得到麦克斯韦方程组,其微分形式为

$$\begin{cases} \nabla \cdot \boldsymbol{E} = \dfrac{\rho}{\varepsilon_0} \\ \nabla \cdot \boldsymbol{B} = 0 \\ \nabla \times \boldsymbol{E} = -\dfrac{\partial \boldsymbol{B}}{\partial t} \\ \nabla \times \boldsymbol{B} = \mu_0 \boldsymbol{j} + \mu_0 \varepsilon_0 \dfrac{\partial \boldsymbol{E}}{\partial t} \end{cases} \tag{1.168}$$

积分形式为

$$\begin{cases} \oint_S \boldsymbol{E} \cdot \mathrm{d}\boldsymbol{S} = \dfrac{1}{\varepsilon_0} \int_V \rho \mathrm{d}V \\ \oint_S \boldsymbol{B} \cdot \mathrm{d}\boldsymbol{S} = 0 \\ \oint_S \boldsymbol{E} \cdot \mathrm{d}\boldsymbol{l} = \int_S \dfrac{\partial \boldsymbol{B}}{\partial t} \cdot \mathrm{d}\boldsymbol{S} \\ \oint_L \boldsymbol{B} \cdot \mathrm{d}\boldsymbol{l} = \mu_0 \int_S \boldsymbol{j} \cdot \mathrm{d}\boldsymbol{S} + \mu_0 \varepsilon_0 \int_S \dfrac{\partial \boldsymbol{E}}{\partial t} \cdot \mathrm{d}\boldsymbol{S} \end{cases} \quad (1.169)$$

麦克斯韦电磁场方程组的建立是划时代的成就，是电磁场的基本方程组，截至目前电磁方面的发展和应用都是以此为基础. 方程组告诉我们变化的电场或者磁场可以相互转化，而这种转化是在时空中有序发生的，由此导致电场和磁场在相互转化中伴随着在时空中的传播，因而也是一种新的波动形式——电磁波.

如图1.70所示，在一个偶极的金属天线中，如果能够驱动电荷来回振荡，沿着天线的方向就会产生电场的变化. 按照麦克斯韦方程组，以天线为轴心就会产生柱状分布的感生磁场，而感生磁场一般也是变化的，因而也会在更大空间范围激发感生电场. 依次有序类推，天线中振荡的电荷会作为波源在空间中相对天线产生由近及远的电磁场波动，即为电磁波. 早在1860年德国物理学家赫兹(H. R. Hertz)在实验中就证实了电磁波的存在，并推动了第三次工业革命. 由于电磁波的速度等于光的传播速度，麦克斯韦进一步得到了光属于电磁波的结论，在后续的内容中将详细介绍.

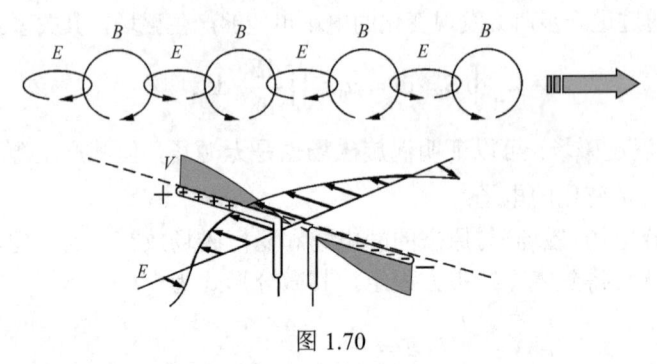

图1.70

同时麦克斯韦发现电磁波在真空中的速度或者说光速 $c = 1/\sqrt{\mu_0 \varepsilon_0}$ 是一个常数，这个结论给物理学界带来了极大的困扰. 因为按照速度的定义，其一定是依赖于参考系的选取，不同的参考系，速度一定是不同的，那么光速是一个常数是相对哪个参考系呢？由于该结论来自于麦克斯韦电磁理论，这是不是说电磁理论是有局限性，只是相对那个特殊的参考系才成立？还是有其他不对呢？

例题1.3.6 设平行板电容器极板为圆板，半径为 R，两极板间距为 d，用缓变电流 I_C 对电容器充电(图1.71). 求 P_1、P_2 点处的磁感应强度.

解 电容器外 P_1 点的磁场由电流 I_C 产生,即磁感应强度大小为

$$B_1 = \frac{\mu_0 I_C}{2\pi r_1}.$$

电容器极板之间的磁场由充电引起板间电场变化所产生,可引入位移电流的概念,用位移电流替代传导电流来形象地描述电路断开处磁场的产生. 任一时刻极板间的电场为

$$E = \frac{\sigma}{\varepsilon_0} = \frac{D}{\varepsilon_0},$$

其中,σ 为极板上面电荷密度;D 为极板间电位移矢量. 极板间任意一点的位移电流定义为

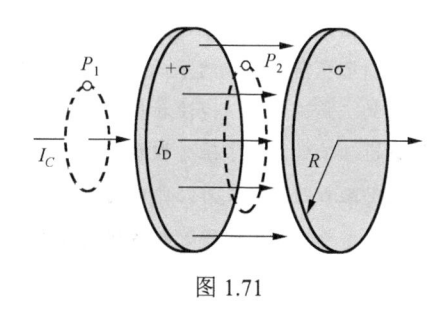

图 1.71

$$j_D = \frac{\partial D}{\partial t} = \frac{I_C}{\pi R^2},$$

因此,根据安培环路定理,P_2 点处的磁感应强度满足方程

$$2\pi r_2 B_2 = \mu_0 \pi r_2^2 j_D,$$

即

$$B_2 = \frac{\mu_0 I_C}{2\pi R^2} r_2.$$

科学家小传

法拉第

法拉第(M. Faraday,1791—1867),英国物理学家、化学家. 法拉第出生于萨里郡纽因顿一个贫苦铁匠家庭,仅上过小学,是世界著名的自学成才的科学家. 法拉第主要从事电学、磁学、磁光学、电化学方面的研究,并在这些领域取得了一系列重大发现. 1831 年,法拉第首次发现电磁感应现象,进而得到产生交流电的方法. 他还发明了圆盘发电机,这是人类创造出的第一个发电机. 法拉第是电磁场理论的奠基人,他首先提出了磁力线、电力线的概念,在电磁感应、电化学、静电感应的研究中进一步深化和发展了力线思想,并第一次提出场的思想,建立了电场、磁场的概念,否定了超距作用观点. 爱因斯坦曾指出,场的思想是法拉第最富有创造性的思想,是自牛顿以来最重要的发现. 麦克斯韦正是继承和发展了法拉第的场的思想,为之找到了完美的数学表示形式,从而建立了电磁场理论.

> ## 麦克斯韦
>
> 麦克斯韦(J. C. Maxwell, 1831—1879), 英国物理学家、数学家, 经典电动力学创始人, 统计物理学奠基人之一. 代表性著作有《电磁学通论》和《论电和磁》等. 麦克斯韦主要从事电磁理论、分子物理学、统计物理学、光学、力学、弹性理论方面的研究. 在电磁理论领域, 麦克斯韦在前人成就的基础上对整个电磁现象作了系统、全面的研究, 接连发表了关于电磁场理论的三篇论文: 《论法拉第的力线》《论物理的力线》《电磁场的动力学理论》. 对前人和他自己的工作进行了综合概括, 将电磁场理论用简洁、对称、完美的数学形式表达了出来, 经后人整理和改写, 成为经典电动力学主要基础的"麦克斯韦方程组". 麦克斯韦预言了电磁波的存在, 并推导出电磁波的传播速度等于光速, 同时得出结论: 光是电磁波的一种形式, 揭示了光现象和电磁现象之间的联系. 在统计物理领域, 麦克斯韦提出并非所有的气体分子都按同一速度运动. 有些分子运动慢, 有些分子运动快, 有些以极高速度运动. 他推导出了求已知气体中的分子按某一速度运动的百分比公式, 即麦克斯韦速率分布式.

1.3.6 光的干涉与测量

对于地球来说, 光是太阳赐予一切生命获取主要能量的主要方式和来源. 光使得物质变得可见, 使得世界五彩缤纷, 也是人类自古至今表达情感和实施测量的主要手段的物理载体之一.

电磁波是电场和磁场在相互转化过程中电场和磁场强度振荡的状态沿空间的延伸和传播. 由于电磁波在传播中, 电场和磁场需要相互激发, 所以电场 E 和磁场 H 的振动方向相互垂直, 其传播方向与振动方向垂直. 借鉴机械波的描述方法, 引入坡印亭矢量 S 来描述电磁波的传播, 定义为

$$S = E \times H. \tag{1.170}$$

S 的方向表示电磁波的传播方向. 电磁场是有能量的, 可以证明, 电磁场能量密度函数由下式决定:

$$w = \frac{1}{2}(\varepsilon_0 E^2 + \mu_0 H^2). \tag{1.171}$$

而坡印亭矢量 S 的大小是电磁波的能量流动的度量, 即能流密度(单位时间垂直流过单位横截面的电磁场能量). 也可以证明, 电磁波的强度 $I \propto \overline{S}$, 即正比于 S 大小的平均值. 进一步的分析表明, 电磁波在真空或者各向同性的介质中传播时, 电场 E 和磁场 H 振动的相位相同, 振动的振幅满足关系 $\sqrt{\varepsilon}E = \sqrt{\mu}H$, 因此, 一般只用电场或者磁场的振动和传播来描述电磁波的传播. 由此, 可以证明, 电磁波的强度正比于电场或者磁场强度振幅的平方.

电磁波(电场和磁场)振动的频谱很宽, 光只是电磁波很窄的一部分, 光的频谱

介于 3.9×10^{14} Hz (红色，波长为 760nm) 和 7.5×10^{14} Hz (紫色，波长为 400 nm) 之间. 从红色到紫色之间，光的频谱连续变化，可见光的颜色经历红、橙、黄、绿、青、蓝、紫，共七种颜色，比红(紫)色频率更小(大)的电磁波称为红(紫)外线，通常所说的白光由所有频谱的光混合形成，牛顿曾经用三棱镜将白光的不同颜色进行分离显示.

研究光的理论非常丰富. 几何光学：处理和分析光的直线传播、反射和折射，并研究光传播几何性的应用. 波动光学：利用光作为电磁波的波动性，研究其干涉、衍射和偏振特性，并由此讨论其在精密测量方面的应用. 非线性光学：分析和研究光在非线性(色散)介质中传播时所表现出来的特殊性质，开发其应用. 量子光学：基于光的波粒二象性，从原子层面研究光的产生、与物质原子的相互作用、调控物质原子等. 本节简单介绍波动光学的主干内容和方法.

不失一般性，仅以平面简谐的光波为例来分析光的干涉现象. 考虑两束由光源 S_1 和 S_2 产生的光波在空间 P 点相遇，其电场矢量分别为

$$\boldsymbol{E}_1 = \boldsymbol{E}_{10}\cos\left(\omega_1 t - \frac{\omega_1 r_1}{c} + \varphi_{10}\right), \tag{1.172a}$$

$$\boldsymbol{E}_2 = \boldsymbol{E}_{20}\cos\left(\omega_2 t - \frac{\omega_2 r_2}{c} + \varphi_{20}\right). \tag{1.172b}$$

叠加后的场强 $\boldsymbol{E} = \boldsymbol{E}_1 + \boldsymbol{E}_2$，由前所述，叠加后的光强 I 正比于合场强平方的平均值 $\overline{E^2}$，即

$$I = \overline{E^2} = I_1 + I_2 + 2\overline{\boldsymbol{E}_1 \cdot \boldsymbol{E}_2}. \tag{1.173}$$

当第三项等于零时，叠加后的光仅是两束光的直接混合，不会产生干涉效应，因而称为非相干叠加，否则便是相干干涉. 进一步分析表明，两束光的频率不同、振动方向垂直、相位差不恒定都会使得第三项等于零. 因此，产生相干叠加的条件是：两束光同频率，有相互平行的振动分量，相位差恒定. 由于光的频率远小于宏观物体的尺寸，一般而言，只有同一个原子同一次发出的光波波列才属于相干光波源.

相干干涉时，叠加光波的光强满足关系

$$I = I_1 + I_2 + 2\sqrt{I_1 I_2}\cos\Delta\varphi, \tag{1.174}$$

其中，相位差 $\Delta\varphi = \varphi_{20} - \varphi_{10} + 2\pi\dfrac{\delta r}{\lambda}$ 取决于两束光的路程差 $\delta r = r_2 - r_1$，称为光程差. 由于光在不同介质中传播的光速不同，传播相同距离所需要的时间不相同，因而相位的变化也不相同. 为了对比光在不同介质中的传播，将光在不同介质中传播相同时间(产生相同相位差)所需要走的路程 r 转化为在真空中走的路程 $x = nr$，其中 $n = c/v$ 表示介质的折射率，v 是光在介质中速度的大小. 由此可知，如果一束光依

次穿过不同介质,所产生的光程为 $\sum n_i r_i$.

由式(1.174)可知,对于相干干涉的光,光强被重新分布,在不同位置处光强在最强(干涉加强,$\Delta\varphi = 2k\pi$)和最弱(干涉减弱,$\Delta\varphi = (2k+1)\pi$)之间连续变化. 由相位差的表达式可知,这种变化的空间周期取决于 $\delta r/\lambda$ 因子,因为光的波长只有几百纳米,所以对光程差的变化非常敏感,这正是利用光的波动性实现精密测量的基础.

由于光波长对比宏观物体尺度非常小,要想达到光的相干干涉条件一般都很困难,所以产生光的干涉的器件必须特殊制造,常见的干涉器件包括:双缝干涉仪、光栅干涉仪、牛顿环干涉仪、迈克耳孙干涉仪等. 下面以薄膜干涉为例,对光的干涉及其应用进行说明.

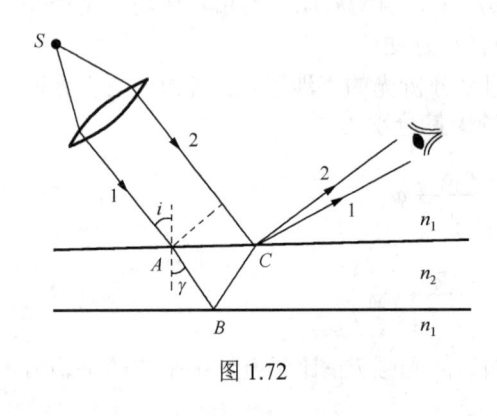

如图 1.72 所示,两个玻璃薄片面对面上下放置,薄片间充有透明介质层 n_2,整个装置置于介质 n_1 中,一束光自上而下照射到上面的玻璃片上,一部分被直接反射,另一部分投入到介质层后被下面的玻璃片反射后经上面的玻璃片与被直接反射的光相遇,由于介质层的厚度可极小,因而两束被先后反射的光满足相干条件. 一般分为两种情况,其一,玻璃片之间不平行,介质层的厚度连续变化,这时将入射光垂直射入玻璃片表面,搜集上面玻璃片表面附近两束反射光的干涉条纹,称为等厚干涉;其二,两个玻璃片相互平行放置,入射光从各个方向照射到上玻璃片的表面,用凸透镜搜集同一方向相互平行的两束反射光的干涉条纹,称为等倾干涉. 无论以上哪种情况,可以计算得到位于上玻璃片表面某个位置处的上下两束反射光的光程差为

$$\delta r = 2n_2 d \cos\gamma + \frac{\lambda}{2}, \tag{1.175}$$

图 1.72

其中,d 为干涉点处玻璃片之间介质层的厚度;γ 为入射光从上表面进入介质层的折射角. 由于两束相干光是由上表面同一入射点分成的两部分,所以初相差 $\varphi_{20} - \varphi_{10} = 0$,因此 δr 的变化会引起 $\cos(2\pi\delta r/\lambda)$ 周期性的变化.

对于等厚干涉而言,将在上玻璃上表面产生互相平行的等间距的明暗相间的条纹,如图 1.73 所示. 计算表明,相邻条纹所对应的介质层的厚度差等于 $\lambda/(2n_2)$,由此,如果知道两个玻璃片之间的夹角,就可以计算出相邻条纹的间距;反过来,通过数上玻璃板表面的条纹数量,可测得相邻条纹的间距,由此可以计算得到两个玻璃片的夹角. 作为应用,比如在两个玻璃片的一端夹一根头发丝,使得玻璃片中间形成一个空气劈尖，利用等厚干涉可以测得头发丝直径和入射光波长之间的数量关系. 由于头发丝直径一般是光波长的成千上万倍，所以测量应该是足够精密的.

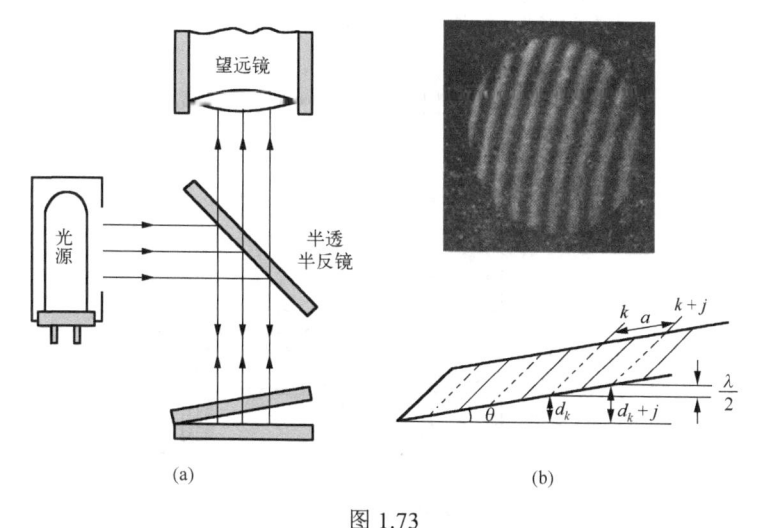

图 1.73

如图 1.74 所示，对于等倾干涉而言，需要将干涉观测屏放置在反射光路中一个凸透镜的焦平面上，因而相互平行的反射光(也来自于相互平行的入射光)通过凸透镜会聚到观测屏的同一点，所有相同倾角的反射光通过凸透镜会聚到观测屏上形成同一圆环干涉条纹，这也是称之为等倾干涉的原因. 等倾相当于反射光在无穷远处的干涉(请思考其原因). 由于介质层厚度不变化，因此导致相位(光程)差不同的是入射光的入射角(等同于折射角 γ)，因此要求入射光源尽量来自于各个不同的方向(一般用毛玻璃产生)，干涉条纹是一系列明暗相间的同心圆环. 调整两玻璃片的间距，条纹将会从中心消失或者冒出，由此也可以用作测量玻璃片微小的位移.

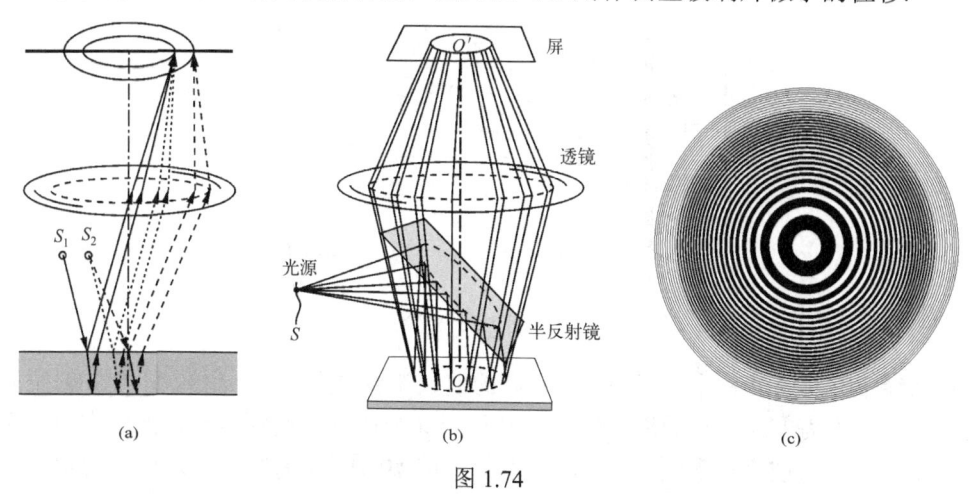

图 1.74

将等厚和等倾干涉集中在一起的典型的干涉仪器叫做迈克耳孙干涉仪，如图 1.75 所示，是美国物理学家迈克耳孙为了测量光速是否参与速度叠加而设计的精密仪器，其测量的结果为狭义相对论的建立奠定了基础.

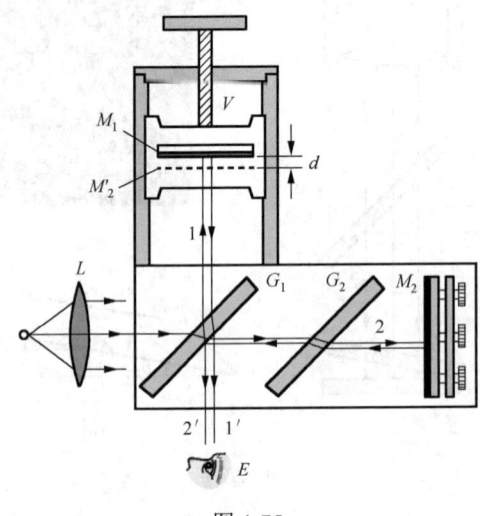

图 1.75

在波动光学的发展历史上，双缝干涉实验和单缝衍射实验在确定光具有波动性中起了至关重要的作用. 如图 1.76 所示，在双缝干涉实验中，一束波长为 λ 的具有相干性(激光或者来自于点光源)的光波，垂直入射到有两条狭缝的屏上，如果狭缝间的宽度 d 与波长可以比拟，即 $d \sim \lambda$，则在距离入射屏为 D 的干涉屏上会出现等距的明暗相间的干涉条纹，利用与薄膜干涉相同的方法，可计算得出相邻明纹(暗纹)的间距为

$$\Delta x \approx \frac{D\lambda}{d}. \tag{1.176}$$

图 1.76

双缝干涉实验的这个结果说明，光波的波长 λ 被放大了 D/d 倍，即光波的空间周期性被放大为宏观可见的周期性 Δx，从而以 λ 为单位测量微小尺度被放大为明暗相间条纹，易于被直接观测. 在一般的双缝干涉实验中并未考虑每条狭缝的宽度，

也就是没有考虑到光波的衍射效应. 如图 1.77 所示,将上述入射屏换成只有一条狭缝,而在观测屏和狭缝之间放置一个凸透镜,将观测屏放于凸透镜的焦距位置,如果狭缝的宽度 a 也达到可以和光波长比拟的尺度,通过凸透镜搜集不同方向平行光至观测屏上不同位置,观测屏上也会出现明暗条纹,称此现象为单缝衍射. 主要的明纹位于观测屏的中央,称为中央明纹,其角宽度为

$$\Delta \theta \approx \frac{\lambda}{a}. \tag{1.177}$$

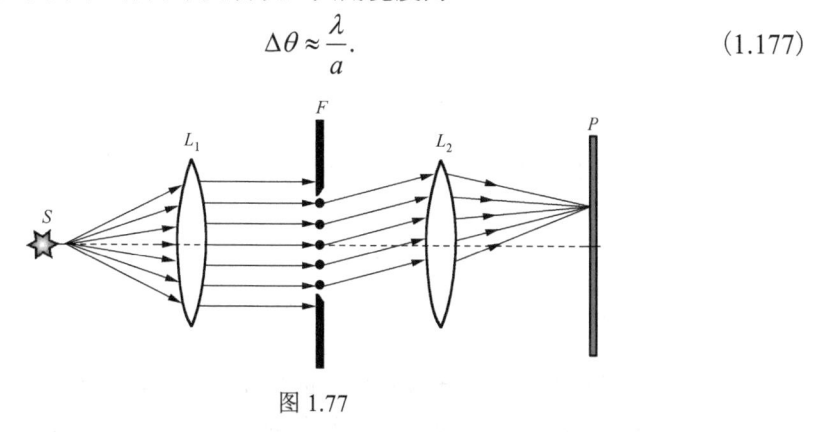

图 1.77

而其他较暗的条纹依次分布于中央明纹两侧,由中央明纹的角宽度表达式可知,如果狭缝宽度远小于光波长,则光束可以被放宽至远大于缝宽. 如果双缝干涉的双缝宽度小于入射光波的波长,该装置就集合了双缝干涉和单缝衍射的综合效应,这个装置就被称为双缝光射. 一般的入射光参与干涉的狭缝数目远不止两条,其条纹的质量与狭缝数目成正比关系.

练习题

1. 肥皂泡可以看成是典型的自然薄膜干涉装置,在阳光下肥皂泡显现出五彩缤纷的颜色,请你根据等厚干涉的原理分析此现象.

2. 光栅器件一般需要特殊工艺制造. 光碟曾经是工作和生活中常见的物品,现在已经被大容量的优盘等数据存储器件替代. 如果你拥有一张光碟,在阳光下选择合适的角度观察有刻痕的一面,就会发现五颜六色的反射光,由于这些刻痕其刻槽的宽度及其间距和可见光的许多波段波长可以比拟,因而是一个很好的反射光栅器件. 请你查询相关资料并分析其原理.

例题 1.3.7 如图 1.78 所示,用两块平整的玻璃将金属丝夹在一端的中间,形成空气劈尖,用单色光照射形成等厚干涉条纹,用读数显微镜测出干涉明条纹的间距. 已知单色光波长 589.3nm,测量结

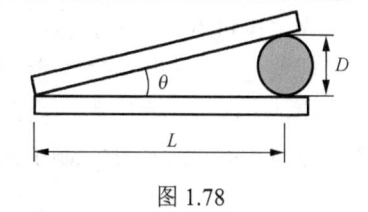

图 1.78

果是：金属丝与劈尖顶点距离 $L=28.880\text{mm}$，第 1 条明条纹到第 31 条明条纹的距离为 4.295mm，试求金属丝直径 D.

解 在空气劈尖等厚干涉中，相邻条纹的厚度差满足条件

$$a\sin\theta = \frac{\lambda}{2}.$$

根据题设，相邻明纹间距为

$$a = \frac{4.295}{30} = 0.14317(\text{mm}).$$

而由于该装置中 $\sin\theta \sim D/L$，因此可求得

$$D = \frac{\lambda L}{2a} = 0.05944\text{mm}.$$

1.3.7 光的偏振性

由于电磁波是横波，光的电场和磁场的振动方向与其传播方向相互垂直，所以光的电场振动具有偏振性. 可以做一个简单的实验装置观测光的偏振性. 将两个透光性好的塑料膜分别沿着某个方向拉伸使其具有各向异性，然后将拉伸后的部分套在圆形的框架上做成简易的两个偏振片. 将两个偏振片平行对准光源(如太阳光)，旋转任意一个偏振片，就会发现透过第二个偏振片的光强发生变化.

将光的(电场振动)矢量始终沿着某一个特定方向的光称为线偏振光. 太阳、日光灯等普通光源发出的光属于自然光，而自然光是大量具有不同偏振性光矢量的混合光，所以不是线偏振光. 在上述实验中，被拉伸的塑料膜会选择电场矢量沿着某个特定方向振动的那部分光通过，因而具有对自然光选择而起偏的作用，也就是说，自然光通过偏振片以后会变成偏振光，而偏振光通过第二块偏振片(检偏)时，只有当偏振方向沿着检偏器的偏振化方向时才能完全通过.

1815 年，布儒斯特(D. Brewster)发现，在介质表面的反射光具有偏振性，偏振化程度跟入射角有关；当入射角和折射角之和等于 $\pi/2$ 时，反射光是电场矢量振动方向与入射面垂直的偏振光，该规律被称为布儒斯特定律.

光在方解石、石英等光学各向异性的介质中传播时，光的速度与传播方向和偏振状态相关. 一些各向同性介质在外力、电场、磁场等作用影响下也会称为各向异性介质，比如，上述沿某个方向拉伸后的塑料膜.

当一束自然光射入到各向异性介质中后，会出现折射方向不同的两束光，称为双折射现象. 其中一束折射光遵守折射定律，称为寻常光或者 o 光；另一束光不遵守折射定律，一般也不在入射面内，称为非常光或者 e 光. 在方解石一类晶体中存在一个特殊方向，光沿该方向传播时不发生双折射，称该方向为晶体的光轴. 方解石、石英、

红宝石等晶体只有一个光轴,而云母、硫磺等晶体则有两个光轴. 如图 1.79 所示,利用双折射晶体可以产生高质量的偏振光,光的偏振在信息领域具有重要的价值.

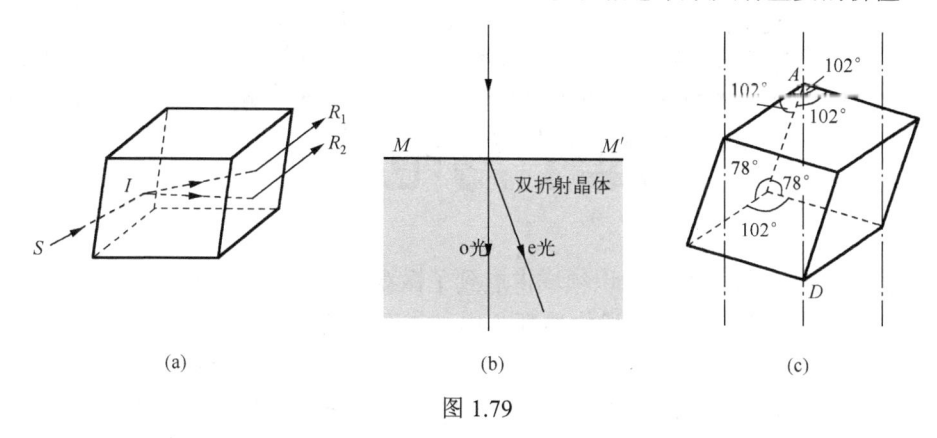

图 1.79

科学家小传

菲涅耳

菲涅耳(A. J. Fresnel, 1788—1827),法国物理学家. 菲涅耳一生致力于对光的本性的研究,对于波动光学理论的建立做出了杰出的贡献. 菲涅耳的科学成就主要有两个方面. 一个是衍射,他以惠更斯原理和干涉原理为基础,用新的定量形式建立了以他们的姓氏命名的惠更斯-菲涅耳原理. 他的实验具有很强的直观性、敏锐性,很多仍通行的实验和光学元件都冠有菲涅耳的姓氏,如菲涅耳透镜等. 另一个是偏振,他与阿拉果一起研究了偏振光的干涉,肯定了光是横波;他发现了圆偏振光和椭圆偏振光,用波动说解释了偏振面的旋转;他推出了反射定律和折射定律的定量规律,即菲涅耳公式;他解释了马吕斯的反射光偏振现象和双折射现象,从而建立了晶体光学的基础.

托马斯·杨

托马斯·杨(Thomas Young, 1773—1829),英国物理学家,光的波动说的奠基人之一. 托马斯·杨在物理学上做出的最大贡献是关于光学,特别是关于光的波动性质的研究. 1801 年他进行了著名的杨氏双缝实验,发现了光的干涉性质,证明光以波动形式存在,而不是牛顿所想象的光颗粒. 该实验被评为"物理最美实验"之一. 除了光学,在材料领域,托马斯·杨认识到剪切是一种弹性变形,称之为横推量,并注意到材料对剪切的抗力不同于材料对拉伸或压缩的抗力,于 1807 年将"材料的弹性模量"定义为"同一材料的一个柱体在其底部产生的压力与引起某一压缩度的重量之比等于该材料长度与长度缩短量之比",即著名的杨氏模量.

第 2 章 原子与电子

对原子的探索将人类的知识领域扩展到了微观世界，同时也将科技创新推进到了追求高精尖的层级. 由于普通物质都是由种类有限的原子自然构成的，物理学家费曼就曾经构想，在未来的某一天，人类是否能够按照自己的意志排列原子构造物质呢？这是一个伟大的构想. 当今的量子技术迅猛发展，在实验室内调控原子的技术已变得非常成熟，人类正朝着费曼的梦想阔步前行. 作为开启现代物理大门的重要的一步，本章将从原子及其结构、微观粒子的基本规律以及一些基本应用的探索历程及其所包含的思想出发，引向相对论和量子力学的建立.

2.1 原子及其结构的探索

2.1.1 原子论的确立

中国周代的思想家很早就提出了万物的五行说，认为金、木、水、火、土是构成万物的基本要素. 在西方，古希腊的哲学家提出，对物质的分割不能永远持续，迟早会达到物质碎片不可再分的概念；公元前 5 世纪，德谟克利特(Democritus)根据这种思想第一次提出了物质的最小组成单位为原子. 这是朴素原子论的发展阶段，虽然原子的概念很长时间内不被世人接受，但却默默地影响着化学实验研究，从而推动着原子概念的进一步确立.

18 世纪，基于氢和氧的发现，化学家拉瓦锡(A. L. Lavoisier)提出了元素的概念，认为任何物质都是由各种元素或元素的化合物构成的. 随后直至 19 世纪，系列化学反应实验的事实逐步明晰了元素或者原子的化学概念，如发现了化合物的制成过程中其组成元素间有确定的质量比. 在此基础上，道尔顿(J. Dalton)在 1803 年提出了物质是由分子构成、分子是保持物质化学性质的最小单元、分子是由一种或者几种元素的原子构成的、原子是构成元素的最小单元的结论，这是早期科学原子论的雏形. 1811 年，阿伏伽德罗(A. Avogadro)进一步提出新的假说(后被实验所证实)，在同样温度和压力的条件下，体积相同的气体含有的分子数量相同；并进一步发现，各种元素的原子量几乎都是氢原子量的整数倍,同时引入了物质摩尔数的概念,通过实验确定了在标准条件下 1mol 气体的体积为 22.4L,这个标准体积所包含的分子数是一个常数,即阿伏伽德罗常量 $N_A = 6.022 \times 10^{23}$(后世所确定的精确值). 这是化学原子论的发展阶段.

从物理学的角度探索原子开始于 19 世纪,焦耳将原子想象成弹性小球并用以处理气体的分子运动理论,植物学家布朗(R. Brown)利用显微镜观测到了花粉粒子的无规则运动,并意识到布朗运动起源于做无规则运动的分子的碰撞. 麦克斯韦和玻尔兹曼基于原子学说,分别发展和建立了气体分子动力学和统计理论,构建了物质的微观构成的特征参量和分子自由程、压强等宏观观测量之间的依赖关系,估算得到原子的尺度为 10^{-10} m 量级,从而取得了巨大的成功,确立了物质的原子论. 1905 年,爱因斯坦发表了基于分子论的布朗运动的理论分析,首次从理论角度给出可直接观测到分子运动的方案;经过一系列艰苦卓绝的实验,法国物理学家佩兰(J. B. Perrin)于 1913 年发表了其成功验证爱因斯坦分子论的结果,首次在实验上证实了分子、原子是真实存在的!

自此,连最坚决的反对者,也站出来表示对物质原子理论的支持,似乎构成物质的最小单元就是原子,原子不能被分割得更小. 然而,门捷列夫(D. I. Mendeleyer)在 19 世纪中叶根据他的元素周期表理论提出,将元素按照原子量大小的顺序排列无法解释元素所表现出的周期性行为,原子似乎也不是物质的最小层次.

2.1.2 电子的发现与原子结构的探索

对于原子结构探索的突破来自于 19 世纪 70 年代对气体放电现象的研究. 最典型的实验,如图 2.1 所示,克鲁克斯(W. Crookes)发明了真空放电管,即克鲁克斯管. 置入低压或者真空管内的一对电极,加上高压后会产生放电现象,极板间出现电流,阴极会产生阴极射线,在磁场作用下阴极射线会发生偏转. 阴极射线是什么?其产生机制是什么?

英国物理学家汤姆孙认为,阴极射线是由阴极发射出的高速带负电的粒子流,于是他设计了如图 2.2 所示的实验装置,测量得到了组成阴极射线粒子的荷质比 $e/m = 7.6 \times 10^{10}$ C/kg,并得到在用不同电极材料、管内充有不同气体的情况下荷质比都相同的结论. 汤姆孙的实验结论证实了阴极射线是一种物质构成中普遍存在的带负电的粒子,对比已经从其他方法得到的氢离子的荷质比得知该粒子的质量只有氢离子的千分之一,该粒子只能是一种从未发现过的

图 2.1

新粒子，取名为电子. 后由美国物理学家密立根（R. A. Millikan）设计的油滴实验进一步测得电子的荷质比为 1.76×10^{11} C/kg，其质量 $m_e=9.1\times10^{-31}$ kg $=m_H/1836$，其中 m_H 为氢原子的质量.

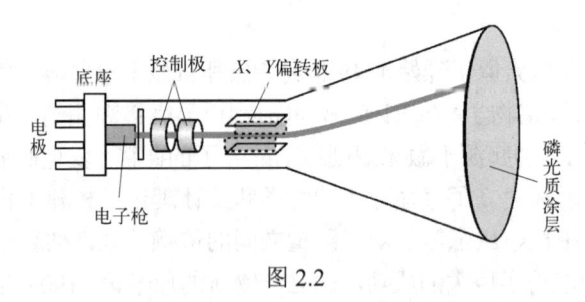

图 2.2

电子的发现明确了原子的可分割性！由于原子是中性的，原子中势必还有带正电的部分，而且由于电子相对原子质量几乎可以忽略，原子的质量几乎由带正电的部分承担，那么原子内部的结构是什么样的呢？

汤姆孙在 1904 年提出了一个原子模型，认为原子中带正电的部分均匀分布于整个原子空间，而电子镶嵌在布满正电荷的球内，被激发的原子会使得电子偏离其平衡位置，在库仑力的作用下引起电子的振动，根据电磁理论，振动的电子会发射电磁波，由此可定性解释原子的辐射特征. 汤姆孙的原子模型大致是成功的，但是无法解释原子的辐射不是单一频率而是由不同频率的多线谱构成的.

为了进一步研究原子内部的结构，最自然的想法是用高速的粒子去轰击原子. 在伦琴发现 X 射线及贝可勒尔、居里夫妇发现放射性元素（原子）的基础上，英国的物理学家卢瑟福证实了 α 粒子实际是带两个正电荷的氦离子，并指导他的助手盖革和学生马斯登做了著名的 α 粒子散射实验. 实验结果表明，原子内部除了靠近中心很小的区域外几乎都是空的，这和另外一位德国物理学家勒纳德在 1898 年的实验结果相近，但用汤姆孙的原子模型根本无法解释.

经过慎重的分析和思考，在 1911 年，卢瑟福提出了原子的核式模型：原子中带正电的部分集中于原子中心很小的区域，称为原子核，原子核集中了原子几乎所有的质量，电子则分布在周围区域. 进一步的实验表明，原子核的大小为 10^{-15} m 的量级.

原子的核式模型与当时大多数的原子轰击实验结论一致，但是绕核运动的电子在发射电磁波辐射消耗能量以后为什么没有落入原子核，这是这个模型最大的困难.

科学家小传

居里夫人

居里夫人（M. Curie，1867—1934），法国波兰裔科学家、物理学家、化学家，代表性著作有《放射性专论》和《放射性物质的研究》等. 玛丽•居里婚前的名字为玛丽•斯克罗多夫斯卡, 1867年出生于波兰首都华沙. 1894年, 玛丽•斯克罗多夫斯卡与皮埃尔•居里相识, 1895年结婚, 成为玛丽•居里, 被尊称居里夫人. 1898年居里夫人选择铀射线作为博士论文课题, 同年, 宣布发现新元素钋和镭. 1902年, 经过近4年的努力, 居里夫妇从数吨矿渣中提炼出0.12g氯化镭, 初步测定了镭的原子量是225. 1903年, 居里夫人向巴黎大学提交博士论文《放射性物质的研究》, 获得理学博士学位. 同年, 居里夫妇和贝可勒尔由于对放射性的研究而共同获得诺贝尔物理学奖. 1911年, 居里夫人因发现元素钋和镭再次获得诺贝尔化学奖, 因而成为世界上第一个两次获得诺贝尔奖的人. 居里夫人开创了放射性理论, 发明了分离放射性同位素技术, 发现了两种新元素钋和镭. 在她的指导下, 人们第一次将放射性同位素用于治疗癌症.

伦琴

伦琴(W. C. Röntgen, 1845—1923), 德国物理学家, 第一届诺贝尔物理学奖获得者. 伦琴最为后人熟知的成就是他于1895年在实验上发现了X射线. X射线的发现是人类历史上影响最大的事件之一, 它为人类带来了数不尽的发现和福祉. 伦琴因发现了X射线而获得了第一届诺贝尔物理学奖, 被誉为透视全世界的物理学家.

洛伦兹

洛伦兹(H. A. Lorentz, 1853—1928), 荷兰物理学家、数学家, 经典电子论的创立者. 洛伦兹填补了经典电磁场理论与相对论之间的鸿沟, 是经典物理和近代物理间的一位承上启下式的科学巨擘, 是第一代理论物理学家的领袖. 他发展了运动介质的电动力学, 引入了局部时间的概念, 并得到了表述不同惯性系间坐标和时间关系的洛伦兹变换. 洛伦兹用电子论成功地解释了由莱顿大学的塞曼发现的原子光谱磁致分裂现象, 并断定该现象是由原子中负电子的振动引起的. 他从理论上导出的负电子的荷质比, 与汤姆孙翌年从阴极射线实验得到的结果一致. 由于塞曼效应的发现和解释, 洛伦兹和塞曼分享了1902年度的诺贝尔物理学奖.

2.2 原子理论模型的早期发展

2.2.1 黑体辐射与普朗克的能量量子

人类很早就注意到一些物体的温度和其辐射的颜色之间的关系, 比如古代铁匠师傅会根据炉子上加热铁块的颜色, 判断是否进行锻打并淬火, 就是凭经验判断其颜色和温度的关系. 因此, 沈括在其《梦溪笔谈》中记载了火炉的颜色和其辐射热的定性关系. 因此, 研究物体的温度和其辐射频谱之间的关系具有重要的实际意义.

物质的颜色主要取决于其反射光线和其自身产生的辐射的光的频谱, 实验也发现, 低温物体的颜色主要体现为其反射光的频谱, 高温物体的颜色则主要取决于其自身辐射的频谱；物体辐射的本领和其吸收电磁波的本领成正向的对应关系，物理学关心物质温度和其辐射电磁波频谱(不同频率电磁波对应的辐射强度分布，强度最大的频谱对应的颜色为辐射的显现色)的关系，不妨称之为色温关系. 但同时，这种关系其实依赖于物质类型的选取，比如金属可以加热至很高的温度，从而获得相应的色温关系，而木头等类的物体就无法加热至高温. 即便是不同的金属，其色温关系也不尽相同. 因此，物理学家希望寻找一种理想的物理模型，能够基于该模型建立具有普适性的色温关系.

物理学家提出了一种理想的黑体模型，如图 2.3 所示，在空腔壁开一个小孔，外部电磁波辐射通过小孔进入空腔，经多次反射被腔壁吸收实现辐射加热，空腔只吸收和辐射但不反射电磁波，如果空腔壁无限窄，模型不依赖于物质的材料性质，是理想的热辐射研究模型. 当黑体空腔辐射和吸收的强度达到平衡时，黑体空腔的温度将不再变化，研究此热平衡状态黑体空腔的温度及其辐射色温之间的关系，以寻求构建相应的规律. 定义黑体辐射的能量密度 U 为单位体积黑体辐射的能量密度、辐射谱密度 u 为单位体积黑体特定频率(或波长)的辐射能量密度，即处于频率 $\nu \sim \nu+\mathrm{d}\nu$ 间黑体的辐射密度为 $u_\nu \mathrm{d}\nu$，而

$$U = \int u_\nu \mathrm{d}\nu.$$

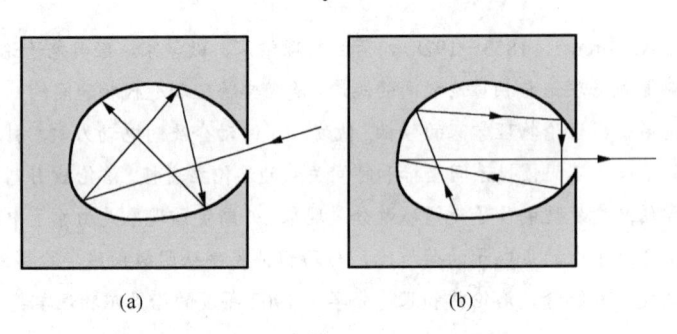

图 2.3

20 世纪实验物理学家通过大量的实验得到了黑体辐射的色温关系实验曲线，如图 2.4 所示. 该实验曲线能够很好地指导生活实践，也能够有较好的理论预言. 比如，太阳光的中心频谱是黄绿色(550nm)，可以得知太阳表面的温度大约是 6000K. 同时总结得出两个非常有用的定量的规律.

斯特藩-玻尔兹曼定律：热平衡状态下黑体的辐射能量密度和其温度 T 的四次方成正比关系，即

$$U = \frac{4\sigma}{c}T^4, \tag{2.1}$$

其中 $\sigma = 5.67 \times 10^{-16} \mathrm{W}/(\mathrm{m}^2 \cdot \mathrm{K}^4)$. 常用的红外测温仪就是以该定律为理论依据.

图 2.4

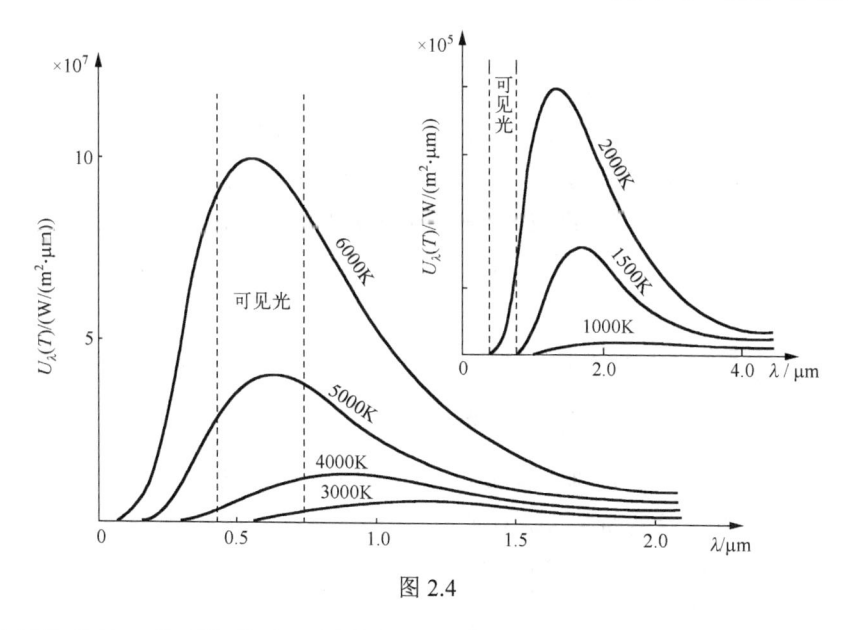

维恩位移律：热平衡状态下黑体的辐射谱中峰值波长（强度最大的辐射波长）与其温度成反比关系，即

$$\lambda_{\max} T = 2.898 \mu\text{m}\cdot\text{K}. \tag{2.2}$$

该公式可用来测量恒星的温度，读者可以尝试分析太阳表面的温度.

物理学家分别从两个角度试图给出黑体辐射色温关系实验曲线的理论解释. 首先是维恩从热力学的热平衡原理出发得到了一个经验公式，即维恩公式

$$u_\nu = C_1 \nu^3 e^{-\frac{C_2 \nu}{T}}, \tag{2.3}$$

其中，C_1 和 C_2 是可由实验测得的待定常数. 维恩公式与实验曲线符合得较好，但在长波段与实验曲线有较大偏差. 瑞利和金斯从电磁理论和统计力学的角度得到了瑞利-金斯公式，即

$$u_\nu = \frac{8\pi}{c^3} kT\nu^2. \tag{2.4}$$

该公式在长波段和实验曲线符合得较好，但是当 $\nu \sim \infty$ 时，u_ν 趋向于无穷大是发散的，明显与实验和实际情况不符，被称为紫外灾难.

普朗克在以上两个公式的基础上，改进并得到了一个新的公式，被称为普朗克公式，即

$$u_\nu = \frac{C_1 \nu^3}{e^{\frac{C_2 \nu}{T}} - 1}. \tag{2.5}$$

普朗克公式不仅在长波段和短波段会分别退回到瑞利-金斯公式和维恩公式,而且和实验曲线符合得很好. 但是当普朗克试图从已有的物理理论得到普朗克公式时,他发现必须要基于完全背离经典物理能量连续变化思想的假设,从而首次提出了量子的概念. 这个假设是:对于一定频率为 ν 的电磁辐射,物体只能以 $h\nu$ 为单位吸收或者辐射电能量, $h = 6.63 \times 10^{-34}$ 是一个普适的常数,被称为普朗克常量. 换句话说,物体只能以量子的方式吸收或者辐射能量,每个量子的能量为

$$\varepsilon = h\nu. \tag{2.6}$$

普朗克于 1900 年发表了其量子假设理论,这一年也被称为量子力学的诞生年.

2.2.2 光电效应和爱因斯坦的光量子假说

19 世纪末,物理学家在进行稀薄气体放电实验时,还发现了光电效应,即当一定频率的光照射到金属表面时,会有大量的电子(光电子)从金属表面溢出,在电场中形成光电流,如图 2.5 所示. 光电效应具有以下几个特点.

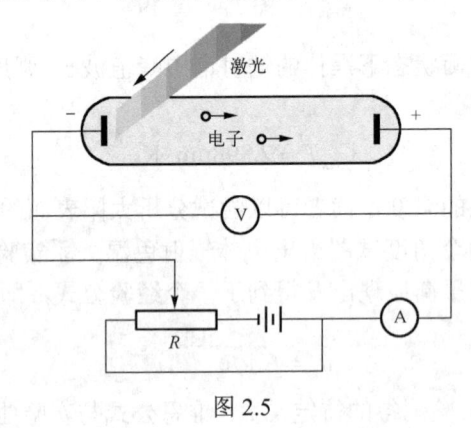

图 2.5

(1) 对于一定材料的金属电极,只有当照射光的频率 ν 大于一个特定频率 ν_0 时才会有光电子溢出,否则,不论照射光的强度多大都不会有光电子溢出.

(2) 每个光电子的能量只取决于照射光的频率,而与照射光强无关.

(3) 光电子的溢出是在照射光照射下瞬间完成的,而不需要时间累积.

经典电磁学的解释主要在于,照射光的电磁场会引起金属表面的电子产生振荡,当累积到足够逃逸力时,电子会脱离金属表面逸出,这样光电子的溢出取决于照射光强和照射时间,而跟频率无关. 这显然和实验事实不符.

1905 年,爱因斯坦根据普朗克能量量子假设,进一步提出了光量子的概念,他认为光(辐射场)是由一个个的光量子构成的粒子流,每个光量子(光子)的能量和辐射场的频率 ν 之间的关系是

$$E = h\nu. \tag{2.7}$$

同时根据狭义相对论的结论,光子的动量和质量分别为

$$p = \frac{h}{\lambda}, \quad m = \frac{h\nu}{c^2}. \tag{2.8}$$

这样,如果电子逃逸金属表面所需要的逸出功为 A,则溢出表面后光电子的动能满足爱因斯坦关系式

$$\frac{1}{2}mv^2 = h\nu - A. \tag{2.9}$$

读者可以自行利用爱因斯坦关系式来分析光电效应的几个特点. 从光的波动理论建立以后,光一直被认为是电磁波,体现为波动性;爱因斯坦的光量子概念表明光的本质是粒子,这似乎是矛盾的,那么光到底是波还是粒子?现代物理认为光具有波粒二象性,在某些条件下体现为波动性,比如干涉和衍射的实验,在另外一些条件下又体现为粒子性,比如和物质原子发生相互作用被吸收、辐射的情况. 爱因斯坦的光量子理论在后续的康普顿(A. H. Compton)散射等实验中得到了验证,现代的量子光学理论提供了光量子及其和物质原子相互作用的完整理论.

2.2.3 原子的谱线及玻尔的定态原子理论

牛顿用棱镜对白光的分光实验开启了光谱学的研究. 19 世纪中叶,人们利用分光仪、气体放电等方法,发现不同元素都有其特征的线状谱线,这些谱线可用来分析物质中元素的成分,同时物理学家也在尝试寻找原子特征谱线的规律及其背后的机制. 1885 年,瑞士物理学家巴耳末(J. J. Balmer)利用氢原子仅有的 14 条线状谱线的数据,惊人地总结出看上去非常不可思议但又跟实验数据完全符合的规律,即氢原子光谱谱线的波数 $\tilde{\nu} = 1/\lambda$ 满足

$$\tilde{\nu} = R\left(\frac{1}{2^2} - \frac{1}{n^2}\right), \quad n = 3, 4, 5, \cdots, \tag{2.10}$$

其中, $R = 1.09677 \times 10^7 \, \mathrm{m}^{-1}$ 称为里德伯常量. 巴耳末的发现极大地激发了更多的实验工作,物理学家相继发现更多的谱线规律,并总结出带有普遍性的原子线状谱线规律

$$\tilde{\nu} = T(m) - T(n), \tag{2.11}$$

其中, m, n 为整数; $T(m)$ 表示以整数为变量的谱项函数,巴耳末公式就是对应 $m=2$ 的情况. 经典物理学对原子线状谱线所体现出来的规律给不出理论解释,期待新的理论突破出现!

丹麦物理学家玻尔综合思考了普朗克的能量量子理论、爱因斯坦的光量子理论以及巴耳末的发现后,认为经典物理理论在处理原子范围内的运动时可能具有局限性,需要新的理论才能解决目前的困难. 玻尔接受并发展了卢瑟福的有核原子模型,

认为原子中电子以原子核为中心在做圆周运动,因此,为了解释电子的稳定运动,提出了新的假设.

(1) 定态假设. 原子中电子只能在一些离散的确定半径(同时也对应确定的能量状态)的轨道上做圆周运动,处于此定态的原子是稳定的,电子不会由于加速运动而辐射电磁波.

(2) 角动量量子化条件. 在定态轨道运动的电子必须要满足角动量量子化条件,即

$$m_e vr = n\frac{h}{2\pi} = n\hbar, \quad n = 1,2,3,\cdots. \tag{2.12}$$

这个条件给出了定态轨道的半径 $r_n = \dfrac{nh}{2\pi m_e v}$,根据电子以原子核为圆心在库仑力的作用下做圆周运动,可以求出电子在定态轨道的能量(动能和势能)为

$$E_n = -\frac{E_1}{n^2}, \tag{2.13}$$

其中,基态($n=1$)能量 $E_1 = -13.6\text{eV}$,其所对应的半径 $a_0 = r_1 = 0.529\times 10^{-10}\text{m}$; $n\geqslant 2$ 的能态称为激发态,所对应的定态半径满足 $r_n = n^2 a_0$.

(3) 当原子(中的电子)从一个定态向另一个定态跃迁时,原子的能量状态发生改变,此时原子辐射或者吸收一个光子(电磁辐射),光子的频率 ν 取决于跃迁前后两个能级的能量差,即

$$h\nu = E_n - E_m. \tag{2.14}$$

原子跃迁辐射的示意如图 2.6 所示. 玻尔的理论突破了经典物理学理论的思维限制,将不连续的离散概念引入到原子范围内电子的空间运动中,不仅将能量量子、光量子和原子的线状光谱规律连接在一起,而且解决了实验支持的卢瑟福原子有核模型和原子线状光谱规律背后的理论疑惑,将原子探索以来几乎所有的新发现凝练形成一个看似光明的新体系.

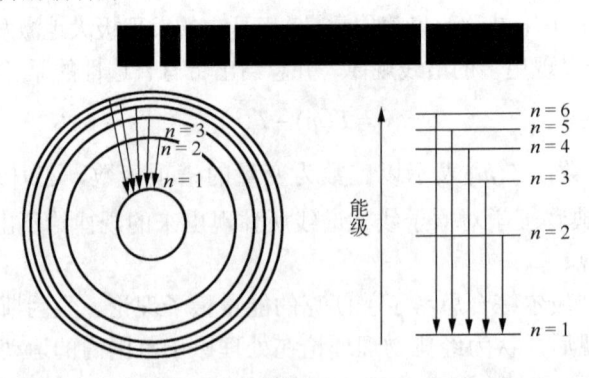

图 2.6

利用玻尔的原子定态理论，可以对几乎所有氢原子发射和吸收光谱做出接近准确的理论解释和预言，并从理论上给出原子谱线系的表达式

$$\tilde{\nu} = \frac{\alpha^2 \mu c}{2h} \left(\frac{1}{m^2} - \frac{1}{n^2} \right),\tag{2.15}$$

该式意味着里德伯常量的理论表达式为

$$R = \frac{\alpha^2 \mu c}{2h}.\tag{2.16}$$

其中，$\alpha = \frac{e^2}{2\pi\varepsilon_0 hc} \approx \frac{1}{137}$ 称为精细结构常数；$\mu = \frac{M m_e}{M + m_e}$ 称为氢原子的折合质量；M 表示氢原子核的质量. 理论结果和实验结果得到了精密的符合. 如图 2.7 所示是氢原子几个特殊谱系的能级跃迁示意图. 当玻尔的谱线系公式中 m 分别取1、2、3、4 时，对应于氢原子的紫外、可见光、近红外、红外区的谱线系，这些谱线系在 19 世纪末到 20 世纪初被相继发现. 玻尔的圆形轨道模型后来被德国物理学家索末菲(A. J. W. Sommerfeld)推广为具有空间取向的椭圆模型，原子谱线理论描述的精确度得到进一步的提高. 玻尔和索末菲的理论体现了原子的空间量子化.

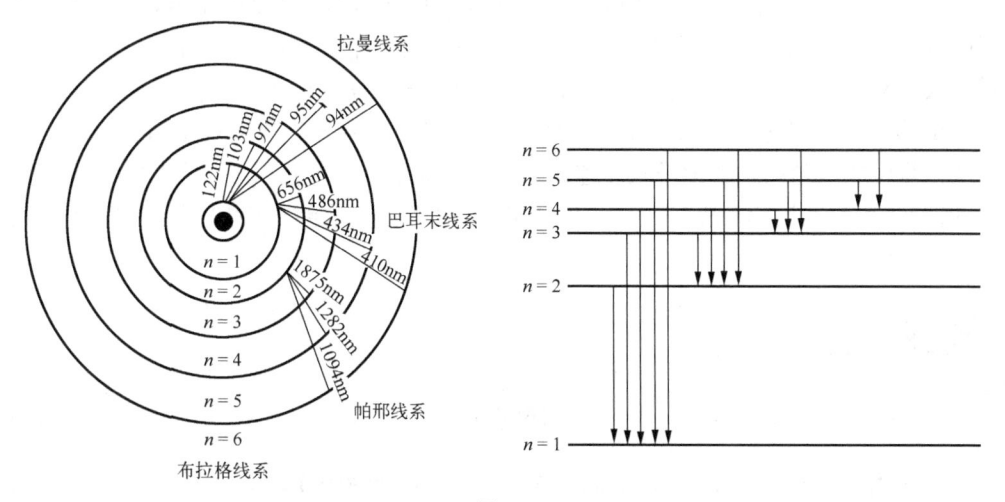

图 2.7

不仅是电子的能量被量子化，量子力学理论还发现，电子的绕核运动的轨道角动量也对应有量子化. 对于处在第 n 条能级的电子，其轨道角动量的大小为

$$L = \sqrt{l(l+1)}\hbar,\tag{2.17}$$

其中，l 称为角量子数，$l = 0, 1, 2, \cdots, n-1$. 空间量子化(电子轨道角动量的方向)对应于角动量 L 在外磁场方向的投影

$$L_z = m_l \hbar,\tag{2.18}$$

其中，m_l 称为磁量子数，取值范围为 $m_l = 0, \pm 1, \pm 2, \cdots, \pm l$.

弗兰克(J. Franck)和赫兹因为设计和完成了卓越的实验，分享了 1925 年的诺贝尔物理学奖，实验装置如图 2.8 所示，实验验证了原子态能量的量子化现象. 玻尔的原子定态模型也能够较好地描述碱金属等类氢原子的光谱规律，更精确的理论则来自于量子力学.

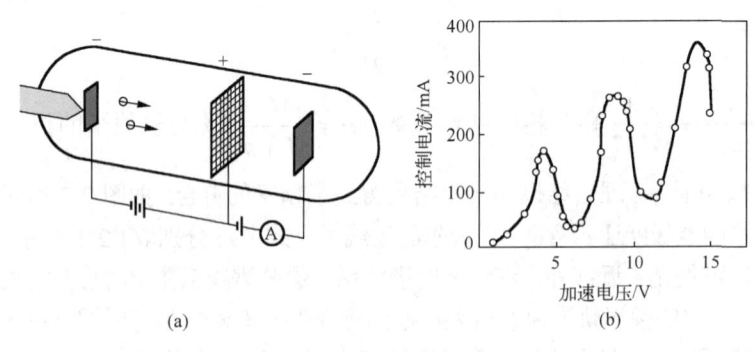

图 2.8

为了更形象化地理解原子核外电子的分布，1916 年科塞尔(W. Kossel)提出了原子的壳层模型，认为主量子数 n 确定的电子组成同一个壳层，分别将 $n = 1, 2, 3, \cdots$ 表示为 K, L, M, $\cdots$；同一个壳层内，又可以按照角量子数 l 分成若干个支壳层，显然主量子数为 n 的壳层包含 n 个支壳层，即 $l = 0, 1, 2, 3, 4, 5, \cdots$ 分别用 s, p, d, f, g, h, $\cdots$ 来表示. 一般来说，能级越高，主量子数 n 越大，同一个壳层中，角量子数 l 越大意味着支壳层的能级越高，比如，$E_{4s} > E_{3s}$，$E_{4s} < E_{4p}$. 电子在壳层结构中如何分布？又会取决于哪些因素呢？

科学家小传

汤姆孙

汤姆孙(J. J. Thomson，1856—1940)，英国物理学家，电子的发现者，1906 年诺贝尔物理学奖获得者. 汤姆孙出生于曼彻斯特，他在剑桥大学接受教育并开始了他杰出的科学职业生涯. 他因发现电子而闻名于世，并因此获得了 1906 年的诺贝尔物理学奖. 1897 年，汤姆孙通过对阴极射线的研究实验，确定了电子的存在，并测定了它的电荷质量比，从而推翻了当时普遍接受的原子构造理论. 他提出了"葡萄干面包"模型，这一模型描述了电子均匀分布在正电荷球体内部的结构，为后来原子结构理论的发展奠定了基础. 除了发现电子，汤姆孙还在原子和辐射领域做出了许多重要贡献. 他的研究工作对于后来量子力学和现代物理学的发展产生了深远影响. 汤姆孙不仅在物理研究中的贡献卓越，还是一位杰出的教师，他所指导的学生中有多名成为诺贝尔奖获得者.

> **卢瑟福**
>
> 卢瑟福(E. Rutherford，1871—1937)，英国物理学家.卢瑟福出生在新西兰的纳尔逊，毕业于新西兰大学的坎特伯雷学院.1895年，卢瑟福到剑桥大学卡文迪什实验室，成为J.J.汤姆孙的研究生，也是卡文迪什实验室的第一个研究生.卢瑟福主要从事核科学和放射性方面的研究.1898年，卢瑟福报告了铀辐射中存在α射线和β射线，并首先提出放射性半衰期的概念，证实放射性涉及从一种元素到另一种元素的嬗变.他又将放射性物质按照贯穿能力分类为α射线与β射线，并且证实前者就是氦离子.1902年，卢瑟福与索迪合作发现了核衰变现象，元素的自发衰变可以释放能量并转变为另一种元素.1908年，卢瑟福因此获得诺贝尔化学奖.1911年，卢瑟福根据α粒子散射实验现象提出原子核式结构模型，创建了卢瑟福模型(行星模型).1919年，卢瑟福做了用α粒子轰击氮核的实验，从氮核中打出一种粒子，并测定了它的电荷与质量，由此发现并命名了质子.

2.3 电子自旋及其简单应用

2.3.1 电子自旋

原子定态模型在氢原子光谱方面取得的成功，使得很多实验工作聚焦于原子内的空间量子化的研究.1921年，施特恩和格拉赫(W. Gerlach)设计了著名的施特恩-格拉赫实验，想利用原子在通过不均匀磁场时磁场对原子磁矩的作用，来验证原子轨道角动量在空间不同方向的取向及测量磁矩，如图2.9所示.按照现有的理论，实验观测屏上应该出现奇数条斑纹，最初实验所用的氢(或银)原子处于基态，实验斑纹应该是1条，但实际却出现了两条对称的条纹.由于实验结果主要贡献于氢(或银)原子单电子(或最外层的价电子)，实验的结论提示电子具有内禀的磁矩.另外，更加精细的光谱结构也预示着同样的结论.用高分辨本领的光谱仪发现，原来一条谱线实际上包含着两条或者几条非常接近的谱线，预示着必须要考虑来自电子自身的内禀性质.

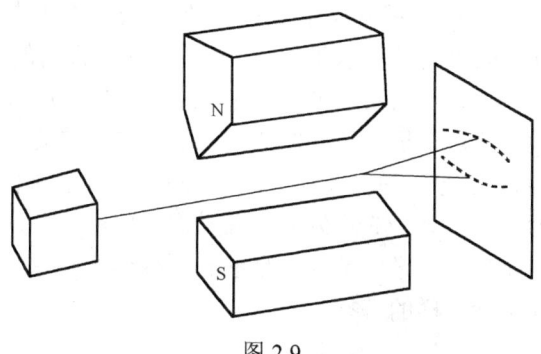

图 2.9

1925 年，乌伦贝克(G. E. Uhlenbeck)和古德斯密特(S. A. Goudsmit)为了解释这些实验现象，提出了电子自旋假说，其内容如下.

(1) 每个电子都具有内禀的自旋角动量 $\boldsymbol{S}$，其大小为

$$S = \sqrt{s(s+1)}\hbar, \tag{2.19}$$

其中，s 称为自旋量子数. 自旋角动量对应自旋磁矩，其和自旋角动量的关系为

$$\mu = -\frac{e}{m_e}S. \tag{2.20}$$

(2) S 在空间任何方向的投影只能取两个数值

$$S_z = \pm\frac{\hbar}{2}. \tag{2.21}$$

因此，自旋磁矩在任何方向的投影也只能有两个 $\mu_{S_z} = \pm\frac{e}{2m_e}\hbar = \pm\mu_B$，$\mu_B$ 称为玻尔磁子，通常也是原子的磁矩单位. 根据角动量的运算规则，可以得到自旋量子数 $s = \frac{1}{2}$，则 $S = \sqrt{\frac{3}{4}}\hbar$. 实验证实了电子自旋假说的正确性，从而确定了电子具有自旋.

电子自旋的发现，说明原子中除了要考虑电子的绕核轨道运动以外，还需要考虑电子的自旋运动，特别是在外磁场中，轨道运动和自旋运动都会产生对应的磁矩和外磁场发生相互作用，从而产生附加能量(体现为原子能级的劈裂). 因此，由于自旋运动的贡献，原子光谱出现精细结构. 同时在施特恩-格拉赫实验中，即便是原子处于基态，在自旋磁矩和外磁场作用下，空间中非均匀的磁力分布会使得原子按照自旋磁矩的两个值产生两个方向运动的分离，从而在观测屏上出现两条斑纹. 近期量子研究表明，电子的轨道运动和自旋运动之间还会产生耦合，从而出现新的有趣现象.

在自旋被发现之前，电子被处理为一个质点，其运动只有 3 个自由度，电子自旋表示电子内部的某种内禀自由度，使得描述电子需要 4 个自由度. 一般除了将电子的状态参量(自由度)直接表示为 (x, y, z, S_z) 以外，对于原子中的电子，也可以用电子的能量量子数 n、轨道角动量量子数 l、轨道角动量方向的磁量子数 m_l、自旋轨道角动量量子数 m_s (取值为 $\pm 1/2$)四个相互独立的变量表示为 (n, l, m_l, m_s).

除了电子以外，实验还发现，所有的微观粒子都具有自旋，比如原子核内部的质子和中子都有自旋 $1/2$，光子的自旋为 1 等. 粒子物理学将自旋为 $1/2$ 奇数倍的粒子称为费米子，而将自旋为 $1/2$ 偶数倍的粒子称为玻色子，并且发现两类粒子具有截然不同的性质，比如，费米子需要满足泡利不相容原理(见下文)，而玻色子在极低的温度下可以凝聚到同样的基态.

2.3.2 元素周期表的量子解释

1869 年门捷列夫将已知的 63 种元素按照元素原子量的大小排列在一起创造了元素周期表，对化学的发展起了极大的推动作用. 早期的元素周期表的有些位置是空着的，对元素性质的周期性的原因不得而知. 在原子结构得到揭示，特别是电子的研究取得重要进展后，物理学家对元素周期表进行了科学的解释，并且能够准确预言新的元素.

在物理学看来，元素性质的周期性行为主要取决于元素原子的最外层能级的电子数量，电子从基态能级到高能量能级的排列按照一定的规则进行.

能量最小原理：原子处于未被激发的正常状态时，每个电子都趋向于占据可能的最低能级.

泡利不相容原理：在一个原子中，不能有 2 个或 2 个以上的电子处于完全相同的量子态，即它们不能有一组完全相同的量子数 (n, l, m_l, m_s).

依据以上两个原理，由 3 个量子数 (n, l, m_l) 完全确定（意味着能级的能量、角动量大小和方向都确定）的一个能级，最多只能容纳自旋方向相反的两个电子.

电子首先需要占据基态能级，氢原子只有 1 个电子占据基态能级，处于稳定但非常活跃的状态，因为基态能级还需要另外 1 电子填充后才能占满. 也是由于同样的原因，氢气的氢分子中的两个氢原子核，通过共用处于基态的 2 个电子同时满足结合和稳定的作用.

氦原子核外有两个电子，正好填满基态能级，因此处于稳定状态，其性质不活跃(惰性气体). 锂原子具有 3 个电子，其中两个电子占据基态，另外的 1 个电子只能占据更高能量的第一激发态，也就是最外层的价电子只有 1 个，其化学性质非常活跃. 与锂原子类似的还有钠、钾、铷、铯等原子.

依此原则和顺序可以基本得到元素周期表中每个元素（原子）的排列位置. 电子按照四个量子数排列的规则如下所示：

n	1	2				3								
l	0	0	1			0	1			2				
m_l	0	0	−1	0	1	0	−1	0	1	−2	−1	0	1	2
m_s														
z_n	2	8				18								

能级 n 能够容纳电子的最大数量 z_n 为

$$z_n = \sum_{l=0}^{n-1} 2(2l+1) = 2n^2. \tag{2.22}$$

按照以上原理推演得到的元素原子的电子排列顺序，已经得到了物理和化学实验的证实，充分说明了原子结构的正确性.

2.3.3 塞曼效应

塞曼(P. Zeeman)效应是原子的空间量子化重要的实验现象，早在 1896 年就已被发现. 如图 2.10 所示，实验发现，当光源处于外加磁场中时，原先的单条谱线将分裂成若干条相互靠得很近的谱线，称此现象为塞曼效应. 时至今日，塞曼效应在利用精细光谱技术实施精密测量方面的应用非常广泛，下面简单介绍其原理.

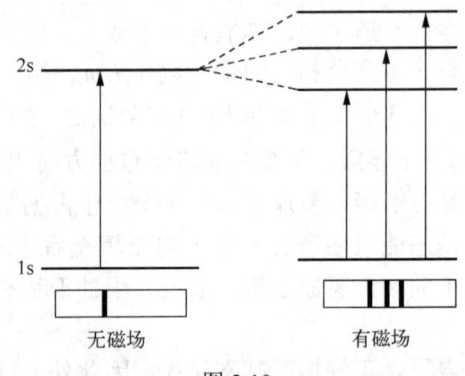

图 2.10

由于电子带有负电荷，绕核运动的电子不仅具有角动量 L，而且也具有磁矩 μ，可以证明两者之间满足关系 $\mu = -\dfrac{e}{2m_e}L$，电子磁矩和其角动量一样，在外磁场中沿磁场方向的投影 μ_z 也将会量子化，只能取 $2l+1$ 个离散的值，即为

$$\mu_z = -\frac{e}{2m_e}L_z = -\frac{e}{2m_e}(m_l\hbar) = -m_l\mu_B. \tag{2.23}$$

根据前面的内容可知，$m_l = 0, \pm 1, \pm 2, \cdots, \pm l$，共有 $2l+1$ 个取值. 由此，电子在外磁场中将会产生相应的附加能量 ΔE，即为

$$\Delta E = -\boldsymbol{\mu} \cdot \boldsymbol{B} = -\mu_z B = m_l \mu_B B. \tag{2.24}$$

由上式可知，原来由一组 n、l 确定的一个能级，在外磁场中被分裂成 $2l+1$ 条能级，光谱线也随即呈现出多条，即为塞曼效应.

塞曼效应同时也说明，随着原子中电子的参与，新的相互作用被发现，电子的能级也随即出现更精细的结构，相应呈现出更精细的电子辐射能谱.

2.4 激光

激光是量子理论建立以后人类最有影响力的技术创新之一. 激光的理论基础是爱因斯坦在 1905 年提出光量子辐射理论时建立的, 但直到 20 世纪 60 年代, 第一台激光器才问世.

如图 2.11 所示, 按照玻尔的原子定态模型和爱因斯坦的光量子假说, 电子在原子的两条能级之间跃迁时将会吸收或者辐射一个光子. 分别记高低两条能级为激发态 b 和基态 a, 其对应的能量分别为 E_b 和 E_a. 爱因斯坦的光辐射理论指出, 物质原子吸收和辐射光子会有三种情况, 分别如下.

受激吸收: 初始处在基态 a 的原子吸收一个频率等于 $(E_b - E_a)/h$ 的光子, 状态跃迁至激发态 b.

自发辐射: 初始处于激发态或者较高能态的原子, 在外界的扰动下跃迁至基态或者低能态, 并辐射一个频率与能级差对等的光子. 自发辐射是随机发生的过程, 其辐射时间、辐射方向、光子的频率和相位等参数都是随机的.

受激辐射: 初始处在激发态 b 的原子, 受到一个外来频率为 $(E_b - E_a)/h$ 的入射光子的激励, 跃迁至基态 a, 并辐射一个状态与入射光子完全一样的光子. 受激辐射由输入光子激发, 其效果等效于将输入光子的数量放大, 可以实现光放大. 受激辐射是激光的基础.

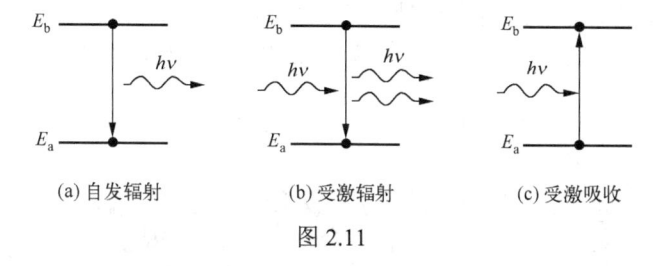

(a) 自发辐射　　(b) 受激辐射　　(c) 受激吸收

图 2.11

据此可以导出普朗克公式, 假设在黑体空腔中的原子总数为 $N = N_a + N_b$, 其中 N_a、N_b 分别为处于能级 a、b 的原子数. 令 A_{ba} 表示原子在单位时间的自发辐射概率. 原子在单位时间的受激吸收和受激辐射的概率正比于腔的能量辐射谱密度 E_ν, 其中吸收系数和辐射系数分别用 B_{ab} 和 B_{ba} 来表示, 由此可以得到腔中处于不同能级原子的速率方程为

$$\frac{dN_a}{dt} = -\frac{dN_b}{dt} = A_{ba} N_b + B_{ba} u_\nu N_b - B_{ab} u_\nu N_a. \tag{2.25}$$

当物质处于辐射平衡状态时, 原子的吸收和辐射速率应该相同, 即

$$A_{\mathrm{ba}}N_{\mathrm{b}} + B_{\mathrm{ba}}u_\nu N_{\mathrm{b}} = B_{\mathrm{ab}}u_\nu N_{\mathrm{a}}. \tag{2.26}$$

考虑到玻尔兹曼分布律,即

$$\frac{N_{\mathrm{b}}}{N_{\mathrm{a}}} = \mathrm{e}^{-\frac{E_{\mathrm{b}} - E_{\mathrm{a}}}{kT}} = \mathrm{e}^{-\frac{h\nu}{kT}}, \tag{2.27}$$

结合两个公式可以得到

$$u_\nu = \frac{A_{\mathrm{ba}}}{B_{\mathrm{ba}}} \frac{1}{\frac{B_{\mathrm{ab}}}{B_{\mathrm{ba}}} \mathrm{e}^{\frac{h\nu}{kT}} - 1}. \tag{2.28}$$

该式与普朗克黑体辐射公式形式相同,同时可以得到系数需要满足的关系

$$B_{\mathrm{ab}} = B_{\mathrm{ba}} = B, \quad \frac{A_{\mathrm{ba}}}{B_{\mathrm{ba}}} = \frac{4h\nu^3}{c^3}. \tag{2.29}$$

在正常的状态下,读者可以自行验证 $\frac{N_{\mathrm{b}}}{N_{\mathrm{a}}} = \mathrm{e}^{-\frac{E_{\mathrm{b}} - E_{\mathrm{a}}}{kT}} \ll 1$,物质中多数原子都处于基态或者较低的能级. 如果忽略自发辐射的影响,一束光在介质中传播被放大的条件是受激辐射大于受激吸收,即

$$\frac{\mathrm{d}N_{\mathrm{a}}}{\mathrm{d}t} = Bu_\nu(N_{\mathrm{b}} - N_{\mathrm{a}}) > 0. \tag{2.30}$$

这要求处在高能级的原子数目大于处于低能级的原子数目,称此状态为原子数反转状态. 因此,实现激光的首要条件是实现介质的原子数反转状态,如图 2.12 所示.

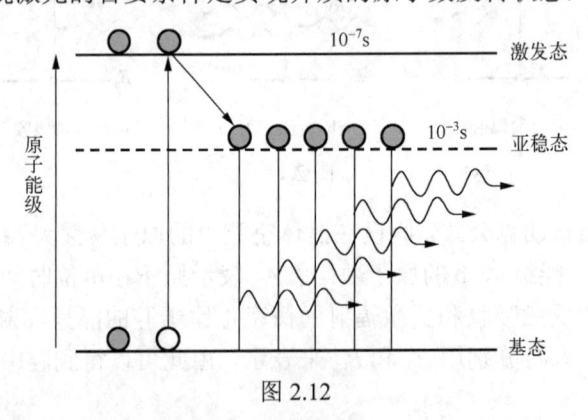

图 2.12

原子物理学发现,处于高能级的电子会很快(一般为 $10^{-9} \sim 10^{-8}$ s)跌入低能级,原子辐射几乎都体现为随机的自发辐射,几乎没有受激辐射. 量子力学研究发现,电子从高能级向低能级跃迁必须要满足跃迁规则,即要求发生在轨道角动量量子数相差 ±1 的两个状态之间. 因此,存在一些高能态的能级,电子一旦被激发到这些能

级上以后,由于跃迁规则的限制,不会很快跃迁至低能级,称这些能级为亚稳态. 一般实现激光的原则就是,将介质中的原子激发至亚稳态,实现原子数反转状态,再在外加光的诱发和刺激下使处在亚稳态的原子受激辐射迅速跃迁至低能级,从而诱发产生大量的全同光子,即产生激光.

能够实现原子数反转状态的介质称为可实现光放大的工作物质(或称为增益介质),为使其实现持续的原子数反转,还必须要不断外加激励能源,同时为了能够增大工作物质的有效长度并且达到选频和定向的作用,需要将工作物质限定在光学腔(常用的是两面互相平行放置的反射镜)中,称为谐振腔.

如图 2.13 所示是氦氖激光器及其工作能级.

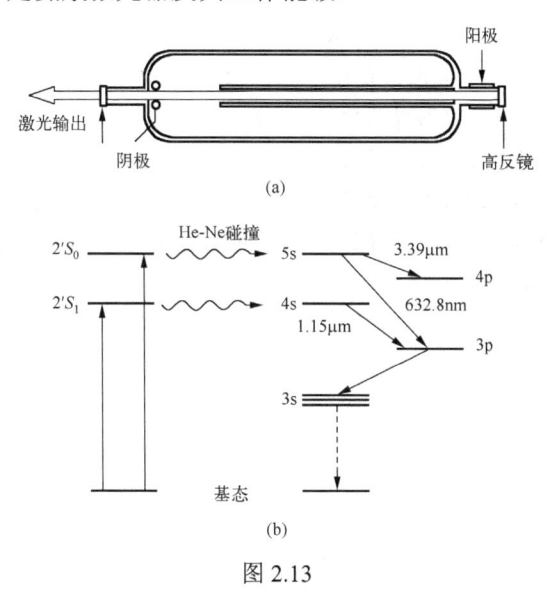

图 2.13

从第一台激光器问世开始,激光技术得到了飞快地发展,激光也被应用于科技和生活的各方面,读者可以参考其他书籍进行了解.

科学家小传

普朗克

普朗克(M. Planck,1858—1947),德国物理学家,量子力学重要创始人之一,1918 年诺贝尔物理学奖获得者. 他于 1858 年出生在基尔(现德国荷尔斯泰因),1874 年进入慕尼黑大学的数学专业进行学习,后改读物理学专业. 1877 年转学到柏林大学,在物理学家亥姆霍兹和基尔霍夫及数学家卡尔·魏尔施特拉斯门下学习,1879 年获得柏林大学博士学位. 普朗克最著名的贡献之一是他在能量辐射领域的工作. 在提出普朗克辐射定律时,他首次引入了量子概念,即能量是以离散的小包(或量子)的形式存在的. 这一理论奠定了量子力学的基础, 对后来量子理论的发展产生了深远影响, 并为他赢得了 1918 年的诺贝尔物理学奖. 除了在量子理论方面的工作, 普朗克还对热力学、热辐射和原子理论做出了重要贡献. 他的工作使得他成为 20 世纪最杰出的物理学家之一, 而他的普朗克常量更成为了现代物理学中最重要的常量之一.

玻尔

玻尔(N. Bohr, 1885—1962), 丹麦物理学家, 量子力学和原子物理学的主要奠基人之一. 玻尔最著名的成就之一是提出了玻尔模型, 该模型描述了氢原子的结构, 并成功地解释了氢光谱的特征. 这一模型为后来量子力学的发展奠定了基础, 对于理解原子结构和光谱现象产生了重要影响. 此外, 玻尔还做出针对原子核结构和量子力学发展的许多其他贡献, 包括对量子力学的解释、互补性原理、不确定性原理等. 除了上述成就, 玻尔还在核物理和原子能领域做出了重要贡献. 一方面, 他提出了核结构的理论, 为核物理的发展奠定了基础. 另一方面, 他也积极参与了原子能的研究, 提出了许多与原子核裂变和核反应有关的理论和观点. 作为一位杰出的科学家, 玻尔在国际上享有很高的声誉, 于 1922 年获得诺贝尔物理学奖. 他在丹麦建立了哥本哈根理论物理研究所, 并培养了许多杰出的物理学家. 他对量子力学和原子物理学的贡献使其成为 20 世纪最重要的物理学家之一.

第3章 相对论与电磁场

3.1 狭义相对论

3.1.1 光速与经典物理的困局

对于绝对和相对的理解实际上一直贯穿在人类对世界基本规律的探索中. 在中国古代关于天地概念的追逐中, 古人曾经提出盘古开天辟地之说, 认为盘古将一个浑浊的世界一分为二, 阳清的物质上升形成天, 阴浊的物质下沉形成地, 从而形成绝对的上和下. 但是在西方近代, 随着科学的不断探索, 特别是在麦哲伦船队环绕地球一周以后, 发现人类生活的地球的上下是一个相对的概念. 然而, 故事还在不断地继续, 天文和天体物理学家发现银河系及其中天体的绕行方向几乎一致, 银河系旋臂绕行的角动量方向是确定的, 这是否意味着上下又可分呢? 放眼整个宇宙结果又如何呢?

由力学可知, 所有的物体运动的参量及其规律表达式都需要基于某一个参考系, 其中牛顿定律直接成立的参考系称为惯性系. 但是对于一个相对地面做加速运动的小车, 如图 3.1 所示, 车内的人相对车静止但却又有被推拽的感觉, 说明相对于小车参考系人受到了力的作用却没有加速度, 牛顿第二定律不成立, 因此加速运动的小车参考系就是一个非惯性系. 而相对于地面参考系, 显然人受到车给予力的同时在做加速运动, 地面参考系是一个惯性系, 当然忽略了地球相对于太阳系加速运动微弱的影响.

图 3.1

对比同一物体运动状态相对不同参考系的描述是物理学必须考察的重要内容之一. 由于牛顿定律适用于惯性系,所以首先将所考察的参考系限定于惯性系范围内. 伽利略发现, 不可能通过仅仅局限于某个惯性系中的力学实验, 测量得到这个惯性系相对于其他惯性系的运动状态. 换句话说, **力学定律相对于所有的惯性系都是等价的**, 物理学称此结论为**力学的相对性原理**. 具体而言, 如图 3.2 所示, 对于一个质点 m, 假设有两个相互做匀速直线运动的参考系 S 和 S', 它们的坐标轴相互平行, S' 沿着 S 的 x 轴正向以速度 v_0 运动, 则有以下伽利略时空变换关系:

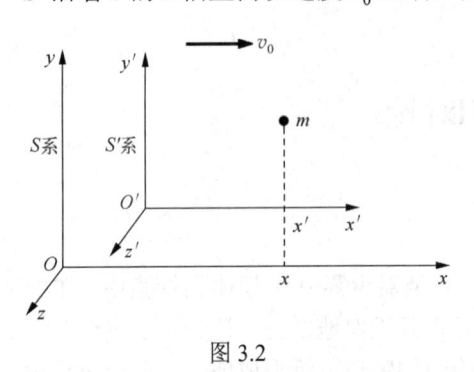

$$x = x' + v_0 t, \tag{3.1a}$$

$$v = v' + v_0, \tag{3.1b}$$

$$a = a'. \tag{3.1c}$$

由于受力不依赖于参考系的选取, 即 $\boldsymbol{F} = \boldsymbol{F}'$, 则牛顿第二定律在两个惯性系中有相同的表述形式

$$\boldsymbol{F} = m\boldsymbol{a}, \quad \boldsymbol{F}' = m\boldsymbol{a}', \tag{3.2}$$

图 3.2

即牛顿第二定律相对于惯性系的变换是等价的. 力学的相对性原理符合思维的逻辑性, 如果有物理规律无法满足在参考系中变换时形式不变, 那还能称得上是规律吗? 但是, 这个看上去很基本的原则, 在推广至电磁运动时遇到了困难.

人类很早就注意到了光的传播速度是有限的, 伽利略设计了早期的测量光速的实验, 大量的实验事实表明真空中的光速是一个数值很大的恒定的值, 约为 $c = 3 \times 10^8 \, \text{m/s}$, 根据伽利略的相对性原理, 速度一定是相对的物理量, 光速的值是相对于哪个参考系而言是当时聚焦的一个研究课题. 基于光的微粒学说, 光速即光微粒的传播速度应该与光源、观测者的速度产生叠加, 相对于不同参考系的光速应该大于或小于那个恒定的数值, 但是由于普通物体的速度很难和光速比拟, 因此没有观测到速度的叠加是很容易理解的.

基于后来的光的波动学说, 特别是麦克斯韦关于光是电磁波的理论确立以后, 明确了光速就是电磁波的传播速度, 波动速度依赖于传播介质的性质. 在相对论建立之前, 长期占据主流的学说认为空间中存在一种处于绝对静止的特殊物质, 被称为以太, 同时具备多重的性质. 首先, 以太是透明的, 允许任何有形的物体自由穿行其中; 其次, 以太作为电磁波或者光波的传播介质, 由于必须产生巨大的横波的波速, 其必须坚硬无比(其剪切应力很大); 最后, 以太作为宇宙最特殊的参考系, 可以作为绝对运动和绝对静止概念的唯一参照物. 真空中测得的那个恒定数值的光速应该就是光在以太介质中的传播速度, 当光源或者观测者相对以太运动时, 光速也相应要参与速度叠加.

另外,在麦克斯韦建立的电磁场方程组中,光速(电磁波速度)是以一个恒定的数值出现的,这是否说明麦克斯韦的电磁理论仅仅只是相对于以太参考系才能严格成立呢?麦克斯韦意识到,由于行星的运动速度远大于普通物体的速度,光速是否参与速度叠加的问题有可能通过天文观测得以解决.美国物理学家迈克耳孙在读了转交到美国天文台的麦克斯韦信件以后,设计了非常精密的光学干涉仪器——迈克耳孙干涉仪,先后相隔 8 年时间经独立、与莫雷合作对光速的叠加问题进行了实验研究,得到了光速不参与速度叠加的结论,推动了物理学理论的巨大变革.

如图 3.3 所示,迈克耳孙干涉仪由两个相互垂直的光路构成,由光源 S 发出的光束,经半反半透镜 G_1 分成光束 1 和 2,经由相互垂直放置的反射镜 M_1 和 M_2 反射后,再返回经由 G_1 再次透射或反射后会聚.实验中,将光路 1 和 2 调节成等光程,整个仪器放置在水平的光学平台上,首先让光路 1 顺着地球的运动速度 v 方向,则光路 2 的传播方向和地球速度方向垂直.相对地球参考系,以太相对地球速度方向有一个相对速度 $-v$,光路 1 来回传播光束的速度是 c 加上或者减掉速度 v,而光路 2 的速度持续是 c,因此,由于两束光以不同的速度传播相同距离后会产生相位差,足够大的相位差会产生干涉条纹.为了使条纹观测效应更加明显,将仪器旋转 $\pi/2$,使得光路 1 和 2 相互交换,可以导致条纹发生移动.精确的仪器设计和实验条件的预设,两次实验计算预期条纹可分别移动 0.04 条和 0.4 条,通过这样的移动实验完全可以观察到变化.但是两次实验的结果均显示,条纹在误差范围内没有任何移动!

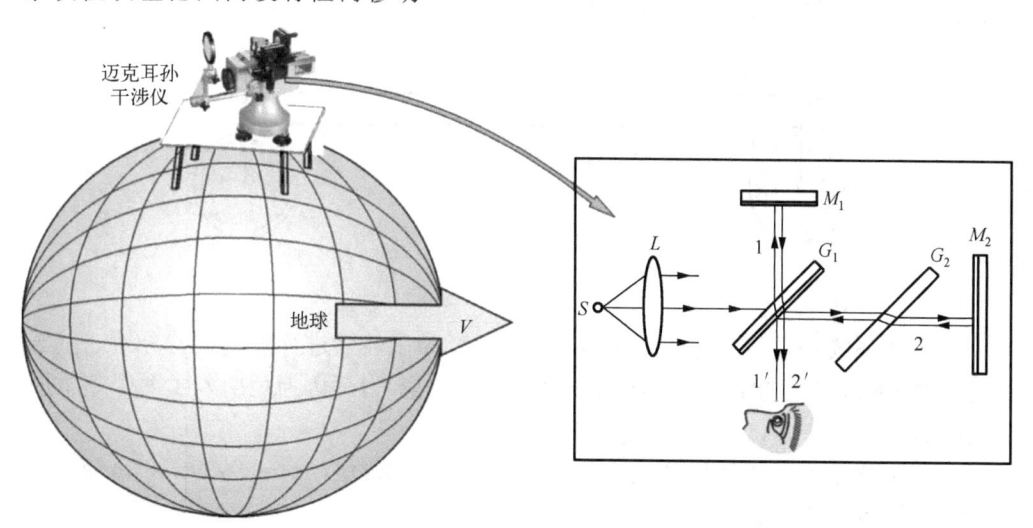

图 3.3

迈克耳孙-莫雷实验说明，光速不参与速度叠加. 换句话说，光的传播速度不依赖于光源、观测者的运动速度. 力学的相对性原理无法推广到电磁的运动规律，经典的时空变换理论受到了挑战.

3.1.2 相对时空观和狭义相对论的基本假设

为了能够基于经典时空变换理论理解迈克耳孙-莫雷的实验结果，荷兰物理学家洛伦兹提出了运动物体沿着运动方向长度收缩的理论(收缩来自于以太介质的作用)，可以解释光速叠加的零结果. 法国物理学家庞加莱(J. H. Poincaré)提出了完全不同的想法，他认为不同的参考系应该有不同的地方时，而不是所有的参考系都基于唯一的绝对的时间，这是相对论思想的第一次提出. 爱因斯坦独立、系统地构建了具有划时代意义的新的时空变换理论——狭义相对论.

爱因斯坦认为应该引入相对的地方时而不是绝对的时间来描述物理事件的发生，他对同时性的概念进行了仔细的分析.

首先，试想在空间中排满了一个挨着一个的时钟，当一个事件在某一时刻发生时，一定是这个事件的发生和该处钟表的指针指向那个时刻同时进行；其次，为了对比在空间不同位置 A、B 发生事件的时间，需要先对这两个位置的钟表进行对准，对准的方法就是比较光在两个位置往返传播的时间. 如图 3.4 所示，假设 A 处的光源在 t_A 时刻发射一个光信号，B 处的反射镜在 t_B 时刻接收并反射光信号，光源处的接收装置 t'_A 时刻接收到反射的光信号，如果下述关系得到满足：

$$t_B - t_A = t'_A - t_B. \tag{3.3}$$

则称两处的时钟是校准的，可以直接进行时刻比较.

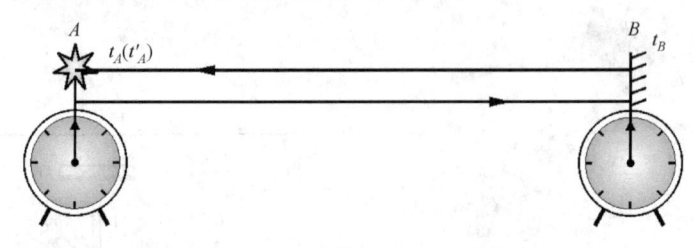

图 3.4

这个关系式是理解相对论最重要的出发点. 为了能够进行更复杂的分析，基于迈克耳孙-莫雷实验的结果及对经典物理学的深入思考，爱因斯坦引入了两个基本原理(假设).

光速不变原理：真空中的光速是一个恒定不变的数值，$c = 2.9979 \times 10^8 \text{m/s}$，与光源和观测者的速度无关.

狭义相对性原理：物理定律在惯性系之间变换具有相同的形式.

基于(仅局限于惯性系的)狭义相对论的这两个假设,首先来考察同时性的概念. 相对于同一个参考系的任意不同的两个位置,其时钟可以直接对准,只要不同位置所发生的事件所在位置的时刻相同,都可以称为同时性事件. 但是,对于不同的惯性系,如具有上述特点的 S 系和 S' 系,在 S 系中同时发生的两个事件,在 S' 系中就不再同时发生.

比如,如图 3.5 所示,以速度 v_0 相对地面 S 系做匀速直线运动的小车 S' 系,显然两个参考系都是惯性系,位于小车中间的光源在某一时刻朝前后同时发射光信号,将车头和车尾的信号接收器接收到光信号的事件分别称为事件 A 和 B 事件. 相对于 S' 系,由于光信号在被接收前传播的距离相同,因而事件 A 和 B 事件同时发生;但是相对于 S 系,顺着车头传播的光信号到达接收器之间走过的距离要大于半个车身,而朝车尾传播的光信号在被接收前跨越的距离要小于半个车身,根据光速不变原理,两个事件将变得不同时. 因此,在光速不变的情况下,同时变成了相对的概念,这就要求两个不同的惯性系都有自己的"地方时",时间的度量不再是绝对的统一,而是要各有各的时间,这就是相对时空观. 读者可以自己分析,如果光速要参与速度叠加,上述的两个事件无论在哪个参考系中,一定是同时发生的,也就是绝对的时空观.

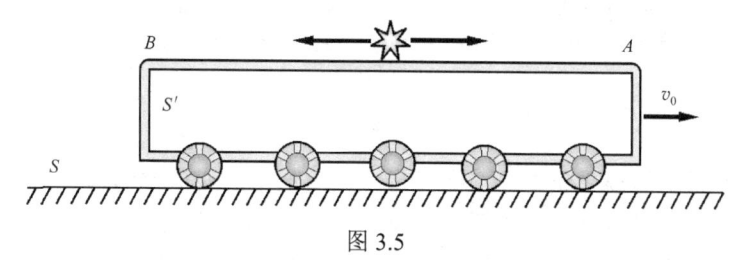

图 3.5

如图 3.6(a)、(b) 所示,考虑同样的小车 S' 系和地面 S 系,在小车上有一个光源朝着与运动速度方向垂直的竖直向上的方向在时刻 t'_{A1} 发射一个光信号,在时刻 t_B 被上方的反射镜反射,在时刻 t'_{A2} 回到光源的位置. 分别记光源处发射与接收为 A 事件和 B 事件,则在 S' 系中

$$\Delta t' = 2h/c, \tag{3.4}$$

而在 S 系中,光信号的路径为斜上斜下,速度 c 和发射与接收时间间隔 Δt 满足关系

$$(v_0 \Delta t / 2)^2 + h^2 = (c \Delta t / 2)^2, \tag{3.5}$$

综合以上两式可得

$$\Delta t = \frac{\Delta t'}{\sqrt{1 - v_0^2/c^2}}. \tag{3.6}$$

这是两个相互做匀速直线运动的惯性系间的时间间隔的变换关系,其中两个事件在 S' 系中发生在同一地点,其时间间隔称为原时,S' 系也被称为动系,而动系中的时钟(即固有时)在静系看来被延长了,称此效应为运动时钟延长或者变缓. 这是狭义相对论的基本结论之一.

图 3.6

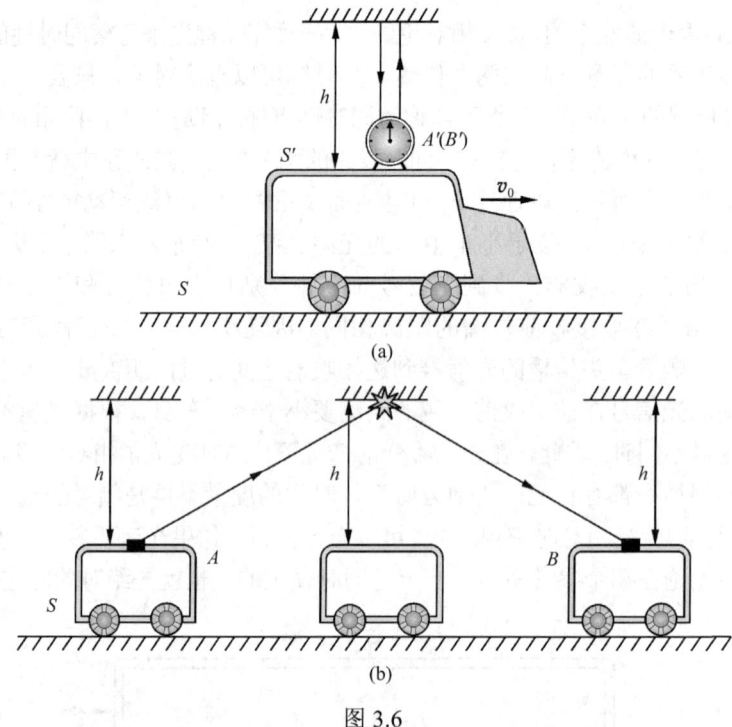

长度的度量也需要重新审视. 将与某一长度保持静止的参考系 S' 系称为动系, 与长度方向匀速直线运动的参考系 S 系称为静系, 如果静止的 (S' 系中) 长度为 l_0, 与之对应的 (S 系中的) 运动长度记为 l, 可以证明 (请读者自行证明) 满足关系

$$l = l_0\sqrt{1 - v_0^2/c^2} = l_0/\gamma, \tag{3.7}$$

即运动的长度发生了缩短, 如图 3.7 所示, 称为运动长度收缩效应, 其中 $\gamma = 1/\sqrt{1 - v_0^2/c^2}$.

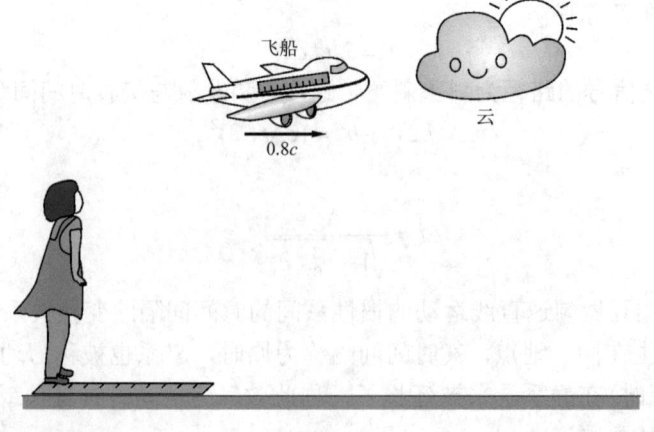

图 3.7

同时相对性、时间延缓及长度收缩是狭义相对论的之一. 由于相对论效应取决于因子 γ, 很容易看出, 当速度远小于光速时, 相对论效应基本可以忽略, 只有当物体的运动接近光速时, 相对论效应才会变得明显. 在现代的基本粒子学研究中, 在实验室中观测和对比相对实验室做高速运动和静止的基本粒子的寿命, 以证实相对论时间延缓的正确性.

3.1.3 洛伦兹变换

基于相对论时空观, 需要构建新的时空变换关系, 以替代伽利略变换. 还是基于两个相互做匀速直线运动的参考系 S 和 S', 它们的坐标轴相互平行, S' 系沿着 S 系的 x 轴正向以速度 v_0 运动. 假设在 $t = t' = 0$ 时刻两个参考系完全重合, 在坐标原点 $x = x' = 0$ 处的点光源发射一个光波信号, 随着时间的推进, 根据光速不变原理, 在两个参考系中的光波前的传播方程分别为

$$x^2 + y^2 + z^2 = c^2 t^2, \tag{3.8a}$$

$$x'^2 + y'^2 + z'^2 = c^2 t'^2. \tag{3.8b}$$

由于在 y 和 z 方向参考系没有相对运动, 因此 $y = y'$, $z = z'$. 进一步, 由于新的坐标变换的对称性, 要求 $x = ax' + bt'$, $t = ex' + ft'$, 其中 a、b、e、f 为待定系数, 将变换关系代入光波前方程并分别在两个参考系中分析两个原点的运动坐标关系, 可以得到相对论时空观下新的时空变换关系, 即洛伦兹变换

$$x = \gamma(x' + v_0 t'), \tag{3.9a}$$

$$y = y', \tag{3.9c}$$

$$z = z', \tag{3.9c}$$

$$t = \gamma(t' + v_0 x' / c^2). \tag{3.9d}$$

读者可以自行计算得到其逆变换, 也可以推广到惯性系之间做任意匀速直线运动情况下的变换关系. 从洛伦兹变换可知, 在相对论时空观下, 时间和空间将不再独立, 而是互相关联统一构成了四维时空, 其坐标表示为 (x, y, z, t). 由坐标的洛伦兹变换也可以得到时空间隔的变换关系

$$\Delta x = \gamma(\Delta x' + v_0 \Delta t'), \tag{3.10}$$

$$\Delta t = \gamma(\Delta t' + v_0 \Delta x' / c^2). \tag{3.11}$$

前面得到的同时的相对性、时间延缓和长度收缩效应可以直接利用时空间隔的变换关系得到. 从时空间隔变换关系可以进一步得到相对论的速度变换关系

$$v_x = \frac{v_x' + v_0}{1 + \dfrac{v_x' v_0}{c^2}}, \tag{3.12}$$

$$v_y = \frac{v_y'}{\gamma\left(1 + \dfrac{v_x' v_0}{c^2}\right)}, \tag{3.13}$$

$$v_z = \frac{v'_z}{\gamma\left(1 + \frac{v'_x v_0}{c^2}\right)}. \tag{3.14}$$

根据速度变换关系,很容易验证包括光速在内的任何速度和光速叠加的结果仍然是光速,光速是物体实际运动速度的极限,这就回答了迈克耳孙-莫雷实验零干涉条纹结果的疑难.

科学家小传

庞加莱

庞加莱(J. H. Poincaré,1854—1912),法国数学家、物理学家、哲学家.庞加莱出生于南锡,他早年在巴黎接受教育,并在那里开始了他卓越的学术生涯.他对数学和物理学都表现出极大的兴趣,并成为多个领域的领军人物.在数学领域,他对拓扑学的发展做出了突出贡献.比如,他提出了许多基本概念和定理(庞加莱猜想和庞加莱映射),对后来拓扑学的发展产生了深远影响.此外,庞加莱还在微分方程、分析力学、天体力学、电磁学等领域做出了重要贡献.比如,他提出了许多重要的定理和概念(庞加莱-瓦尔斯定理、庞加莱回归和庞加莱振荡),对这些领域的发展产生了深远的影响.除了数学和物理学,庞加莱还对哲学和科学方法论做出了重要贡献.比如,他的著作《科学与假设》和《价值判断与科学推理》等探讨了科学知识的生成和验证过程,对当代科学哲学有着深远的影响.庞加莱是一位非常多产和多才多艺的学者,他的工作对数学、物理学和哲学都产生了深远影响,被认为是现代数学和物理学的奠基人之一.他的名字也被用来命名了许多数学公式、定理和概念,以纪念他在科学领域的卓越成就.

迈克耳孙

迈克耳孙(A. A. Michelson,1852—1931),美国物理学家,1907 年诺贝尔物理学奖获得者.迈克耳孙主要从事光学和光谱学方面的研究,他以毕生精力从事光速的精密测量,在他的有生之年,一直是光速测定的国际中心人物.他发明了一种用以测定微小长度、折射率和光波波长的干涉仪(迈克耳孙干涉仪),利用干涉仪等装置成功测量了光的速度,并得到了极高的精确度.这项工作对于当时光速测量的精确性来说是一个重大突破,也为后来的科学研究提供了基础.1887 年他与美国物理学家莫雷合作,进行了著名的迈克耳孙-莫雷实验,该实验旨在测量光的传播是否受到以太的影响.虽然实验未能检测到以太,但结果却为后来的相对论提供了支持,并为迈克耳孙赢得了 1907 年的诺贝尔物理学奖.此外,他还研制出高分辨率的光谱学仪器及经改进的衍射光栅和测距仪.迈克耳孙首倡用光波波长作为长度基准,提出在天文学中利用干涉效应的可能性,并且用自己设计的星体干涉仪测量了恒星参宿四的直径.

3.1.4 相对论力学

从洛伦兹变换来看,物体运动的相对论效应只是在高速(接近光速)时才会明显,在低速运动范围内,坐标变换和速度变换都会回到伽利略的变换.也就是说,牛顿力学是相对论在物体低速运动的特殊情况,而相对论并没有完全抛弃牛顿力学,在低速区域仍然表现为绝对的时空观.出于这样的考虑,需要基于洛伦兹变换来构建相对时空观下的物理学规律表达式,当然首先是力学规律的表达.考察的原则是低速对应原理:物理规律新的表达式在低速时应该能够回到伽利略变化支持下的形式,以及前面提到的相对性原理,即称物理规律在洛伦兹变换下相对不同惯性系是协变的.当然规律成立的前提还是要通过实验来确定.

比如动量守恒定律,实验观测没有发现违背这一定律.以两个相互碰撞的小球为例,伽利略变换下在 S 系和 S' 系中分别具有如下形式:

$$m_1 v_1 + m_2 v_2 = m_1 v_1' + m_2 v_2', \tag{3.15a}$$

$$m_1(v_1 + v_0) + m_2(v_2 + v_0) = m_1(v_1' + v_0) + m_2(v_2' + v_0). \tag{3.15b}$$

动量守恒定律在伽利略变换下是协变的.但如果基于洛伦兹变换,将式(3.15a)代入洛伦兹速度变换关系,显然就无法得到在 S' 系中动量守恒的结论.因此,要保持动量守恒定律在洛伦兹变换下仍然成立,质量就需要随运动速度发生变化.在洛伦兹变换下,经过理论推导可以得到相对论的质速关系

$$m = \gamma m_0, \tag{3.16}$$

其中, m_0 为物体的静止质量.物体动量的表达式 $p = mv$ 维持不变,牛顿第二定律仍然可以具有如下形式:

$$F = \frac{\mathrm{d}(mv)}{\mathrm{d}t}, \tag{3.17}$$

可以继续得到物体的能量表达式

$$E = mc^2, \tag{3.18}$$

而动能 $E_k = mc^2 - m_0 c^2$.由该式可以看到,物体的能量和质量本质是一样的,两者之间只差一个比例常数 c^2.质量的变化就会伴随物体能量的改变,如核裂变、核聚变已经非常有力地证明了该结论的正确性.

可以证明,能量和动量之间满足关系式

$$E^2 = m_0^2 c^4 + p^2 c^2. \tag{3.19}$$

3.1.5 相对论的四维时空表示

在相对论中,将在特定空间和时间发生的物理事实称为事件.按照德国数学家

闵可夫斯基 (H. Minkowski) 提出的相对论时空数学框架，一个事件由其所在时间和地点的坐标来描述，采用四维时空坐标 $\{x^\mu\}$ 来标记事件，即

$$\{x^\mu\} = \{x^1(=x), x^2(=y), x^3(=z), x^4(=ct)\}. \tag{3.20}$$

在四维时空坐标中，物体的运动轨迹代表连续的事件集合，称为世界线，比如匀速运动物体的世界线为一条直线，如图 3.8 所示. 在同一个惯性系中代表 A 和 B 两个不同事件 $\{x_A^\mu\}$ 和 $\{x_B^\mu\}$ 的时空间隔 Δs，定义为

$$\Delta s = \left[\sum_{\mu=1}^{4}(x_A^\mu - x_B^\mu)^2\right]^{1/2}. \tag{3.21}$$

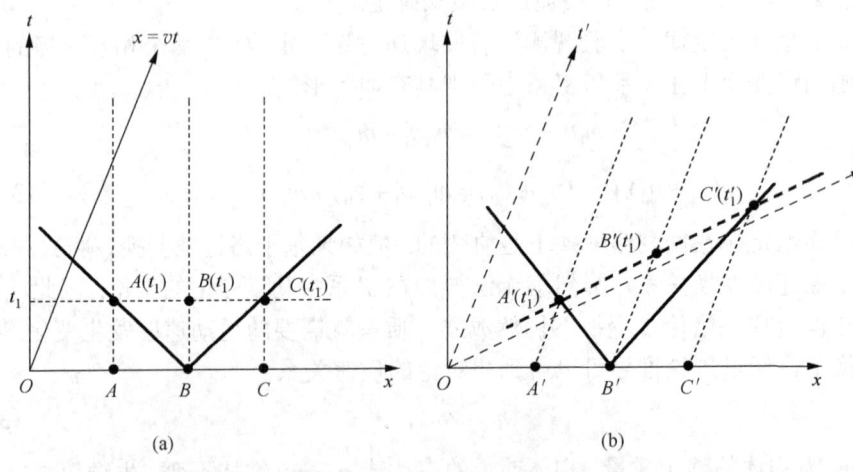

图 3.8

可以证明 Δs 具有洛伦兹变换的协变性，即 Δs 的值在不同惯性系之间变换，具有不变性（相对中的绝对量）. 显然，对于光的波前（电磁波），$\Delta s = 0$. 更一般地，可以引入事件间隔的微分不变量

$$\mathrm{d}s^2 = \sum_{\mu,\nu=1}^{4} g_{\mu\nu} x^\mu x^\nu, \tag{3.22}$$

其中，$g_{\mu\nu}$ 称为四维时空的度规，对于仅限于惯性系之间的洛伦兹变换的度规具有形式

$$g_{\mu\nu} = \begin{pmatrix} 1 & 0 & 0 & 0 \\ 0 & 1 & 0 & 0 \\ 0 & 0 & 1 & 0 \\ 0 & 0 & 0 & -1 \end{pmatrix}, \tag{3.23}$$

即

$$-c^2 \mathrm{d}\tau^2 \equiv \mathrm{d}s^2 = x^2 + y^2 + z^2 - c^2 \mathrm{d}t^2. \tag{3.24}$$

满足这种性质的度规也称为平直度规或者线性度规. 上式中 τ 为沿着观测者世界线定义的时间, 即为固有时, 表示与观测者一起运动的时钟所度量的时间. 进一步计算可以得到 $d\tau = dt\sqrt{1-\dfrac{v^2}{c^2}}$, 积分就可以得到时间延缓的结果, 即

$$\Delta t = \gamma \Delta \tau. \tag{3.25}$$

下面以一维运动来介绍世界线的坐标表示.

如图 3.8(a) 所示, 对于一个一维的惯性系 S, 用横坐标表示空间位置 x, 而用纵坐标表示时间 t, 从而构成了一个时空图. 时空图中的任意一个点对应于一个事件, 其坐标为 (x,t). 图中的 A、B、C 三点, 表示三个静止的物体对应的事件, 其世界线为平行于时间轴的直线. 假设 B 点位于 A、C 两点的中间, 在 $t=0$ 时刻, 位于 B 点的光源朝着 A、C 位置同时发出光信号, 那么在 t_1 时刻两个位置将同时接收到光信号, 即 $A(t_1)$ 和 $C(t_1)$ 为同时发生的事件. 图中的 $x=vt$ 表示从 $t=0$ 时刻开始相对 S 系 x 轴正向以速度 v 运动的物体的世界线.

现在考虑将 S' 系建在该运动物体上, 即 S' 系相对 S 系 x 轴正向以速度 v 运动, 同时也假定两个惯性系在 $t=0$ 时刻是重合的. 那么在 S' 系中, 三个保持静止物体的事件 A'、B'、C' 的世界线应该平行于 t' 轴, 同时由于它们也相对那个以速度 v 运动的物体静止, 因此它们的世界线在 S 系中也应该平行于 $x=vt$ 对应的世界线, 因此该世界线即为 S' 系的 t' 轴, 如图 3.8(b) 所示. 同样假设在 $t'=0$ 时刻, 位于 B' 点的光源朝着 A'、C' 位置同时发出光信号, 那么在 t'_1 时刻, A'、C' 两个位置将同时接收到光信号, 即 $A'(t'_1)$ 和 $C'(t'_1)$ 为同时发生的事件. 显然, 在 S' 系中同时发生的事件, 在 S 系中不同时. 由图 3.8(b) 可见, 由于 $A'(t'_1)$ 和 $C'(t'_1)$ 的连线表示同时的事件, 那么其他的同时事件都会与该连线平行, 其中从原点出发的那条平行线即为 x'_1 轴.

图 3.9(a) 表示两个惯性系坐标轴之间的关系, 其中时间轴换成了 ct, 这样坐标轴都具有长度的量纲, 其中 $x=ct$ 代表从原点发出的光信号的世界线. 对于二维的运动, 光信号的世界线对应为过原点的一个光锥, 如图 3.9(b) 所示.

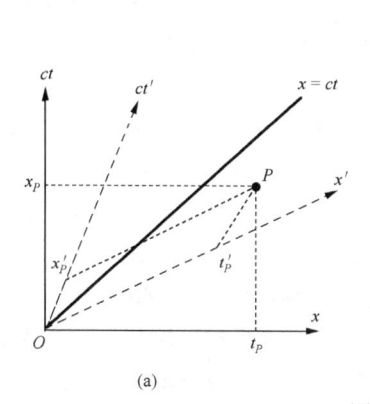

图 3.9

> **研讨课题**
>
> 如图 3.10 所示是著名的牛顿水桶实验示意图,据此牛顿提出绝对运动的存在. 物理学家马赫(E. Mach)对牛顿的绝对运动提出了不同的意见,对后来的爱因斯坦产生了一定的影响. 请读者自行调研了解他们的观点和不同之处,并给出评述.
>
> 图 3.10

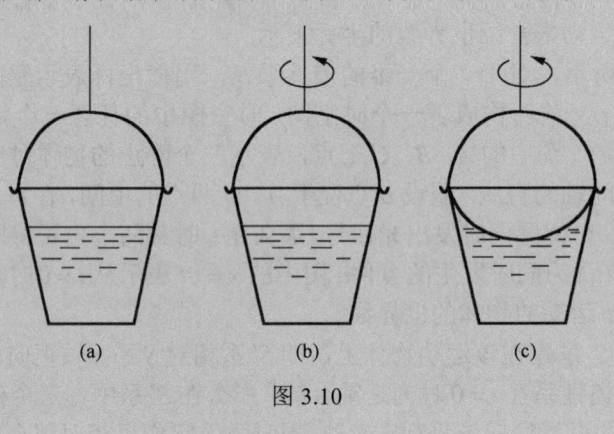

科学家小传

爱因斯坦

爱因斯坦(A. Einstein, 1879—1955),美国和瑞士双国籍的犹太裔物理学家. 爱因斯坦出生于德国巴登-符腾堡州乌尔姆市. 1900 年毕业于瑞士苏黎世联邦理工学院,随后加入瑞士国籍. 1905 年,爱因斯坦获苏黎世大学物理学博士学位,提出光子假设,并成功解释了光电效应(因此获得 1921 年诺贝尔物理学奖),同年创立狭义相对论;1915 年创立广义相对论;1933 年移居美国,在普林斯顿高等研究院任职;1940 年加入美国国籍同时保留瑞士国籍. 1955 年 4 月 18 日,爱因斯坦于美国新泽西州普林斯顿逝世,享年 76 岁.

爱因斯坦最重要的贡献是提出了相对论和量子理论,这两个理论彻底改变了人们对时空、能量和物质的理解,并对科学和技术的发展产生了深远影响. 爱因斯坦的相对论包括狭义相对论和广义相对论两部分. 狭义相对论提出了时间和空间的相对性,揭示了时空的弯曲和质能等价的关系. 广义相对论进一步发展了引力理论,提出了引力场对时空的影响,描述了引力如何由物质和能量所决定. 这两个理论为现代宇宙学和粒子物理学奠定了基础,对于理解宇宙和微观世界的运作方式产生了巨大影响. 此外,爱因斯坦也在量子理论领域做出了重要贡献. 尽管他对量子力学的发展持保留态度,但他的光量子假设为后来光电效应的解释提供了理论基础,同时也为光的波粒二象性的理解做出了重要贡献.

爱因斯坦还以其社会和政治观点而闻名. 他是一位活跃的和平主义者、反核武活动家和民权倡导者. 他的思想和观点对现代社会和文化产生了深远的影响. 爱因斯坦开创了现代科学技术新纪元, 被公认为是继伽利略、牛顿之后最伟大的物理学家. 1999 年 12 月, 爱因斯坦被美国《时代周刊》评选为 20 世纪的"世纪伟人".

3.2 广义相对论

3.2.1 理论背景

狭义相对论中, 将力学的相对性原理进行了推广, 即所有物理规律在惯性系范畴内变换具有不变性的原理. 人们自然会想到, 能不能将相对性原理推广至所有参考系变换的范畴呢? 为此, 将相对性原理称为狭义相对性原理, 在洛伦兹变换下的理论称为狭义相对论. 如果要将狭义相对性原理进行推广, 本质上就是把惯性系之间物理规律协变的原则扩展到非惯性系, 那么首先需要理解从惯性系跨越到非惯性系的核心变化是什么. 换句话说, 非惯性系的引入会给洛伦兹的线性变换带来什么不同.

另外, 狭义相对论告诉我们, 能量和质量是等价的, 无论是光作为电磁波还是微粒都具有能量和动量, 那么光就具有质量, 因此在光传播到其他质量体周围时就会受到引力的作用, 特别是光在传播到如太阳之类天体的周围时, 其传播轨迹会发生偏转. 由于在狭义相对论中, 基于光速不变基本假设, 光是作为校准不同位置时钟同时性的中介载体, 那么光线发生弯曲是否意味着时空本身也是弯曲的呢? 如果是这样, 造成时空弯曲的原因是什么?

首先质量体所产生的引力是一个原因, 因为引力会产生加速效应, 那么加速效应本身是否也会引起时空弯曲呢? 爱因斯坦提出了他的假想实验.

考虑在地球表面的一个封闭的电梯内, 由于地球的引力作用, 所有的物体都会被拉拽到电梯的地板上, 如图 3.11 所示, 沿着与地板平行方向做平抛的物体由于引力的作用, 其运动轨迹是一条落向地板的平抛线. 如果将电梯移至周围没有或者远离任何质量体的宇宙空间中, 但是让电梯朝着竖直向上的方向以重力加速度 g 做加速运动, 此时的情况又如何呢? 经验告诉我们, 电梯内的物体将会发生跟电梯静止在地球表面的一致的情况! 特别是, 如果是一条光线沿着与电梯地板的方向水平传播, 相对于加速运动的电梯, 仍然会观测到光线是沿着平抛线做曲线运动. 这说明参考系做加速运动也会导致时空弯曲效应.

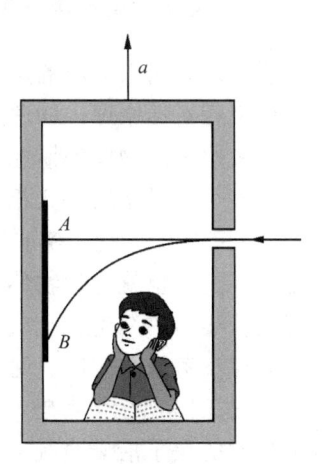

图 3.11

上述的分析表明，引力和参考系的加速都会产生时空弯曲效应；反过来说，时空弯曲也可以同时描述引力和参考系的加速；更进一步，是不是意味着我们所处的宇宙的本质是时空是弯曲的，引力以及由引力所产生的加速都是物体在弯曲时空中运动所导致的？比如，如果不去考虑重力的作用，而是直接假定物体被限制在地球表面运动，这时有初速度的自由物体一定是贴着地面走过一条弯曲的路线. 由于所有的物体只能处于宇宙中，如果宇宙的时空是弯曲的，物体就只能沿着弯曲的时空运动，如图 3.12 所示.

图 3.12

那么引力论就可以用弯曲时空的引力场理论代替了. 新的理论需要回答：是什么决定了时空弯曲，如何来描述时空的弯曲，以及在弯曲时空中的物体如何运动. 在狭义相对论提出后十年，爱因斯坦独立提出了完整的广义相对论.

3.2.2 两个基本假设和理论框架简介

1. 广义相对论的两个基本假设

爱因斯坦引入了新的两个基本假设作为广义相对论理论构架的基础.
广义相对性原理：物理规律对于所有参考系都具有协变性.
等效原理：物体的惯性质量和引力质量相等.

第一个假设是对狭义相对性原理的推广. 第二个假设基于高度精确的厄特沃什 (J. Eötvös) 实验，这个实验在误差范围内说明相同的引力对不同物体所产生的加速度是相同的，也就是说物体由引力场所产生的加速度和物体的性质无关. 而要确保厄特沃什实验的结论完全成立，物体的惯性质量和引力质量必须相等. 等效原理确保引力和参考系做加速运动会对物体产生同样的效果.

如图 3.13 所示，考虑一个过原点绕 z 轴做匀速率圆周运动的圆盘，分别通过将若干相同的尺子沿着直径 D 和圆周 L 的方向放置来测量圆周率 L/D，由于狭义相对论运动长度收缩的原因，在相对圆盘运动的静系中来看，测量的结果将大于 π，而在圆盘参考系中,圆周率将仍然为 π. 这说明参考系的加速运动会导致几何定律和基于欧几里得平直几何所得到的结论不一致. 如果考虑顺着半径的方向在不同位置放置相互静止时相同的时钟,在转盘转动时,根据狭义相对论的结论会发现不同位置的时钟走得快慢不一致,由于参考系的加速等效于引力场的存在,说明引力对时空会产生直接的影响. 这两个例证说明需要引入不同于欧几里得几何的新的几何学来描述弯曲的时空.

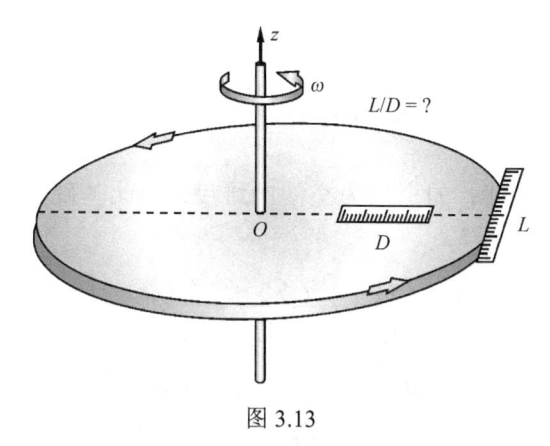

图 3.13

在欧几里得空间中,任意两点之间的距离为

$$\Delta s^2 = \Delta X_1^2 + \Delta X_2^2 + \Delta X_3^2, \tag{3.26}$$

这里用大写的 X_μ 表示三个独立的笛卡儿坐标,表示成微分形式为

$$ds^2 = dX_1^2 + dX_2^2 + dX_3^2 = \sum_\mu dX_\mu^2. \tag{3.27}$$

注意距离具有平方和的形式是欧几里得几何学的特征,任意两点间的距离在不同坐标系之间变换,即 $X_\mu \to X'_\mu$ 时应该保持不变. 如果令 $X'_\mu = C_\mu + \sum_\alpha B_{\mu\alpha} X_\mu$,则有

$$\Delta X'_\mu = \sum_\alpha B_{\mu\alpha} \Delta X_\alpha \equiv B_{\mu\alpha} \Delta X_\alpha, \tag{3.28}$$

其中后一个等式是爱因斯坦的标记法,即用重复的下标直接表示求和(下同). 上式中 $B_{\mu\alpha}$ 决定了不同坐标系的变换关系. 又比如一个二次型曲面,设 O 代表曲面的中心点,P 为曲面上任意一点,ζ_μ 表示间隔 OP 在笛卡儿坐标轴上的投影,那么曲面的方程为

$$A_{\mu\nu} \zeta_\mu \zeta_\nu = 1. \tag{3.29}$$

注意上式中已经按照约定忽略了对 μ 和 ν 的求和号. 上式中,对于给定的笛卡

几坐标系，量 $A_{\mu\nu}$ 就决定了曲面. 上面的两个例子中，不同于单一参量的矢量，引入了由两个独立的空间维度决定的新的量 $\{B_{\mu\alpha}\}$ 和 $\{A_{\mu\nu}\}$，称为二阶张量，$B_{\mu\alpha}$ 和 $A_{\mu\nu}$ 是张量的分量，矢量可以作为一阶张量. 一般将下标在下的张量，如 $A_{\mu\nu}$，称为协变张量；将下标在上的张量，如 $B^{\mu\nu}$，称为逆变张量. 在不用坐标系间变换时，分别满足关系

$$A'_{\mu\nu} = \frac{\partial x_\alpha}{\partial x'_\mu}\frac{\partial x_\beta}{\partial x'_\nu} A_{\alpha\beta}, \tag{3.30}$$

$$B'^{\mu\nu} = \frac{\partial x'_\mu}{\partial x_\alpha}\frac{\partial x'_\nu}{\partial x_\beta} B^{\alpha\beta}, \tag{3.31}$$

其中独立坐标变量 x_α 和 x'_μ 的个数为空间的维度. 在此基础上可以引入更高阶的张量

$$A'^{\nu_1\nu_2\cdots\nu_l}_{\mu_1\mu_2\cdots\mu_k} = \frac{\partial x_\alpha}{\partial x'_{\mu_1}}\cdots\frac{\partial x_\beta}{\partial x'_{\mu_k}}\frac{\partial x'_{\nu_1}}{\partial x_\alpha}\cdots\frac{\partial x'_{\nu_l}}{\partial x_\beta} A^{\beta_1\beta_2\cdots\beta_l}_{\alpha_1\alpha_2\cdots\alpha_k}, \tag{3.32}$$

$A^{\beta_1\beta_2\cdots\beta_l}_{\alpha_1\alpha_2\cdots\alpha_k}$ 是 $l+k$ 阶张量. 张量满足一些性质，如加减法，即

$$A_{\alpha\beta} + B_{\alpha\beta} = C_{\alpha\beta}. \tag{3.33}$$

高阶张量可以通过低阶张量相乘得到，例如

$$A_{\alpha\beta} B^\tau_\sigma = C^\tau_{\alpha\beta\sigma}. \tag{3.34}$$

也可以通过缩并求和降阶得到新的张量，例如

$$A^\tau_{\alpha\beta\tau} = B_{\alpha\beta}. \tag{3.35}$$

也可以通过缩并得到不变量，例如

$$A_{\alpha\beta} B_\alpha C_\beta = 不变量. \tag{3.36}$$

由于相对论的时空是四维，并且是弯弯曲曲的空间，需要用黎曼几何来描述. 黎曼几何的描述对象在数学中被称为流形，其所代表的是连续的且一般是非平坦的几何空间. 黎曼几何源于对高斯曲面(微分)几何的进一步发展，这里只简单介绍其与广义相对论相关的结论，有兴趣的读者可以参考专业的著作进一步学习.

以度量一个曲面上两个点的距离为例子来说明新几何与欧几里得几何之间的区别.

对于一个曲面，要度量其上两个点的距离，如果是基于欧几里得平直空间，则需要将曲面置于三维空间中，通过两点之间连接曲线在三个笛卡儿坐标轴上的投影，利用复杂的曲线积分来实现，而如果需要进一步分析曲面的性质，就有更多复杂的步骤.

高斯引入了曲面坐标来解决这一问题，即相对于某一个位置，引入两个相互独

立的曲线坐标，则距离微分的平方可表示为

$$ds^2 = g_{11}dx_1^2 + 2g_{12}dx_1dx_2 + g_{22}dx_2^2, \tag{3.37}$$

式中，g_{11}、g_{12}、g_{22} 与曲面的性质和曲面坐标系的选取相关，由于 ds^2 对于不同坐标系选择的不变性，g_{11}、g_{12}、g_{22} 是二阶张量的分量. 上式不仅可以用来计算曲面上任意两点的距离，曲面的所有性质也可由 g_{11}、g_{12}、g_{22} 来确定. 如图 3.14 所示，特别是由于曲面上任意一个无穷小的范围都可以视为平面，在曲面坐标系的一个无穷小范围内，将曲面坐标系过渡到平直的局域二维笛卡儿坐标系，即

$$ds^2 = dX_1^2 + dX_2^2. \tag{3.38}$$

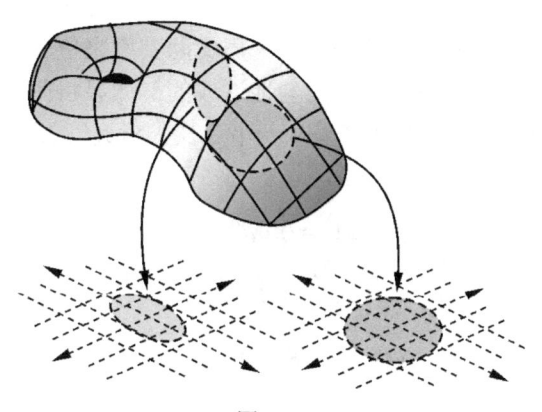

图 3.14

在四维相对论时空(流形)中也存在类似的关系. 正如相对于一个在引力场中做自由落体的参考系而言，没有引力效应，时空应该是平坦的或者是一个局域的惯性系，狭义相对论是成立的，这时

$$ds^2 = dX_1^2 + dX_2^2 + dX_3^2 - dX_4^2. \tag{3.39}$$

而对于一般的有限区域，引入四维时空坐标，则

$$ds^2 = g_{\mu\nu}dx_\mu dx_\nu, \tag{3.40}$$

其中，$g_{\mu\nu}$ 称为度规张量. 如前所述，引力场时空的性质主要取决于度规的函数.

2. 引力场方程

为了给出引力场方程，需要先构造两个重要的张量.

第一个张量是通过定义矢量在时空(流形)中平行移动所得的,所谓矢量(或张量)在流形上的平移，要求矢量(或张量)在这种移动中保持不变. 通过平移操作，可以得到克里斯多菲(Christoffel)张量 $\Gamma^\alpha_{\mu\nu}$，即

$$\Gamma^{\alpha}_{\mu\nu} = \frac{1}{2}g^{\alpha\beta}\left(\frac{\partial g_{\mu\beta}}{\partial x_{\nu}} + \frac{\partial g_{\nu\beta}}{\partial x_{\mu}} - \frac{\partial g_{\mu\nu}}{\partial x_{\beta}}\right). \tag{3.41}$$

对于一个逆变张量 A^{α} 沿 x_{ν} 方向的无穷小平移 $A^{\alpha} \to A^{\alpha} + \delta A^{\alpha}$ 而言，$\Gamma^{\alpha}_{\mu\nu}$ 张量确定了其平移变化必须是线性的，即

$$\delta A^{\alpha} = -\Gamma^{\alpha}_{\mu\nu}A^{\mu}\mathrm{d}x_{\nu}. \tag{3.42}$$

第二个是黎曼曲率张量，是描述时空弯曲性的量. 得到这个量的基本思想为：如果在平直空间中从某个位置出发沿着任意一个闭合路径平移一个矢量，当回到原位置后，矢量平移前后应该是没有任何差别的，这正是空间平直性的体现. 但是如果时空是弯曲的，矢量沿着闭合路径平移一周又回到原来位置后将有一个改变，这个改变是由弯曲时空所带来路径的不均匀性造成的；如果将闭合路径无限缩小，这个改变就代表了该位置处的时空曲率. 从一个逆变矢量 A^{α} 的闭合路径平移出发，需要计算

$$\Delta A^{\alpha} = \oint \delta A^{\alpha}. \tag{3.43}$$

详细的推导可以给出

$$\Delta A^{\alpha} = -\frac{1}{2}R^{\alpha}_{\sigma\mu\nu}A^{\sigma}f^{\mu\nu}, \tag{3.44}$$

其中黎曼曲率张量为

$$R^{\alpha}_{\sigma\mu\nu} = -\frac{\partial \Gamma^{\alpha}_{\sigma\mu}}{\partial x_{\nu}} + \Gamma^{\alpha}_{\rho\mu}\Gamma^{\rho}_{\sigma\nu} + \frac{\partial \Gamma^{\alpha}_{\sigma\nu}}{\partial x_{\mu}} - \Gamma^{\mu}_{\rho\nu}\Gamma^{\rho}_{\sigma\mu}. \tag{3.45}$$

通过缩并，可以得到二阶的对称曲率张量

$$R_{\mu\nu} = -\frac{\partial \Gamma^{\alpha}_{\mu\nu}}{\partial x_{\alpha}} + \Gamma^{\alpha}_{\mu\beta}\Gamma^{\beta}_{\nu\alpha} + \frac{\partial \Gamma^{\alpha}_{\mu\alpha}}{\partial x_{\nu}} - \Gamma^{\alpha}_{\mu\nu}\Gamma^{\beta}_{\alpha\beta}. \tag{3.46}$$

上面的内容解决了如何描述弯曲的相对论时空. 对于一个在弯曲时空中运动的自由的物体，其在两点之间应该走最短的"直线"，即要求

$$\delta \int \mathrm{d}s = \delta \int \sqrt{g_{\mu\nu}\mathrm{d}x_{\mu}\mathrm{d}x_{\nu}} = 0, \tag{3.47}$$

可以求得轨迹的方程，即测地线方程为

$$\frac{\mathrm{d}^2 x_{\alpha}}{\mathrm{d}s^2} + \Gamma^{\alpha}_{\mu\nu}\frac{\mathrm{d}x_{\mu}}{\mathrm{d}s}\frac{\mathrm{d}x_{\nu}}{\mathrm{d}s} = 0. \tag{3.48}$$

如果物体还要受到除引力以外的外力作用，则需要在方程的右端加上外力的张量.

下面来确定质量体对时空弯曲的引力场方程. 牛顿的万有引力定律可以表述为

泊松方程的形式，即

$$\nabla^2 \varphi = 4\pi G \rho. \tag{3.49}$$

等式的左边是引力势对空间位置的二阶导数，右边的 $\rho = \rho(x,y,z,t)$ 是质量体的密度函数．通过引入相对论时空中物质的能量张量 $T_{\mu\nu}$，可得爱因斯坦引力场的方程为

$$R_{\mu\nu} - \frac{1}{2} g_{\mu\nu} R = \frac{8\pi G}{c^4} T_{\mu\nu}, \tag{3.50}$$

其中，$R = g^{\mu\nu} R_{\mu\nu}$，称为里奇(G. Ricci)张量．由此，爱因斯坦独立地创建了一个完整的包含物质能量、时间和空间一体的新的理论．

3.2.3 广义相对论理论预言的验证

1. 广义相对论回归牛顿定律的近似

在近似的条件下，广义相对论应该可以回到牛顿定律的范畴，同时作为一个新的理论形式，必须要有新的理论预言能够得到实验的证实．

根据广义相对论理论，最关键的环节是确定时空度规 $g_{\mu\nu}$ 的形式．在地球的重力场空间范围内，作为一阶近似条件，通过选择适当的局域惯性系，对应为平直时空的度规

$$g_{11} = g_{22} = g_{33} = 1, \tag{3.51a}$$

$$g_{44} = -1, \tag{3.51b}$$

$$g_{\mu\nu} = 0, \quad \mu \neq \nu, \tag{3.51c}$$

从而有 $\Gamma^{\alpha}_{\mu\nu} = 0$，自由运动的测地线方程变成了直线方程

$$\frac{\mathrm{d}^2 x_\alpha}{\mathrm{d}s^2} = 0. \tag{3.52}$$

在二阶近似情况下，重力的影响可以视为平直时空的一级微扰，将 x_4 采用虚数坐标，其度规可表示为

$$g_{\mu\nu} = -\delta_{\mu\nu} + \gamma_{\mu\nu}, \quad \gamma_{\mu\nu} \ll 1. \tag{3.53}$$

此时，通过推导，非零的度规分量具有如下形式：

$$\gamma_{11} = \gamma_{22} = \gamma_{33} = -\gamma_{44} = \frac{2G}{c^2} \int \frac{\rho_0(r) \mathrm{d}V_0}{r}, \tag{3.54}$$

其中，ρ_0 和 $\mathrm{d}V_0$ 分别为静止的质量体的质量密度和体积微元，并且假定了质量体具有球对称性．物体的运动方程为

$$\frac{d^2 x_\alpha}{dt^2} = G \frac{\partial}{\partial x_\alpha} \int \frac{\rho_0(r) dV_0}{r}. \tag{3.55}$$

上述方程中的积分为引力势，即 $\Phi = -G \int \frac{\rho_0(r) dV_0}{r}$. 因此，上式显然是一个在引力作用下的加速度方程. 根据这些结论，爱因斯坦进行了三个新理论的预言.

2. 时钟随引力势改变的预言

基于以上理论，经过计算，可以得到引力场中时钟两次相邻节拍的间隔为

$$\Delta \tau = 1 + \frac{G}{c^2} \int \frac{\rho_0(r) dV_0}{r} = 1 - \frac{\Phi}{c^2}. \tag{3.56}$$

由该式可以得到结论，引力势越大，时钟就会越慢. 爱因斯坦经进一步计算做出预言，太阳表面产生的光谱和地球上产生的相同光线的光谱相比，太阳表面的光谱将向红色谱端产生大约 2×10^{-8} m 的偏移. 引力场中光谱的红移现象在 1925 年被首次测量，在 1959 年被准确测量并完美地验证了广义相对论的理论预言.

3. 光在大质量体周围传播发生偏转

如前所述，光线经过太阳表面附近时传播路径会发生偏转，为了能够实现定量求解，对太阳附近时空取二级近似，即度规由式(3.53)、式(3.54)确定. 此时，对于光来说，应该满足方程 $ds^2 = 0$，代入度规的表达式可以得到

$$\frac{\sqrt{dx^2 + dy^2 + dz^2}}{cdt} = 1 - \frac{G}{c^2} \int \frac{\rho_0(r) dV_0}{r}. \tag{3.57}$$

当光线经过太阳附近时传播轨迹会发生偏转，经过计算，总的偏折角度约为

$$\alpha = \frac{4GM_\odot}{c^2 R_\odot} \approx 1.7''. \tag{3.58}$$

该现象已于1922年由两个天文观测团队在发生日食的时候进行了高度精确的测量验证，如图 3.15 所示.

4. 水星近日点运动的进动现象

在太阳系中，每个行星和太阳构成一个完美的相互绕行的系统，由于太阳的位置相对固定，行星相对太阳做椭圆运动. 水星是最靠近太阳的行星，其运动一直被天文观测. 上百年累计的天文观测发现，水星近日点存在缓慢运动的现象，考虑到水星的运动还应该受到附近行星运动的影响(被称为摄动)，根据牛顿的力学定律可以计算出水星的椭圆轨道在缓慢地进动. 但是到了 1859 年，勒维耶(U. J. J. Le Verrier)分析了从 1697 年至 1848 年水星近日点进动的时间记录，发现所统计的水星的进动观测

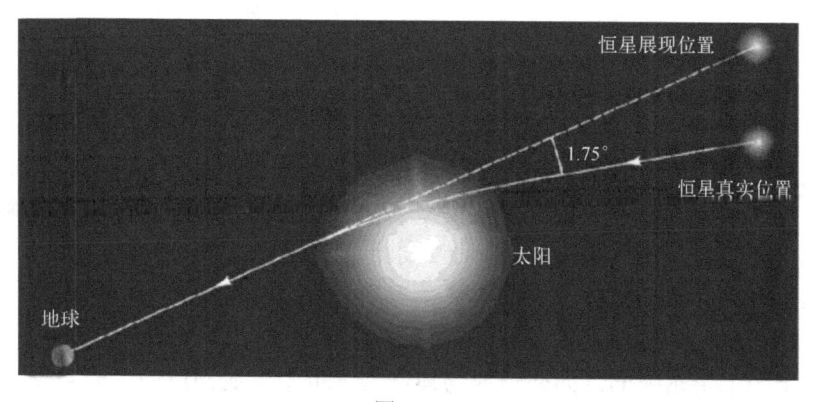

图 3.15

数据,每 100 回归年便会和牛顿理论预测的值相差 43 弧秒,即牛顿力学只能部分解释水星的进动问题. 爱因斯坦在广义相对论建立后,根据新理论详细研究了这个问题,发现水星公转的轨道是永不闭合,但近似为持续进动椭圆的轨迹(图 3.16),再同时考虑到其他行星摄动的影响,理论给出的水星进动的数据和天文观测数据高度一致,从而又一次完美地验证了广义相对论的正确性.

光线传播在太阳附近发生偏转等广义相对论的理论预言和实验现象高度符合很快就引起

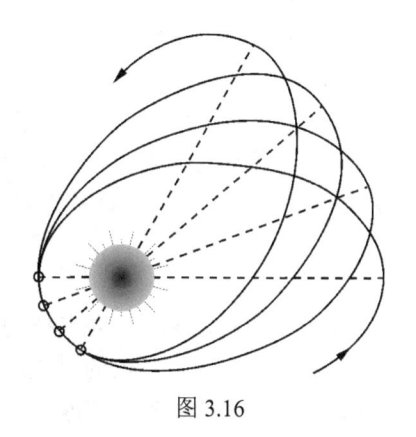

图 3.16

了轰动,不但广义相对论很快被科学界接受,就连之前饱受争议的狭义相对论也很快被接受.

除了上述三个典型的实验验证外,还有更多的理论预言,比如引力透镜、引力时间延缓、引力波等,相继被证实.

> **研讨课题**
>
> 施瓦西度规是由德国物理学家、天文学家施瓦西(K. Schwarzschild)于 1915 年发现的第一个关于爱因斯坦场方程的精确解,同时预言了黑洞的存在. 请调研整理形成研究报告.

3.3 宇宙论简介

人类对宇宙的探索远远早于相对论或者牛顿力学.《淮南子齐俗训》称:"往古来今谓之宙,四方上下谓之宇",认为宇宙包含所有时间和空间,至大无外;《淮南子天文训》中更有对宇宙诞生之初的想象："天地未形，冯冯翼翼，洞洞灟灟，故曰太昭. 道始于虚霩，虚霩生宇宙，宇宙生气. 气有涯垠，清阳者薄靡而为天，重浊者凝滞而为地."在古希腊就有了托勒密的地心说. 在漫长的中世纪中，地心说占据了绝对主导的地位，直到 16 世纪才让位于哥白尼的日心说. 无论宇宙中心的位置是地球还是太阳，所有的古典宇宙模型都认为漫布在天幕中的恒星是一个固定不变的天球，换言之，暗示宇宙在时间上是永恒的.

牛顿万有引力被提出后，人们很快认识到，引力总是趋向于使物体互相靠近，因此，若宇宙是空间有限的，就很难保持静态. 为了解决这个疑难，人们趋向于认为宇宙在空间上是无限的，如此任何物体受到宇宙中其他物体的引力净和就可以互相抵消，保持静态宇宙的持续. 即使在 20 世纪初，爱因斯坦从广义相对论出发描述宇宙，也是坚持要得到静态宇宙，并作为基本假设提出. 同时，为了理论的简洁，爱因斯坦进一步提出了一个和当时观测相矛盾的假设，即宇宙学原理：宇宙中的物质分布在大尺度上是均匀的和各向同性的.

当发现得不到静态解后，爱因斯坦甚至不惜修改自己的引力场方程，添加了一个常数项 Λ（添加不改变爱因斯坦张量的性质，也不影响物质守恒）

$$R_{\mu\nu} - \frac{1}{2} g_{\mu\nu} R + \Lambda g_{\mu\nu} = \frac{8\pi G}{c^4} T_{\mu\nu}. \tag{3.59}$$

当越来越多的观测证据支持动态宇宙后，爱因斯坦懊恼地称这个所谓"宇宙学常数"项是自己一生最大的错误. 有意思的是，当前有观点认为爱因斯坦额外添加的宇宙学常数可能阴差阳错地包含了宇宙中暗能量的贡献，并且观测表明现今宇宙的加速膨胀也要求存在 $\Lambda > 0$，爱因斯坦这个"一生最大的错误"可能也是他众多巨大成就中毫不逊色的一个.

其实静态宇宙一直面临着根本的挑战，只是根深蒂固的观念使人们难以想象或者有合适的工具去研究一个动态演化的宇宙. 比如，即使假设宇宙中物质的空间分布是理想均匀的和各向同性的，但基于均匀状态的任何微小偏离都将带来雪崩一样的变化，使得物体受到的来自宇宙其余部分的引力合力可以不为零，甚至是无穷大. 这一问题称为西利格佯谬，显然是破坏了静态宇宙的期待. 另一个影响宇宙学基本设定的问题是所谓奥伯斯(H. W. M. Olbers)佯谬. 根据宇宙学原理，如果进一步认为宇宙是无限的，那么地球上接收到的遥远天体的光源也应该是均匀分布的，以至于整个夜空是均匀照亮的，而实际上我们观察到的现象不是这样的.

今天的天文观测早已证明静态宇宙是不正确的. 1929 年，哈勃(E. P. Hubble)在研究了大量恒星光谱数据后发现，其中都存在不同程度的红移，于是大胆假定这些红移是由于恒星正在不断远离地球而导致的光的多普勒效应，并进一步总结得到恒星光谱红移程度的规律：恒星相对地球的退行速度正比于其与地球之间的距离，即哈勃定律.

$$z = H_0 d, \tag{3.60}$$

如果代入光源退行速度 $z = v/c$,则哈勃定律可以写成

$$v = H_0 d / c. \tag{3.61}$$

式中,比例系数 H_0 称为哈勃常数,经过许多观测实验反复测定,其数值为

$$H_0 = 67.740.46 \text{ km}\cdot\text{s}^{-1}\cdot\text{Mpc}^{-1}. \tag{3.62}$$

其中,pc 为秒差距,是天文观测上常用的距离单位,1pc 约为 3.3 光年. 哈勃定律强烈暗示整个宇宙是在均匀膨胀的,由此,静态宇宙的图像也被完全放弃,而西利格佯谬也不再是问题. 需要注意的是,哈勃定律是一个通过观测数据总结而来的规律,并不十分精准. 特别是在红移比较大的时候,哈勃定律不能保持线性形式,而需要加上非线性修正. 这些都是现代宇宙学的研究课题之一.

另外,人们发现从宇宙学原理在大尺度上的各种检验来看,宇宙学原理都是正确的. 因此,为了解决奥伯斯佯谬,一种较普遍的解释是宇宙在空间上是有限的(要注意到有限和有边界是两回事,例如球面面积有限但却是无边界的). 基于宇宙学原理,利用广义相对论工具,人们最终建立了标准宇宙学模型.

满足宇宙学原理的度规称为罗伯逊-沃克度规(Robertson-Walker metric)

$$ds^2 = dt^2 - a^2(t)\left[\frac{dr^2}{1-Kr^2} + r^2(d\theta^2 + \sin^2\theta d\varphi^2)\right]. \tag{3.63}$$

上式采用了球坐标来表示空间部分度规,以及让标度因子 $a(t)$ 依赖于时间,得到一个动态的时空,如图 3.17 所示. 注意到 $K=1$ 的流形总是有限的,因此,也常称 $K=1$ 的度规描述的是封闭宇宙; $K=0$ 的度规描述的是平坦宇宙, $K=-1$ 的度规描述的是开放宇宙.

曲率	几何	三角形	圆周长	描述宇宙类型
$K=1$	球	$>180°$	$>2\pi t$	封闭
$K=0$	平直	$=180°$	$=2\pi t$	平坦
$K=1$	双曲	$<180°$	$<2\pi t$	开放

图 3.17

为了求解爱因斯坦方程并揭示宇宙演化的秘密,还需要引力源物质分布的信息,假设宇宙中物质是均匀和各向同性分布的,因此粒子的运动可以由标度因子 $a(t)$ 的变换体现,并且由宇宙中其他物质对它的万有引力决定

$$m\frac{d^2 a(t)}{dt^2} = \frac{GMm}{a^2(t)}, \tag{3.64}$$

其中，M 是以 $a(t)$ 为半径的球体内所有质量的总和. 上式可以改写成弗雷德曼方程

$$\frac{da(t)}{a(t)dt} + \frac{K}{a^2(t)} = \frac{8\pi G\rho}{3}. \tag{3.65}$$

这是宇宙学最基本的方程. 另外，根据宇宙中物质总量守恒的要求，假设物质可以用理想流体近似，发现不同物质成分的密度随宇宙膨胀的速度是不同的，据此可得到结论：在早期宇宙中，相对论物质占据了主导地位，随着时间流逝(约化尺度因子增大)，相对论物质密度快速降低，逐渐由非相对论物质占据主导. 因此，可以定性地将宇宙演化从早期到晚期分成以下几个阶段.

(1) 以辐射物质形态为主的早期宇宙($t < 4.7 \times 10^4$ 年).
(2) 以非相对论物质形态为主的近期宇宙(4.7×10^4 年 $< t < 9.8 \times 10^9$ 年).
(3) 以暗能量为主导宇宙演化的晚期宇宙($t > 9.8 \times 10^9$ 年).

人们注意到，尺度因子呈指数形式增长，具有非零的加速度. 因此，这段时期也称为加速膨胀宇宙. 而目前的观测表明，当前我们已经处于这个时期. 早期宇宙是非常重要的阶段，需要进一步详细讨论. 根据相对论物质主导的尺度因子变化，发现当 $t \to 0$ 时，整个宇宙的尺度几乎可以看成一个点，并且此时物质密度极高，宇宙处于高温高压的极端情况. 随着时间增长，整个宇宙似乎是从一个点生长出来的一样，因此早期宇宙的演化常被称为"热大爆炸"(hot big bang). 在 20 世纪 30 年代，动态宇宙模型提出之初，人们便注意到了宇宙这一奇异点的初始条件，并且认为极为荒谬. "热大爆炸"这一称呼最初实际上是持批评意见的人们对动态宇宙模型的嘲讽之词，只是之后更多的理论研究揭示了热大爆炸模型非常好地符合了观测证据，最终动态宇宙的观念真正得到了确立.

早期宇宙是高温高压的等离子体状态，这意味着氢原子电离的速率远大于质子和电子结合的速率，可以更细地划分为以下几个阶段.

(1) 黑暗时代：此时光子的平均自由程很短，若产生一个，就会通过汤姆孙散射被自由电子吸收，整个宇宙处于"不透明"的时期.
(2) 再结合阶段：随着宇宙膨胀，总能量密度降低，直至氢原子的电离和重组达到平衡.
(3) 最后散射面：再结合阶段结束后，大量光子得以逃脱，最后一次进行汤姆孙散射，并从此脱耦，宇宙开始变得透明，这些光子辐射就是热大爆炸的遗迹. 观测表明，这是一个弥散在整个时空中的背景辐射，温度约为 2.7K，波长在电磁辐射微波波段，因此也称为宇宙微波背景辐射.

1948 年，美籍俄裔物理学家伽莫夫(G. Gamow)根据热大爆炸理论，推测残余的宇宙微波背景辐射的温度约为 5K；直到 1967 年，才由贝尔实验室的两位科学家彭齐亚斯(A. A. Penzias)和威尔逊(R. W. Wilson)意外观测到，两人也因此获得了

1978年诺贝尔物理学奖. 通过统计物理学方法, 宇宙学标准模型成功预言了包括再结合时期温度、红移, 乃至之后的核素合成和元素丰度等数据, 均与观测结果非常吻合, 证明了标准模型的成功.

尽管取得了很大成功, 但到了20世纪80年代, 人们逐渐意识到, 标准模型仍然有根本的困难. 例如, 当前观测发现在大尺度上宇宙是非常均匀的, 由于在引力作用下物质非均匀性只会不断增加, 那么反推回早期宇宙, 那时的物质分布只会比今天更加均匀. 一个高度均匀的宇宙初始状态是非常严苛而难以理解的. 更严重的是所谓视界困难, 考虑一个粒子从宇宙起始时刻开始以光速运动所能经过的固有距离, 称为宇宙的粒子视界, 代表的是宇宙初始时刻发生的物理事件所能影响到的最大时空区域. 但是这一视界远远小于由目前观测确定的"观测宇宙"大小. 换言之, 早期宇宙必然分割成了很多互相因果独立的区域, 无法交换信息达到热平衡, 但这与今天宇宙微波背景辐射的高度均匀性矛盾. 这些困难导致在90年代提出了早期宇宙暴胀理论(inflation theory), 即在宇宙极早期($t=10^{-35}\sim 10^{-32}$s)曾经历一段指数膨胀的特殊时期, 称为暴涨阶段. 这样, 只要粒子视界以指数膨胀, 并且该阶段持续时间足够长, 就可使粒子视界在指数膨胀的过程中超过可观测宇宙的大小, 以解决视界困难; 而急剧的指数膨胀也使得暴涨前宇宙的初始形态的任何信息都被冲刷掉, 解除了均匀性困难和平坦性疑难. 暴涨模型的成功被认为是补全了标准宇宙学模型在极早期时的缺陷, 并且使得宇宙学研究深入到粒子物理和相对论交叉的领域. 需要注意的是, 尽管其预言之一, 即微波背景辐射的微小各向异性得到了观测支持, 但暴胀理论还未被认为是完全确证的.

另外, 通过对宇宙中发光物质光度分析, 人们发现重子物质的贡献远远不足以支撑今天宇宙的动力学演化, 显然宇宙中大部分非相对论物质是不发光的, 我们称之为暗物质. 这些奇异的物质形态不在已知的物理理论描述范围内, 似乎也不参与电磁相互作用, 它们的物理本质尚不清楚, 这也是当今宇宙学研究的最大挑战之一.

随着现代宇宙学的发展, 包括对暗物质、暗能量的研究, 在超越极早期需要量子引力来描述等重大根本问题都有待解决. 随着天文观测手段的日新月异, 特别是近年来引力波天文学的兴起, 21世纪的宇宙学发展进入成果丰硕、新思想和新理论层出不穷的活跃时期.

研讨课题

整理形成宇宙微波背景辐射的研究报告.

> **科学家小传**
>
> ### 施瓦西
>
> 施瓦西(K. Schwarzschild, 1873—1916), 德国物理学家、天文学家. 施瓦西因在广义相对论领域的贡献而闻名于世. 他最著名的成就之一是在 1916 年解出了爱因斯坦的场方程的一个精确解, 这个解描述了一个球对称、静止且不带电荷的黑洞. 这个解被称为"施瓦西度规", 它描述了黑洞事件视界的半径, 即所谓的"施瓦西半径", 成为后来对黑洞研究的重要基础. 此外, 施瓦西还对光的引力透镜效应进行了研究, 提出了引力透镜的概念, 这一现象在后来的天体观测中得到了证实, 并成为一种重要的观测手段. 施瓦西的突出贡献使得他成为黑洞研究历史上的重要人物之一, 他的工作对后来关于黑洞和引力的研究产生了深远的影响. 虽然他的生命并不长, 但他留下的科学遗产却为我们对宇宙和引力的理解提供了重要的启发.
>
> ### 哈勃
>
> 哈勃(E. P. Hubble, 1889—1953), 美国天文学家, 河外天文学的奠基人和提供宇宙膨胀实例证据的第一人. 哈勃最著名的成就之一是发现了宇宙的膨胀现象, 这个发现被称为哈勃定律. 通过观测和分析遥远星系的光谱, 哈勃发现了一个惊人的事实: 星系看起来都在远离我们而去, 且距离越远, 远离的速度越高. 这一发现揭示了宇宙的膨胀现象, 为大爆炸理论提供了有力的支持, 成为现代宇宙学的基石之一. 哈勃还利用他发现的哈勃定律测定了宇宙的年龄和大小, 为我们对宇宙的了解提供了重要的线索. 他的工作不仅对宇宙学的发展产生了深远的影响, 还为后来的天文观测和理论研究提供了重要的指导. 哈勃还在天文学教育和普及方面做出了重要贡献. 他的工作激励了许多年轻的天文学家, 推动了天文学领域的发展. 他的名字被用来命名了哈勃空间望远镜, 这是一个被广泛应用于天文观测的重要工具.

3.4 电磁波的传播

前面关于基本电磁现象的内容中, 依次阐述了电荷的静电场和磁流体的稳恒磁场的基本规律、法拉第电磁感应定律, 以及麦克斯韦对变化电场和变化磁场相互激发的理论, 并最终总结得到了麦克斯韦方程组, 预言了电磁波的存在. 这些内容似乎说明, 电场和磁场的存在必须依赖于电荷和电流(电荷的运动)的存在, 离开了电荷和电流, 电场和磁场将无法独立存在, 因此似乎可得到结论: 电磁场只是为了描述方便而引入的虚拟的物理概念. 但其实, 如果从麦克斯韦方程组出发, 在非稳定的状态下, 电场和磁场可以相互激发产生, 况且根据狭义相对论, 电荷静止和电荷运动本身就是相对依存的, 因此在洛伦兹变换下, 电场和磁场本身就是相互统一无法区分的，电荷及其运动对场的激发只是其中的一种特殊情况，因此，电磁场是独立存在的一种物质状态. 本节将从麦克斯韦方程组出发，给出真空中电磁波传播的简单求解，并介绍洛伦兹变换下四维形式的电磁场方程.

3.4.1 电磁波的平面简谐波的求解

为了表述完整，这里重新写出介质中麦克斯韦方程组的微分形式

$$\nabla \cdot \boldsymbol{D} = \rho, \tag{3.66}$$

$$\nabla \cdot \boldsymbol{B} = 0, \tag{3.67}$$

$$\nabla \times \boldsymbol{E} = -\frac{\partial \boldsymbol{B}}{\partial t}, \tag{3.68}$$

$$\nabla \times \boldsymbol{H} = \boldsymbol{j} + \frac{\partial \boldsymbol{D}}{\partial t}, \tag{3.69}$$

以及介质的状态方程

$$\boldsymbol{D} = \varepsilon \boldsymbol{E}, \quad \boldsymbol{B} = \mu \boldsymbol{H}, \tag{3.70}$$

其中，ε 和 μ 分别是介质的介电常量和磁导率. 将式 (3.69) 对时间求导并将式 (3.68) 代入，整理后可以得到

$$\nabla^2 \boldsymbol{E} - \varepsilon\mu \frac{\partial^2 \boldsymbol{E}}{\partial t^2} = \mu \frac{\partial \boldsymbol{j}}{\partial t} + \frac{1}{\varepsilon} \nabla \rho. \tag{3.71}$$

利用同样的方法也可以得到关于磁场的方程

$$\nabla^2 \boldsymbol{H} - \varepsilon\mu \frac{\partial^2 \boldsymbol{H}}{\partial t^2} = -\nabla \times \boldsymbol{j}. \tag{3.72}$$

这两个方程称为电磁场的达朗贝尔方程，其中利用了数学表达式 $\nabla \times (\nabla \times \boldsymbol{E}) = \nabla(\nabla \cdot \boldsymbol{E}) - \nabla^2 \boldsymbol{E} = \nabla^2 \boldsymbol{E}$. 进一步的分析还表明，完整求解电磁场问题还需要考虑到电磁场变化和传播过程中电荷的守恒，即要满足电荷守恒方程

$$\frac{\partial \rho}{\partial t} + \nabla \cdot \boldsymbol{j} = 0. \tag{3.73}$$

除此之外，以速度 v 运动的电荷在电磁场中受力的方程，即为洛伦兹力的方程

$$\boldsymbol{F} = q\boldsymbol{E} + q\boldsymbol{v} \times \boldsymbol{B}. \tag{3.74}$$

上述方程构成了基本完整的电磁场方程组，原则上可用于求解各种电磁场的问题.

作为简单的应用，下面考虑电磁场脱离场源电荷在真空中的传播，即上式中 $\rho = 0$，$j = 0$，并且 $\varepsilon = \varepsilon_0$，$\mu = \mu_0$，则得到以下具有波动形式的方程：

$$\nabla^2 \boldsymbol{E} - \frac{1}{c^2} \frac{\partial^2 \boldsymbol{E}}{\partial t^2} = 0, \tag{3.75}$$

$$\nabla^2 \boldsymbol{B} - \frac{1}{c^2}\frac{\partial^2 \boldsymbol{B}}{\partial t^2} = 0. \tag{3.76}$$

即对应为真空中电磁波的波动方程,其中已经定义了真空中的电磁波传播速度,即光速为 $c = \frac{1}{\sqrt{\varepsilon_0 \mu_0}}$. 下面讨论对上述波动方程的求解,考虑到在很多实际情况中,电磁波的波源一般是频率大致确定的正旋波或余旋波,或者根据波的叠加理论,任何复杂的波都可以分解为若干正旋波或余旋波的叠加,因此这里只讨论确定频率 ω 的单色电磁波. 设电场和磁场对时间的依赖关系为

$$\boldsymbol{E}(\boldsymbol{r},t) = \boldsymbol{E}(\boldsymbol{r})\mathrm{e}^{-\mathrm{i}\omega t}, \tag{3.77}$$

$$\boldsymbol{B}(\boldsymbol{r},t) = \boldsymbol{B}(\boldsymbol{r})\mathrm{e}^{-\mathrm{i}\omega t}, \tag{3.78}$$

代入波矢表达式

$$k = \omega\sqrt{\varepsilon\mu}, \tag{3.79}$$

并将式(3.77)代入式(3.75),可得到电场的亥姆霍兹方程

$$\nabla^2 \boldsymbol{E} + k^2 \boldsymbol{E} = 0, \tag{3.80}$$

$$\nabla \cdot \boldsymbol{E} = 0. \tag{3.81}$$

同时由麦克斯韦方程,即可得到磁场的表达式

$$\boldsymbol{B} = -\frac{\mathrm{i}}{\omega}\nabla \times \boldsymbol{E}. \tag{3.82}$$

也可以根据同样的顺序,先得到磁场的亥姆霍兹方程,从而进一步可得到电场依赖于磁场的表达式,即为

$$\nabla^2 \boldsymbol{B} + k^2 \boldsymbol{B} = 0, \tag{3.83}$$

$$\nabla \cdot \boldsymbol{B} = 0, \tag{3.84}$$

$$\boldsymbol{E} = -\frac{\mathrm{i}}{\omega\varepsilon\mu}\nabla \times \boldsymbol{B}. \tag{3.85}$$

电场和磁场的亥姆霍兹方程说明,真空中独立传播的电磁波,电场和磁场是相互依存激发的,确定其中一个即可得到另外一个.

为了进一步了解电磁场的传播,假设电磁波只沿着单一的 x 方向传播,其场强传播的波面(等相面)为与 x 轴正交的平面,即 $\boldsymbol{E}$ 和 $\boldsymbol{B}$ 仅与 x、t 有关,而与 y、z 无关,即为平面电磁波. 亥姆霍兹方程可简化为

$$\frac{\mathrm{d}^2 \boldsymbol{E}(x)}{\mathrm{d}t^2} + k^2 \boldsymbol{E}(x) = 0. \tag{3.86}$$

其一个解为 $E(x) = E_0 e^{ikx}$，因此可以得到电场强度的完整表达式

$$E(x,t) = E_0 e^{ikx - i\omega t}. \tag{3.87}$$

该表达式和机械波的平面简谐波的表达式一致，说明电磁波也具有机械波的一些典型性质. 同时根据 $\nabla \cdot E = 0$，可知 $ik e_x \cdot E_0 = 0$，即要求 $E_x = 0$，因此电场的振动矢量方向和 x 轴方向 e_x 垂直；而由 $E(x,t)$ 的表达式知道，电场表示的平面波是沿着 x 轴方向传播，因此电场表示的波动是横波，波的传播速度为

$$v = \frac{\omega}{k} = \frac{1}{\sqrt{\varepsilon_0 \mu_0}} = c. \tag{3.88}$$

同样可以得到磁场的表达式，即

$$\begin{aligned} B &= -\frac{i}{\omega} \nabla \times E = -\frac{i}{\omega} (\nabla e^{ikx - i\omega t}) \times E_0 \\ &= \frac{e_x \times E_0}{c} e^{ikx - i\omega t} = B_0 e^{ikx - i\omega t}. \end{aligned} \tag{3.89}$$

因此，磁场的波动方向仍然是沿 x 轴方向，其振动方向同时垂直于波动方向和电场的振动方向，通过引入相应的波矢

$$k = k e_x, \tag{3.90}$$

可以确定出电磁波的传播方向、电场和磁场振动方向的关系，即 E、B 和 k 三个矢量相互正交，E 和 B 的振动相位相同，电场和磁场振幅的比值为光速，即

$$\left| \frac{E}{B} \right| = c. \tag{3.91}$$

真空中平面电磁波的传播示意图如图 3.18 所示.

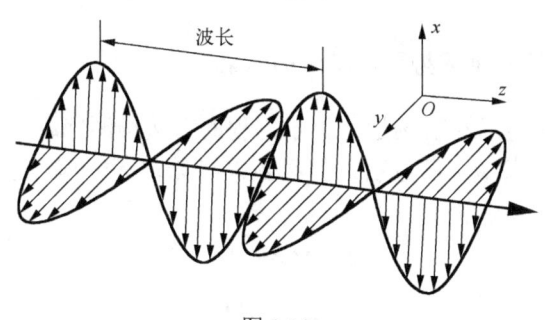

图 3.18

上面讨论了电磁波在单一介质中的传播，当电磁波在两个介质表面传播时，在介质界面上需要满足边值关系

$$n \times (E_2 - E_1) = 0, \tag{3.92}$$

$$\boldsymbol{n} \times (\boldsymbol{H}_2 - \boldsymbol{H}_1) = 0. \tag{3.93}$$

根据电场和磁场需要满足的边值关系，可以确定出电磁波在介质表面传播的情况. 当电磁波传播至导体表面时，可以证明，电磁波只能有很小一部分透入导体表面薄层而被吸收，大部分电磁波将会被反射，因此电磁波只能在导体以外的空间中传播. 定义理想导体(电导率无限大)为电磁波会被完全发射的导体，一般的导体虽然不是理想导体，但像铜和银之类的金属导体，投入其内部而损耗的电磁波一般非常小，接近于理想导体. 针对一般频谱的电磁波，将中空的金属管称为波导管，将中空的金属腔称为谐振腔，如图 3.19 所示.

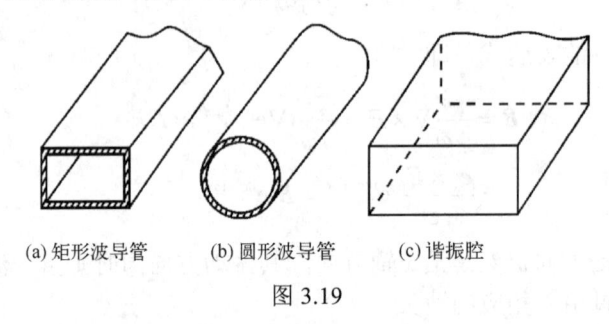

(a) 矩形波导管　　(b) 圆形波导管　　(c) 谐振腔

图 3.19

由于金属表面具有对电磁波近乎完全反射的性质，在两个位置相对的金属壁之间传播的电磁波应该满足驻波的条件，因而能够存在于金属壁之间的电磁波模式数量(由频率、振动方向等参数决定，参考机械驻波的内容)受限，实际中常用波导管来传播电磁波能量以减少损耗. 除此之外，满足全反射条件的光纤也是传播高频电磁波的常用传输通道，当今全球都离不开的网络通信就是受益于光纤通信技术的应用，而金属腔壁的谐振腔则常常被用来对电磁波进行选频从而产生高频振荡，请读者思考其中的道理.

3.4.2　真空中电磁场的推迟势和电磁波的辐射

在实际中，由于电场和磁场达朗贝尔方程的右边场源问题一般比较复杂，方程求解变得不方便，物理学中通过引入势函数来简化求解过程. 对于磁场和电场，分别引入矢势 $\boldsymbol{A}$ 和标势 φ，则有

$$\boldsymbol{B} = \nabla \times \boldsymbol{A}, \tag{3.94}$$

$$\boldsymbol{E} = -\nabla \varphi - \frac{\partial \boldsymbol{A}}{\partial t}. \tag{3.95}$$

在上述定义中，电场包括了标势梯度 $\nabla \varphi$ 的贡献和磁场变化 $\frac{\partial \boldsymbol{A}}{\partial t}$ 的贡献，如果不考虑磁场的变化，电场就对应于由场源电荷确定的静电场，前面的内容已有描述；

由于磁场是无源场，满足 $\nabla \cdot \boldsymbol{B} = 0$，因此不存在对应的磁标势，但是如果在未来发现磁单极子存在，即发现磁场也是有源场，也可以相应定义标势.

用矢势 $\boldsymbol{A}$ 和标势 φ 分别表示磁场和电场，代入达朗贝尔方程可以得到场源分开的方程形式，即典型的达朗贝尔方程

$$\nabla^2 \varphi - \frac{1}{v^2} \frac{\partial^2 \varphi}{\partial t^2} = -\frac{1}{\varepsilon} \rho, \tag{3.96}$$

$$\nabla^2 \boldsymbol{A} - \frac{1}{v^2} \frac{\partial^2 \boldsymbol{A}}{\partial t^2} = -\mu \boldsymbol{j}, \tag{3.97}$$

以及该方程成立需要满足的条件，称之为洛伦兹规范，即

$$\nabla \cdot \boldsymbol{A} + \frac{1}{v^2} \frac{\partial \varphi}{\partial t} = 0. \tag{3.98}$$

式(3.96)~式(3.98)是矢势和标势的波动方程，其中，在介质中电磁场传播(电磁波)的速度为

$$v = 1/\sqrt{\varepsilon \mu}. \tag{3.99}$$

下面以真空条件为例来求解达朗贝尔方程. 首先从标势的方程出发，即

$$\nabla^2 \varphi - \frac{1}{c^2} \frac{\partial^2 \varphi}{\partial t^2} = -\frac{1}{\varepsilon_0} \rho, \tag{3.100}$$

不失一般性，假设一个点电荷 $q(t)$ 位于坐标原点，电荷密度表示为 $\rho(r,t) = \delta(r)q(t)$，由此可知问题具有球对称性，势函数具有球对称形式的解

$$\varphi(r,t) = \frac{u(r,t)}{r}. \tag{3.101}$$

在原点之外，$u(r,t)$ 满足方程

$$\frac{\partial^2 u}{\partial r^2} - \frac{1}{c^2} \frac{\partial^2 u}{\partial t^2} = 0, \tag{3.102}$$

其通解具有以下形式：

$$u(r,t) = f\left(t - \frac{r}{c}\right) + g\left(t + \frac{r}{c}\right), \tag{3.103}$$

因此势函数的解的形式为

$$\varphi(r,t) = \frac{f\left(t - \frac{r}{c}\right)}{r} + \frac{g\left(t + \frac{r}{c}\right)}{r}, \tag{3.104}$$

式中，第一项表示由场源电荷向外辐射的波；第二项表示向内会聚的波. 如果假设

无限大的自由真空，可选取 $g=0$ 而只研究电磁波的辐射问题．对应于点电荷静电场的特殊情况，已知 $\varphi(r)=\dfrac{q}{4\pi\varepsilon_0 r}$，可猜测并进一步证明具有球对称变化电荷的势函数具有如下形式：

$$\varphi(r,t)=\frac{q\left(t-\dfrac{r}{c}\right)}{4\pi\varepsilon_0 r}. \tag{3.105}$$

而对于更一般的场源电荷 $\rho(x',t)$ 的分布，势函数的解可以推广为

$$\varphi(x,t)=\frac{1}{4\pi\varepsilon_0}\int\frac{\rho\left(x',t-\dfrac{r}{c}\right)}{r}dV'. \tag{3.106}$$

经同样的过程，可以得到矢势波动方程的解为

$$A(x,t)=\frac{\mu_0}{4\pi}\int\frac{j\left(x',t-\dfrac{r}{c}\right)}{r}dV', \tag{3.107}$$

其中，$j(x',t)$ 表示激发矢势的电流密度，$r=|x-x'|$．由上述解的形式可以发现，场源 x' 处的变化决定了相距为 r 的 x 处场的势，在这个过程中电磁波传播需要的时间为 $\dfrac{r}{c}$，相位滞后了 $\dfrac{2\pi r}{\lambda}$，由此称上述解为推迟势．推迟势表明，电磁波的传播需要一定的速度，并不是无限大，也就是电磁相互作用的传递速度不是瞬间完成的，力的瞬时超距作用的观点不正确，场才是更为本质的物质状态．电磁波一旦从场源中辐射出来，就会独立于源而存在，因此电磁场是一种独立存在的特殊物质．请读者证明上述推迟势的解能够满足洛伦兹规范．

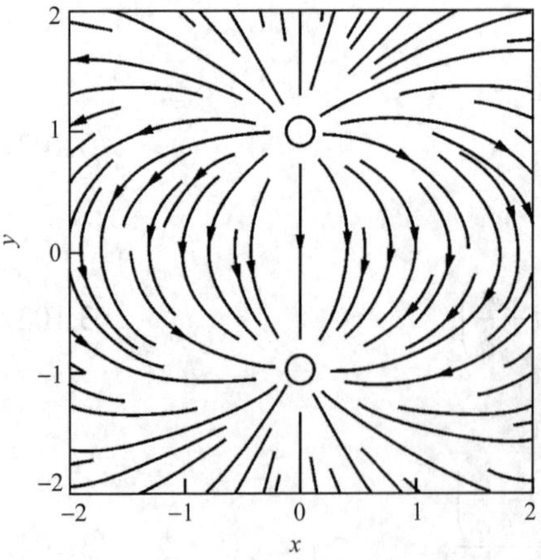

作为推迟势的简单应用，考虑一个简单的电偶极子系统，如图 3.20 所示，由两个相距为 l 的导体球构成，两个导体之间由导体细线相连．当导线上有交变电流 I 时，两个导体上的电荷 $\pm Q$ 将交替变化，形成一个振荡的电偶极子，其电偶极矩 $p=Ql$ 的变化率 $\dot{p}\equiv\dfrac{dp}{dt}=Il$，则可得到振荡电偶极矩所产生的辐射为

图 3.20

$$A(x) = \frac{\mu_0 e^{ikR}}{4\pi R} \dot{p}, \quad (3.108)$$

其中，R 为原点与场点 x 的距离．进一步分析可以得到辐射场的磁场和电场分别为

$$B = \frac{e^{ikR}}{4\pi\varepsilon_0 c^3 R} \ddot{p} \times n, \quad (3.109)$$

$$E = \frac{e^{ikR}}{4\pi\varepsilon_0 c^2 R} (\ddot{p} \times n) \times n. \quad (3.110)$$

如图 3.21 所示，如果取球坐标原点在电荷分布区域内，并且以 p 的方向为极轴，则可知磁场 B 沿纬线振荡，电场 E 沿经线振荡，磁场线是围绕极轴的闭合圆周，而电场线则是经线上的闭合曲线．

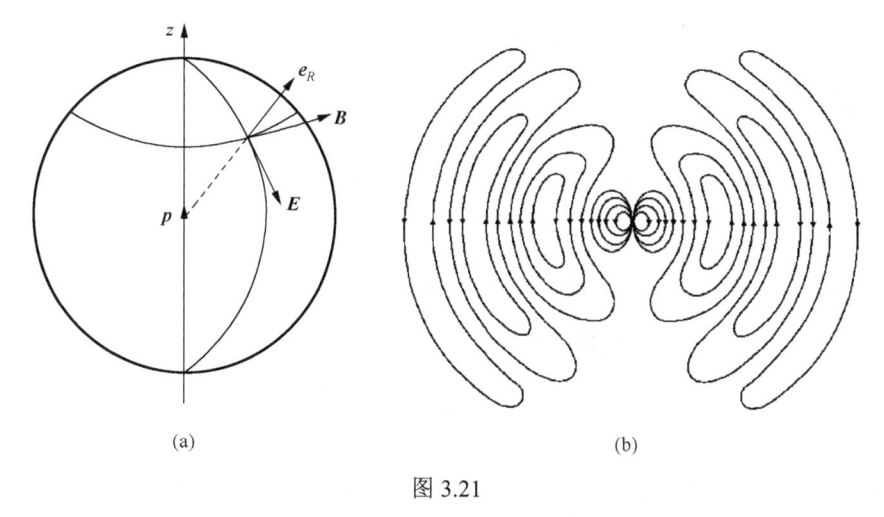

图 3.21

3.5 四维形式的电磁场方程

狭义相对论创建的动机，除了经典的力学相对性原理和电磁学规律冲突以外，还有爱因斯坦在其划时代论文《论动体的电动力学》中所指出的那样："麦克斯韦电动力学——正如现在人们通常理解的那样，应用到运动的物体上时，就要引起不对称，而这种不对称似乎不是现象本身所固有的."在传统的绝对时空观下，一个磁体和一个导体哪个在运动，在导体中产生电流的机制不能达到一致．这说明绝对时空观下的电磁理论是不完美的．下面来构建相对论时空观下的电磁理论，即满足洛伦兹关系的电磁场方程．

从回顾四维距离的不变量开始，即四维时空中两点微分的平方是洛伦兹变化的

不变量

$$ds^2 = dx^2 + dy^2 + dz^2 - c^2dt^2 = dx_\mu dx_\mu, \tag{3.111}$$

其中 $x_\mu = (x, y, z, ict)$，不同惯性系之间满足变换关系

$$x'_\mu = L_{\mu\nu} x_\nu, \tag{3.112}$$

其中张量 $L_{\mu\nu}$ 确定了洛伦兹变换，即

$$L_{\mu\nu} = \begin{bmatrix} \gamma & 0 & 0 & i\gamma\beta \\ 0 & 1 & 0 & 0 \\ 0 & 0 & 1 & 0 \\ -i\gamma\beta & 0 & 0 & \gamma \end{bmatrix}, \tag{3.113}$$

其中相对论因子 $\beta = v/c$，$\gamma = \dfrac{1}{\sqrt{1-\beta^2}}$.

3.5.1 电荷守恒定律

对于电磁学的方程，首先定义四维电流密度矢量为

$$J_\mu = (j_x, j_y, j_z, ic\rho), \tag{3.114}$$

其中，j_x、j_y、j_z 为三个空间方向的电流密度，而 ρ 为电荷密度. 因此，电荷守恒定律 $\nabla \cdot j + \dfrac{\partial \rho}{\partial t} = 0$ 可表示为协变的形式

$$\partial_\mu J_\mu = 0. \tag{3.115}$$

该式即为四维形式的电荷守恒定律，其中 $\partial_\mu = \left(\dfrac{\partial}{\partial x}, \dfrac{\partial}{\partial y}, \dfrac{\partial}{\partial z}, \dfrac{-i}{c}\dfrac{\partial}{\partial t}\right) = \left(\nabla, \dfrac{-i}{c}\dfrac{\partial}{\partial t}\right)$. 在洛伦兹变换下满足协变性，即

$$J'_\mu = L_{\mu\nu} J_\nu, \tag{3.116}$$

也可以展开为熟悉的分量形式

$$j'_x = \gamma(j_x - \rho v), \tag{3.117}$$

$$j'_y = j_y, \quad j'_z = j_z, \tag{3.118}$$

$$\rho' = \gamma\left(\rho - \dfrac{v}{c^2}j_x\right). \tag{3.119}$$

基于以上表达式，可进一步推导得到**电荷是洛伦兹不变量，即相对论不变量，而电荷密度不是不变量**的结论，即

$$Q' = Q. \tag{3.120}$$

3.5.2 达朗贝尔方程

对于矢势和标势的达朗贝尔方程

$$\nabla^2 \boldsymbol{A} - \frac{1}{c^2}\frac{\partial^2 \boldsymbol{A}}{\partial t^2} = -\mu_0 \boldsymbol{j}, \tag{3.121}$$

$$\nabla^2 \varphi - \frac{1}{c^2}\frac{\partial^2 \varphi}{\partial t^2} = -\frac{\rho}{\varepsilon_0}, \tag{3.122}$$

定义四维电磁势 $A_\mu = (A_x, A_y, A_z, \mathrm{i}\varphi/c) = (\boldsymbol{A}, \mathrm{i}\varphi/c)$，以及四维梯度算符

$$\Box \equiv \partial_\mu \partial_\mu = \left(\nabla^2 - \frac{1}{c^2}\frac{\partial^2}{\partial t^2}\right), \tag{3.123}$$

则电磁势的达朗贝尔方程对应于四维形式

$$\Box A_\mu = -\mu_0 J_\mu, \tag{3.124}$$

洛伦兹规范则可写为

$$\partial_\mu A_\mu = 0, \tag{3.125}$$

其中电磁势的洛伦兹变换为

$$A'_\mu = L_{\mu\nu} A_\nu. \tag{3.126}$$

3.5.3 四维形式的麦克斯韦方程组

在四维电磁势的基础上，可以构造反对称的二秩电磁场张量

$$F_{\mu\nu} = \frac{\partial A_\nu}{\partial x_\mu} - \frac{\partial A_\mu}{\partial x_\nu}. \tag{3.127}$$

容易验证，磁场和电场可由电磁场张量分量给出

$$\boldsymbol{B} = (F_{23}, F_{31}, F_{12}), \tag{3.128}$$

$$\boldsymbol{E} = \frac{c}{\mathrm{i}}(F_{41}, F_{42}, F_{43}), \tag{3.129}$$

而完整的电磁场张量矩阵为

$$(F_{\mu\nu}) = \begin{bmatrix} 0 & B_3 & -B_2 & -\dfrac{\mathrm{i}}{c}E_1 \\ -B_3 & 0 & B_1 & -\dfrac{\mathrm{i}}{c}E_2 \\ B_2 & -B_1 & 0 & -\dfrac{\mathrm{i}}{c}E_3 \\ \dfrac{\mathrm{i}}{c}E_1 & \dfrac{\mathrm{i}}{c}E_2 & \dfrac{\mathrm{i}}{c}E_3 & 0 \end{bmatrix}. \tag{3.130}$$

因此，在相对论时空统一的理论框架下，电场和磁场可统一成一个整体，爱因斯坦指出的那种不对称性不复存在. 对电磁场张量进行缩并求导运算，即

$$\frac{\partial F_{\mu\nu}}{\partial x_\nu} = \frac{\partial}{\partial x_\nu}\left(\frac{\partial A_\nu}{\partial x_\mu} - \frac{\partial A_\mu}{\partial x_\nu}\right)$$

$$= \frac{\partial}{\partial x_\nu}\frac{\partial A_\nu}{\partial x_\mu} - \frac{\partial^2 A_\mu}{\partial x_\nu^2} - -\Box A_\mu = \mu_0 J_\mu, \tag{3.131}$$

即

$$\frac{\partial F_{\mu\nu}}{\partial x_\nu} = -\mu_0 J_\mu. \tag{3.132}$$

此即为四维形式的麦克斯韦方程组. 读者可以自行验证其分量形式. 同时也可以给出四维洛伦兹力的协变形式

$$f_\mu = F_{\mu\nu}J_\nu. \tag{3.133}$$

电磁场张量反映出电场和磁场的统一性和相对性，当在惯性系之间变换时，电磁场可以相互转换，其测量值依赖于惯性系的选取，若一个参考系中的电场(或磁场)体现在另一个参考系中，则观测结果中既有电场又有磁场，这正是相对时空观的体现. 进一步，可以利用四维的电磁场方程导出电磁波的横向多普勒效应、光行差公式等，这些现象在相对论实验验证中早已被证实，但是无法用经典的电磁理论形式导出.

自主学习

相对论的多普勒效应及其应用.

科学家小传

焦耳

焦耳(J. P. Joule, 1818—1889)，英国物理学家，热力学和能量守恒定律的奠基人之一. 焦耳最为人所知的成就之一是他在热力学领域的研究. 他通过实验发现了热量和机械功之间的等价关系，即"焦耳定律". 这个定律表明，一定数量的机械功可以被转化为相同数量的热量，反之亦然，从而为能量守恒定律提供了重要的实验支持. 焦耳还对热量的自然界性质进行了深入研究，并提出了能量守恒的概念. 他的工作为后来热力学的发展奠定了基础，并对工程、化学和物理学等领域产生了深远影响. 由于焦耳在热学、热力学和电方面的贡献，英国皇家学会授予他最高荣誉的科普利奖章(Copley medal). 后人为了纪念他，把能量或功的单位命名为"焦耳"，简称"焦"，并用焦耳姓氏的第一个字母"J"来标记热量以及"功"等物理量.

赫兹

　　赫兹(H. R. Hertz，1857—1894)，德国物理学家，物理学家亥姆霍兹的学生. 赫兹最为后人所熟知的成就是他于 1887 年通过实验证实了电磁波的存在，并测量了电磁波的传播速度为光速. 电磁波的发现是电磁学乃至物理学史上的一件大事，也是人类文化史上的一件大事. 它一方面肯定了麦克斯韦理论的正确性，开辟了物理学的新领域；另一方面为电磁波的应用打开了大门，促使无线电通信和电视的出现，极大地丰富了人类的生活. 赫兹在实验上的另一重要成就是关于光电效应的发现. 在关于电磁波的实验研究中，赫兹发现，当检测振子的两极受到发射振子的火花光线照射时，检测振子上的火花就有所加强. 进一步的研究证明，这种现象最有效的起因是紫外照射，尤其是对负极的照射.

第 4 章
量子力学的波动理论

19 世纪中叶以前建立起来的经典物理学获得了巨大的成功,力学、热学、电磁学和光学等理论体系几乎可以解释和预言周围世界的一切基本运动现象. 但是到了 19 世纪末期,随着技术手段的不断深入,一方面对光速的测量和对光的本质的探索发现了迈克耳孙-莫雷实验结果与力学相对性原理的矛盾,从而促使了狭义相对论的诞生;另一方面,随着对原子及其他微观粒子探测的不断深入,人们发现了越来越多经典物理理论无法解释的现象,而为了解释各种新现象所独立提出的新理论缺乏统一的逻辑性,亟须针对微观世界的新理论. 量子力学就是在这样的背景下通过众多物理学家共同努力而发展成型的.

黑体辐射的研究说明,无论是经典的电磁场理论还是热力学统计规律,都无法给出与试验规律完全一致的普朗克公式,除非提出与经典物理能量必须连续变化格格不入的能量量子化假设. 针对经典电磁学无法正确解释光电效应实验现象的问题,爱因斯坦发展了普朗克的能量量子化概念,将其具体化为光量子的概念,认为光是由一个个不可分割的粒子(光量子)流构成的. 同样为了解释经典物理完全无法理解的氢原子光谱规律和新产生的原子有核模型的困难,玻尔将量子化的概念推广至原子内部电子的运动,几乎能够将普朗克、爱因斯坦的假设都统一在一起,取得了空前的成功. 但是玻尔提出的定态假设像是从天上掉下来的,没有任何支撑,而且玻尔理论也无法解释更复杂的原子的光谱线. 针对微观世界的新的物理理论应该就在眼前,但是需要找到突破口.

最终的突破口来自于对爱因斯坦的光量子理论的推广或者发展. 按照爱因斯坦光量子的概念,光应该具有粒子性,同时有光电效应、康普顿散射实验等实验的支持;但是数百年发展巩固起来的光的波动理论是基于光作为波的大量实验事实的基础上的,而且麦克斯韦的电磁理论明确指出光是电磁波,这是毋庸置疑的. 能够将这两方面统一在一起的思路就是光同时具有波动性和粒子性,即后来所谓的光的波粒二象性. 正如后来德布罗意所说的那样,长期以来,人类只认识到光作为波所体现出来的性质,而忽略了其粒子性. 正是出于这样的考虑,德布罗意类比提出了物质粒子也具有波粒二象性. 长期以来人们只关注到物质粒子的粒子性, 而忽视了其波动性, 是时候来认真审视粒子的波动性了, 这便真正开启了量子力学帷幕的一角.

4.1 物质波理论

4.1.1 物质波及其统计诠释

受爱因斯坦光量子理论的启发, 法国物理学家德布罗意在他的博士论文中提出物质粒子也具有波动性, 也就是具有波粒二象性. 对于质量为 m、动量为 p、能量为 E 的物质粒子, 其物质波的波长、频率和能量分别为

$$\lambda = \frac{h}{p}, \tag{4.1}$$

$$\nu = \frac{E}{h}, \tag{4.2}$$

$$E = mc^2. \tag{4.3}$$

对于原子中绕核运动的电子, 由于其轨道的闭合性, 稳定轨道中电子的物质波应该满足驻波条件, 即轨道的长度必须等于波长的整数倍, 由此可以得到玻尔的定态角动量量子化条件

$$2\pi r = n\lambda = nh/p, \quad n = 1, 2, 3, \cdots, \tag{4.4}$$

$$L = pr = \frac{nh}{2\pi} = n\hbar. \tag{4.5}$$

物质波的波动状态可用波函数来描述, 对于自由运动的粒子而言, 其物质波波函数对应于平面简谐波

$$\psi(x,t) = \psi_0 e^{i(kx-\omega t)}, \tag{4.6}$$

其中, ψ_0 是振幅; 波矢 $k = 2\pi/\lambda = p/\hbar$; 圆频率 $\omega = 2\pi\nu = 2\pi E/h = E/\hbar$.

德布罗意打开了理解物质世界的另一扇大门, 给人类思想的光辉史写下了重重的一笔. 物质波能否得到实验的支持呢?

无论是声波还是光波, 实现干涉和衍射等现象是体现波动的主要实验手段, 而其中的基本条件是实验仪器的尺度, 如双缝干涉的缝间距、单缝衍射的缝宽等要能够和波动的波长相比拟. 对于普通的物体, 比如质量为 $m = 1\text{kg}$, 速度为 $v = 1\text{m/s}$, 其物质波波长为 $\lambda \approx 10^{-34}\text{m}$, 在宏观世界中很难找到与之匹配的干涉或者衍射的仪器. 验证物质波的"仪器"还需要在微观粒子尺度内寻找.

美国物理学家戴维孙(C. J. Davisson)在 1925 年得知德布罗意的工作以后, 意识

到他在之前利用晶体所进行的电子散射实验很可能就是电子衍射的结果. 为此, 戴维孙和革末(L. H. Germer)认真开展了电子的物质波的衍射实验, 在 1927 年成功验证了电子具有波动性. 戴维孙-革末实验装置示意图见图 4.1.

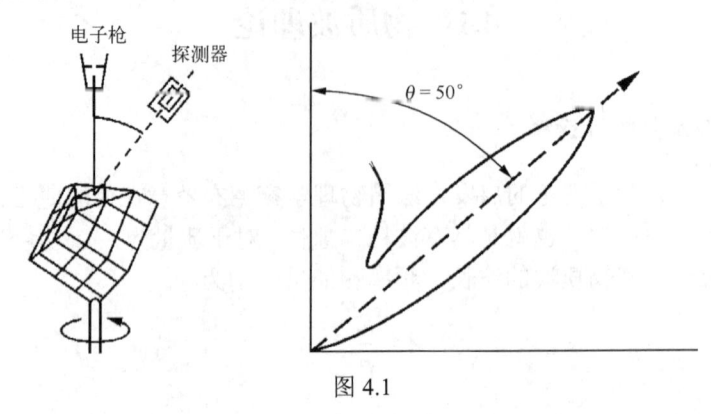

图 4.1

根据戴维孙的分析, 经过加速后的低速运动的电子, 其物质波的波长满足关系式 $\lambda = \dfrac{h}{\sqrt{2mE}}$, 可知物质波的波长较长, 而镍金属等晶体中的原子间距大约为 1Å, 对于入射电子而言, 表面处理光滑的镍晶体表面相当于多层的平面光栅, 在不同角度测量经晶体表面散射电子的强度, 如果电子物质波理论正确, 可以观测到与散射角度变化相关的强弱相间变化的散射强度. 如图 4.1 中实验结果显示, 戴维孙-革末实验清晰地显示了电子波的存在, 实验结果和物质波理论计算结果高精度地符合. 在戴维孙-革末实验发表后不久, 乔治·汤姆孙(G. P. Thomson)发表了电子波存在的进一步的实验, 他将加速后的电子束射到很薄的铂金属表面, 透射的电子束在衍射屏上直接显示出与理论高度相符的环状电子波衍射图样, 如图 4.2 所示.

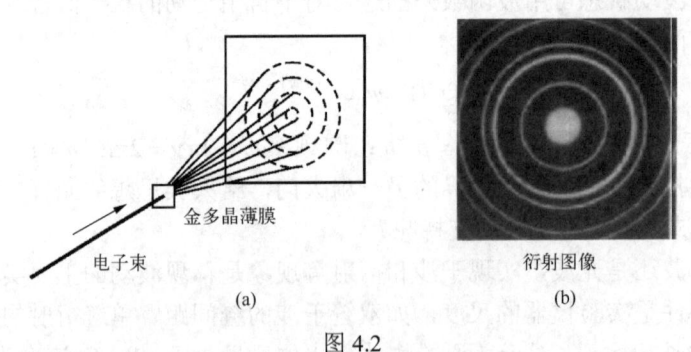

图 4.2

因此, 戴维孙和乔治·汤姆孙共同获得了 1937 年的诺贝尔物理学奖. 更具有波动特征的电子波的双缝干涉的首次实验在 1961 年完成.

在电子的双缝实验中, 电子源非常弱, 每次几乎只允许一个电子通过双缝, 但是经过长时间累积以后，在干涉屏上出现了类似于光的杨氏双缝干涉实验结果，如图 4.3 所示.

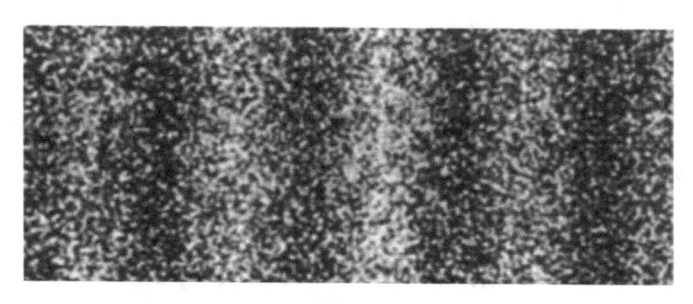

图 4.3

电子是一个一个通过双缝而产生了干涉，说明干涉条纹或者说电子的波动性，并不是产生于不同电子之间"干扰"或者相互作用，而是电子自相干的性质或者电子自有的特征，那么该如何理解电子的物质波呢？德国物理学家玻恩(M. Born)认为，电子通过双缝后会随机出现在干涉屏上，但是电子和双缝相互作用会使得电子出现在干涉明纹位置处的概率大于其他位置. 据此，玻恩在 1926 年提出了物质波是概率波的物理诠释. 根据玻恩的概率波理论，对于波函数形式为 $\psi(r,t) = \psi_0 e^{i(k \cdot r - \omega t)}$ 的物质粒子，$|\psi(r,t)|^2 \equiv \rho(r,t)$ 表示粒子在 t 时刻出现在 r 位置附近的概率密度函数，粒子出现在某个空间微元 $dV(r)$ 中的概率为 $|\psi(r,t)|^2 dV(r)$，积分区域为粒子所在的空间范围. 作为概率波，波函数必须要满足归一化要求，即

$$\int |\psi(r,t)|^2 dV = 1. \tag{4.7}$$

即要求在整个空间中找到该粒子的总概率为 1. 又由于概率分布的连续性，波函数需要满足归一性、连续性.

波函数 $\psi(r,t)$ 代表了概率波的波幅，是不可观测量，因此给波函数乘一个相位因子 $e^{i\phi}$ 不会改变其观测结果，即波函数 $\psi(r,t)$ 和 $\psi'(r,t) = \psi(r,t) e^{i\phi}$ 所代表物质波状态的概率密度函数观测结果是一样的，但是这毕竟是两个不同的波函数，代表了两个不一样的微观状态. 这意味着什么呢？

4.1.2 物质波的相干叠加性

电子的双缝干涉实验说明物质波具有相干叠加性. 但对于一个完整的物质粒子，由于其作为粒子的整体性，这种相干叠加又完全不同于经典波动光学的相干叠加性.

以电子的双缝干涉实验为例. 电子一个个通过双缝 1 和 2，双缝可以作为电子的两个新波源 S_1 和 S_2，其出射的电子波函数分别记为 $\psi_1(r,t)$ 和 $\psi_2(r,t)$. 当其中一条缝 1 被堵住，电子只能从缝 2 通过时，电子的波函数为 $\psi_2(r,t)$，干涉屏上不会出现干涉条纹. 当两条缝同时打开时，电子会同时选择两条缝通过，具体从哪条通过完全是随机的，所以电子的波函数将是两个波源出射电子的叠加状态，即

$$\psi(r,t) = \psi_1(r,t) + \psi_2(r,t). \tag{4.8}$$

也就是说，电子将同时来自于两条缝，干涉屏上的电子的分布取决于电子叠加波函数的概率密度函数，即

$$\begin{aligned}\rho(r,t) &= |\psi_1(r,t) + \psi_2(r,t)|^2 \\ &= |\psi_1(r,t)|^2 + |\psi_2(r,t)|^2 + \psi_1^*\psi_2 + \psi_1\psi_2^*.\end{aligned} \tag{4.9}$$

式中的最后两项是两条缝电子的相干叠加项，屏上的强弱分布的结果也是来自于这两项.

物质波的相干叠加性可以推广至更一般的情况. 对于一个微观粒子，如果其物质波可能处于的状态为 $\psi_i, i=1,2,\cdots,n$，那么该粒子也可能处于这些状态的相干叠加态

$$\psi = \sum_{i=1}^{n} \alpha_i \psi_i, \tag{4.10}$$

其中 α_i 为粒子处于第 i 个状态的概率幅，并且满足归一化条件 $\sum_{i=1}^{n}|\alpha_i|^2 = 1$.

物质波的相干叠加性意味着一个完整的物质粒子可以同时处于在空间上可能被分隔开的物质波的状态. 比如，对于光合作用捕光复合生物分子体系，一般情况下，一个大分子体系包含了成百上千个原子，但是分子体系的尺度和一个光子的波包（一个完整的不可分割的光子）尺度相当，所以当分子吸收一个光子时，光子可能同时被分子内所有的原子吸收. 分子吸收整个光子的状态，是所有原子处于同时吸收同一个光子状态的相干叠加态. 正是由于这种性质，当分子将吸收光子被激发的状态和能量传给下一个分子时，也是相干叠加的传输，其效率是非常高的. 这一点是经典物理完全无法解释的.

当物质波的相干叠加性应用于多个系统时，就会导致与经典的关联完全不一致的现象，比如量子纠缠，后面会有专门的内容进行介绍.

4.2 薛定谔方程

4.2.1 薛定谔方程的建立

物质波的波函数表示微观粒子波动性的状态，其是否和经典物质要满足牛顿力

学方程一样，需要满足物质波的运动方程呢？奥地利物理学家薛定谔经过思考建立了物质波的波动方程，即薛定谔方程.

从自由粒子对应的平面波形式的物质波函数(4.6)出发，根据牛顿力学的知识，对于自由粒子，其能动量之间满足

$$E = \frac{p^2}{2m}. \tag{4.11}$$

代入微观粒子需要满足的德布罗意关系式 $E = h\nu = \hbar\omega$ 和 $p = \frac{h}{\lambda} = \hbar k$，得到自由粒子的波矢和频率之间的关系式

$$\hbar\omega = \frac{(\hbar k)^2}{2m}. \tag{4.12}$$

根据经典波的波动方程形式，对一维的自由粒子的波函数 $\psi(x,t) = \psi_0 e^{i(kx-\omega t)}$ 求导后，很容易验证平面波需要满足的微分方程为

$$\left(i\hbar\frac{\partial}{\partial t} + \frac{\hbar^2}{2m}\frac{\partial^2}{\partial x^2} \right)\psi(x,t) = 0, \tag{4.13}$$

而与上面的微分方程等价的形式是

$$\left(E - \frac{p^2}{2m} \right)\psi(x,t) = 0. \tag{4.14}$$

由于上式是对于自由粒子而言，对于更一般的情况，物质粒子还要受到外势场 $V(x)$ 的作用，那么根据 $E = \frac{p^2}{2m} + V(x,t)$ 可猜测得到

$$\left[E - \frac{p^2}{2m} - V(x,t) \right]\psi(x,t) = 0, \tag{4.15}$$

或者其微分方程的形式

$$i\hbar\frac{\partial \psi(x,t)}{\partial t} = \left[-\frac{\hbar^2}{2m}\frac{\partial^2}{\partial x^2} + V(x,t) \right]\psi(x,t). \tag{4.16}$$

此式即为薛定谔得到的做一维运动的微观粒子的物质波波动方程，即薛定谔方程. 薛定谔方程的右边对应为物质粒子的能量和波函数的乘积，其中方括号里面实际对应为微分的作用，数学中称这种作用为算符(算子)，在上述薛定谔方程中，对应为能量算符，根据分析力学的知识，可称为哈密顿算符，记为 $\hat{H}(x,t)$，即

$$\hat{H}(x,t) = -\frac{\hbar^2}{2m}\frac{\partial^2}{\partial x^2} + V(x,t). \tag{4.17}$$

由此可以得到更一般形式的薛定谔方程表达式

$$i\hbar\frac{\partial \psi(x,t)}{\partial t}=\hat{H}(x,t)\psi(x,t). \tag{4.18}$$

如果粒子的运动范围是三维,那么粒子的位置矢量用 $r(x,y,z)$ 来表示,其薛定谔方程的形式为

$$i\hbar\frac{\partial \psi(\boldsymbol{r},t)}{\partial t}=\hat{H}(\boldsymbol{r},t)\psi(\boldsymbol{r},t), \tag{4.19}$$

其中哈密顿算符具有以下形式:

$$\hat{H}(\boldsymbol{r},t)=-\frac{\hbar^2}{2m}\nabla^2+V(\boldsymbol{r},t), \tag{4.20}$$

其中 $\nabla^2 = \nabla \cdot \nabla = \frac{\partial^2}{\partial x^2}+\frac{\partial^2}{\partial y^2}+\frac{\partial^2}{\partial z^2}$. 薛定谔方程是由薛定谔于1926年首先提出来的量子力学的基本方程. 在得到薛定谔方程的过程中,应用了能量和动量对应到微分算符的变换

$$E \to i\hbar\frac{\partial}{\partial t}, \quad \boldsymbol{p} \to \frac{\hbar}{i}\nabla. \tag{4.21}$$

由于涉及算符运算,薛定谔方程是算符的方程,这和经典物理学中单纯数的方程有比较大的区别.

4.2.2 定态薛定谔方程

一般情况下,物质粒子的势场与时间是相关的,但在某些特定情况下,势场只是位置的函数,而跟时间没有关系,此时薛定谔方程为

$$i\hbar\frac{\partial \psi(\boldsymbol{r},t)}{\partial t}=\left[-\frac{\hbar^2}{2m}\nabla^2+V(\boldsymbol{r})\right]\psi(\boldsymbol{r},t). \tag{4.22}$$

对于此类方程可以用分离变量法来处理,即令方程的解具有以下形式:

$$\psi(\boldsymbol{r},t)=\varphi(\boldsymbol{r})f(t). \tag{4.23}$$

将该解代入方程后可以得到两个联立的方程,即

$$i\hbar\frac{\mathrm{d}f(t)}{\mathrm{d}t}=Ef(t), \tag{4.24}$$

以及

$$-\frac{\hbar^2}{2m}\nabla^2\varphi(\boldsymbol{r})+V(\boldsymbol{r})\varphi(\boldsymbol{r})=E\varphi(\boldsymbol{r}). \tag{4.25}$$

求解方程(4.24)可直接得到

$$f(t) = Ce^{-iEt/\hbar}, \tag{4.26}$$

这样整个薛定谔方程的解具有以下形式：

$$\psi(r,t) = \varphi_E(r)e^{-iEt/\hbar}, \tag{4.27}$$

其中系数包含在 $\varphi_E(r)$ 中。显然，此时的物质粒子的概率分布只与位置有关系，不会随时间变化，因此把对应的物质波状态称为定态，E 为定态 $\varphi_E(r)$ 所对应的能量。

4.2.3 定态薛定谔方程的应用

作为定态薛定谔方程的应用，现在列举几个典型例子的求解，由此来分析量子力学与经典力学的区别。

1. 无限深势阱

如图 4.4 所示，考虑一个理想的无限深势阱的情况，粒子受到的势能具有以下形式：

$$V(x) = \begin{cases} 0, & 0 < x < a. \\ +\infty, & x < 0 \text{ 或 } x > a. \end{cases} \tag{4.28}$$

代入一维定态薛定谔方程中，即

$$-\frac{\hbar^2}{2m}\frac{d^2\varphi(x)}{dx^2} + V(x)\varphi(x) = E\varphi(x). \tag{4.29}$$

在 $x < 0$ 或 $x > a$ 区域中，显然有 $\varphi = 0$。在 $0 < x < a$ 区域中，方程 (4.29) 可写成以下形式：

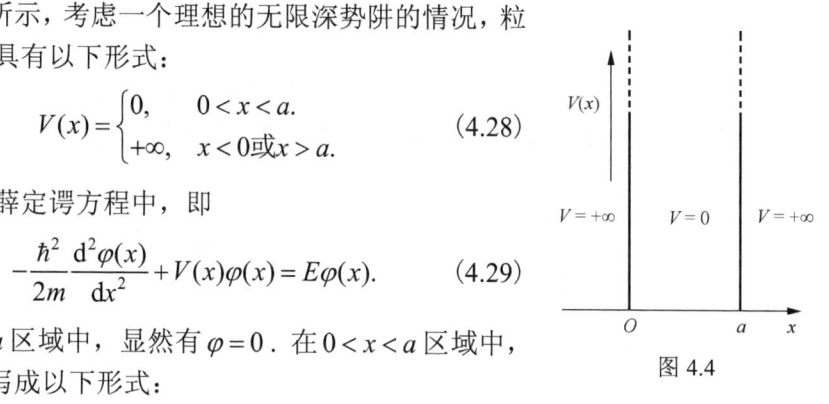

图 4.4

$$\frac{d^2\varphi(x)}{dx^2} + k^2\varphi(x) = 0, \tag{4.30}$$

其中 $k^2 = \dfrac{2mE}{\hbar^2}$。该方程的通解为

$$\varphi(x) = A\sin kx + B\cos kx. \tag{4.31}$$

根据波函数的连续性要求，在 $x = 0$ 处连续，有 $\varphi(0) = 0$，可以得到 $B = 0$；在 $x = a$ 处连续，有 $\varphi(a) = A\sin ka = 0$，可以得到 $k = \dfrac{n\pi}{a}$。由此进一步可以得到

$$E_n = n^2\frac{h^2}{8ma^2} = n^2 E_1, \quad n = 1, 2, \cdots, \tag{4.32}$$

式中，n 为量子数；E_n 为第 n 个能级的能量；$E_1 = \dfrac{\hbar^2}{8ma^2}$ 表示基态的能量。上式表明，粒子的能量是分立或者离散分布的，或者说粒子的能量是量子化的！

由前面的内容可知,在氢原子中运动的电子,由于玻尔的定态轨道假设,从而得到了电子能量量子化的结论. 而在一维无限深势阱中,通过求解物质波的薛定谔方程就直接得到了能量量子化的结论.

将系数代入可以得到定态波函数为

$$\varphi_n(x) = A_n \sin\frac{n\pi}{a}x, \tag{4.33}$$

又由波函数的归一性有 $\int_{-\infty}^{+\infty}|\varphi_n(x)|^2 \mathrm{d}x = 1$,可得 $A_n = \pm\sqrt{a/2}$,即

$$\varphi_n(x) = \pm\sqrt{\frac{a}{2}}\sin\frac{n\pi}{a}x. \tag{4.34}$$

整体的波函数为

$$\psi(r,t) = \pm\sqrt{\frac{a}{2}}\sin\left(\frac{n\pi}{a}x\right)\mathrm{e}^{-E_n t/\hbar}. \tag{4.35}$$

图 4.5 所示是处于一维无限深势阱中运动粒子的位置的概率分布,其稳定的状态能量是分立的能级,对应于不同能级的概率分布不同,这和经典的粒子运动截然不同.

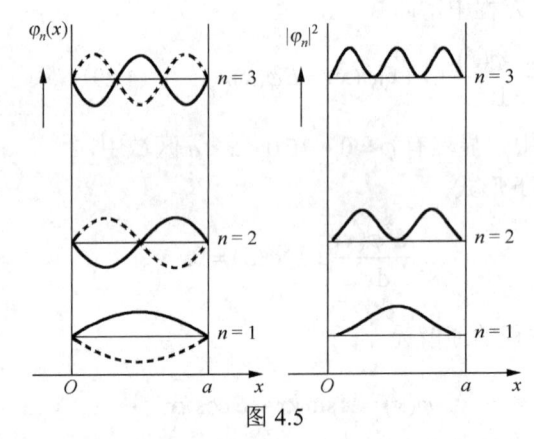

图 4.5

2. 隧道效应

考虑一个能量为的粒子,从左侧无穷远处射向一个势垒,如图 4.6 所示,势垒函数为

$$V(x) = \begin{cases} V_0, & 0 < x < a. \\ 0, & x < 0 \text{ 或 } x > a. \end{cases} \tag{4.36}$$

如果是一个经典的粒子,根据经验,结论应该非常明显. 当 $E > V_0$ 时,粒子势必将

穿过势垒到达右侧区域；而当 $E<V_0$ 时，粒子将无法穿越势垒而被直接反射. 量子力学中的情况如何呢？

首先考虑 $E<V_0$ 的情况，将势垒函数代入定态薛定谔方程中，可以得到如下分区域的方程：

$$\frac{\mathrm{d}^2\varphi(x)}{\mathrm{d}x^2} + k^2\varphi(x) = 0, \quad x<0 \text{ 或 } x>a. \tag{4.37a}$$

$$\frac{\mathrm{d}^2\varphi(x)}{\mathrm{d}x^2} - k'^2\varphi(x) = 0, \quad 0<x<a. \tag{4.37b}$$

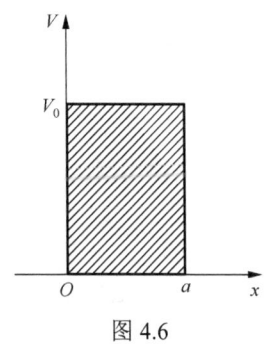

图 4.6

其中，$k^2 = \frac{2mE}{\hbar^2}$，$k'^2 = \frac{2m(V_0-E)}{\hbar^2}$，三个区域对应的通解分别为

$$\varphi_1(x) = A_1\mathrm{e}^{\mathrm{i}kx} + B_1\mathrm{e}^{-\mathrm{i}kx}, \quad x<0. \tag{4.38a}$$

$$\varphi_2(x) = A_2\mathrm{e}^{\mathrm{i}k'x} + B_2\mathrm{e}^{-\mathrm{i}k'x}, \quad 0<x<a. \tag{4.38b}$$

$$\varphi_3(x) = A_3\mathrm{e}^{\mathrm{i}kx} + B_3\mathrm{e}^{-\mathrm{i}kx}, \quad x>a. \tag{4.38c}$$

波函数及其一阶导函数在边界处连续，即

在 $x=0$ 处 $\quad \varphi_1(x) = \varphi_2(x), \quad \left.\frac{\mathrm{d}\varphi_1}{\mathrm{d}x}\right|_{x=0} = \left.\frac{\mathrm{d}\varphi_2}{\mathrm{d}x}\right|_{x=0}.$ (4.39a)

在 $x=a$ 处 $\quad \varphi_2(a) = \varphi_3(a), \quad \left.\frac{\mathrm{d}\varphi_2}{\mathrm{d}x}\right|_{x=a} = \left.\frac{\mathrm{d}\varphi_3}{\mathrm{d}x}\right|_{x=a}.$ (4.39b)

定义反射系数 $R = \frac{|B_1|^2}{|A_1|^2}$ 和透射系数 $T = \frac{|A_3|^2}{|A_1|^2}$，通过数学求解可以得到以下结果：

$$R = \frac{(k^2-k'^2)^2\sin^2(k'a)}{(k^2-k'^2)\sin^2(k'a) + 4k^2k'^2}, \tag{4.40}$$

$$T = \frac{4k^2k'^2}{(k^2-k'^2)\sin^2(k'a) + 4k^2k'^2}. \tag{4.41}$$

显然有 $T+R=1$. 从结果可知，即便是粒子的运动能量低于势垒，也会有一定的概率透过势垒穿越到右侧区域；同样，通过计算 $E>V_0$ 的情况，发现即便是粒子的能量高于势垒，粒子也会有一定概率被反射回左侧区域. 该现象被称为隧道效应. 这是量子力学独有的现象，经典力学无法解释. 已有大量的实验证实了这种现象是存在的，比如量子超导信息技术的核心器件约瑟夫森结就是一个电子对能够隧穿绝缘势垒的典型例证，著名的霍金(S. W. Hawking)辐射，即黑洞辐射，其物理机制也是量子隧穿. 有兴趣的读者可以自行学习.

> **研讨课题**
>
> 请调研扫描隧道显微镜(STM)和原子力显微镜(AFM)的工作原理及其物理机制.

3. 量子谐振子

简谐振动是最基本的机械运动方式,下面简要了解一下量子力学处理的简谐振动的结果.

考虑一个平衡位置在坐标原点的简谐振子,其所受的势能函数为

$$V(x) = \frac{1}{2}kx^2 = \frac{1}{2}m\omega^2 x^2, \tag{4.42}$$

其中,ω 为谐振子的圆频率. 将其代入定态薛定谔方程中,通过数学物理方法进行求解,可以得到谐振子的能量具有分立的形式

$$E_n = \left(n + \frac{1}{2}\right)\hbar\omega. \tag{4.43}$$

其所对应的波函数为

$$\varphi_n(x) = \left(\frac{\kappa}{\sqrt{\pi}2^n n!}\right)^{1/2} e^{-\frac{1}{2}\kappa^2 x^2} H_n(\kappa x), \tag{4.44}$$

其中,$H_n(\xi) = (-1)^n e^{\xi^2} \dfrac{d^n}{d\xi^n}(e^{-\xi^2})$,称为厄米多项式函数. 量子形式的谐振子的能量存在最低的零点能,即

$$E_0 = \frac{1}{2}\hbar\omega. \tag{4.45}$$

零点能是经典物理学无法得到的结果,更近一步的量子场理论发现,零点能来源于真空的波动. 读者可以自行分析波函数的特点,感受其与经典力学结果的不同之处.

4. 氢原子

氢原子中电子受到的力场是质子(原子核)所产生的有心力场,势能函数具有球对称形式的 $V(r)$,其大小只跟电子离开质子的距离 r 有关,因此定态薛定谔方程也需要用球坐标来表示,即

$$\left[-\frac{\hbar^2}{2m}\nabla^2 + V(r)\right]\psi = E\psi, \tag{4.46}$$

其中

$$\nabla^2 = \frac{1}{r^2}\frac{\partial}{\partial r}\left(r^2\frac{\partial}{\partial r}\right) + \frac{1}{r^2\sin\theta}\frac{\partial}{\partial\theta}\left(\sin\theta\frac{\partial}{\partial\theta}\right) + \frac{1}{r^2\sin^2\theta}\frac{\partial^2}{\partial\varphi^2}, \tag{4.47}$$

式中，θ、φ 是电子球坐标的两个方位角. 利用分离变量法，把波函数分解为

$$\psi(r,\theta,\varphi) = R(r)Y(\theta,\varphi). \tag{4.48}$$

这样，薛定谔方程可以写成联立方程

$$\frac{1}{r^2}\frac{\partial}{\partial r}\left[r^2\frac{\partial R(r)}{\partial r}\right] + \left[\frac{2m}{\hbar^2}\left(E - V(r) - \frac{\chi}{r^2}\right)\right]R(r) = 0, \tag{4.49a}$$

$$\frac{1}{\sin\theta}\frac{\partial}{\partial\theta}\left[\sin\theta\frac{\partial Y(\theta,\varphi)}{\partial\theta}\right] + \frac{1}{\sin^2\theta}\frac{\partial^2 Y(\theta,\varphi)}{\partial\varphi^2} = -\chi Y(\theta,\varphi), \tag{4.49b}$$

其中，χ 是一个待定的参数. 借助于数学物理方法，通过复杂的求解过程，可以得到波函数的具体形式

$$R_{nl}(r) = N_{nl}\mathrm{e}^{-\frac{mQ}{\hbar^2 n}}\left(\frac{2mQ}{\hbar^2 n}\right)^l \mathrm{L}_{n+l}^{2l+1}\left(\frac{2mQ}{\hbar^2 n}r\right), \tag{4.50a}$$

$$Y_{lm}(\theta,\varphi) = N_{lm}\mathrm{P}_l^m(\cos\theta)\mathrm{e}^{im\varphi}, \tag{4.50b}$$

式中，$\mathrm{P}_l^m(\zeta)$ 为关联勒让德多项式；$\mathrm{L}_{n+l}^{2l+1}(\varsigma)$ 为关联拉盖尔多项式；$Q = \dfrac{e^2}{4\pi\varepsilon_0}$. 同时还得到氢原子的能级表达式

$$E_n = -\frac{1}{(4\pi\varepsilon_0)^2}\frac{me^4}{2\hbar^2 n^2} = \frac{E_1}{n^2}, \tag{4.51a}$$

其中

$$E_1 = -\frac{1}{(4\pi\varepsilon_0)^2}\frac{me^4}{2\hbar^2} = -13.6\,\mathrm{eV}. \tag{4.51b}$$

氢原子中电子运动的能量是量子化的，这和玻尔的理论模型结论一致. 电子最终的波函数为

$$\psi_{nlm}(r,\theta,\varphi) = R_{nl}(r)Y_{lm}(\theta,\varphi), \tag{4.52}$$

其中，n 称为主量子数. 当 n 确定以后，电子的能量（能级）随之确定，但波函数的确定取决于 l、m 的值，它们的取值范围为

$$l = 0,1,2,\cdots,n-1. \tag{4.53a}$$

$$m = 0,\pm 1,\pm 2,\cdots,\pm l. \tag{4.53b}$$

通常（化学中）把 $l = 0,1,2,3,\cdots$ 的波函数的状态称为 s,p,d,f,$\cdots$ 态. 对于确定的主

量子数 n，波函数总共的个数为

$$\sum_{l=0}^{n-1}(2l+1) = n^2. \tag{4.54}$$

即对于确定 n 的能级，具有 n^2 个波函数，称这样的能级是 n^2 重简并的.

现在根据波函数来简单分析一下氢原子中电子的分布. 当波函数确定以后，根据概率波的诠释，在体积元 $\mathrm{d}\tau = r^2 \sin\theta \mathrm{d}\theta \mathrm{d}\varphi \mathrm{d}r$ 中电子出现的概率为

$$\rho(r,\theta,\varphi)r^2\sin\theta\mathrm{d}\theta\mathrm{d}\varphi\mathrm{d}r = |\psi_{nlm}(r,\theta,\varphi)|^2 r^2\sin\theta\mathrm{d}\theta\mathrm{d}\varphi\mathrm{d}r, \tag{4.55}$$

这样，在半径 $r \sim r+\mathrm{d}r$ 的球壳内找到电子的概率为

$$\rho(r)\mathrm{d}r = r^2\mathrm{d}r\int_0^{2\pi}\int_0^{\pi} |R_{nl}(r)Y_{lm}(\theta,\varphi)|^2 \sin\theta\mathrm{d}\theta\mathrm{d}\varphi, \tag{4.56}$$

$$\rho(r)\mathrm{d}r = |R_{nl}(r)|^2 r^2 \mathrm{d}r. \tag{4.57}$$

同理，也可以得到电子在各个方向上的概率分布情况. 考虑方向立体角为 $\mathrm{d}\Omega = \sin\theta\mathrm{d}\theta\mathrm{d}\varphi$ 中电子的分布概率

$$\rho_{lm}(\theta,\varphi)\mathrm{d}\Omega = |Y_{lm}(\theta,\varphi)|^2 \mathrm{d}\Omega \int_{r=0}^{\infty} |R_{nl}(r)|^2 r^2 \mathrm{d}r$$

$$= [N_{lm}\mathrm{P}_l^m(\sin\theta)]^2 \mathrm{d}\Omega. \tag{4.58}$$

由结果可见，分布概率与 φ 角没关系，是相对 z 轴对称的分布. 比如，可计算出量子数分别为 $l=0$，$m=0$ 与 $l=1$，$m=0,\pm 1$ 时电子的分布概率为

$$\rho_{0,0} = \frac{1}{4\pi}, \quad \rho_{1,0} = \frac{3\sin^2\theta}{4\pi}, \quad \rho_{1,\pm 1} = \frac{3\cos^2\theta}{8\pi}, \tag{4.59}$$

其中，θ 为电子的位置矢量与 x-y 平面的夹角. 图 4.7 是式 (4.59) 对应的电子的分布概率图. 由于电子的概率分布密度大的地方类似于云状，因此将电子的概率分布称为电子云.

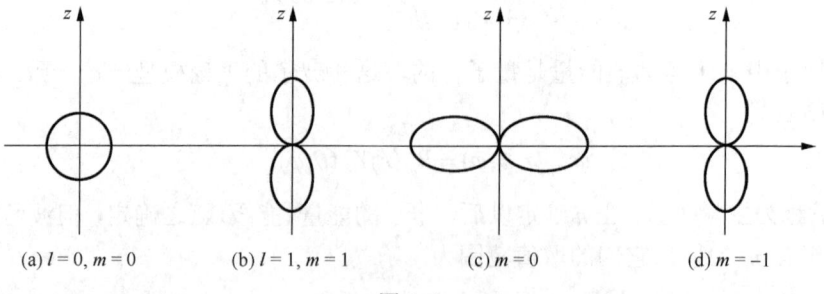

(a) $l=0$，$m=0$ (b) $l=1$，$m=1$ (c) $m=0$ (d) $m=-1$

图 4.7

将电子的分布概率函数对位置求导，可以得到电子的概率密度极大值的位置，这些位置对应于玻尔定态轨道的半径. 请感兴趣的读者自行验证.

> **研讨课题**
>
> 调研自然界不存在固态氢的物理原因,人造固态氢是否可能?

科学家小传

德布罗意

德布罗意(L. V. de Broglie,1892—1987),法国物理学家,量子力学的主要创始人之一,1929 年诺贝尔物理学奖获得者. 德布罗意最为人所熟知的成就之一是提出了德布罗意假设,即物质具有波粒二象性. 他认为微观粒子(如电子)不仅具有粒子特性,还同时具有波动特性,其波长由其动量决定. 这一假设为量子力学的发展提供了重要的启示,对于后来波动力学的建立产生了深远的影响. 基于德布罗意假设,德布罗意提出了波动方程,描述了微观粒子的波动行为,并成功地解释了许多实验现象,如电子的衍射和干涉现象. 这一波动方程后来成为薛定谔方程的特例,为量子力学的建立提供了重要的数学工具. 德布罗意还对原子结构、光谱现象和相对论等领域做出了重要贡献. 他的研究为后来的量子力学和现代物理学的发展开辟了新的方向,对人类认识自然界产生了深远的影响.

薛定谔

薛定谔(E. Schrödinger,1887—1961),奥地利物理学家,量子力学的奠基人之一,1933 年诺贝尔物理学奖获得者. 薛定谔对量子力学的发展和波动力学方程的提出做出了重要贡献. 他最著名的成就之一是提出了薛定谔方程,这个方程描述了微观粒子的波函数随时间演化的规律,成为量子力学的基础之一. 通过这个方程,薛定谔成功地解释了许多微观粒子的行为,例如氢原子的能级结构和分子的振动状态等,为我们对微观世界的理解提供了重要的启示. 除了在量子力学领域的贡献,薛定谔还对生物学和思维方式颇有兴趣,他曾提出过著名的薛定谔的猫思想实验,用来探讨量子力学中的测量问题和微观世界的奇特现象,这个思想实验引起了广泛的讨论和争议. 薛定谔的工作对于现代物理学和量子力学的发展产生了深远的影响,他的思想和方法也对后来的物理学家和科学家产生了重要的启示.

第 5 章 量子力学的形式理论

在经典力学中，一个物体的状态由质量、动量、角动量等物理量确定，根据牛顿定律，对于给定初态的物体，其状态的演化具有确定性，即给定任何时刻都能准确预言其状态(参数)．在量子力学中，根据物质波动理论，物质的状态由概率波函数来描述，即给定一个初态，动力学方程(即薛定谔方程)决定的是随时间演化的物质在空间中的概率分布．所谓的概率性的状态，是指状态在未被测量之前，物质的可能状态是以一定概率分布随机出现的．在物理学中，测量所对应的是基于一定实验规则的力学量，比如位置、动量、能量、角动量等；经典力学中力学量的测量和物体的状态不直接关联，即测量不会影响物体本身的状态，而在量子力学中，一旦针对某个力学量测得一个确定的值，就意味着概率波函数中对应的那个力学量的值就固定了，等价于物质依赖于这个力学量的概率状态被确定了下来，同时也说明量子力学的物质状态依赖于(力学量的)测量，从而可以通过对力学量的测量得到物质状态随力学量大小变化的概率分布，亦即波函数．因此，力学量和状态波函数及其关系的确定是量子力学理论关注的核心问题之一．而从前面的内容来看，薛定谔方程中代表物质粒子的能量、动量都是作用在状态波函数上的算符，因此下面从算符入手来构建量子力学的形式理论．

5.1 量子力学的算符理论

5.1.1 力学量与算符

由于物质波的波动理论本质上是概率分布的统计理论，力学量的测量除了关心其概率分布外，最重要的就是对物质状态的力学量经过多次重复测量以后得到的平均值，即力学量的期望值．假定针对一个微观物质系统，其力学量 O 经过测量可能得到的所有的值为一个数组 $(O_1, O_2, O_3, \cdots, O_i, \cdots)$，这个数组有可能是离散的，也有可能是连续变化的．比如，在确定外磁场下电子的自旋只有大小相同、方向相反的两个值，而自由运动的电子的位置的变化是连续且无穷多的．根据前面学过的统计理

第 5 章　量子力学的形式理论

论，O 的平均值可定义为

$$\bar{O} = \frac{\sum\limits_{i} O_i N_i}{\sum\limits_{i} N_i} = \sum_{i} O_i \frac{N_i}{N}, \tag{5.1}$$

其中，N_i/N 为第 i 个结果出现的概率. 下面考虑量子力学的情况，首先考虑位置和动量的平均值. 设粒子在位置空间的归一化的状态波函数为 $\psi(r,t)$，粒子在 t 时刻出现在位置 r 的概率为 $|\psi(r,t)|^2$. 也可以通过傅里叶分解得到粒子在动量空间的波函数，即

$$\varphi(p,t) = \frac{1}{(2\pi\hbar)^{3/2}} \iiint_{-\infty}^{+\infty} \psi(r,t) e^{-ip\cdot r/\hbar} dr, \tag{5.2}$$

则粒子在 t 时刻动量为 p 的概率为 $|\varphi(p,t)|^2$. 以一维情况为例，对于位置 x，波函数 $\psi(x,t)$ 依赖于坐标 x，坐标及其概率分布是一一对应的，因此位置的平均值为

$$\langle x \rangle \equiv \bar{x} = \int_{-\infty}^{+\infty} |\psi(x,t)|^2 x \, dx. \tag{5.3}$$

以此类推，动量 p_x 的平均值是否是 $\bar{p}_x = \int_{-\infty}^{+\infty} |\psi(x,t)|^2 p_x dx$ 呢？其本质就是要考察 x 和 p_x 能否构成一一对应的关系. 从平面波函数 $\psi(x,t) \sim e^{ip_x x}$ 来看，如果动量 $p_x = p_{x0}$ 确定，发现位置的概率为 $|e^{ip_{x0}x}|^2 = 1$，也就是粒子将会随机出现在任意位置，粒子的位置变得不确定. 如果粒子的位置坐标确定，即 $\psi(x,t) = \delta(x-x_0)$，可求得

$$\varphi(p_x,t) = \frac{1}{(2\pi\hbar)^{1/2}} e^{ip_x x_0}, \tag{5.4}$$

则发现动量的概率为 $|\varphi(p_x,t)|^2 = \frac{1}{2\pi\hbar}$，即粒子的动量也变得不确定，所以不能直接基于位置波函数计算动量的平均值. 基于动量空间波函数，动量的平均值为

$$\bar{p}_x = \int_{-\infty}^{+\infty} |\varphi(p_x,t)|^2 p_x dp_x, \tag{5.5}$$

将 $\varphi(p_x,t) = \frac{1}{(2\pi\hbar)^{1/2}} \int_{-\infty}^{+\infty} \psi(x,t) e^{-ip_x x/\hbar} dx$ 代入上式中，可以求得

$$\bar{p}_x = \int_{-\infty}^{+\infty} \psi^*(x,t) \left(i\hbar \frac{d}{dx} \right) \psi(x,t) dx. \tag{5.6}$$

积分中出现了一个数学运算 $i\hbar \frac{d}{dx}$，将其定义为动量算符的分量，即

$$\hat{p}_x = -i\hbar \frac{d}{dx}, \tag{5.7}$$

则在位置空间中动量的分量 p_x 的平均值可表示为

$$\bar{p}_x = \int_{-\infty}^{+\infty} \psi^*(x,t) \hat{p}_x \psi(x,t) \mathrm{d}x. \tag{5.8}$$

同样可以定义动量及其他两个分量的算符

$$\hat{p}_y = \mathrm{i}\hbar \frac{\mathrm{d}}{\mathrm{d}y}, \quad \hat{p}_z = \mathrm{i}\hbar \frac{\mathrm{d}}{\mathrm{d}z},$$

$$\hat{\boldsymbol{p}} = \mathrm{i}\hbar \nabla, \tag{5.9}$$

则在位置空间中动量的平均值为

$$\bar{\boldsymbol{p}} = \int \psi^*(\boldsymbol{r},t)(\mathrm{i}\hbar \nabla)\psi(\boldsymbol{r},t)\mathrm{d}\tau. \tag{5.10}$$

上式中为了表述方便，对于三维全空间的积分用了简化的表述（下同），即

$$\int \mathrm{d}\tau \to \iiint_{-\infty}^{+\infty} \mathrm{d}x\mathrm{d}y\mathrm{d}z. \tag{5.11}$$

上述的简化表述也可用作一维的情况. 由于动能 $T = \dfrac{p^2}{2m}$，可以获得动能算符的表达式为

$$\hat{T} = \frac{\hat{p}^2}{2m} = -\frac{\hbar^2}{2m}\nabla^2, \tag{5.12}$$

则动能的平均值为

$$\bar{T} = \int \psi^*(\boldsymbol{r},t)\left(-\frac{\hbar^2}{2m}\nabla^2\right)\psi(\boldsymbol{r},t)\mathrm{d}\tau. \tag{5.13}$$

由此可见，算符或者一种作用在波函数上的数学运算具有非常特殊的地位，下面来确定力学量的算符及其性质.

一般而言，对于一个力学量 O，在其作用下，物质系统由初始状态演化到另一个状态，比如受到力作用后物体得到加速. 对于量子力学的情况，状态由波函数来描述，代表状态间演化（或者变换）的是作用在波函数上的数学运算，称为算符，本质上是一种运算，用 $\hat{O}$ 来表示，

$$\phi(\boldsymbol{r},t) = \hat{O}\psi(\boldsymbol{r},t). \tag{5.14}$$

其中，$\phi(\boldsymbol{r},t)$、$\psi(\boldsymbol{r},t)$ 分别为系统两个状态的波函数；$\hat{O}$ 为代表力学量 O 的算符. 不失一般性，将力学量 O 表示为位置的依赖关系 $O(\boldsymbol{r},t)$，则量子力学对应的平均值为

$$\langle O(t) \rangle \equiv \bar{O}(t) = \int \psi^*(\boldsymbol{r},t)\hat{O}(\boldsymbol{r},t)\psi(\boldsymbol{r},t)\mathrm{d}\tau. \tag{5.15}$$

为了表述方便，引入符号如下：

$$(\phi, \hat{O}\psi) \equiv \int \phi^* \hat{O}\psi \mathrm{d}\tau, \tag{5.16}$$

由此有 $\overline{O}(t) = (\phi, \hat{O}\psi)$. 上面的公式中省略了波函数所依赖的位置和时间坐标，即用 ψ 代表 $\psi(r,t)$. 下文规定，除非有特殊标明，否则波函数都特指依赖于位置空间的坐标.

5.1.2 算符的基本运算

可以通过严格证明，得出量子力学的算符具有以下几类性质.

1. 算符的加法运算

$$(\hat{O}_1 + \hat{O}_2)\psi = \hat{O}_1\psi + \hat{O}_2\psi. \tag{5.17}$$

2. 算符的乘法运算

一般来说，算符的乘积不能交换次序，即 $\hat{O}_1\hat{O}_2 \neq \hat{O}_2\hat{O}_1$. 定义两个算符的对易式为

$$[\hat{O}_1, \hat{O}_2] \equiv \hat{O}_1\hat{O}_2 - \hat{O}_2\hat{O}_1 = \mathrm{i}\hat{c}, \tag{5.18}$$

如果 $\hat{c} = 0$，则称 $\hat{O}_1$ 和 $\hat{O}_2$ 互易. 比如可以证明

$$[x, p_x] = [y, p_y] = [z, p_z] = \mathrm{i}\hbar. \tag{5.19}$$

3. 算符的逆运算

对于 $\hat{O}\psi = \phi$，如果能够唯一解出 ψ，则可定义 $\hat{O}$ 的逆算符为

$$\hat{O}^{-1}\phi = \psi. \tag{5.20}$$

4. 算符的函数

如果函数 $f(x)$ 的所有阶导数都存在，则可定义算符 $\hat{O}$ 的函数为

$$f(x) = \sum_{n=0}^{\infty} \frac{f^{(n)}(0)}{n!} \hat{O}^n. \tag{5.21}$$

5. 算符的转置运算

如果关系式

$$(\phi^*, \tilde{\hat{O}}\psi) = (\psi^*, \hat{O}\phi). \tag{5.22}$$

或者 $\int \phi^* \tilde{\hat{O}} \psi \mathrm{d}\tau = \int \psi \hat{O} \phi^* \mathrm{d}\tau$ 被满足，则称 $\tilde{\hat{O}}$ 为 $\hat{O}$ 的转置算符.

5.1.3 厄米算符及力学量的测量

1. 厄米算符

如果算符 $\hat{O}$ 等于其共轭转置算符 $\hat{O}^\dagger$，则称为厄米算符，即

$$\hat{O} = \hat{O}^\dagger \equiv \tilde{\hat{O}}^*. \tag{5.23}$$

比如，通过计算可以发现 $\tilde{\hat{p}}_x = -\hat{p}_x$，而 $\hat{p}_x^* = \hat{p}_x$，因此 $\hat{p}_x^\dagger = \hat{p}_x$，即 $\hat{p}_x$ 是厄米算符. 同样可以验证位置算符及其实算符函数都为厄米算符. 不难证明，厄米算符的和为厄米算符，但两个厄米算符的乘积只有在它们互相对易时才为厄米算符. 任何算符都具有以下分解

$$\hat{O} = \hat{O}_+ + \mathrm{i}\hat{O}_-, \tag{5.24}$$

其中，$\hat{O}_+ = \dfrac{1}{2}(\hat{O} + \hat{O}^\dagger)$，$\hat{O}_- = \dfrac{1}{2\mathrm{i}}(\hat{O} - \hat{O}^\dagger)$ 都是厄米算符. 可以证明，对于任何状态下的厄米算符都有

$$\langle \hat{O} \rangle = (\psi, \hat{O}\psi) = (\hat{O}\psi, \psi) = (\psi, \hat{O}\psi)^* = \langle \hat{O}^* \rangle, \tag{5.25}$$

即厄米算符的平均值都是实数. 同样也可以证明，在任何状态下平均值为实数的算符一定是厄米算符. 因为只有实数的平均值才能在实验中得以测量，由此可知，在实验上可以观测的力学量所对应的算符一定为厄米算符.

2. 厄米算符的本征值与本征函数

正如前面所述，当重复测量一个量子状态的力学量 O 时，可能会以一定的概率出现不同的结果；实验也表明，经多次测量，得到的平均值将趋于一个恒定的实数值 $\bar{O}$. 因此，对于每一次测量，可围绕（厄米）算符 $\hat{O}$ 的平均值 $\bar{O}$ 定义力学量的涨落，即

$$\overline{\Delta O^2} = \overline{(\hat{O} - \bar{O})^2} = \int \phi^* (\hat{O} - \bar{O})^2 \psi \mathrm{d}\tau. \tag{5.26}$$

不难发现，$\hat{O} - \bar{O}$ 也是厄米算符，因此

$$\overline{\Delta O^2} = \int \left|(\hat{O} - \bar{O})\psi\right|^2 \mathrm{d}\tau \geq 0. \tag{5.27}$$

当上式取等号时，即 $\overline{\Delta O^2} = 0$，测量 O 的结果是完全确定的，称所对应的状态为力学量 O 的本征态或者本征函数. 根据本征态的定义，要求 ψ 满足

$$(\hat{O} - \bar{O})\psi = 0, \tag{5.28}$$

或者为

$$\hat{O}\psi = 常数 \cdot \psi. \tag{5.29}$$

该常数即为在本征态 ψ 下测量 O 得到的结果. 由于测量的具体数值一般不会唯一, 因此记本征态及其对应的本征值分别为 ψ_n 和 O_n, 即为

$$\hat{O}\psi_n = O_n\psi_n. \tag{5.30}$$

上式称为算符的本征方程. 量子力学理论假定：测量力学量 O 时, 所有可能出现的值都是对应厄米算符 $\hat{O}$ 的本征值. 因此, 当体系处于 $\hat{O}$ 的某个本征态 ψ_n 时, 测量的平均值 $\bar{O}$ 即为其对应的本征值 O_n, 且都为实数.

对应于一个本征值, 算符可能只有一个本征函数, 也可能有多个相互独立的本征函数. 将一个本征值对应多个本征函数的现象称为简并现象. 同属于 $\hat{O}$ 的某个确定本征值 O_n 的 f 个本征函数, 称为 f 重简并, 这时需要利用状态的其他力学量或者参数来消除简并.

3. **本征函数的正交性和完备性**

对于力学量 O, 假定其所对应的厄米算符 $\hat{O}$ 的本征值 O_n 的数量为 N 个（注意 N 有可能为无穷大）, 相应各自归一化的本征函数分别记为 ψ_n, 则可证明本征函数具有正交性：厄米算符属于不同本征值的本征函数彼此正交, 即

$$(\psi_m, \psi_n) = \delta_{mn}. \tag{5.31}$$

同时, 也可以证明

$$\sum_{n=1}^{N} |\psi_n|^2 = 1. \tag{5.32}$$

这个条件说明算符 $\hat{O}$ 的本征函数 ψ_n 具有完备性, 所有的本征函数 ψ_n 构成了一个完备集, 任意的位置空间中的波函数（归一化）都可以用 ψ_n 作为基矢进行展开

$$\psi = \sum_{n=1}^{N} c_n \psi_n, \tag{5.33}$$

其中展开系数 $c_n = \int \psi_n^* \psi \mathrm{d}\tau = (\psi_n^*, \psi)$. 上式表明, 任意量子状态都可以用 ψ_n 相干叠加产生. $|c_n|^2$ 是状态处于 ψ_n 的概率, 同时也表示对力学量 O 进行测量得到结果为 O_n 的概率. 测量一旦实施, 状态将"塌缩"至 ψ_n. c_n 表示概率幅. 由于 ψ_n 的正交性, 上述的展开是唯一的, 并且根据量子态的归一化条件, 满足条件

$$\sum_{n=1}^{N} |c_n|^2 = 1. \tag{5.34}$$

以上的展开也可以理解为波函数按照力学量 $\hat{O}$ 的本征态的分布, 其中假定了力

学量的测量结果 O_n 及其本征态 ψ_n 的分布是离散的. 但其实很多力学量的测量值是连续分布的, 比如位置坐标和动量的值都是连续的. 对于连续分布的展开, 上面的求和就需要用积分来代替. 比如, 对于厄米算符 $\hat{F}$, 其连续分布的本征值和归一化的本征函数分布用 λ 和 φ_λ 来表示, 本征方程为

$$\hat{F}\varphi_\lambda = \lambda\varphi_\lambda, \tag{5.35}$$

其中, $(\varphi_\lambda, \varphi_{\lambda'}) = \delta(\lambda - \lambda')$. 对于任意归一化的波函数 φ 的展开为

$$\varphi = \int c_\lambda \varphi_\lambda \mathrm{d}\lambda, \tag{5.36}$$

展开式中的概率幅 $c_\lambda = \int \varphi_\lambda^* \varphi \, \mathrm{d}\tau$, 归一化条件要求 $\int |c_\lambda|^2 \mathrm{d}\lambda = 1$.

研讨课题

光是最常用的测量和信息传递的物理载体之一, 请调研描述光的状态和性质的物理量有哪些, 这些物理量对应光的量子性质是哪些量子算符? 能够刻画出哪些区别于经典光的性质?

科学家小传

海森伯

海森伯(W. K. Heisenberg, 1901—1976), 德国物理学家, 量子力学的主要创始人之一, 1932 年诺贝尔物理学奖获得者. 海森伯最为人所熟知的成就之一是提出了海森伯不确定性原理, 该原理指出在微观尺度下, 无法同时准确确定粒子的位置和动量, 这对于量子力学的理解和发展产生了深远的影响. 海森伯的这一贡献为量子力学的建立提供了关键性的思想基础, 并深刻地改变了人们对于自然界的认识. 海森伯还对核物理学做出了重要贡献. 1932 年, 他提出了著名的核子模型, 成功地解释了质子和中子在原子核中的结构和相互作用, 并为后来的核物理学研究奠定了基础. 他还对核裂变和核聚变等核反应过程做出了重要的理论贡献. 海森伯在物理学领域还有许多其他重要成就, 包括量子力学的矩阵力学形式化、量子场论的发展、粒子物理学的研究等. 他的工作为现代物理学的发展开辟了新的方向, 对后来物理学研究产生了深远的影响.

泡利

泡利(W. Pauli, 1900—1958), 奥地利物理学家, 1945 年诺贝尔物理学奖获得者. 泡利因提出了泡利不相容原理、预言了中微子的存在以及对量子场论和相对论量子力学的发展做出了贡献而闻名于世. 泡利最著名的成就之一是提出了泡利不相容原理, 该原理指出在同一量子系

统中，不能有两个或多个自旋量子数完全相同的费米子同时处于相同的量子态. 这一原理为原子结构和化学键的理解提供了基础，并且对后来的凝聚态物理学和粒子物理学的发展产生了深远影响. 泡利还预言了中微子的存在，尽管当时并没有直接的实验证据，但后来的实验观测证实了中微子的存在，并且揭示了中微子的重要性和性质. 他还在量子场论和相对论量子力学的发展中做出了重要贡献，为现代量子场论的建立提供了关键性的思想方法.

5.2 希尔伯特空间 狄拉克符号

5.2.1 力学量的矩阵表示

如上所述，物质波的状态波函数可以按照任意给定的力学量的本征函数进行展开，相当于通过对状态的不同力学量进行测量实现从不同角度了解和分析状态. 由于力学量本征函数的正交性和完备性，将本征函数作为基矢(等同于坐标轴)所张的空间称为希尔伯特空间，物质波的波函数是空间中的任意一个矢量，展开的系数或者概率幅相当于展开的坐标. 将力学量 $\hat{O}$ 所对应的空间称为 $\hat{O}$ 表象，比如，坐标 $\hat{x}$ 表象、动量 $\hat{p}$ 表象等.

考虑在两个不同的力学量对应的表象中分析任意归一化的状态波函数 $\psi(r,t)$，其中两个表象的本征值和本征函数分别表示为 $\hat{O}$ 表象 $\{\hat{O}, O_n, \psi_n\}$ 和 $\hat{G}$ 表象 $\{\hat{G}, g_m, \varphi_m\}$，因此有

$$\psi(r,t) = \sum_{n=1}^{N} c_n \psi_n = \sum_{m=1}^{M} b_m \varphi_m, \tag{5.37}$$

其中，$c_n = \int \psi_n^* \psi(r,t) \mathrm{d}\tau$，$b_m = \int \varphi_m^* \psi(r,t) \mathrm{d}\tau$ 分别代表波函数在两个表象中的分布(坐标). 对上式第二个等式两边同乘以 $\psi_n^* \mathrm{d}\tau$ 并积分，可以得到两个表象分布之间的变换关系，即

$$c_n = \sum_{m=1}^{M} b_m \int \psi_n^* \varphi_m \mathrm{d}\tau, \tag{5.38}$$

式中，变换数组 $\{S_{nm} = \int \psi_n^* \varphi_m \mathrm{d}\tau\}$ 显然是一个 $N \times M$ 的矩阵，记为 $S \equiv \{\int \psi_n^* \varphi_m \mathrm{d}\tau\}$ 变换矩阵. 可证明 $S^\dagger S = I$.

若给定表象，比如在 $\hat{O}$ 表象 $\{\hat{O}, O_n, \psi_n\}$，空间的基矢 ψ_n 固定，与波函数 $\psi(r,t)$ 对应的展开概率幅可以表示成列矩阵

$$C = \begin{bmatrix} c_1 \\ c_2 \\ \vdots \\ c_N \end{bmatrix}. \tag{5.39}$$

$\psi^*(r,t)$ 则对应为行矩阵

$$C^\dagger = [c_1^*, c_2^*, \cdots, c_N^*]. \tag{5.40}$$

显然有 $|\psi(r,t)|^2 = 1$. 读者可以试写出波函数 $\psi(r,t)$ 在 $\hat{G}$ 表象 $\{\hat{G}, g_m, \varphi_m\}$ 中的矩阵表示.

对于一个任意的力学量 $\hat{F}$, 假设有

$$\varphi(r,t) = \hat{F}\psi(r,t). \tag{5.41a}$$

在 $\hat{O}$ 表象 $\{\hat{O}, O_n, \psi_n\}$ 中, 分别对 $\psi(r,t)$ 和 $\varphi(r,t)$ 进行展开, 即

$$\psi(r,t) = \sum_{n=1}^{N} c_n \psi_n, \quad \varphi(r,t) = \sum_{m=1}^{N} b_m \psi_m. \tag{5.41b}$$

上式等价于

$$\begin{bmatrix} b_1 \\ b_2 \\ \vdots \\ b_N \end{bmatrix} = \hat{F} \begin{bmatrix} c_1 \\ c_2 \\ \vdots \\ c_N \end{bmatrix}. \tag{5.42}$$

很显然算符 $\hat{F}$ 也是一个矩阵, 可以求得(请读者试求之)其矩阵元为

$$F_{mn} = \int \psi_m^* \hat{F} \psi_n \mathrm{d}\tau. \tag{5.43}$$

可以借助于矩阵运算求解一个厄米算符的本征方程. 如对于任意的厄米算符 $\hat{F}$, 在 $\hat{O}$ 表象 $\{\hat{O}, O_n, \psi_n\}$ 中展开其本征方程 $\hat{F}\psi(r,t) = f\psi(r,t)$ 的矩阵形式, 即为

$$(\hat{F} - f\hat{I})C = 0, \tag{5.44}$$

其中, $\hat{I}$ 为与算符 $\hat{F}$ 同维度的单位算符. 由于表象选择的任意性, 上式要成立就必须要求行列式

$$\left|\hat{F} - f\hat{I}\right| = 0. \tag{5.45}$$

该方程称为久期方程, 求解即可得厄米算符 $\hat{F}$ 的本征值和本征函数. 试问 $\hat{F}$ 在自身表象中的矩阵是什么形式?

5.2.2 狄拉克符号

从上面的内容来看, 量子力学的状态和力学量的表示要依赖于具体的表象, 不同的表象其表述方式有所不同, 比如前面的计算都是基于位置空间中的波函数对比进行的. 为了不受具体的表象约束且使运算方便, 英国物理学家狄拉克引入了一套抽象的量子力学符号, 称为狄拉克符号.

引入右矢 $|\ \rangle$ 来表示希尔伯特空间中的态矢量, 如果要表示某个特殊的态或者具体的表象, 则需要在态矢量内标明表象算符或者用具体表象的本征态来描述. 比如

用 $|\psi\rangle$ 来表示波函数 ψ 所描述的状态,用 $|\psi_n\rangle$ 表示其本征态,用 $|x\rangle$ 和 $|p\rangle$ 分别表示位置坐标和动量的本征态,用 $|E_n\rangle \equiv |n\rangle$ 表示能量的本征态等. 引入左矢 $\langle\ |$ 来表示右矢的共轭矢量. 比如,$|\psi\rangle$ 和 $\langle\psi|$,$|x\rangle$ 和 $\langle x|$ 等.

定义两个矢量的内积为

$$\langle \varphi | \psi \rangle = \int \varphi^* \psi \mathrm{d}\tau, \tag{5.46}$$

则正交矢量表示为 $\langle \varphi | \psi \rangle = 0$,规一化条件表示为 $\langle \psi | \psi \rangle = 1$. 如果力学量 $\hat{O}$ 的本征态记为 $|O_n\rangle \equiv |\psi_n\rangle$,任意态矢的展开表示为

$$|\psi\rangle = \sum_{n=1}^{N} c_n |O_n\rangle, \tag{5.47}$$

因而可知 $c_n = \langle \psi | O_n \rangle$,相当于矢量 $|\psi\rangle$ 在基矢 $|O_n\rangle$ 上的投影. 基矢的正交性要求 $\langle O_m | O_n \rangle = \delta_{mn}$,完备性要求

$$\sum_{n=1}^{N} |O_n\rangle\langle O_n| = 1. \tag{5.48}$$

对于连续分布的本征值,比如动量表象,基矢为 $|p\rangle$,满足以下关系:

$$\int |p\rangle\langle p| \mathrm{d}p = 1, \tag{5.49a}$$

$$\langle p' | p'' \rangle = \delta(p' - p''). \tag{5.49b}$$

算符的运算,比如薛定谔方程表示为

$$i\hbar \frac{\partial}{\partial t} |\psi\rangle = \hat{H} |\psi\rangle. \tag{5.50}$$

对于一般的运算,比如 $|\varphi\rangle = \hat{F} |\psi\rangle$,可以在具体的表象 $|O_n\rangle$ 中展开如下:

$$\langle O_n | \varphi \rangle = \langle O_n | \hat{F} | \psi \rangle = \sum_{m=1}^{N} \langle O_n | \hat{F} | O_m \rangle \langle O_m | \psi \rangle. \tag{5.51}$$

记 $b_n = \langle O_n | \varphi \rangle$,$a_m = \langle O_m | \psi \rangle$,以及 $f_{nm} = \langle O_n | \hat{F} | O_m \rangle$,则上式重新写为

$$b_n = \sum_{m=1}^{N} f_{nm} a_m. \tag{5.52}$$

此式和前面的式(5.43)表示相同. 力学量的平均值表示为

$$\overline{O} = \langle \psi | \hat{O} | \psi \rangle = \sum_{m,n} \langle \psi | O_m \rangle \langle O_m | \hat{O} | O_n \rangle \langle O_n | \psi \rangle$$

$$= \sum_{m,n}^{N} a_m^* O_{nm} a_n. \tag{5.53}$$

5.3 量子体系的纯态和混合态

当量子体系处于某个确定的状态时,称该体系的状态为纯态. 比如体系处于 $|\psi\rangle$ 态或者处于相干叠加态 $|\varphi\rangle = \alpha|\varphi_1\rangle + \beta|\varphi_2\rangle$ 都属于纯态,纯态 $|\varphi\rangle$ 也可以表示成密度算符 ρ 的形式,即

$$\rho = |\varphi\rangle\langle\varphi|. \tag{5.54}$$

当无法确定体系处于某个确定的状态,只知道其部分处于某些确定的状态时,称该体系处于混合态,比如

$$\rho = \alpha_1^2|\varphi_1\rangle\langle\varphi_1| + \alpha_2^2|\varphi_2\rangle\langle\varphi_2|. \tag{5.55}$$

读者可以自行验证纯态和混合态的区别. 引入力学量的本征空间的基矢,可以通过对密度算符求迹而进行归一化,即 $\mathrm{Tr}\{\rho\} = 1$. 如基于正交完备本征矢 $|O_n\rangle$,

$$\begin{aligned}\mathrm{Tr}\{\rho\} &= \sum_n \langle O_n|\rho|O_n\rangle = \sum_n \langle O_n|\psi\rangle\langle\psi|O_n\rangle \\ &= \sum_n \langle\psi|O_n\rangle\langle O_n|\psi\rangle = \langle\psi|\psi\rangle = 1.\end{aligned} \tag{5.56}$$

请读者自行验证上述混合态归一化的条件. 力学量的平均值由下式给出:

$$\bar{O} = \mathrm{Tr}\{\rho\hat{O}\}, \tag{5.57}$$

可以证明纯态和混合态的密度算符满足不等式

$$\mathrm{Tr}\{\rho^2\} \leq 1. \tag{5.58}$$

上式取等号时为纯态,否则为混合态. 这也是判别一个态是混合态或是纯态的一个判据. 如果将上面的 $|\varphi_1\rangle$ 和 $|\varphi_2\rangle$ 理解为干涉实验中光要通过两条双缝的状态,纯态表明双缝的宽度满足相干条件,光以一定概率同时通过双缝,从而产生干涉;而混合态表明相干条件不一定满足,光会独立地通过两条缝,不会产生干涉.

以上都只考虑了单一的量子体系,当体系由两个或者两个以上的子体系构成时,就构成了复合量子体系. 比如两个电子、一个电子和一个原子、光和原子等都属于复合量子体系. 以包含两个子体系的复合体系为例,用 A、B 来表示不同的子体系,设其各自对应的本征矢分别为 $|\varphi_i\rangle_A$ 和 $|\phi_j\rangle_B$, $i=1,2,\cdots,M$, $j=1,2,\cdots,N$,表示总体系状态的密度矩阵为 ρ,则总体系的本征矢为子体系本征矢的直积

$$|\psi_{ij}\rangle = |\varphi_i\rangle_A |\phi_j\rangle_B. \tag{5.59}$$

共有 $M \times N$ 个,构成了复合希尔伯特空间的基矢,而且满足正交和完备性,即

$$\langle \psi_{ij} | \psi_{i'j'} \rangle = \delta_{ii'} \delta_{jj'}, \tag{5.60}$$

$$\sum_{i,j}^{M,N} |\psi_{ij}\rangle \langle \psi_{ij}| = 1. \tag{5.61}$$

体系的密度矩阵 ρ 的归一化表示为

$$\mathrm{Tr}\{\rho\} = \sum_{i,j}^{M,N} \langle \psi_{ij} | \rho | \psi_{ij} \rangle = 1. \tag{5.62}$$

可以从 ρ 得到单一体系的密度矩阵，称为约化密度矩阵，比如 A 体系约化密度矩阵 ρ_A 通过对 B 体系求迹得到，即

$$\rho_A = \mathrm{Tr}_B\{\rho\} = \sum_j^N \langle \phi_j | \rho | \phi_j \rangle_B. \tag{5.63}$$

这些形式化的表示在下文中将会用到.

科学家小传

玻色

玻色(S. N. Bose, 1894—1974)，印度物理学家. 玻色对于量子力学和统计力学的贡献被认为是现代物理学发展的重要一环. 他最著名的成就之一是与爱因斯坦合作，建立了玻色-爱因斯坦统计，描述了由玻色子组成的系统的行为规律. 根据玻色-爱因斯坦统计，玻色子可以同时处于同一个量子态，这就促使了玻色-爱因斯坦凝聚概念的产生. 这种凝聚态现象后来被实验证实，并在冷原子物理学中得到了广泛应用. 此外，玻色还对量子力学和电动力学领域做出了重要贡献. 他的研究奠定了量子力学的基础，并为后来的量子场论提供了重要的启示. 他的工作对于现代物理学的发展尤其在凝聚态物理学和量子统计领域，产生了深远的影响. 除了科学研究，玻色还是一位优秀的教育家和科普作家. 他致力于推广物理学和科学知识，对印度的科学教育做出了重要贡献. 因此，他被视为 20 世纪最伟大的物理学家之一，并且他的名字被用来命名玻色子这一基本粒子.

费米

费米(E. Fermi, 1901—1954)，美籍意大利裔物理学家，1938 年诺贝尔物理学奖获得者. 费米最著名的成就之一是在 20 世纪 30 年代早期对 β 衰变进行了详细的研究，并提出了费米黄金法则，这一法则描述了介子强相互作用的基本特性，为后来弱相互作用理论的研究奠定了重要基础. 此外，他还提出了费米子统计，描述了一类基本粒子的行为规律，这一统计方法后来被用于描述凝聚态物质中的费米子的行为. 在核物理学领域，费米在探索原子核结构和核反应方

面做出了重要贡献. 他领导团队成功地实现了世界上第一颗人造核反应堆的实验, 并获得了 1938 年诺贝尔物理学奖. 此外, 他还参与了曼哈顿计划, 为美国开发第一颗原子弹做出了重要贡献. 费米还在宇宙射线、统计力学、量子场论等领域做出了重要贡献, 对于理论物理学的发展产生了深远的影响, 是当代理论物理学的巨匠之一. 他的工作为现代物理学的发展开辟了新的方向, 对于后来的理论物理学研究产生了深远的影响.

5.4 量子不确定关系

在前面引入算符的内容中提到过, 如果量子态的位置(动量)是确定的, 那么其动量(位置)将变得非常不确定. 这个特殊的结论其实是由量子态的波粒二象性所决定的, 量子体系同时具有粒子性和(概率)波动性, 导致量子体系的很多力学量不能同时确定.

德国物理学家海森伯提出, 不能同时测定一个粒子的位置和动量, 测量精度的极限满足关系

$$\Delta x \cdot \Delta \hat{p}_x \sim \hbar. \tag{5.64}$$

这个关系说明位置和动量测量的精度范围相互制约, 如果对位置的测量精度很高, 则 Δx 就要求很小, 甚至趋向于零, 那么动量的不确定范围就很大, 甚至趋向无穷大, 变得完全无法准确测量. 当然这里的精度不是由实验误差带来的, 而是由于粒子的波动性导致的. 比如, 在光的单缝衍射实验中, 狭缝越窄(意味着光通过狭缝的位置确定度就越高), 衍射屏上光谱就会散得越开, 意味着光离开狭缝出射动量的变化就会越大, 从而光的动量的不确定性就会越大, 这是光的波粒二象性的一个重要体现.

量子力学可以严格证明, 对于两个厄米算符 $\hat{A}$ 和 $\hat{B}$, 其对易关系满足 $[\hat{A}, \hat{B}] = \mathrm{i}\hat{C}$, 令 $\Delta \hat{A} = \hat{A} - \overline{A}$, $\Delta \hat{B} = \hat{B} - \overline{B}$, 则有

$$\sqrt{\overline{(\Delta \hat{A})^2} \cdot \overline{(\Delta \hat{B})^2}} \geq \frac{|\overline{C}|}{2}. \tag{5.65}$$

通常简记为

$$\Delta \hat{A} \cdot \Delta \hat{B} \geq \frac{|\overline{C}|}{2}. \tag{5.66}$$

由于 $[x, \hat{p}_x] = \mathrm{i}\hbar$, 代入上式, 可以得到准确的位置和动量的不确定关系

$$\Delta x \cdot \Delta \hat{p}_x \geq \hbar / 2. \tag{5.67}$$

对于物质粒子, 其物质波满足关系 $p = h/\lambda = 2\pi\hbar/\lambda \equiv \hbar k$, 因此, 上述关系意味着

$$\Delta x \cdot \Delta k_x \geq 1/2. \tag{5.68}$$

该式说明了粒子的位置和其物质波的波矢之间的不确定关系. 另外一个常用的是能

量和时间的不确定关系

$$\Delta E \cdot \Delta t \geqslant \hbar/2. \tag{5.69}$$

在原子中，基态的能量是确定的，因此基态的时间的不确定度，即寿命，原则上是无限长的；而对于激发态，其能级的能量有一定的变化范围，即有一定的宽度，能级越高，变化就越大，因此其寿命就会越小.

> **研讨课题**
>
> 请调研，有哪些具体量子体系满足式(5.69)，分别代表什么物理意义.

第 6 章

量子信息导论

6.1 量子信息和量子比特

6.1.1 量子信息比特的基本概念

信息可以理解为表征一个物质体系的状态参量取值的组合及其对外显示度,是物质世界各关联体系之间相互判断并形成合作运行的关键纽带. 在人类主观世界中,信息被理解为用来消除物质对象不确定性(可能性)内容的状态参量的组合,因此可以采用概率函数来描述信息的度量.

任何信息的表征离不开物理载体,比如用黑字白纸表示的信息、声波信息、电磁波信息等,所以信息的基础是物理学. 比如,计算机所采用的二进制单位 0 和 1 分别用电路中的低电平和高电平来表征,设计复杂的电路,产生、存储、变换这些高、低电平组合所代表状态,都属于物理过程.

由大规模集成电路构成的芯片是所有现代电子信息和计算技术实现的核心,其上所集成电子元器件数量和密度已经趋向于经典物理学所允许的极限. 如图 6.1 所

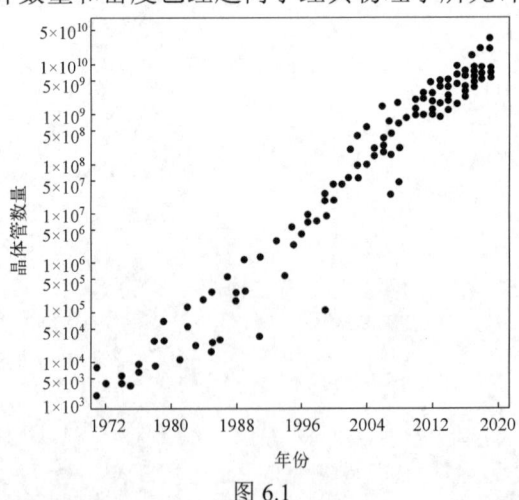

图 6.1

第 6 章 量子信息导论

示,有一个著名的定律即摩尔定律指出,当价格不变时,集成电路上可容纳的电子元器件数目约每隔 18 个月便会增加一倍,性能也将提升一倍. 按照这个速度,基本电子元器件的尺寸很快就可以达到纳米量级,所谓的高、低电平这种统计性的经典的宏观性的概念将失去意义,器件之间的耦合和状态交换将不再符合经典物理学规律,量子物理学将起主宰作用.

传统的信息载体都是宏观物体的状态,这类信息称为经典信息,其实质的信息运行过程符合经典物理学规律. 利用微观的物理载体的量子态来表征的信息则被称为量子信息,量子信息的产生、存储和演化等必须符合量子力学规律. 由于量子态的概率性本质,量子信息与经典信息有着非常大的不同.

经典的二进制信息比特可以表示为 0 和 1,单比特的经典信息会处于 0 或 1 表示的经典物理状态. 而单比特量子信息需要用一个二能级量子体系的状态来表示,由于量子态的相干叠加性,基于体系的两个基矢 $|0\rangle$ 和 $|1\rangle$,任意一个二能级的量子体系的状态都可以表示为

$$|\varphi\rangle = \alpha_0 |0\rangle + \alpha_1 |1\rangle, \tag{6.1}$$

式中,量子态归一化性质要求 $|\alpha_0|^2 + |\alpha_1|^2 = 1$. 其中,$|0\rangle$ 和 $|1\rangle$ 一般为二能级体系的两个基础能级,满足正交归一性,即它们的内积 $\langle 0|1\rangle = \langle 1|0\rangle = 0$,$\langle 1|1\rangle = \langle 0|0\rangle = 1$,以及 $|0\rangle\langle 0| + |1\rangle\langle 1| = 1$. 比如,二能级原子体系的两个能级、电子自旋在外磁场的投影取值等都可以表示为 $|0\rangle$ 和 $|1\rangle$.

信息存储为量子态 $|\varphi\rangle$,即为量子信息比特;当概率幅 α_0 或 α_1 为零时,$|\varphi\rangle$ 分别塌缩为 $|0\rangle$ 或 $|1\rangle$ 的状态,对应为经典信息的 0 或 1;当 α_0 和 α_1 不为零时,根据量子力学可知,$|\alpha_0|^2$ 和 $|\alpha_1|^2$ 分别代表量子态处于 $|0\rangle$ 和 $|1\rangle$ 的概率,即量子态既处于状态 $|0\rangle$ 又同时处于状态 $|1\rangle$,也就意味着量子信息比特可以同时处于 $|0\rangle$ 和 $|1\rangle$ 的叠加状态,而经典信息比特只能处于 0 或 1 的状态,这是与经典信息比特完全不同的性质. 由于量子力学原理,$|0\rangle$ 和 $|1\rangle$ 的叠加状态说明对应两个态的测量结果之间存在相干关联,这使得量子比特比经典比特有更多的优势.

考虑一个两比特信息,经典信息会处在 00、01、10、11 所代表的四个经典物理状态之一,这是一个由两个二维空间构成的信息状态. 对应于两比特的量子信息,基于 2×2 维量子态矢空间的基矢为 $|00\rangle$、$|01\rangle$、$|10\rangle$、$|11\rangle$,比如 $|01\rangle$ 表示 $|0\rangle \otimes |1\rangle$,即第一个和第二个比特同时分别处于 $|0\rangle$ 和 $|1\rangle$ 的测量状态. 一个两比特的量子信息状态可表示为

$$|\psi\rangle = \alpha_{00}|00\rangle + \alpha_{01}|01\rangle + \alpha_{10}|10\rangle + \alpha_{11}|11\rangle, \tag{6.2}$$

式中量子态的归一化要求 $\sum_{x\in(0,1)^2}|\alpha_x|^2 = 1$,其中,$(0,1)^2$ 表示 $0,1$ 的两两组合,即对比

特实施测量后，$|\psi\rangle$ 分别塌缩为 $|00\rangle$、$|01\rangle$、$|10\rangle$、$|11\rangle$ 的概率为 $|\alpha_x|^2$. 两比特的量子信息态具有丰富的物理含义，比如著名的贝尔(Bell)态 $\frac{1}{\sqrt{2}}(|00\rangle+|11\rangle)$，或称之为 EPR 关联对，即当 $\alpha_{01}=\alpha_{10}=0$，$\alpha_{00}=\alpha_{11}=\frac{1}{\sqrt{2}}$ 时式(6.2)所对应的量子状态. 贝尔态表示，比特1和比特2，或者同时处于 $|00\rangle$ 态，或者同时处于 $|11\rangle$ 态，而同时测量其中一个比特的状态，将会等概率地处于 $|0\rangle$ 和 $|1\rangle$ 其中之一. 更详细的讨论见后面的内容.

以上单个和两个比特的情况可以推广到任意 N 个比特的情况. N 比特的经典信息状态即为 0 和 1 的组合，比如 $(\underbrace{0110100\cdots111011}_{N\uparrow})$. N 比特量子态可用 $N\times 2$ 维量子态矢空间来描述，如果用 $x\in(0,1)^N$ 表示 0,1 的任意 N 个单比特状态组合，则 $N\times 2$ 维量子态矢空间的基矢为所有的 x 所对应的 $|x\rangle$，比如 $x=0110100\cdots111011$ 对应的量子态基矢为 $|0110100\cdots111011\rangle$. 所以，对于一个一般 N 比特量子信息状态即可写为

$$|\phi\rangle=\sum_{x\in(0,1)^N}\alpha_x|x\rangle, \tag{6.3}$$

其中要求 $\sum_{x\in(0,1)^N}|\alpha_x|^2=1$.

注意一个 N 比特量子状态需要 2^N 个概率幅，这意味着模拟一个 N 比特量子信息需要 2^N 个经典物理状态，当 N 变大时，2^N 将是一个非常大的天文数字. 比如 $N=500$ 时，2^{500} 大约相当于目前所了解的宇宙中所有原子的数目，而确定一个 N 比特经典信息仅需要 N 个物理状态参量. 请思考：其中最关键的区别是什么？

后面将会看到，实施任何量子计算和量子信息的基础步骤，首先是制备一个存储量子信息的初始量子状态，对于一个经典的计算装置来说，同时存储并运算 N 比特量子信息所需要的物理状态，当 N 较大时几乎不可能，而直接采用量子态存储量子信息，并按照量子力学的规则实施模拟运算，就会变得非常实际. 这也是美国物理学家费恩曼最早提出量子计算的初衷. 当然，后面的学习会发现，由于量子信息比特的特殊性质，量子计算规则会带来经典运算无法比拟的其他优势，这些优势会使得很多经典计算所遇到的难题迎刃而解.

6.1.2 量子态的不可克隆性

用来表征量子信息的量子态还具有一个非常重要的性质，就是量子态的不可克隆性(或称之为不可复制性). 由于量子体系的波动性，量子态实际表示的内涵是量子体系处于某个状态的概率分布. 既然是状态的概率分布，那么对量子状态实施单次测量，不可能准确地知道量子体系处于哪个状态，只有通过大量的重复性测量，

才能逐步精确地测量到量子体系处于某些本征状态的概率分布.

比如式(6.1)的量子态 $|\varphi\rangle = \alpha_0|0\rangle + \alpha_1|1\rangle$，实施单次的基矢符合测量，会得到体系处于 $|0\rangle$ 或 $|1\rangle$ 的状态，不可能确定 $|\varphi\rangle$ 的状态. 但是如果实施多次重复的测量，就会逐步精确地得知 $|\alpha_0|^2$ 和 $|\alpha_1|^2$ 的取值，原则上当测量次数趋于无穷大时，会得到精确的概率幅的值，即可得到 $|\varphi\rangle$ 的状态.

但同时，量子力学测量原理告诉我们，对量子态实施测量会同时导致状态塌缩，意味着体系测量前的状态遭到了破坏，体系不可能恢复到测量前的状态，即不可能实施重复测量. 比如，对于量子态 $|\varphi\rangle$，利用测量算符 $|0\rangle\langle 0|$ 实施测量后，量子态会随即塌缩至 $|0\rangle$ 态，原始状态将不复存在.

为了能够通过多次重复测量得到量子态的准确信息，能否对量子态实施大量的克隆(或复制)呢？

假设存在精确的量子克隆装置，对于单量子比特来说，可以将克隆过程表示如下：

$$|\psi\rangle|\sigma\rangle|A\rangle \Rightarrow |\psi\rangle|\psi\rangle|A_\psi\rangle, \tag{6.4}$$

式中，第一项表示存储于原始被克隆的状态，第二项表示存储于克隆系统的状态，第三项表示存储于克隆装置的状态. 下面证明这种克隆过程是不可能实现的.

证明：将克隆应用于基矢 $|0\rangle$ 和 $|1\rangle$，分别有

$$|0\rangle|\sigma\rangle|A\rangle \Rightarrow |0\rangle|0\rangle|A_0\rangle,$$

$$|1\rangle|\sigma\rangle|A\rangle \Rightarrow |1\rangle|1\rangle|A_1\rangle,$$

对于式(6.1)的任意输入态 $|\varphi\rangle$，有

$$|\varphi\rangle|\sigma\rangle|A\rangle \Rightarrow$$

$$|\varphi\rangle|\varphi\rangle|A_\varphi\rangle = |\alpha_0|^2|0\rangle|0\rangle|A_0\rangle + |\alpha_1|^2|1\rangle|1\rangle|A_1\rangle + (\alpha_0\alpha_1|0\rangle|1\rangle + \alpha_1\alpha_0|1\rangle|0\rangle)|A_\varphi\rangle, \tag{6.5a}$$

而同时

$$|\varphi\rangle|\varphi\rangle|A\rangle = \alpha_0|0\rangle|0\rangle|A_0\rangle + \alpha_1|1\rangle|1\rangle|A_1\rangle. \tag{6.5b}$$

在同一个克隆装置上实施相同输入量子态的克隆过程,式(6.5a)和式(6.5b)的结果显然不同，出现矛盾，由此得到量子态不可克隆的结论，即量子不可克隆原理：量子力学禁止对任意的量子态进行完全精确的克隆.

量子不可克隆原理说明量子态是非常"精贵的"，利用量子态实现信息传输、密码发送等具有天然的优势，比如能够真正实现"一密一码"，结合量子态测量的破坏性对基于量子态实现的量子密码发送不可能被窃听，因为窃听即意味着对量子信息状态的测量，意味着对信息状态的破坏.

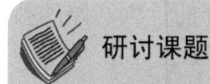

研讨课题

调研量子不可克隆原理在量子信息中的应用是否存在实际的"对策".

> **科学家小传**
>
> ### 费曼
>
> 费曼(R. P. Feynman, 1918—1988), 美国物理学家, 1965 年诺贝尔物理学奖获得者. 费曼在量子电动力学、量子力学、统计力学等领域做出了重大贡献, 并以其卓越的教学和科普能力而闻名于世. 费曼最著名的成就之一是对量子电动力学的贡献. 他发展了现在被称为费曼图的图形技术, 用于描述粒子相互作用的过程, 这对于解决原子核和基本粒子的相互作用问题起到了重要作用. 他的成果为量子电动力学提供了新的计算方法, 为理论物理学的发展做出了重要贡献. 1981 年, 费曼公开提出量子计算机的概念, 即能否建造一个按照量子力学的规律来运行的计算机, 用来很好地模拟本质是量子力学的物理世界, 从而开启了量子计算的时代. 除了科学研究, 费曼还以其幽默风趣的风格和出色的讲解能力而闻名. 他以《你不可能从那里开始》和《我是怎么想的》等畅销书籍向公众介绍了物理学和科学的知识.
>
> ### 狄拉克
>
> 狄拉克(P. Dirac, 1902—1984), 英国物理学家, 量子力学的奠基者之一, 1933 年诺贝尔物理学奖获得者. 狄拉克对量子力学和量子场论的发展做出了重要贡献, 被誉为 20 世纪最伟大的理论物理学家之一. 狄拉克最著名的成就之一是提出了狄拉克方程, 这是描述自旋为 1/2 的粒子(如电子)行为的基本方程, 也是相对论性量子力学的基础之一. 通过这个方程, 狄拉克成功地解释了电子的自旋性质, 预言了反物质存在的可能性, 从理论上预言了正电子的存在, 并且为我们对粒子物理学的理解提供了重要的启示. 此外, 狄拉克还对量子场论和量子电动力学的发展做出了重要贡献, 他提出了著名的狄拉克海模型, 为后来的量子场论研究提供了重要的思路. 他的工作对于现代粒子物理学的发展产生了深远的影响, 也为我们对基本粒子和宇宙的理解提供了重要的线索.

6.2 量子计算和典型量子算法介绍

6.2.1 量子计算的基本概念

正如前面所述, 如果将晶体管等电子元器件压缩到纳米及以下尺度, 这些器件将与原子一个量级, 它们之间的相互作用及运行演化将遵循量子力学规律; 如果演化初态(即量子信息比特)、演化过程和演化结果都按照事先设计好的计划和路线执行, 就是量子计算的概念, 相应的量子体系装置就是量子计算机. 如图 6.2 所示, 量子计算本质上是一系列量子幺正操作(U 操作)的组合, 所以在某种程度上, 量子计算和量子计算机是经典计算的核心器件不断大规模集成化的必然发展结果.

量子计算需要三个必备环节:量子信息初态的制备,即将准备计算的初始信息制备成 N 比特的量子信息初态;量子信息的计算过程,即加载信息初态的量子体系在按照算法进行量子演化;量子计算结果的读出,即对演化的结果态的信息进行测量并读取结果.

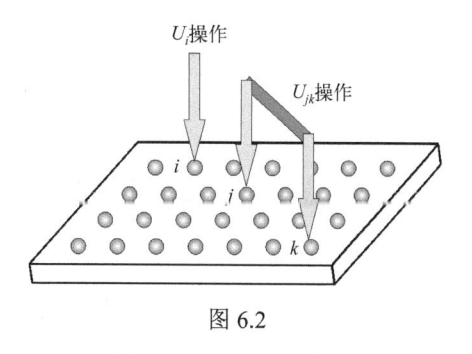

图 6.2

现在主要关注量子信息的计算过程. 经典计算的运算过程是由一系列逻辑门按照一定的序列实施构成的,量子计算过程同样也需要通过由一系列量子逻辑门构成的量子线路来实现. 量子逻辑门作用的对象是量子态,量子力学要求量子态的演化必须满足幺正性,下面来介绍几个典型的单比特和两比特量子逻辑门.

首先简单回顾量子态的矩阵表示法. 对于单比特信息,如果将二能级体系的两个基矢 $|0\rangle$ 和 $|1\rangle$ 分别写成一个列矩阵 $\begin{bmatrix} 1 \\ 0 \end{bmatrix}$ 和 $\begin{bmatrix} 0 \\ 1 \end{bmatrix}$,则给定量子态 $|\varphi\rangle = \alpha_0|0\rangle + \alpha_1|1\rangle$ 可以表示为

$$|\varphi\rangle = \begin{bmatrix} \alpha_0 \\ \alpha_1 \end{bmatrix}, \tag{6.6}$$

那么针对二能级体系量子态的演化操作算符,必须是一个 2×2 的实对称矩阵,相应的两比特量子态是一个 1×4 的列矩阵,如式(6.2)所示,对应的态矩阵为

$$|\psi\rangle = \begin{bmatrix} \alpha_{00} \\ \alpha_{01} \\ \alpha_{10} \\ \alpha_{11} \end{bmatrix}, \tag{6.7}$$

其演化操作算符是一个 4×4 的实对称矩阵. 定义单比特非门为

$$X \equiv \begin{bmatrix} 0 & 1 \\ 1 & 0 \end{bmatrix}, \tag{6.8}$$

显然非门 X 的作用是交换两个基矢的概率幅,即 $X|\varphi\rangle = X\begin{bmatrix} \alpha_0 \\ \alpha_1 \end{bmatrix} = \begin{bmatrix} \alpha_1 \\ \alpha_0 \end{bmatrix} = \alpha_1|0\rangle + \alpha_0|1\rangle$.

单比特 Z 门为

$$Z \equiv \begin{bmatrix} 1 & 0 \\ 0 & -1 \end{bmatrix}, \tag{6.9}$$

其作用是使得基矢 $|0\rangle$ 保持不变,而改变基矢 $|1\rangle$ 的正负号.

单比特 H 门(或称为 Hadamard 门)为

$$H \equiv \begin{bmatrix} 1 & 1 \\ 1 & -1 \end{bmatrix}, \tag{6.10}$$

H 门是一个非常重要的量子逻辑门,同时又被称为"平方根非门",因为它将基矢 $|0\rangle$ 变换为 $\frac{1}{\sqrt{2}}(|0\rangle+|1\rangle)$,而将基矢 $|1\rangle$ 变换为 $\frac{1}{\sqrt{2}}(|0\rangle-|1\rangle)$,并且 $H^2=I$,即为对比特作用两次 H 门等效于什么也不做.

两比特控制非门,或称为 CNOT 门(controlled-NOT),

$$U_{\text{CN}} \equiv \begin{bmatrix} 1 & 0 & 0 & 0 \\ 0 & 1 & 0 & 0 \\ 0 & 0 & 0 & 1 \\ 0 & 0 & 1 & 0 \end{bmatrix}. \tag{6.11}$$

CNOT 门有两个输入的量子比特,第一个称为控制比特,第二个称为目标比特,其运算规则如下所示:

$$|00\rangle \to |00\rangle; \quad |01\rangle \to |01\rangle; \quad |10\rangle \to |11\rangle; \quad |11\rangle \to |10\rangle, \tag{6.12}$$

当控制比特为 0 时,目标比特变换后保持不变,而当控制比特为 1 时,目标比特变换后发生状态反转,即 $0 \to 1, 0 \to 1$. CNOT 门也可以表示为

$$|A,B\rangle \to |A,B \oplus A\rangle, \tag{6.13}$$

其中 $B \oplus A$ 表示 B 和 A 二进制下的模加. CNOT 门的平方,即连续作用两次 CNOT 门意味着反转自身,也就是什么也没做;CNOT 门还可以用来实现非门和比特的复制,其中非门可以通过将控制比特设为 1 即可,而将目标比特设为 0 即可实现对控制比特的复制.

CNOT 门还可以用图 6.3(a)所示"线路"符号来表示.

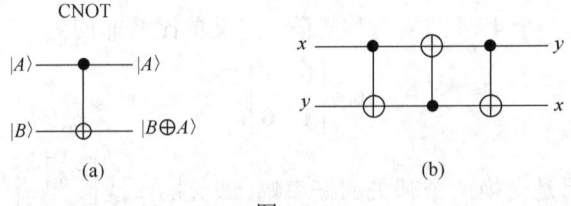

图 6.3

两比特的典型量子逻辑门还有与门、或门、异或门、与非门、或非门等,这里就不再一一详述. 针对某种特定需要实现的功能,将基本的量子逻辑门按照一定次序组合就会形成量子线路,通过量子线路或者量子线路的进一步组合就可以实现某些功能的量子计算. 比如,如下的量子交换线路,由图 6.3(b)可知,交换线路实际

为 3 个 CNOT 门的组合，可以实现 $|A,B\rangle \to |B,A\rangle$，即对应为

$$|A,B\rangle \to |A,B\oplus A\rangle \to |B,A\oplus B\rangle \to |B,A\rangle. \tag{6.14}$$

有兴趣的读者可以自行尝试验证. 如果基本的量子逻辑门或者其组合门满足量子力学幺正性，可以证明其具有可逆性，具有可逆性的量子逻辑门原则上在运行时不产生热的耗散，这一点是经典计算系统绝对无法实现的.

根据量子态的叠加性，比如式 (6.3) 所表示的 N 比特的量子态 $|\phi\rangle$，如果将 $|\phi\rangle$ 作为量子计算输入的初态，由于 $|\phi\rangle$ 的相干叠加性以及演化过程的相干性，N 比特的计算实际上是同时进行的，这和经典计算机的 N 比特的运算只能是一个一个进行完全不同，将基于量子比特的这种计算称为量子并行计算. 显然，并行计算使得量子计算比经典计算的计算速度大幅度加快.

然而，由于量子态的概率性，对于量子计算结果的读取也必须是概率性的. 不像经典计算机的输出结果是确定的，如果重复同样的计算，经典计算机每次都会给出相同的结果. 但是，量子计算的结果每次输出都不会一样，需要多次计算才能给出统计分布的结果. 所以量子计算的并行计算和结果输出概率性是相互对立统一的，必须设计适当的量子算法进行优化，才能得到最佳的计算方案.

6.2.2 典型量子算法介绍

量子并行计算使得许多量子算法具有经典计算无法取代的优势. 在介绍集中典型算法之前，有必要先给出一个函数运算线路.

对于一个任意的函数映射 $x \to f(x):\{0,1\}\mapsto\{0,1\}$，为了利用量子计算实现函数映射，首先制备一个两比特初态 $|x,y\rangle$，通过选择适当的量子线路对应于量子操作 U_f，将初态变换至 $|x,y\oplus f(x)\rangle$，即

$$|x,y\rangle \to U_f|x,y\rangle = |x,y\oplus f(x)\rangle, \tag{6.15}$$

其中量子映射 U_f 必须是幺正的. 比如，当输入量子态为 $\frac{1}{\sqrt{2}}(|0\rangle+|1\rangle)$ 时，经 U_f 作用后的结果态为 $\frac{1}{\sqrt{2}}(|0,f(0)\rangle+|1,f(1)\rangle)$.

基于量子并行计算，量子算法一般可分为三个步骤.

第一步：准备两个量子存储器（体系）A 和 B，先将 A 制备在等概率的叠加态中，即

$$|0\rangle_A \otimes |0\rangle_B \Rightarrow \frac{1}{\sqrt{N}}\sum_0^{N-1}|a_i\rangle_A \otimes |0\rangle_B; \tag{6.16}$$

第二步：针对算法 $f(x)$，对两个存储器实施 U_f 操作，根据量子平行计算性质，

U_f 将对 A 体系的所有 a_i 同时作用，一次得到所有 $f(a_i)$，最终的结果将转移至体系 B 进行存储，即

$$U_f \frac{1}{\sqrt{N}} \sum_0^{N-1} |a_i\rangle_A \otimes |0\rangle_B = \frac{1}{\sqrt{N}} \sum_0^{N-1} U_f |a_i\rangle_A \otimes |0\rangle_B$$
$$= \frac{1}{\sqrt{N}} \sum_0^{N-1} |a_i\rangle_A \otimes |f(a_i)\rangle_B. \tag{6.17}$$

第三步：测量 A 或 B 存储器，得到测量结果.

1. 多依奇算法

物理学家多依奇(D. Deutsch)利用量子并行计算的优势，在 1985 年设计了多依奇算法(Deutsch algorithm)，解决他自己提出的多依奇问题，同时证明比经典计算具有极大的优势.

多依奇问题：对于一个包含某些特定算法的计算装置，对输入的比特信息进行计算后会得到相应的结果，但是计算装置内所蕴含的映射函数类型却无法得知，如何通过最少的步骤判断出计算装置的函数类型呢？

多依奇问题常被称为黑盒问题. 对于一个二进制函数 $f(x):\{0,1\} \mapsto \{0,1\}$，即 $|x,y\rangle \to U_f|x,y\rangle = |x, y \oplus f(x)\rangle$，或为常数函数 $f(0) = f(1)$，即或为对称函数，即 $f(0) \neq f(1)$.

显然，经典计算需要两次输入并运算后才能判断出 $f(x)$ 的类型.

量子计算如何进行判断呢？

根据 $U_f|x,y\rangle = |x, y \oplus f(x)\rangle$，可知

$$U_f \left[|x\rangle \otimes \frac{1}{\sqrt{2}}(|0\rangle - |1\rangle) \right] \to |x\rangle \otimes \frac{1}{\sqrt{2}}(|f(x)\rangle - |1 \oplus f(x)\rangle)$$
$$= (-1)^{f(x)} |x\rangle \otimes \frac{1}{\sqrt{2}}(|0\rangle - |1\rangle). \tag{6.18}$$

如果取 $|x\rangle = (|0\rangle + |1\rangle)/\sqrt{2}$，则上述变换后的态为

$$\frac{1}{\sqrt{2}} \left[(-1)^{f(0)}|0\rangle + (-1)^{f(1)}|1\rangle \right] \otimes \frac{1}{\sqrt{2}}(|0\rangle - |1\rangle).$$

观测第一个比特的状态会发现，如果 $f(x)$ 为常数函数，即恒为 0 或者 1，上式都会是 $\pm \frac{1}{\sqrt{2}}(|0\rangle + |1\rangle) \equiv \pm |+\rangle$；如果 $f(x)$ 为对称函数，即 $f(0) \neq f(1)$，上式都会是 $\pm \frac{1}{\sqrt{2}}(|0\rangle - |1\rangle) \equiv \pm |-\rangle$. 其中 $|\pm\rangle \equiv \frac{1}{\sqrt{2}}(|0\rangle \pm |1\rangle)$，是二能级体系不同于 $|0\rangle$ 和 $|1\rangle$ 的另外一对正交基矢.

所以，多依奇算法为：将制备好的两比特状态$|0\rangle\otimes|1\rangle$分别作用于$H$门，然后输入黑盒计算装置进行$U_f$作用，再对运算后的第一个比特再次作用$H$门，最后通过对第一个比特实施$|\pm\rangle$的投影测量，就可以直接判断出$f(x)$的类型.

多依奇算法仅需要一次运算就完成了判断！

1992年提出的多依奇-乔萨(Deutsch-Jozsa)算法，是多依奇算法针对N比特情况的推广算法，量子算法仍然仅需要一次运算就可以完成判断，而经典算法至少需要2^N-1次才能完成判断.

2. 傅里叶变换的量子算法及其应用

尽管在多依奇算法中已经看到了量子计算在速度方面的一点优势，但由于所解决的问题并不具有很强的实用性，而且考虑到量子计算结果读取的概率性，量子计算是否具有绝对的优势还未曾可知.

傅里叶变换是最终的数学变换之一，尤其是在信号和频谱分析等方面具有非常关键的应用价值，广义的傅里叶级数是许多领域的理论分析基础. 比如，离散的傅里叶变换是将一组N个复数$\{x_0,x_1,x_2,\cdots,x_{N-1}\}$变换输出为另一组$N$个复数$\{y_0,y_1,y_2,\cdots,y_{N-1}\}$，定义为

$$y_k \equiv \frac{1}{\sqrt{N}}\sum_{j=0}^{N-1}x_j \mathrm{e}^{\frac{2\pi ijk}{N}}. \tag{6.19}$$

对于$N=2^n$，经典计算需要$n2^n$步，能够完成傅里叶变换的实施. 相应可以定义量子傅里叶变换为

$$\sum_{j=0}^{2^n-1}x_j|j\rangle \to \frac{1}{\sqrt{2^n}}\sum_{k=0}^{2^n-1}\left[\sum_{j=0}^{2^n-1}x_j\mathrm{e}^{\frac{2\pi ijk}{2^n}}\right]|k\rangle = \sum_{k=0}^{2^n-1}y_k|k\rangle. \tag{6.20}$$

可以证明，利用序列应用的H门、控制门等逻辑门组合形成量子线路，可以通过$n(n+1)/2$步实现式(6.19)的量子傅里叶变换. 显然，量子傅里叶变换比经典对应在实现步骤上有一个指数级的减少，但由于结果测量的概率性，变换的结果都只体现于每个输出比特的概率幅中，在直接的傅里叶变换中这种优势的实际体现并不明显.

然而，由于量子傅里叶变换输出比特的概率幅中包含了关键的相位因子，通过设计反傅里叶变换运算，可以精确地给出任意一个给定幺正算符所对应本征态的相位，而由于相位作为量子比特波动性的关键因素，波动体系周期性的变化恰好和数论中的求阶(或者求余数)等问题有着天然的对应，这种对应使得隐藏在量子傅里叶变换概率幅中量子算法的速度优势能够被迅速转换出来.

对于任意给定的正整数x和N，$x<N$，并且两者没有公共因子，以N作为模

数的 x 的阶数被定义为最小的正整数 r，即 $x^r = 1 (\mathrm{mod}\ N)$. 整数求阶问题对于数论中的确定素数分布、大数因子分解等问题的解决至关重要. 众所周知，通用的 RSA 公钥加密体系就是基于大数因子分解问题所设立的，由于经典计算机实际无法破解超过一定大小的正整数的因子分解问题，RSA 公钥加密体系被认为是迄今最为安全的密钥系统，大多数商业甚至军事的加密系统都是基于 RSA 体系.

基于量子傅里叶变换的相位估算，量子算法解决位数为 L 的正整数的求阶和因子分解（或寻找比其小的素数）仅需要 $L^2(\log L)(\log\log L)$（约为 L^3）的多项式次操作，而最佳的经典算法则需要 $\exp[\Theta(L^{1/3}\log^{2/3}L)]$ 次操作才能完成，其中 $\Theta(x)$ 表示 x 的多项式.

比如，分解位数 $L = 250$ 的大数，经典算法需要 8×10^5 年；如果 $L = 1000$，经典算法需要 10^{25} 年，这是完全不可能完成的任务. 而对于这样的位数，利用量子肖尔 (P. W. Shor) 算法很轻易地就能完成.

也就是说，量子计算对于通用的 RSA 加密体系构成了致命的威胁！

3. 格罗弗非结构性搜索算法

搜索是获取信息的关键步骤，例如，在庞大的图书馆中检索出感兴趣的那本书. 在通常情况下，图书馆都会对资料进行非常细致的分类整理，当要检索某项资料时，可以按照一定的分类方法快速找到. 倘若某个图书馆将资料杂乱无章地随意摆放，要从庞大的图书库中找到想要的那本书将会非常困难. 实际上，这样的案例存在于真实需求中，互联网每天都会产生大量未整理的数据，应该如何从这些杂乱无章的数据中高效地搜索到有价值的信息呢？我们可以将其映射为这样一个问题：对于一个包含 N 个文件非结构性的数据库，假定每个文件都对应有关键字词，而且每一个关键字词都不相同，因此，可设计最佳的搜索算法，使得能够最快找到所需要查询的文件.

对于这种非结构性搜索问题，经典的遍历算法需要 N 的多项式量级次搜索才能够完成任务. 而格罗弗 (L. Grover) 量子搜索算法，通过定义量子搜索算符，对事先准备好的初始叠加态施加多次迭代，只需要 $\sqrt{N}$ 的多项式量级次就可以将目标态锁定在需要搜寻的关键字词的状态上，而完成搜索任务. 这种算法可形象地类比于在量子态矢空间"摇晃求签"，所以又被称为格罗弗摇晃搜索算法. 该算法的量子线路的描述如图 6.4 所示.

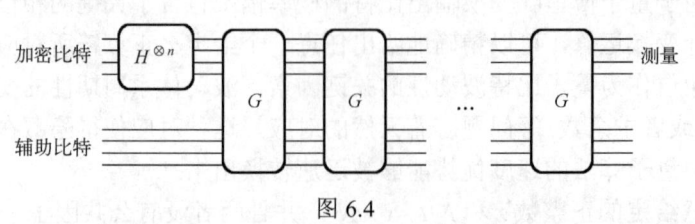

图 6.4

下面介绍该算法的原理. 为了便于表述, 令数据库中的文件数目 $N = 2^n$, 使用 n 个量子比特即可编码所有的 N 个关键词信息. 首先, 对处于初态 $|1\rangle^{\otimes n}$ 的 n 个量子比特做 $H^{\otimes n}$ 操作, 制备出叠加态 $|\psi\rangle = \sqrt{\dfrac{1}{N}} \sum_{x=0}^{N-1} |x\rangle$, 数据库中的每一个文件都被编码到叠加态中. 接下来, 需要构造搜索算符, 也称为格罗弗算符 G, 该算符可以被拆解为四个部分, 如图 6.5 所示.

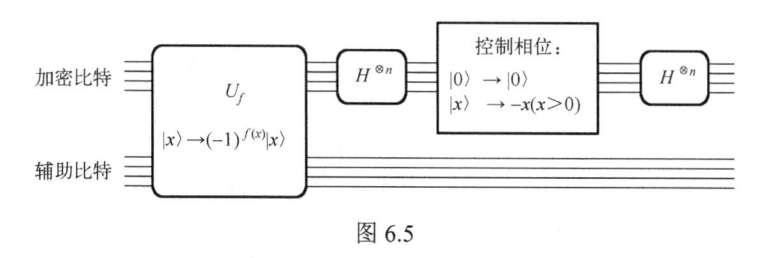

图 6.5

假设想要搜索编码为 x_0 的文件, 搜索函数可以被定义为 $f(x) = \delta(x_0)$, 即 $x = x_0$ 时, $f(x) = 1$, 其他情况下 $f(x) = 0$. 定义如下操作:

$$\hat{O}|x\rangle = (-1)^{f(x)} |x\rangle, \tag{6.21}$$

用于翻转被搜索的量子态的相位, 让其可以被区分出来. 然而仅仅依靠已有的编码比特还不足以完成该操作, 实现上述操作还需要引入额外的辅助比特 $|q\rangle$, 并将其制备到叠加态 $(|0\rangle - |1\rangle)/\sqrt{2}$, 根据多依奇算法, 我们可以构造出一个算符 U_f, 实现

$$U_f |x\rangle |q\rangle = |x\rangle |q \oplus f(x)\rangle = (-1)^{f(x)} |x\rangle \left(\dfrac{|0\rangle - |1\rangle}{\sqrt{2}} \right). \tag{6.22}$$

在上式中, 对于辅助比特的操作将会引入一个相位项 $(-1)^{f(x)}$, 以方便将其提取出来. 可以看到, 由于辅助比特的状态在操作前后没有改变, 可以将其忽略, 仅考虑编码比特, 即可得到式 (6.21). 接下来, 对编码比特分别施加 $H^{\otimes n}$、控制相位 (conditional phase) 和 $H^{\otimes n}$ 操作, 完成一个格罗弗算符的构造.

上述过程可以用几何化的形式进行更加清晰的描述. 将初始叠加态写作 $|\psi\rangle = a|x_0\rangle + b|\varphi\rangle$, 其中 $a = \sqrt{\dfrac{1}{N}}, b = \sqrt{\dfrac{N-1}{N}}$, $|\varphi\rangle = \sqrt{\dfrac{1}{N-1}} \sum_{x \neq x_0} |x\rangle$, 由于量子态之间的正交性, 可以构造一个 $|x_0\rangle$、$|\varphi\rangle$ 正交空间, $|\psi\rangle$ 是该空间中的一个矢量, 如下所示, 一个格罗弗算符的操作可以总体分为两大步:

(1) 施加式 (6.21) 所示的操作, 可以实现被搜索态的相位翻转, 让初态以 $|\varphi\rangle$ 为轴, 镜像翻转到 $\hat{O}|\psi\rangle$ 态上, 其相对于横轴 $|\varphi\rangle$ 的夹角为 $-\theta/2 = -\arctan(b/a)$.

(2) 按顺序施加 $H^{\otimes n}$、控制相位和 $H^{\otimes n}$ 操作, 实现以 $|\psi\rangle$ 为轴的镜像翻转, 得到 $G|\psi\rangle$ 态, 其相对于横轴 $|\varphi\rangle$ 的夹角为 $3\theta/2$.

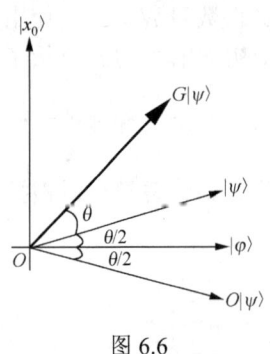

可以看到，施加一次格罗弗操作之后，量子态被旋转至更加接近 $|x_0\rangle$ 的状态. 重复迭代该过程，可以不断增大目标态的振幅，直到锁定到最终结果. 格罗弗迭代过程可用图 6.6 示意表示. 经过测算，根据不同的初始条件，迭代次数 $R \leqslant \left\lceil \dfrac{\pi}{4}\sqrt{N} \right\rceil$，因此该算法的时间复杂度为 $\sqrt{N}$ 的多项式量级.

格罗弗量子搜索算法除了用于无序搜索之外，还有其他一些应用. 比如，用作破解通用的 56 位加密标准

图 6.6

(DES)，大约只需 $2^{28} \approx 2.68 \times 10^8$ 步，而经典算法则需要 $2^{55} \approx 3.6 \times 10^{16}$ 步. 若每秒计算 10 亿次，经典计算需 11 年，而格罗弗量子搜索算法只需 3s. 在实际应用中，量子算法可以极大地提升相关问题的求解速度.

4. 肖尔算法

作为量子计算的重要应用之一，肖尔算法的提出堪称划时代的突破. 目前广泛应用的 RSA 加密技术，其核心依赖于大数分解问题的难度，而该问题因经典计算机无法高效求解而被认为是安全的. 在经典计算中，大数分解是一个具有指数级复杂度的问题，而基于量子计算的肖尔算法却能够以低于多项式级的复杂度完成，从而在解决这一问题时展现出指数级的加速效果. 肖尔算法的诞生使人们认识到，量子计算在某些问题的求解上具有远超经典计算的潜力.

大数分解问题是指，对于一个已知的大整数 N，求解它的一对质因数 p 和 q. 这一问题可以转化为周期寻找问题，即任意选定一个与 N 互质的正整数 $x(x<N)$，寻找满足 $x^r = 1(\bmod N)$ 的最小正整数周期 r. 当寻找到的 r 为偶数时，可以通过计算 $\gcd(x^{r/2}-1, N)$ 和 $\gcd(x^{r/2}+1, N)$（其中 $\gcd()$ 表示最大公因数）得到 N 的质因数；若 r 为奇数或者计算的最大公约数为 1，则需要重新挑选 x 并重复实验. 肖尔算法的核心任务是求解这一周期寻找问题，其过程分为两个主要步骤：首先利用量子相位估计算法求解一个与周期相关的相位参数；然后通过经典的连分数算法将相位参数转化为周期的具体值，从而完成对问题的求解.

量子相位估计算法是肖尔算法的核心模块，其量子线路如图 6.7 所示.

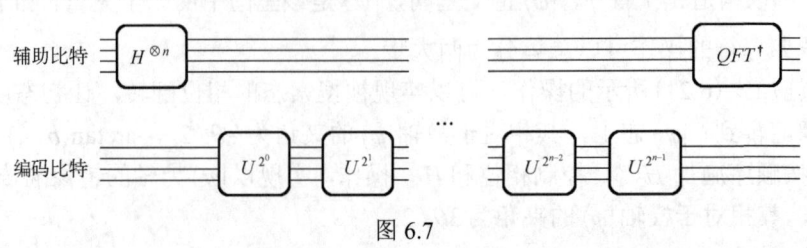

图 6.7

第6章 量子信息导论

在介绍具体步骤前，需要先定义一个用于相位估计算法的算符 $\hat{U}$. 对于待分解的大数 N 和任意选定与 N 互质的参数 x，$\hat{U}$ 算符定义为 $\hat{U}|y\rangle = |xy \bmod N\rangle$，其中 y 表示编码比特的量子态的十进制表示.

由于 $\hat{U}$ 算符的幺正性，其本征值是模为 1 的复数，结合 $\hat{U}$ 算符的定义，其本征态可以表示为

$$|u_s\rangle = \frac{1}{\sqrt{r}} \sum_{k=0}^{r-1} e^{\frac{2\pi i s k}{r}} |x^k \bmod N\rangle, \quad s \in [0, r-1],$$

并满足如下关系：

$$\hat{U}|u_s\rangle = e^{\frac{2\pi i s}{r}} |u_s\rangle. \tag{6.23}$$

肖尔算法的核心模块——量子相位估计算法，总体上可以分解为以下三步.

(1) 初始态的制备. 对辅助比特施加 $H^{\otimes n}$，将其制备到均匀叠加态 $\frac{1}{\sqrt{2^n}} \sum_{j=0}^{2^n-1} |j\rangle$，同时将编码比特制备到 $|1\rangle$，其中量子态中的 j 是十进制表示. 此时系统处于态 $|\psi_1\rangle = \frac{1}{\sqrt{2^n}} \sum_{j=0}^{2^n-1} |j\rangle \otimes |1\rangle$. 需要注意的是，$|1\rangle$ 可以表示为 $\hat{U}$ 算符本征态的均匀叠加态 $|1\rangle = \sqrt{\frac{1}{r}} \sum_{s=0}^{r-1} |u_s\rangle$.

(2) 施加多重控制 $\hat{U}$ 门. 在辅助比特和编码比特之间施加多重控制 $\hat{U}$ 门. 根据式(6.23)，编码比特 $|1\rangle$ 中的每一个叠加的本征态分量 $|u_s\rangle$ 都会条件性地获得一个对应的相位 $\phi_s = s/r$. 经过该操作，系统的状态变为

$$|\psi_2\rangle = \frac{1}{\sqrt{2^n}} \frac{1}{\sqrt{r}} \sum_{s=0}^{r-1} \sum_{j=0}^{2^n-1} e^{2\pi i \phi_s j} |j\rangle \otimes |u_s\rangle, \tag{6.24}$$

这意味着系统处于一个复杂的多重叠加态.

(3) 量子傅里叶逆变换. 对辅助量子比特施加量子傅里叶逆变换（QFT†）. 对于每个参数 s 对应的叠加分量，其辅助比特部分的状态可以写为

$$\frac{1}{\sqrt{2^n}} \sum_{j=0}^{2^n-1} e^{2\pi i l_s j} |j\rangle, \tag{6.25}$$

其中 $l_s = 2^n \phi_s$. 根据式(6.20)，对辅助比特进行量子傅里叶逆变换可将态（6.25）变换为 $|l_s\rangle$，完成该步骤后，系统将处于

$$|\psi_3\rangle = \frac{1}{\sqrt{r}} \sum_{s=0}^{r-1} |l_s\rangle \otimes |u_s\rangle. \tag{6.26}$$

经过上述三步操作，我们可以对辅助比特进行测量，测量会等概率随机得到一个 l_s，进一步操作可以求得 $\phi_s = l_s / 2^n$，获得了一个相位参数，完成量子相位估计算法的执行.

利用量子相位估计算法，可以得到一个与周期求解问题相关的相位 ϕ_s，其定义为 $\phi_s = s/r$. 然而，尽管得到了 ϕ_s，但由于参数 s 是未知数，周期 r 无法被直接求解. 因此，为了找到周期 r，还需要解决问题的最后的一步. 幸运的是，经典的连分数分解算法为此提供了一个有效的解决方案. 根据连分数分解理论，对于有理数 ϕ_s 和 s/r，当两者的误差满足 $\left|\phi_s - \dfrac{s}{r}\right| \leq \dfrac{1}{2r^2}$ 时（肖尔算法的条件天然满足此不等式），s/r 必然是 ϕ_s 的连分数表示中的某一阶收敛. 进行经典的连分数分解，可以得到其第 j 阶收敛 a_j / b_j. 选择分母小于 N 的尽可能大的收敛阶 m，此时的分母 b_m 即为我们要求解周期 r. 有了周期 r 后，就可以将问题简单地转化为质因数分解. N 的两个质因数可以被求解出来，分别为 $p = \gcd\left(x^{\frac{r}{2}} - 1, N\right)$，$q = \gcd\left(x^{\frac{r}{2}} + 1, N\right)$.

综上所述，肖尔算法结合了多种算法的优点，包括量子算法与经典算法的协同配合，可以说，肖尔算法一种量子-经典混合算法，而这个过程中最困难的周期寻找问题由量子计算执行，与最好的经典算法对比，量子算法有着指数级加速效应，这使得破解目前被大规模使用的 RSA 加密成为了可能，量子计算也第一次在实用问题中展现出来了潜在的量子优越性.

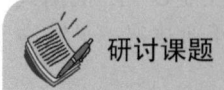

研讨课题

整理形成量子计算机研究发展动态的报告.

6.3 量子纠缠与量子通信

6.3.1 EPR 佯谬及量子纠缠

1. EPR 佯谬

量子力学的建立是开天辟地的，但是也提出了一些新的问题. 1926 年薛定谔提出了微观客体波动理论，基于德布罗意的物质波理论，用类似于经典波动的波函数来描述微观客体的状态，随即玻恩提出了物质波波函数的统计解释. 按照新的理论，量子体系给出的描述是客观物质处于某个状态的概率，而不是客观物质确定的状态，这和传统的基于状态决定论的物理学描述方法有着本质的区别. 虽然很快就有相应的实验验证了量子力学波动理论的正确性, 但是以爱因斯坦为首的一些科学家, 对这种以概率性为核心的理论持有极大的怀疑.

1935 年, 爱因斯坦、波多尔斯基和罗森三位物理学家共同发表了一篇文章[①], 对量子力学波动理论的完备性提出了质疑.

考虑由两个粒子 A、B 构成的孤立体系, 初始的总自旋角动量为零. 假定它们在分开过程中, 由于相互作用分别产生了自旋角动量, 其方向应该始终相反, 即按照波动理论, 体系处于状态

$$|\psi_{A,B}\rangle = \frac{1}{\sqrt{2}}(|\uparrow\rangle_A|\downarrow\rangle_B - |\downarrow\rangle_A|\uparrow\rangle_B), \tag{6.27}$$

其中, $|\uparrow\rangle$ 和 $|\downarrow\rangle$ 分别代表粒子自旋角动量的状态波函数. 分别单独测量 A 或 B 粒子的自旋状态, 就会发现它们分别处于 $|\uparrow\rangle$ 或 $|\downarrow\rangle$ 的概率各是 50%. 现在假定某次测量 A 粒子的自旋状态发现其处于 $|\uparrow\rangle_A$ (或者 $|\downarrow\rangle_A$), 则通过式 (6.27) 体系的波函数, 会立即得到 B 粒子的自旋状态为 $|\downarrow\rangle_B$ (或者 $|\uparrow\rangle_B$), 无论是否对 B 粒子实施测量操作, 其状态其实已经由于 A 粒子的测量结果而确定了.

如果当 A、B 两个粒子处于非常有限的局域空间时, 它们之间具有初始的没有被破坏的关联, 这实际上并不难理解. 然而波函数所确定的体系状态并没有限制两个粒子的位置. 现在假定它们分开很远的距离, 由于是孤立体系, 它们的状态波函数仍然是式 (6.27), 也没有任何外界作用破坏它们之间的关联. 考虑一个思想实验, 分别对 A、B 粒子先后实施一次自旋的测量, 假定先后测量的时间间隔足够短, 以至于两个粒子之间的空间间距除以测量先后的时间间隔大于光速. 根据狭义相对论的结论, 任何客观的速度都可以大于光速, 所以在这种情况下, 按照量子波动理论, 对 A 粒子先进行的测量实际上不会影响到 B 粒子, 对 A、B 粒子的先后两次测量的结果都应该是概率性地出现 $|\uparrow\rangle$ 和 $|\downarrow\rangle$ 的结果. 这和 B 粒子的状态与对 A 粒子的测量结果相关矛盾, 如图 6.8 所示.

由此, 爱因斯坦他们认为量子波动理论不是一个自洽完备的物理理论. 这就是著名的 EPR 佯谬 (Einstein-Podolsky-Rosen paradox).

在 1964 年以前, 关于量子力学完备性的讨论仅仅停留在哲学的层次上. 1964 年, 物理学家贝尔 (J.S. Bell) 利用量子物理学家玻姆 (D. Bohm) 的模型和隐变量理论建立了一个不等式, 即贝尔不等式. 利用这个不等式可以定量地检验两个物理体系间是否存在如式 (6.27) 所示的量子非局域关联. 由于贝尔不等式可以直接通过实验进行验证, 至今已有大量的实验给出了违背贝尔不等式的事实. 这说明量子力学是完备和自洽的, 物体之间可能存在非局域性的量子关联. 具有式 (6.27) 给定的

[①] Physical Review, 1935, 47 (10): 777.

非局域性关联的类似的多体量子力学状态称为量子纠缠态,下面介绍量子纠缠态的概念.

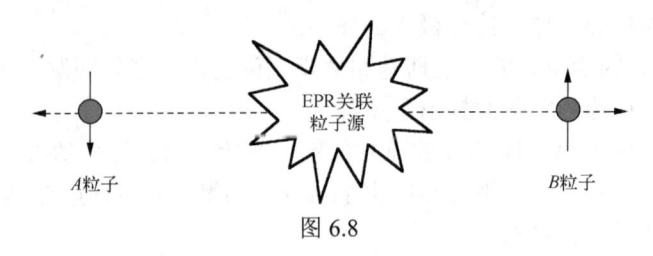

图 6.8

2. 量子纠缠态

由于混合纠缠态需要用密度矩阵描述,首先回顾一下量子态的密度矩阵的定义. 对于一个体系的状态波函数 $|\psi\rangle$,可以定义相应态的密度矩阵算符为

$$\rho = |\psi\rangle\langle\psi|. \tag{6.28}$$

当体系的状态由式(6.28)描述时,称体系处于纯态. 然而一般来说,一个体系的状态可能会处于更复杂的情况. 当我们只知道体系分别以不同的概率 p_α 处于状态 $|\psi_\alpha\rangle$ 时,体系的状态不可能由单一态矢给出,而是由所有可能出现的纯态混合叠加而成,称之为混合态. 混合态所对应的密度矩阵为

$$\rho = \sum_\alpha p_\alpha |\psi_\alpha\rangle\langle\psi_\alpha|. \tag{6.29}$$

当 $\alpha = 1$ 时,体系为纯态. 当体系处于纯态时,量子力学算符 $\hat{O}$ 的平均值为

$$\langle\hat{O}\rangle = \sum_\alpha p_\alpha \langle\psi_\alpha|\hat{O}|\psi_\alpha\rangle. \tag{6.30}$$

这样体系所有的信息都包含在其状态所对应的密度矩阵中. 由归一化条件可得

$$\text{Tr}\{\rho\} = \sum_\alpha p_\alpha = 1. \tag{6.31}$$

当且仅当 $\rho^2 = \rho$,体系的状态可以写成纯态的形式.

如果体系是由 k 个子系统构成的复合体系,则体系的状态空间是 k 个子系统状态空间的直积空间,其密度矩阵可以表示为

$$\rho = \sum_\alpha p_\alpha \rho_\alpha, \tag{6.32}$$

其中, ρ_α 为对应于概率为 p_α 的复合体系的纯态

$$\rho_\alpha = \bigotimes_{i=1}^k |\psi_\alpha\rangle\langle\psi_\alpha|. \tag{6.33}$$

为了描述复合体系中子体系的状态,可以定义体系的约化密度矩阵. 比如对于

由两个子系统 A 和 B 构成的复合体系 ρ_{AB}，定义，A 体系的约化密度矩阵为

$$\rho_A = \text{Tr}_B\{\rho_{AB}\}. \tag{6.34}$$

同样可以定义 B 体系的约化密度矩阵为 ρ_B. 这个定义很容易推广到 $k > 2$ 的情况.

对于两个子系统 A 和 B 构成的复合纯态，有一个很重要的施密特分解定理：设 $|\psi\rangle_{AB}$ 是一个纯态系统的状态波函数，则存在 A 体系的正交基 $|i_A\rangle$ 和 B 体系的正交基 $|i_B\rangle$，使得

$$|\psi_{A,B}\rangle = \sum_i \lambda_i |i_A\rangle |i_B\rangle, \tag{6.35}$$

其中非负实数 λ_i 满足 $\sum_i \lambda_i^2 = 1$，称其为施密特系数. 由 $\rho_A = \sum_i \lambda_i^2 |i_A\rangle\langle i_A|$ 以及 $\rho_B = \sum_i \lambda_i^2 |i_B\rangle\langle i_B|$，可知 ρ_A 和 ρ_B 的本征值相同，并且都等于 λ_i^2. 施密特分解将 A 和 B 两个子系统约化密度算符的本征值建立了直接关系，这一点非常重要. 但是对于 $k > 2$ 的多元复合体系纯态不存在这样的分解.

通过界定态的可分离性来定义纠缠态. 如果 M 体纯态可以写成各子体系纯态的直积形式，即

$$|\varphi_{A,B,\cdots,M}\rangle = |\varphi_A\rangle \otimes |\varphi_B\rangle \otimes \cdots \otimes |\varphi_M\rangle, \tag{6.36}$$

则称这个 M 体纯态是可分离的；对于一个多体的混合态，它为可分离的是指

$$\rho_{A,B,\cdots,M} = \sum_i p_i \rho_{iA} \otimes \rho_{iB} \otimes \cdots \otimes \rho_{iM}, \tag{6.37}$$

这里 $\rho_i = |\varphi_i\rangle\langle\varphi_i|$.

如果一个量子态不能写成以上两种形式，即是不可分离的，就称它为纠缠态. 这个形式的定义是由维尔纳 (R.F. Werner) 在 1989 年提出的. 可以看出，多体系量子态的最普遍的形式是纠缠态. 如下面的贝尔基：

$$|\psi^{\pm}\rangle_{AB} = \frac{1}{\sqrt{2}}[|01\rangle \pm |10\rangle], \tag{6.38}$$

$$|\varphi^{\pm}\rangle_{AB} = \frac{1}{\sqrt{2}}[|00\rangle \pm |11\rangle], \tag{6.39}$$

就是两体最大纠缠度的纠缠纯态. EPR 佯谬一文给出的两个一维粒子的量子态

$$\psi(x_1, x_2) = \int_{-\infty}^{+\infty} e^{ip(x_1 - x_2 + x_0)/\hbar} dp = 2\pi \delta(x_1 - x_2 + x_0), \tag{6.40}$$

也是一个纠缠态，式中 $e^{ip(x_1 - x_2 + x_0)/\hbar}$ 是粒子 1 和粒子 2 的动量本征态的直积.

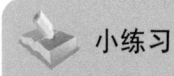

> **小练习**
>
> 请判断下述维尔纳态为纠缠态的条件:
>
> $$\rho_w = \frac{1-p}{4}I + p|\varphi^+\rangle_{AB}\langle\varphi^+|. \tag{6.41}$$
>
> 对比前面量子计算的章节会发现,量子平行计算的核心实际上是量子纠缠在发挥作用,请读者自行理解.

3. 量子纠缠态的纠缠判据

由于量子纠缠态的概念是借助于分离态的定义给出的,所以判别一个态是否为纠缠态一般是从分离态的定义出发,给出满足分离态的必要条件,即量子态为纠缠态的充分条件. 仅仅对于一些特殊类型的量子纠缠态才可以找出相应的充分必要判据. 下面列举一些当前常用的量子纠缠态的纠缠判据.

首先是对于纯态,由施密特分解定理可以得知,在式(6.35)中,对于任意两体纯态 $|\psi\rangle_{AB}$,由于其施密特分解中对应的基 $|i\rangle_A$ 和 $|j\rangle_B$ 是系统 A 和 B 的正交基矢,$|\psi\rangle_{AB}$ 为可分离态的充要条件是非零的施密特系数只能有一个,但是对于 $k>2$ 的多元量子体系纯态,由于不存在施密特分解,所以没有统一的判别方法和公式.

而对于混合态而言,由定义式(6.32)可知,体系除了可能存在量子关联外,还会存在经典关联,所以纠缠判别问题变得相当复杂. 这里列举一个所谓的部分转置正定判据,即 PPT 判据. 这个判据的物理含义是:可分离的密度矩阵经过部分转置变换后仍然表示一个物理的状态. 如果用一组正交基写出态密度矩阵 ρ 的矩阵元为

$$\rho_{m\mu,n\nu} = \langle m|\otimes\langle\mu|\rho|n\rangle\otimes|\nu\rangle, \tag{6.42}$$

则定义部分转置变换为(比如只对 B 体系进行转置操作)

$$\rho_{m\mu,n\nu}^{T_B} \equiv \rho_{m\nu,n\mu} = \langle m|\otimes\langle\nu|\rho|n\rangle\otimes|\mu\rangle. \tag{6.43}$$

由于可分离态由式(6.37)确定,对应于一个两体的情况,部分转置变换后的密度矩阵为

$$\rho^{T_B} = \sum_i p_i \rho_{Ai} \otimes \rho_{Bi}^T. \tag{6.44}$$

由此可见,任意一个可分离状态必须要满足的条件就是 ρ^{T_B} 仍然是半正定的. 需要强调的是,虽然部分转置密度矩阵 ρ^{T_B} 的形式依赖于正交基的选取,但是 ρ^{T_B} 的本征值却固定不变. 部分转置操作的另一个特点就是,即使对 A、B 做部分转置变换,所得到的转置的结果都应该是相同的. PPT 判据是目前最强的纠缠判据,但仍然只是一个纠缠的充分条件,存在一类部分转置变换后仍然是正定的纠缠态. 除此之外,还有很多其他的纠缠判别方法,这里就不再累述.

6.3.2 量子态的隐形传输

作为量子纠缠态的一个直接的应用,现在介绍量子态的隐形传输.

利用经典方法实现状态的传输或者转移通常会采取两种方式,其一是将加载状态的物体直接进行转移,其二是对原物态的测量信息实施传输后加载至新物体上.对于量子态来说,如果要避免直接将加载量子态的粒子进行空间转移,又因为对于量子态的测量即意味着对原来状态的破坏,所以想通过测量获得原粒子态的足够信息而实现量子态转移的方法是有一定难度的.

量子态的隐形传输利用量子纠缠态(EPR 源)形成量子传输通道,在不移动粒子载体的情况下,可将未知量子态转移至位于任意距离位置的另一个粒子上,从而实现量子态的传输,同时破坏掉原粒子的量子态.下面介绍由本内特(C. H. Bennett)等提出的量子态隐形传输方案.

如图 6.9 所示,假定小红和小李位于不同的空间位置,小红打算通过隐形传输将一个任意输入的量子态(设量子载体为粒子 i)$|\varphi\rangle = \alpha_0|0\rangle + \alpha_1|1\rangle$(以二能级体系为例)传输给小李.为了实现目标,她们需要事先准备处于纠缠状态的一对粒子 A 和 B,假定为由式(6.39)所确定的贝尔态之一,$|\phi_{AB}\rangle = \frac{1}{\sqrt{2}}(|0\rangle_A|0\rangle_B + |1\rangle_A|1\rangle_B)$,其中小红拥有 A 粒子,小李拥有 B 粒子.由粒子 i、A、B 构成的三比特体系总量子态为

$$|\psi_{iAB}\rangle = |\varphi\rangle|\phi_{AB}\rangle = \frac{1}{\sqrt{2}}(\alpha_0|0\rangle + \alpha_1|1\rangle)(|0\rangle_A|0\rangle_B + |1\rangle_A|1\rangle_B). \tag{6.45}$$

将上式整理并重新组合得到

$$|\psi_{iAB}\rangle = \frac{1}{\sqrt{2}}\Big[|\varphi_{iA}^+\rangle(\alpha_0|0_B\rangle + \alpha_1|1_B\rangle) + |\varphi_{iA}^-\rangle(\alpha_0|0_B\rangle - \alpha_1|1_B\rangle) \\ + |\psi_{iA}^+\rangle(\alpha_0|1_B\rangle + \alpha_1|0_B\rangle) + |\psi_{iA}^-\rangle(\alpha_0|1_B\rangle - \alpha_1|0_B\rangle)\Big], \tag{6.46}$$

其中,$|\varphi_{iA}^\pm\rangle$ 和 $|\psi_{iA}^\pm\rangle$ 分别是由式(6.38)和式(6.39)确定的粒子 i 和粒子 A 之间的四个最大纠缠态,即贝尔态.根据式(6.46),可以按步骤设计如下具体方案.

(1) 当收到加载有任意未知输入态的粒子 i 后,小红基于贝尔态基矢,对由 i 和 A 两个粒子构成的两比特体系实施联合投影测量,她将会等概率随机得到 $|\varphi_{iA}^\pm\rangle$ 和 $|\psi_{iA}^\pm\rangle$ 四个结果之一,根据式(6.46),粒子 B 的状态也将随即塌缩到相应的状态.

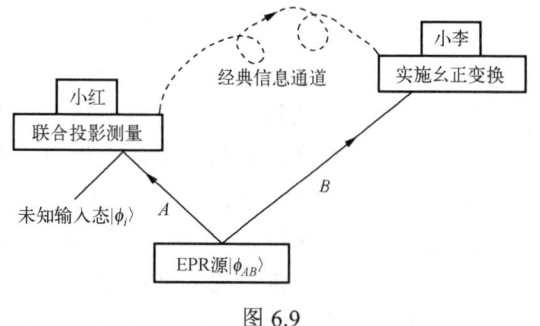

图 6.9

(2) 小红通过任意的经典信息通道将自己的测量结果告知小李.

(3) 小李根据所得到的结果, 对所拥有的 B 粒子的状态实施相对应的幺正变换后即可获得原输入状态 $\alpha_0|0_B\rangle + \alpha_1|1_B\rangle$.

比如, 假设小红实施联合测量后得到的结果为 $|\psi_{iA}^+\rangle$, 则整个体系的状态将随即塌缩为 $|\psi_{iA}^+\rangle(\alpha_0|1_R\rangle + \alpha_1|0_R\rangle)$, 小李所拥有的 B 粒子的状态也立即处于 $\alpha_0|1_B\rangle + \alpha_1|0_B\rangle$ 状态. 小李只需要做一个幺正变换 $|0\rangle \to |1\rangle$, $|1\rangle \to |0\rangle$, 即 $\begin{pmatrix} 0 & 1 \\ 1 & 0 \end{pmatrix}$, 就能够获得所需要的输入状态 $\alpha_0|0_B\rangle + \alpha_1|1_B\rangle$.

请自行尝试写出四个不同联合结果对应的幺正变换.

量子态的隐形传输需要着重强调以下几点.

(1) 无论是小红的联合测量, 还是小李的幺正变换, 都只需要在局域的空间完成. 而只要量子传输通道的纠缠能够保持, 小红和小李的位置以及距离可以不受任何限制.

(2) 由于隐形传输必须要借助于经典信息通道传输测量结果, 而经典通道必须满足狭义相对论原理的约束, 所以隐形传输的速度不会超过光速.

(3) 从粒子 i 到粒子 B 只是量子态的传输, 即信息的传输, 而非粒子本身的传输.

请判断: 有人曾经断言, 可以利用量子态的隐形传输实现太空战士在不同空间位置的瞬间转移, 你认为是否正确, 为什么?

6.4 量子密码学

经典密码以数学理论为基础, 其安全性基于某些未被证明的数学假设, 如大数质因子分解、离散对数问题等. 经典密码系统是利用经典物理的方法实现的密码系统, 而量子密码系统是利用量子物理的方法实现的. 不同于经典密码, 量子密码以量子物理为基础, 其安全性由量子不可克隆定理和不确定性原理保证. 在量子密码系统中, 信源可以是量子信源, 信道是量子信道或量子信道与经典信道的复合信道; 量子比特处理系统包含量子操作及量子测量.

量子密码是量子力学和经典密码学相结合的产物, 它利用微观粒子的量子属性实现对信息的保护. 除了量子密钥分配外, 量子密码还包括量子加密算法等. 由于量子密码的安全性由量子力学的基本原理所保证, 因此量子密码提供了无条件安全性和检测窃听者存在与否的能力, 无论攻击者采取何种攻击策略, 量子密码都可以检测到传输信道上攻击者的存在. 可以认为不可克隆定理是保证量子密码无条件安全的内禀条件, 测不准原理则是外部保障. 由于量子密码可以实现无条件安全的信息交互, 无疑具有非常重要的战略意义和巨大的应用前景.

在量子密码通信中, 如何在密码发送者和接收者之间, 通过公共通道建立不被破译的私钥系统非常关键，利用量子比特可以有效地解决这一难题. 下面介绍一种典型的 BB84 方案.

假定小红打算通过公共信息通道和小李之间建立私钥系统. 如图 6.10 所示，以选用光子脉冲作为信息载体为例，小红可以按需要发出一系列单光子脉冲，小李可以对发送方发送的单光子信号进行检测. 如果小红发出的脉冲在除了偏振外的所有特性都精确一致，那么她实际上就完全控制了一个由偏振承载的量子比特系统，并且她可以将需要发送的信息调制在偏振自由度上.

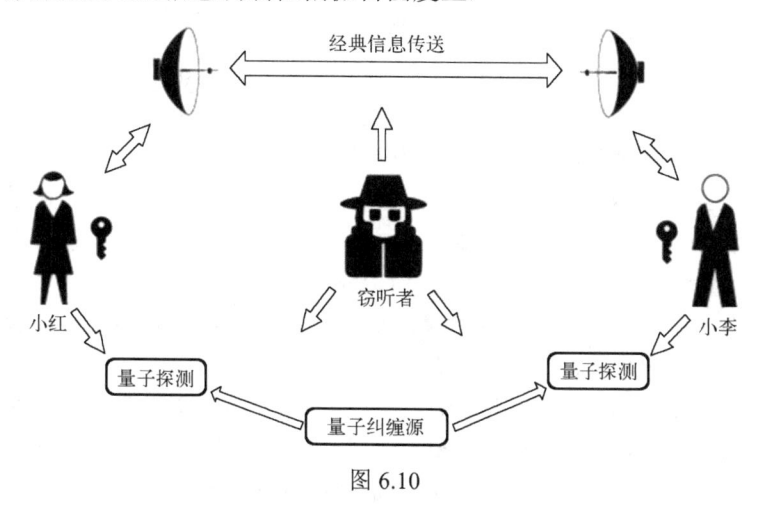

图 6.10

BB84 协议要求小红基于两组非正交的基矢对 0 或者 1 的比特信息实施调制. 一般可以选取基矢 $|H\rangle$ 和 $|V\rangle$（水平、垂直偏振基矢）与 $|+\rangle$ 和 $|-\rangle$（45°、−45°偏振方向基矢）发送数据脉冲. 这两组基矢满足关系

$$|\pm\rangle = \frac{1}{\sqrt{2}}(|H\rangle + |V\rangle). \tag{6.47}$$

选定基矢后，如表 6.1 所示，需要完成以下几个步骤.

表 6.1

	发送方的比特值	1	0	0	1	0	1	1	1	0	1
A	发送方的编码基	×	×	+	×	+	+	+	×	+	+
B	发送方的偏振	135°	45°	0°	135°	0°	90°	90°	135°	0°	90°
C	接收方的测量基	+	×	+	×	×	+	×	+	+	+
D	接收方的测量结果	0°	45°	0°	*	135°	90°	135°	*	0°	90
E	接收方的比特值	0	0	0		1	1	1		0	1
F	保留的纠错码		0	0		0				0	1

(1) 小红的调制(通过随机选择两组正交基矢发送比特信息):选择相互正交的水平、垂直偏振基矢状态$|H\rangle$和$|V\rangle$,分别代表数据 0 和 1;同时选择+45°、−45°偏振方向基矢$|+\rangle$和$|-\rangle$,分别代表数据 0 和 1. 小红对基矢和数据进行随机选择,将调制后的单光子的偏振状态经量子信道发送至接收方小李. 如表 6.1 中 A 行所示,小红可以发送长度为 N 的随机脉冲序列.

(2) 小李的测量(通过随机选择两组正交基矢测量比特状态):针对接收到的脉冲比特序列,小李随机选择($|H\rangle$和$|V\rangle$)或者($|+\rangle$和$|-\rangle$)两组基矢之一进行测量,可以得到小红发送的脉冲在对应基矢下投影测量的结果. 如果小李与小红选择的基矢相同,那么小李可以 100% 的概率测得小红发送的量子态,如果选择的基矢不同,则测量得到的数据值将有 50% 的概率与小红的选择不同. 如表 6.1 中 B、C 行所示,小李对小红发送的每个脉冲随机选择一组基矢进行测量.

(3) 基矢比对:小李在测量后与小红进行通信,双方只保留小李测量过程与小红发送过程使用了相同基矢的结果,如表 6.1 中 E、F 行所示. 只有在基矢选择相同的时候,小李测量获得的量子态才与小红所制备的量子态完全相同. 在小李测量的过程中,由于路径损耗、探测器探测效率等原因,可能有部分脉冲无法被探测到,小红与小李均丢弃这部分脉冲.

(4) 数据后处理:为了获得相同的安全密钥,小红与小李需要对获得的原始密钥进行部分数据后处理操作. 例如,小红与小李可以随机选择部分数据进行比对,获得原始密钥的错误率信息,她们需要对原始密钥进行纠错工作,工作获得数据完全一致的密钥串.

基于上述操作,小红与小李获得了一串长度小于 N 的原始密钥.

最后,做一个朴素的安全性分析,假如窃听者小米发起"截取-重发"攻击,考察 BB84 协议实际错误率的变化.

由于"不可克隆定理"的限制,小米无法复制小红发送的非正交的量子态,因此其最简单的类似攻击即为"截取-重发"攻击. 在这个攻击过程中,小米与小李行为相同,即随机选择基矢对小红发送的脉冲进行测量. 随后,小米复制其测量得到的量子态,并发送给小李. 在小李与小红选择基矢相同的脉冲时,如果小米选择的基矢与小红发送的基矢相同,则其测量到的量子态与小红发送的 100% 相同,此时小李测量获得的量子态与小红(也与小米)的相同. 如果小米选择的基矢与小红发送的基矢不同,则其测量获得的数据值与小李发送的量子态所代表的数据值有 50% 的概率不同;在这个过程中,小米发送给小李的量子态实际上已经被小米改变,而小李与小米选取的基矢不同,因此小李获得的数据值与小红的实际也只有 50% 的概率相同.

在小米选择基矢的过程中,有 50% 的概率与小红选择的基矢不同,因此这种攻击会引起小李方 25% 的错误率,小米获得的原始密钥与小红的也有 25% 的概率不同. 在更精细的理论攻击方案中,小米可以使用高级的手段对 A、B 行相应所使用的系

第 6 章 量子信息导论

统进行攻击. 例如, 小米可以改变截取重发的攻击中测量基矢的比例, 或仅对部分脉冲进行攻击, 从而改变其引起的错误率. 在这些复杂的情形下, 量子密钥分配方案的安全性则需要完备的理论分析.

量子密钥分配之所以是安全的是因为通信方能够对出错率进行统计分析, 从而判断传输量子信道中是否存在窃听者圈. 量子力学原理保证窃听者不能得到量子信号的完备信息, 使得窃听者在窃听过程中留下痕迹. 通信方基于概率统计理论做随机抽样统计分析, 如果发现有人监听量子信道, 则通信方抛弃已得到的结果, 重新开始密钥分配. 由于 BB84 协议中量子信号的制备和测量相对比较简单, 目前的很多实验方案都是基于该协议.

除了 BB84 协议以外, 较为通用的量子通信协议还有 B92、E91 协议等, 读者可自行查阅更多文献进行学习.

研讨课题

请调研量子密码协议, 并总结不同协议的优缺点.

科学家小传

本内特

本内特(C. H. Bennett, 1943—), 计算机科学家, 量子信息论的主要创立者. 本内特是 IBM 研究院的一名资深研究员, 同时也是 IBM 量子计算研究组的成员之一, 在量子计算、量子信息理论和量子通信领域做出了重大贡献. 本内特在量子计算领域的工作备受瞩目, 他对量子纠缠、量子密钥分发等方面进行了深入研究, 并提出了一系列重要的理论成果. 他还参与了许多开创性的量子计算实验, 为量子信息科学的发展做出了重要贡献. 此外, 本内特也是量子密码学领域的权威专家之一, 他的研究成果对量子安全通信的发展具有重要意义.

肖尔

肖尔(P. W. Shor, 1959—), 美国计算机科学家、数学家. 肖尔最为人所知的成就是在量子计算和密码学领域的贡献. 他于 1994 年提出了著名的肖尔算法, 这个算法被用来解决大整数的因式分解问题. 肖尔算法是一个量子算法, 可以在较短的时间内解决传统计算机无法在合理时间内完成的大整数因式分解问题, 这对于当时的密码学系统产生了重大影响. 除了在量子计算领域的贡献之外, 肖尔在经典计算理论、量子信息理论和量子纠缠等领域也做出了重要的研究成果. 由于对计算科学和量子信息领域的深远影响, 他成为该领域的重要人物之一.

第 7 章
量子光学及量子信息的技术实现

光是研究得最早、最为普遍的物理客体之一，对光本性及对新技术手段的探索是光学研究的主要线索. 爱因斯坦的光量子理论以及光的波粒二象性开启了对光学研究的全新领域，比如，量子光学就是利用量子力学的理论方法，研究和处理光与物质体系相互作用的量子化或者其微观机制. 严格来说，量子光学诞生于普朗克对黑体辐射的能量量子化假说，比量子力学还要早，由于光学技术手段的成熟程度远高于当时其他方面，早期对光的一些量子性质的发现以及在处理光与原子相互作用中发现的光辐射新效应，一直是量子力学新效应存在的主要验证证据，因此量子光学在现代物理学发展过程中占有重要的一席之地.

量子光学的内容及其相关技术的发展非常丰富，特别是在量子通信和量子计算技术中具有基础性作用，本章本着启发和引导读者打开量子光学新的一扇窗户的初衷，只涵盖电磁场的量子化、相干和压缩等典型的光的量子态、参数上转换过程、光与原子作用的量子化、电致诱导透明(EIT)现象等基础内容，有兴趣的读者可更进一步学习相关内容.

7.1 电磁场的量子化

从真空中自由传播的电磁波出发，基于麦克斯韦方程组，矢势的达朗贝尔方程为

$$\nabla^2 \boldsymbol{A}(\boldsymbol{r},t) - \frac{1}{c^2}\frac{\partial^2 \boldsymbol{A}(\boldsymbol{r},t)}{\partial t^2} = 0, \tag{7.1}$$

选择需要满足的库仑规范条件

$$\nabla \cdot \boldsymbol{A}(\boldsymbol{r},t) = 0. \tag{7.2}$$

由此即可确定出电场和磁场分别为

$$\boldsymbol{B} = \nabla \times \boldsymbol{A}(\boldsymbol{r},t), \tag{7.3}$$

$$\boldsymbol{E} = -\frac{\partial \boldsymbol{A}(\boldsymbol{r},t)}{\partial t}. \tag{7.4}$$

第 7 章　量子光学及量子信息的技术实现

为了求解达朗贝尔方程，利用傅里叶级数，将电磁势展开成有界空间中分立的正交电磁模式的叠加，即

$$A(\boldsymbol{r},t) = \sum_k \left[c_k u_k(\boldsymbol{r}) e^{-i\omega_k t} + c_k^* u_k^*(\boldsymbol{r}) e^{i\omega_k t} \right]. \tag{7.5}$$

上述分解式中假定了电磁场的振荡频率 $\omega_k > 0$，代入达朗贝尔方程可知模式函数 $u_k(\boldsymbol{r})$ 满足方程和正交条件

$$\left(\nabla^2 + \frac{\omega_k^2}{c^2} \right) u_k(\boldsymbol{r}) = 0, \tag{7.6}$$

$$\nabla \cdot u_k(\boldsymbol{r}) = 0, \tag{7.7}$$

$$\int u_k^*(\boldsymbol{r}) u_{k'}(\boldsymbol{r}) d\boldsymbol{r} = \delta_{kk'}. \tag{7.8}$$

模式函数 $u_k(\boldsymbol{r})$ 的具体解取决于有界空间的边界条件，比如限制在固定边界间传播的驻波等. 迄今为止，上述求解都是经典电磁波的严格推导，为了实现场的量子化，以算符 $a_k(a_k^\dagger)$ 代替展开式中的系数 $c_k(c_k^*)$，同时将单位体积中的能量密度归一化为光量子的能量 $\hbar \omega_k$，因此有

$$A(\boldsymbol{r},t) = \sum_k \left(\frac{\hbar}{2\omega_k \varepsilon_0} \right)^{1/2} [a_k u_k(\boldsymbol{r}) e^{-i\omega_k t} + a_k^\dagger u_k^*(\boldsymbol{r}) e^{i\omega_k t}], \tag{7.9}$$

对应的电场矢量为

$$E(\boldsymbol{r},t) = i \sum_k \left(\frac{\hbar \omega_k}{2\varepsilon_0} \right)^{1/2} [a_k u_k(\boldsymbol{r}) e^{-i\omega_k t} + a_k^\dagger u_k^*(\boldsymbol{r}) e^{i\omega_k t}]. \tag{7.10}$$

其中，新引入的一对共轭算符 a_k、$a_k^\dagger$ 满足玻色子的对易关系

$$[a_k, a_{k'}] = [a_k^\dagger, a_{k'}^\dagger] = 0,$$

$$[a_k, a_{k'}^+] = \delta_{kk'}. \tag{7.11}$$

基于上述电磁场的量子化求解，可以进一步证明电磁场的能量为

$$\varepsilon = \frac{1}{2} \int [\varepsilon_0 E^2(\boldsymbol{r},t) + \mu_0 H^2(\boldsymbol{r},t)] dV, \tag{7.12}$$

可以简化为下述形式：

$$\hat{H} = \sum_k \left(a_k^\dagger a_k + \frac{1}{2} \right) \hbar \omega_k, \tag{7.13}$$

式中，用电磁场的能量哈密顿量算符 $\hat{H}$ 来表示能量. 由于 $\hbar \omega_k$ 表示与模式 k 对应的频率为 ω_k 的一个光量子的能量，所以 $\left(a_k^\dagger a_k + \frac{1}{2} \right)$ 就应该表示与模式 k 对应的光量子

的数量. 由于 $\frac{1}{2}\hbar\omega_k$ 已经出现在量子谐振子的表达式中，代表了零点能的存在，所以将 $a_k^\dagger a_k$ 称为粒子数算符，代表处在模式 k 的电磁场的光量子数，记为

$$\hat{N}_k \equiv a_k^\dagger a_k. \tag{7.14}$$

零点能是光场的量子化理论的一个标志，1947 年前后，卡西米尔 (H. Casimir) 基于真空中存在的零点能即真空电磁场涨落（电磁场矢量的平均值等于零，但是电磁场能量涨落的平均值不等于零）的存在，提出了存在卡西米尔力的理论预言. 考虑到在有限空间中的波应该满足驻波的条件，设想有两块非常平滑的金属板平行放置，由于驻波条件，处于两块板之间的真空电磁场模式数应该少于两板外侧的真空电磁场模式数，由于电磁场具有动量，两板外侧对板指向板内侧的电磁场动量（即力）的作用，应该大于两板间电磁场指向板两侧的动量作用，也就是说，两板在非常靠近时应该存在由真空涨落引起的吸引力，称为卡西米尔力. 卡西米尔通过计算发现，当两块金属板的距离 d 小于微米量级时，力的大小约为每平方厘米 $\frac{0.0013}{d^4}$. 1958 年物理学家首次验证了卡西米尔力的存在，从而也说明了零点能的存在.

7.2　典型的非经典量子光场态

7.2.1　粒子数态 (Fock 态)

将粒子数算符 $\hat{N}_k$ 的本征态称为粒子数态 $|n_k\rangle$，即为

$$\hat{N}_k|n_k\rangle = n_k|n_k\rangle. \tag{7.15}$$

由定义可知，处在粒子数态 $|n_k\rangle$ 的光量子数为 n_k，这是确定的. 回顾量子力学中能量和相位的不确定关系，可以得到结论，粒子数态的相位是完全不确定或者完全随机的（想一想为什么），这说明粒子数态是一个典型的非经典状态，是量子力学直接的结果，是经典物理学中不存在的状态.

粒子数态的基态对应于真空态 $|0\rangle$，定义为

$$a_k|0\rangle = 0, \tag{7.16}$$

真空态的能量的平均值为

$$\langle 0|\hat{H}|0\rangle = \frac{1}{2}\sum_k \hbar\omega_k, \tag{7.17}$$

表明真空态"不空"，这也正是量子力学区别于经典理论的核心之一. 进一步的分析表明，算符 a_k 和 $a_k^\dagger$ 满足下述关系：

$$a_k|n_k\rangle = \sqrt{n_k}|n_k-1\rangle, \tag{7.18}$$

$$a_k^\dagger|n_k\rangle = \sqrt{n_k+1}|n_k+1\rangle. \tag{7.19}$$

说明算符 a_k 作用在态 $|n_k\rangle$ 上使得其粒子数减少了一个变成 $|n_k-1\rangle$，而算符 $a_k^\dagger$ 则是使态 $|n_k\rangle$ 的粒子数增加了一个变成 $|n_k+1\rangle$，因而称 a_k 为湮灭算符，$a_k^\dagger$ 为产生算符. 由累积作用可得

$$|n_k\rangle = \frac{(a_k^\dagger)^{n_k}}{\sqrt{n_k!}}|0\rangle, \tag{7.20}$$

说明粒子数态 $|n_k\rangle$ 可以从真空态累积激发光量子产生. 粒子数态还满足正交完备性，即

$$\langle n_k|m_k\rangle = \delta_{nm}, \tag{7.21}$$

$$\sum_{n_k}^{\infty}|n_k\rangle\langle n_k| = 1. \tag{7.22}$$

因此粒子数态可以作为量子希尔伯特中的基矢用来展开其他的量子态，在理论分析中具有非常重要的价值. 但是由于粒子数态相位的完全随机性，在实验中很难实现，比如在量子光学和量子信息中经常使用的单光子态就是典型的粒子数态，一般会采取弱强度的光源，从统计角度一定的时间内平均只产生一个光子的方式来产生单光子态.

7.2.2 相干态

从理论的角度，将湮灭算符 a 的本征态定义为相干态 $|\alpha\rangle$，即为

$$a|\alpha\rangle = \alpha|\alpha\rangle, \tag{7.23}$$

其中 α 为任意的复数. 相干态也可以通过平移算符从真空态直接得到

$$|\alpha\rangle = D(\alpha)|0\rangle, \tag{7.24}$$

其中平移算符定义为

$$D(\alpha) = \exp(\alpha a^\dagger - \alpha^* a). \tag{7.25}$$

可以证明平移算符满足关系

$$D^\dagger(\alpha) = D(-\alpha) = D^{-1}(\alpha), \tag{7.26}$$

相干态可以用粒子数态展开

$$|\alpha\rangle = e^{-\frac{|\alpha|^2}{2}}\sum\frac{\alpha^n}{\sqrt{n!}}|n\rangle. \tag{7.27}$$

由展开式可以得知，相干态所包含的光量子数是不确定的，平均光量子数可估算为

$$\bar{n} = \langle \alpha | a^\dagger a | \alpha \rangle = |\alpha|^2. \tag{7.28a}$$

而且还可以发现，相干态中光量子数是泊松分布，即

$$P(n) = |\langle \alpha | n \rangle|^2 = \frac{|\alpha|^{2n} e^{-|\alpha|^2}}{n!}. \tag{7.28b}$$

相干态不满足正交性，即

$$\langle \alpha | \beta \rangle = \exp\left[-\frac{1}{2}(|\alpha|^2 + |\beta|^2) + \alpha^* \beta\right], \tag{7.29}$$

同时又具有过完备性

$$\int |\alpha\rangle\langle\alpha| d^2\alpha = \pi. \tag{7.30}$$

对于量子光场而言，这意味着相干态可以作为量子希尔伯特的基矢，但是展开的方式不唯一，在 7.3 节中将有专门介绍。从实验的角度来看，相干态"相当"实际，在光学中曾经提到过，能够获得干涉效应的基础条件是光要有好的相干性，而相干态就是具有"高度"相干性的光场态，实验中一般用工作于阈值以上高度稳定的激光来产生相干态。相干态的重要性还体现在其量子不确定度。由于产生和湮灭算符不是可测量的厄米算符，构造一组新的算符

$$\hat{q} = \sqrt{\frac{\hbar}{2\omega}}(a + a^\dagger), \quad \hat{p} = i\sqrt{\frac{\hbar\omega}{2}}(a - a^\dagger). \tag{7.31}$$

$\hat{q}$ 和 $\hat{p}$ 构成一组相互互补的厄米算符，实验中是可测量的，对应于频率为 ω 的电磁波相位相差为 $\pi/2$（垂直相位）的电场的振幅。易于验证，$\hat{q}$ 和 $\hat{p}$ 满足对易关系

$$[\hat{p}, \hat{q}] = i\hbar. \tag{7.32}$$

根据量子力学的知识，$\hat{q}$ 和 $\hat{p}$ 的测量不确定度（量子误差）的乘积满足不等式

$$\Delta\hat{p} \cdot \Delta\hat{q} \gg \hbar/2. \tag{7.33}$$

而对于相干态而言，计算发现，$\hat{q}$ 和 $\hat{p}$ 的量子误差达到其最小值，即

$$(\Delta\hat{p} \cdot \Delta\hat{q})_{相干态} = \hbar/2. \tag{7.34}$$

因此，相干态可以理解为达到了量子态的下限，可以说相干态是介于量子与经典光场之间的"中间态"，同时具有量子性和经典性。

7.2.3 压缩态

光一直是用来实现精密测量的重要的物理载体，比如迈克耳孙干涉仪设计的初衷，就是为了解决在无法实现与光速比拟的物体运动速度的局限条件下，检验光速

第 7 章 量子光学及量子信息的技术实现

是否参与速度叠加的重大命题,而且也确实完成了使命. 引力波是广义相对论的一项重要的理论预言,自从 1915 年左右由爱因斯坦提出后,一直是物理学家尝试测量的重大试验目标,直到 2015 年历经百年的努力,由激光干涉引力波天文台(Laser Interferometer Gravitational-Wave Observatory,LIGO)首次真正实现了对引力波的测量,实现了历史性的突破.

如图 7.1 所示引力波测量干涉仪的示意图,LIGO 使用激光干涉法来测量由经过的引力波引起的两个垂直臂的长度变化,干涉仪具有高度灵敏度,能够检测由黑洞或中子星合并等事件引起的时空结构的微小变化. 其中一个关键环节是在 LIGO 中使用了压缩态光场来提高干涉仪的灵敏度,通过在干涉仪中使用压缩光场,LIGO 可以减少量子噪声,提高其探测引力波的能力.

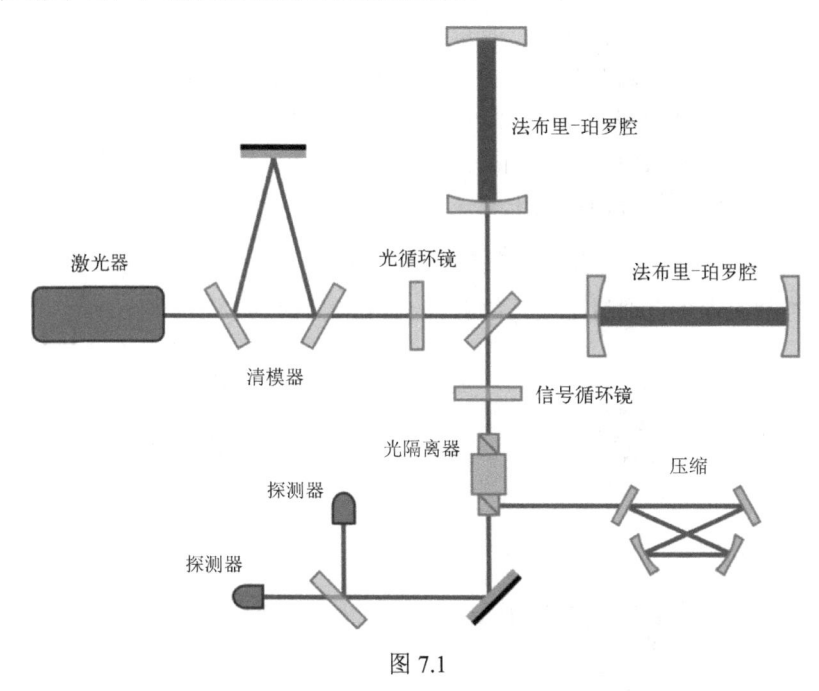

图 7.1

从上面的内容可知,处在相干态电磁场中的一对互补振幅的量子不确定度乘积已经到了量子误差的最小值,但是由于引力波的信号过于微弱,计算表明,如果要探测到引力波信号,LIGO 干涉仪要测量得到其两臂距离的、相当于质子直径的千分之一的量级的变化,这远非相干态光场所能达到的精度. 压缩态光场的提出和实现正是基于在测量中突破量子误差的限制,其基本思想为,在相干态中一对互补测量量不确定度乘积不变的基础上,降低其中一个测量量的不确定度以达到误差的要求,而代价是放大另外一个量的不确定度.

为了进一步阐释压缩态,将湮灭算符分解为对应其实部和虚部的两个厄米算符

之和，即

$$a = (\hat{X}_1 + i\hat{X}_2)/2. \tag{7.35}$$

很容易验证满足对易关系及不确定关系

$$[\hat{X}_1, \hat{X}_2] = 2i, \tag{7.36}$$

$$\Delta \hat{X}_1 \cdot \Delta \hat{X}_2 \gg 1. \tag{7.37}$$

特别地，对于相干态而言，

$$(\Delta \hat{X}_1 \cdot \Delta \hat{X}_2)_{\text{相干态}} = 1. \tag{7.38}$$

如图 7.2(a)所示，在以 $\hat{X}_1$ 和 $\hat{X}_2$ 为坐标轴的相空间坐标系中，相干态沿各方向（即对应于所有相位的电场振幅）的量子误差都相同，构成一个"误差圆"；如图 7.2(b)所示，压缩态沿某些方向的量子误差被压缩，而在其垂直方向的量子误差被放大，构成一个"误差椭圆"。具体而言，是在保持 $\Delta \hat{X}_1 \cdot \Delta \hat{X}_2 = 1$ 条件的基础上，实现 $\Delta \hat{X}_1 < 1 < \Delta \hat{X}_2$。在新的相位坐标系 $\hat{Y}_1$ 和 $\hat{Y}_2$ 中，变"正"的误差椭圆更清晰地显示出被最大压缩的相位方向，其中

$$\hat{Y}_1 + i\hat{Y}_2 = (\hat{X}_1 + i\hat{X}_2)e^{i\varphi}. \tag{7.39}$$

压缩态的物理实现可以通过定义压缩算符 $\hat{S}(\epsilon)$ 来表示

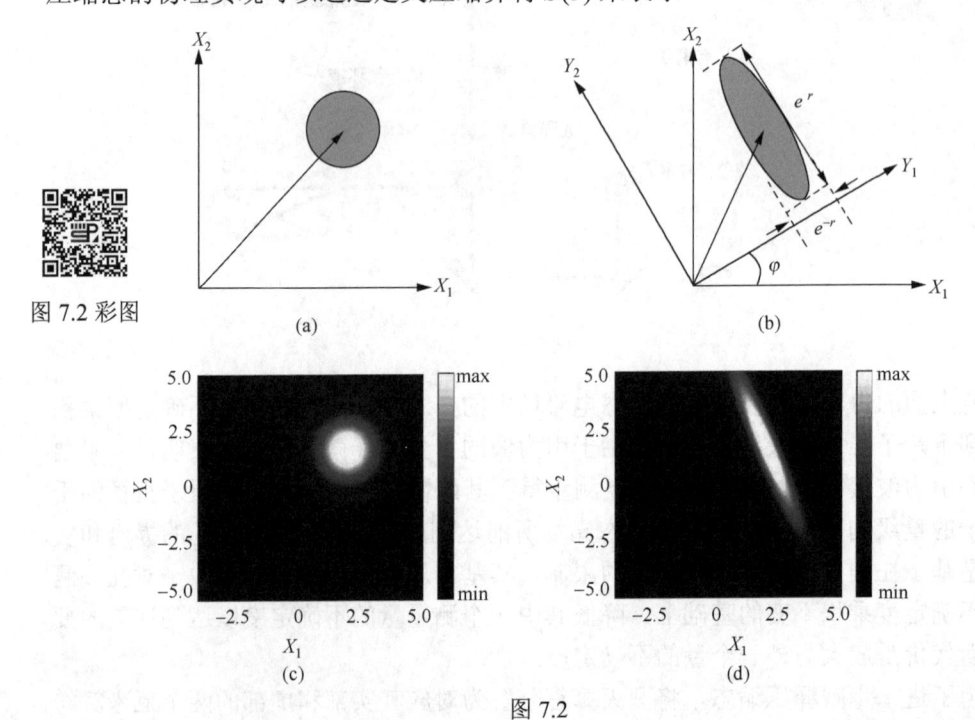

图 7.2 彩图

图 7.2

$$\hat{S}(\epsilon) = \exp\left(\frac{1}{2}\epsilon^* a^2 - \frac{1}{2}\epsilon a^{\dagger 2}\right). \tag{7.40}$$

压缩态可以通过对真空态顺序作用压缩算符和平移算符得到，即

$$|\alpha, \epsilon\rangle = D(\alpha)S(\epsilon)|0\rangle, \tag{7.41}$$

其中 $\epsilon = re^{2i\varphi}$，$\hat{Y}_1$ 和 $\hat{Y}_2$ 两个测量方向的量子误差分别为

$$\Delta \hat{Y}_1 = e^{-r}, \quad \Delta \hat{Y}_2 = e^r. \tag{7.42}$$

显然 $\hat{Y}_1$ 方向被压缩了 e^{-r} 倍，代价是 $\hat{Y}_2$ 方向的量子误差被放大，其中 $r = |\epsilon|$ 被称为压缩因子.

压缩光场通常采用非线性光学中的参数放大过程实现. 如图 7.3 所示，一束强度足够大的频率为 ω_p 的相干光射入非线性晶体(通常是具有二阶非线性的 BBO 晶体)，在晶体内部作为泵浦光激励晶体发生非线性过程，产生相互关联的双模光场，通常称为信号光和闲置光，频率分别为 ω_s 和 ω_i，由于能量守恒，三束光的频率满足条件

$$\omega_p = \omega_s + \omega_i. \tag{7.43}$$

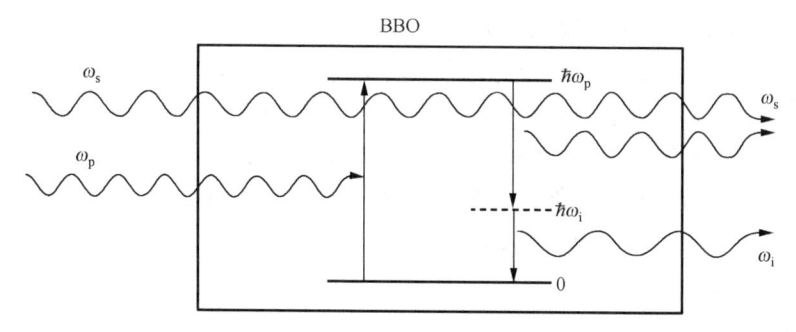

图 7.3

这个非线性过程通常被称为参数放大或者参数下转换过程. 当信号光和闲置光的频率相同时 $\omega_s = \omega_i$，这个过程被称为简并的参数过程，可以理解为非线性介质中的原子在吸收一个相干态的光量子后被激发到高能态，然后在回到原低能态过程中辐射产生了两个相同的光量子，其对应的相互作用哈密顿量为

$$\hat{H}_I = \hbar\kappa(a^{\dagger 2}b + a^2 b^\dagger), \tag{7.44}$$

其中，a 代表双光子的湮灭算符；b 代表相干泵浦光的湮灭算符. 哈密顿量的第一项表示湮灭一个相干态的光量子会产生一对相同的光子，第二项表示相反的过程. 可以证明，信号光的量子涨落满足压缩条件

$$\Delta \hat{X}_1 = e^{-4\kappa}, \quad \Delta \hat{X}_2 = e^{4\kappa}, \tag{7.45}$$

其中 $a = \frac{1}{2}(\hat{X}_1 + i\hat{X}_2)$.

对于非简并的参数过程，其相互作用的哈密顿量为

$$\hat{H}_I = \hbar\kappa(a_1^\dagger a_2^\dagger b + a_1 a_2 b^\dagger). \tag{7.46}$$

其第一项代表湮灭一个相干态的光量子会产生一对关联的光子，即两束相互关联的光，该过程可以通过实验验证量子信息中 EPR 佯谬的纠缠关联的存在. 在具体的实验中，为了测量两束光的关联，针对每束光定义一对正交共轭的测量量，即

$$X_i^\phi = a_i e^{i\phi} + a_i^\dagger e^{-i\phi}, \quad i = 1, 2, \tag{7.47}$$

可以验证同束光相位正交的一组测量量满足对易关系

$$[X_i^\phi, X_i^{\phi+\frac{\pi}{2}}] = -2i. \tag{7.48}$$

为了度量两束光的测量量之间的量子关联，定义两束光之间的关联函数为

$$\mathcal{R}(\phi,\theta) \equiv \frac{1}{2}\left\langle (X_1^\phi - X_2^\theta)^2 \right\rangle. \tag{7.49}$$

如果 $\mathcal{R}(\phi,\theta) = 0$，说明测量得到光束 1 的 X_1^ϕ 值，就立即确定了光束 2 的 X_2^θ 值，而无论两束光的具体位置如何和是否对光束 2 实施测量，即两束光的测量量 X_1^ϕ 和 X_2^θ 是完全关联的；理论计算表明，如果 $\mathcal{R}(\phi,\theta) = 1$，则两束光不存在关联，但在实际的实验中考虑到单束光量子误差的存在，只要 $\mathcal{R}(\phi,\theta) \leqslant 2$，就可以证明两个测量量之间量子关联存在. 1988 年物理学家首次测量得到的值为 $\mathcal{R}(\phi,\theta) = 0.7 \pm 0.01$，这就从光学的角度说明了 EPR 佯谬预言的量子关联（纠缠）存在的证据，进一步证实了量子力学波动理论的完备性，也为后续利用量子光学手段实现量子通信和量子计算奠定了技术基础.

> **课题研究**
>
> 自主学习引力波测量原理及其主要技术，整理形成引力波测量发展报告.

7.3 量子场的维格纳分布函数

对比传统的经典光学，量子光学是利用量子力学处理光及其与物质的相互作用的问题，因此更多强调区别于经典光场的量子新效应. 一方面，量子力学问题描述一般需要算符方程，直接处理比传统的数学方程更复杂；另一方面，需要强调能够在实验中观测到区别于经典光场的非经典效应. 量子光学常用的处理方法的基本思

路为,基于标准的常用光场进行复合对比测量,具体体现为将待测光场基于标准常用光场的态矢进行展开,测量展开系数的分布即可获得待测场的性质. 由于相干态可用标准的激光技术实现,建立一套基于相干态基矢展开的量子场的分布理论是非常必要的. 本节主要介绍实验中经常使用的维格纳(Wigner)分布函数.

对于任意给定的光场,其量子态的密度矩阵为 ρ,则其数分布表示函数可表示为如下形式:

$$\rho = \sum_{m,k} f_{mk}(\varphi) |\varphi\rangle_{mk} \langle \varphi |, \tag{7.50}$$

式中,$f_{mk}(\varphi)$ 称为该光场的数分布函数;$|\varphi\rangle_m$ 表示复合对比测量光场的基矢,比如粒子数态、相干态等,特别对于相干态的基矢而言,可以定义 $P(\alpha)$ 分布函数

$$\rho = \int P(\alpha) |\alpha\rangle \langle \alpha | \mathrm{d}^2 \alpha. \tag{7.51}$$

由于相干态基矢的非正交性,$P(\alpha)$ 不是基矢 $|\alpha\rangle$ 的概率分布函数,而且进一步分析表明 $P(\alpha)$ 有可能为奇异函数,具有不可测量性,常更多用于光场的理论分析. 下面来定义相干态基矢的维格纳分布函数.

首先定义密度矩阵 ρ 代表的光场的特征函数

$$\chi(\beta) = \mathrm{Tr}\{\rho \mathrm{e}^{\beta a^\dagger - \beta^* a}\}, \tag{7.52}$$

则 ρ 的维格纳分布函数定义为特征函数的傅里叶变换

$$W(\alpha) = \frac{1}{\pi^2} \int \chi(\beta) \mathrm{e}^{\beta^* \alpha - \beta \alpha^*} \mathrm{d}^2 \beta. \tag{7.53}$$

分析表明,维格纳分布函数总是存在的,但有可能为负值,并且满足归一性

$$\int W(\alpha) \mathrm{d}^2 \alpha = 1. \tag{7.54}$$

下面列出几个特殊量子光场的 $W(\alpha)$,其中令 $\alpha = \frac{1}{2}(X_1 + \mathrm{i} X_2)$,$x_i' = x_i - X_i$.

(1) 相干态:$W(x_1, x_2) = \frac{1}{2\pi} \exp\left[-\frac{1}{2}(x_1'^2 + x_2'^2)\right]$.

(2) 压缩态:$W(x_1, x_2) = \frac{1}{2\pi} \exp\left[-\frac{1}{2}(x_1'^2 \mathrm{e}^{2r} + x_2'^2 \mathrm{e}^{-2r})\right]$.

(3) 粒子数态 $|n\rangle$:$W(x_1, x_2) = \frac{2}{\pi}(-1)^n \mathrm{L}_n(4r^2)\mathrm{e}^{-2r^2}$,其中 $r^2 = x_1^2 + x_2^2$,$\mathrm{L}_n(x)$ 是关于 x 的拉盖尔多项式.

图 7.4(a)、(b)、(c) 分别表示相干态、压缩态和粒子数态的维格纳分布函数.

图 7.4

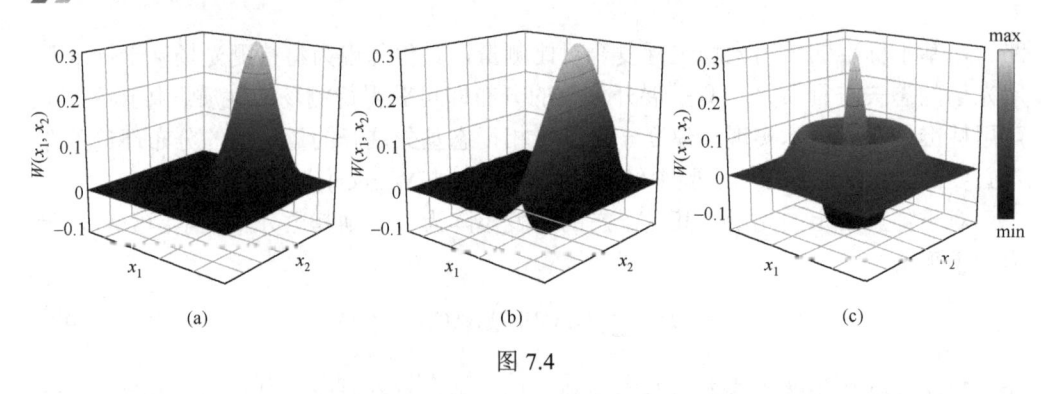

7.4 光与原子相互作用

在对光场的量子化理论有一定程度掌握的基础上，下面讨论光与物质原子相互作用的吸收和辐射理论．光与物质原子相互作用的本质是原子中电子在外电磁场的作用下的运动，按照玻尔的原子能级理论，只要外场不足够强，相互作用仅局限于单原子体系；在外场的作用下，电子将会在原子内不同能级之间跃迁，从而导致对电磁场光量子的吸收或者发射．根据玻尔理论，原子对光量子的吸收，光的频率比需要对应于某两个特定能级的能量差，因此一般情况下，单模电磁场与原子作用，只需要将原子中电子的跃迁限定于两个能级之间，也就是所谓的二能级原子体系．下面逐步介绍量子光学的处理方法和主要的结果．

7.4.1 半经典理论

根据电磁学理论，电子在电磁场中运动的哈密顿量可以写成如下形式：

$$\hat{H} = \frac{1}{2m}[p - eA(r,t)]^2 + e\varphi(r,t) + V(r), \tag{7.55}$$

式中，m 和 e 分别代表电子的质量和电量；$A(r,t)$ 和 $\varphi(r,t)$ 分别是外电磁场的矢势和标势；$V(r)$ 为电子在原子中的势能．为了突出对原子跃迁的量子化，在半经典理论中暂时假定外电磁场是经典场，也就是仍然保持数函数的形式，而不用写成算符形式．如果电子的波函数为 $\psi(r,t)$，则电子的运动满足薛定谔方程

$$\psi(\dot{r},t) = \frac{1}{\mathrm{i}\hbar}\hat{H}\psi(r,t), \tag{7.56}$$

其中 $\psi(\dot{r},t) = \dfrac{\partial \psi(r,t)}{\partial t}$．为了求解薛定谔方程，需要对模型进行简化和近似．考虑到一般实际原子的大小远小于电磁波的波长，因而对原子空间内的电子运动来说，外电磁场是缓变的，甚至是不变的，即外场可以处理为平面电磁波，一般条件下这个

近似接近于真实的情况，被称为偶极近似，结合库仑规范条件的选取，即有

$$A(r_0 + r, t) \approx A(r_0, t), \quad \nabla \cdot A(r, t) = 0, \quad \varphi(r, t) = 0, \tag{7.57}$$

其中，r_0 代表原子的质心位置，可以直接选取在坐标原点. 进一步略去哈密顿量中矢势的（高次）平方项，则近似后的哈密顿量为 $\hat{H} = \hat{H}_0 + \hat{H}_I$，其中

$$\hat{H}_0 = \frac{p^2}{2m} + V(r), \tag{7.58}$$

$$\hat{H}_I = -er \cdot E(r, t), \tag{7.59}$$

式中，$E(r, t)$ 为外电场强度；er 代表电子跃迁的偶极矩. 不失一般性，设电子的偶极方向沿着一维的 x 方向，同时将外场设为频率为 ν 的单模电磁场，即

$$E(t) \equiv E(0, t) = \mathcal{E} \cos(\nu t). \tag{7.60}$$

如图 7.5 所示，假定原子跃迁能级限定于基态 $|g\rangle$ 和激发态 $|e\rangle$ 之间，即原子是一个封闭的二能级体系，满足完备性条件

$$|g\rangle\langle g| + |e\rangle\langle e| = 1, \tag{7.61}$$

同时也意味着 $|g\rangle$ 和 $|e\rangle$ 是自由哈密顿量 $\hat{H}_0 |e\rangle$ 的本征态，即满足条件

$$\hat{H}_0 |g\rangle = \hbar\omega_g |g\rangle, \quad \hat{H}_0 |e\rangle = \hbar\omega_e |e\rangle, \tag{7.62}$$

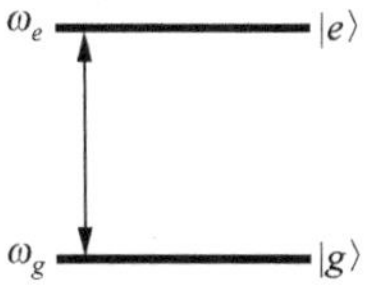

图 7.5

其中，ω_g 和 ω_e 分别为基态和激发态的共振频率，且满足正交性 $\langle i|j\rangle = \delta_{ij}(i, j = e, g)$. 考虑到电子跃迁的封闭性，电子的波函数即薛定谔方程的解应该具有如下形式：

$$\psi(r, t) = \xi_g(t)|g\rangle + \xi_e(t)|e\rangle. \tag{7.63}$$

将 $|g\rangle$ 和 $|e\rangle$ 作为基矢，对哈密顿量进行展开，可以得到

$$\begin{aligned}\hat{H}_0 &= (|g\rangle\langle g| + |e\rangle\langle e|)\hat{H}_0(|g\rangle\langle g| + |e\rangle\langle e|) \\ &= \hbar\omega_g |g\rangle\langle g| + \hbar\omega_e |e\rangle\langle e|,\end{aligned} \tag{7.64}$$

$$\begin{aligned}\hat{H}_I &= -e(|g\rangle\langle g| + |e\rangle\langle e|)x(|g\rangle\langle g| + |e\rangle\langle e|)E(t) \\ &= -(p_{eg}|e\rangle\langle g| + p_{ge}|g\rangle\langle e|)E(t),\end{aligned} \tag{7.65}$$

其中，$p_{eg} = p_{ge}^* = e\langle e|x|g\rangle$，将上述结果代入薛定谔方程中，可得到波函数的系数方程

$$\dot{\xi}_g(t) = -i\omega_g \xi_g(t) + i\Omega_R e^{i\phi} \cos(\nu t)\xi_e(t) \tag{7.66a}$$

$$\dot{\xi}_e(t) = -i\omega_e \xi_e(t) + i\Omega_R e^{-i\phi} \cos(\nu t)\xi_g(t) \tag{7.66b}$$

其中，$\Omega_R = \dfrac{|p_{eg}|\mathcal{E}}{\hbar}$ 称为拉比（Rabi）频率. 定义缓变参量

$$\tilde{\xi}_g(t) = \xi_g(t)e^{i\omega_g t}, \tag{7.67a}$$

$$\tilde{\xi}_e(t) = \xi_e(t)e^{i\omega_e t}, \tag{7.67b}$$

忽略快变项 $e^{\pm i(\omega+\nu)t}$ 以后，其中 $\omega = \omega_e - \omega_g$，可以得到缓变参量所满足的方程

$$\dot{\tilde{\xi}}_g(t) = i\frac{\Omega_R}{2}e^{i\phi}\tilde{\xi}_e(t)e^{-i(\omega-\nu)t}, \tag{7.68a}$$

$$\dot{\tilde{\xi}}_e(t) = i\frac{\Omega_R}{2}e^{-i\phi}\tilde{\xi}_g(t)e^{i(\omega-\nu)t}. \tag{7.68b}$$

利用数学知识很容易求解上述微分方程组，即可得电子的跃迁波函数，这里不再具体写出. 为了了解二能级原子在单模场作用下能级跃迁的变化情况，引入一个描述两个能级电子存在的概率密度的差值函数

$$\begin{aligned} W(t) &\equiv \left|\tilde{\xi}_g(t)\right|^2 - \left|\tilde{\xi}_e(t)\right|^2 \\ &= \left(\frac{\Delta^2 - \Omega_R^2}{\Omega^2}\right)\sin^2\left(\frac{\Omega t}{2}\right) + \cos^2\left(\frac{\Omega t}{2}\right), \end{aligned} \tag{7.69}$$

其中，$\Delta = \omega - \nu$ 称为频率失谐；$\Omega = \sqrt{\Delta^2 + \Omega_R^2}$. 当入射的外电场和原子能级共振，即失谐 $\Delta = 0$ 时，$\Omega = \Omega_R$，有

$$W(t) = \cos(\Omega_R t). \tag{7.70}$$

这意味着在共振外场的作用下，电子将周期性往复于两个能级之间，如图 7.6 所示. 这是一种典型的量子振荡现象，称为拉比振荡，是一种类似于经典的拍（beat）现象.

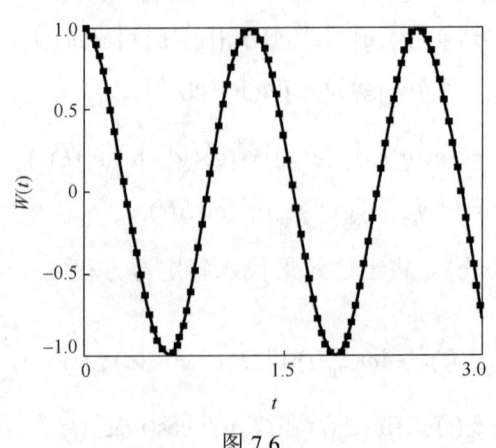

图 7.6

作为上述半经典理论的一个小结,通过上面的处理过程发现,二能级原子体系可以表示为矩阵的形式. 当原子处于二能级叠加状态时,即

$$|\psi\rangle = \xi_g |g\rangle + \xi_e |e\rangle, \tag{7.71}$$

原子体系的密度矩阵为

$$\begin{aligned}\rho &= |\psi\rangle\langle\psi| \\ &= |\xi_g|^2 |g\rangle\langle g| + \xi_g \xi_e^* |g\rangle\langle e| + \xi_g^* \xi_e |e\rangle\langle g| + |\xi_e|^2 |e\rangle\langle e|,\end{aligned} \tag{7.72}$$

因此可以表示为矩阵的形式

$$\rho = \begin{pmatrix} \rho_{gg} & \rho_{ge} \\ \rho_{eg} & \rho_{ee} \end{pmatrix} = \begin{pmatrix} |\xi_g|^2 & \xi_g \xi_e^* \\ \xi_g^* \xi_e & |\xi_e|^2 \end{pmatrix}, \tag{7.73}$$

而波函数可以表示为列矩阵的形式

$$|\psi\rangle = \begin{pmatrix} \xi_g \\ \xi_e \end{pmatrix}, \quad \langle\psi| = (\xi_g^* \quad \xi_e^*). \tag{7.74}$$

7.4.2 全量子理论

下面来介绍电磁场与原子体系相互作用的全量子理论,电磁场、原子及其相互作用的哈密顿量为

$$\hat{H} = \hat{H}_A + \hat{H}_F + \hat{H}_I, \tag{7.75}$$

其中,$\hat{H}_F = \sum_k \hbar \nu_k \left(a_k^\dagger a_k + \frac{1}{2} \right)$ 为电磁场的哈密顿量. 对于二能级原子体系 $|g\rangle$ 和 $|e\rangle$,引入符号 $\sigma_{gg} = |g\rangle\langle g|$, $\sigma_{ee} = |e\rangle\langle e|$,可知有 $\sigma_{gg} + \sigma_{ee} = 1$,由此可定义赝自旋算符

$$\sigma_+ = |e\rangle\langle g|, \quad \sigma_- = |g\rangle\langle e|, \quad \sigma_z = \sigma_{ee} - \sigma_{gg}. \tag{7.76}$$

基于二能级基矢

$$\sigma_+ = \begin{pmatrix} 0 & 1 \\ 0 & 0 \end{pmatrix}, \quad \sigma_- = \begin{pmatrix} 0 & 0 \\ 1 & 0 \end{pmatrix}, \quad \sigma_z = \begin{pmatrix} 1 & 0 \\ 0 & -1 \end{pmatrix}, \tag{7.77}$$

这里,赝自旋是指将原子在两个能级间的跃迁类比于电子自旋在外磁场方向上的上下翻转运动. $\hat{H}_A$ 是原子的自由哈密顿量,其本征方程满足 $\hat{H}_A |g\rangle = \hbar\omega_g |g\rangle$,$\hat{H}_A |e\rangle = \hbar\omega_e |e\rangle$,因此

$$\begin{aligned}\hat{H}_A &= \hbar\omega_g |g\rangle\langle g| + \hbar\omega_e |e\rangle\langle e| \\ &= \frac{1}{2}\hbar\omega(\sigma_{ee} - \sigma_{gg}) + \frac{1}{2}(\hbar\omega_g + \hbar\omega_e)(\sigma_{gg} + \sigma_{ee}).\end{aligned} \tag{7.78}$$

上式中 $\omega = \omega_e - \omega_g$，后一项可通过重新选取能量参考点而忽略，因此有

$$\hat{H}_A = \frac{1}{2}\hbar\omega\sigma_z, \tag{7.79}$$

而相互作用哈密顿量为

$$\begin{aligned}\hat{H}_I &= -\left(p_{eg}|e\rangle\langle g| + p_{ge}|g\rangle\langle e|\right)E(t) \\ &= -(p_{eg}\sigma_+ + p_{ge}\sigma_-)\sum_k \vartheta_k(a_k + a_k^\dagger).\end{aligned} \tag{7.80}$$

上式乘积中，$\sigma_+ a_k^\dagger$ 表示原子从低能级跃迁到高能级同时向光场辐射一个光量子，而 $\sigma_- a_k$ 代表其反向的过程，显然这两个过程不符合能量守恒原则，属于高阶的小概率事件，因此一般可以忽略掉（请读者思考 $\sigma_+ a_k$ 和 $\sigma_- a_k^\dagger$ 代表什么含义）．因此有

$$\hat{H} = \sum_k \hbar v_k a_k^\dagger a_k + \frac{1}{2}\hbar\omega\sigma_z + \sum_k \hbar g_k(\sigma_+ a_k + \sigma_- a_k^\dagger) \tag{7.81}$$

其中，g_k 表示原子与 k 模式电磁场的耦合系数．特别地，对于单模场，有

$$\hat{H} = \hbar v a^\dagger a + \frac{1}{2}\hbar\omega\sigma_z + \hbar g(\sigma_+ a + \sigma_- a^\dagger) \tag{7.82}$$

为了求解原子与单模场的哈密顿量对应的薛定谔方程，假设原子和场的共同波函数可以表示为

$$|\psi(t)\rangle = \sum_n \left[\zeta_{g,n}(t)|g,n\rangle + \zeta_{e,n}(t)|e,n\rangle\right], \tag{7.83}$$

将上述形式解代入薛定谔方程，并将跃迁局限于 $|g, n+1\rangle$ 和 $e, n\rangle$ 之间，可以得到问题的最终求解．同样定义

$$W(t) \equiv \left|\zeta_{g,n}(t)\right|^2 - \left|\zeta_{e,n}(t)\right|^2, \tag{7.84}$$

可以得到

$$W(t) = \sum_{n=0}^\infty \rho_{nn}(0)\left[\frac{\Delta^2}{\Omega_n^2} + \frac{4g^2(n+1)}{\Omega_n^2}\cos(\Omega_n t)\right], \tag{7.85}$$

其中，$\rho_{nn}(0) \equiv |\zeta_n(0)|^2$ 为起始时刻光场具有 n 个光量子的概率，拉比频率 $\Omega_n = \sqrt{\Delta^2 + 4g^2(n+1)}$．一个很有趣的情况是，若初始光场为真空场，如果基于经典的理论，设原子的初态在激发态，由于没有场的作用，原子将持续位于激发态而不会有跃迁发生，从而也就不会发生崩塌恢复（即拉比振荡）；但基于目前的全量子理论，即便从真空场开始，即 $\rho_{nn}(0) = \delta_{n0}$ 时，

$$W(t) = \frac{1}{\Delta^2 + 4g^2}\left[\Delta^2 + 4g^2\cos\left(\sqrt{\Delta^2 + 4g^2}\,t\right)\right], \tag{7.86}$$

仍然会有拉比振荡现象发生,这是因为真空场会引起自发辐射,从而原子的跃迁被激发. 在上述无论半经典还是全量子的处理过程中,都述假定了原子系统没有受到外界(一般来自于环境)的干扰,所以原子系统的跃迁只是无损耗地往复于两个能级之间. 但实际上,由于真空场的自发辐射效应以及环境的热扰动等影响,原子和电磁场处于任何状态都需要考虑损耗,对此量子光学有专门的处理,由于篇幅的限制,这里就不再专门介绍.

科学家小传

玻恩

玻恩(M. Born,1882—1970),德国物理学家,量子力学奠基人之一,1954 年诺贝尔物理学奖获得者. 玻恩的最重要的贡献之一是对量子力学的发展. 他与海森伯合作,共同发展了矩阵力学,这是量子力学的一种数学形式,为后来量子理论的发展奠定了基础. 他还与沃尔夫冈·保罗一起发展了波动力学,这是另一种描述微观粒子行为的数学形式. 这两种形式后来被证明是等价的,统一了量子力学的理论框架. 此外,玻恩还对固体物理学和光学做出了重要贡献. 他的工作包括对晶格动力学、晶体缺陷和磁性等问题的研究. 他提出的玻恩-奥本海默(Born-Oppenheimer)近似方法在分子物理学中具有重要意义,为理解分子结构和振动提供了关键工具. 玻恩一生中指导的研究生以及和他一起工作的助手有多位获得诺贝尔奖. 他还指导了多位中国学者,如中国科学院院士彭桓武、程开甲、杨立铭等.

朗道

朗道(L. D. Landau,1908—1968),苏联物理学家,1962 年诺贝尔物理学奖获得者. 朗道在理论物理学的多个领域都有杰出的成就. 他在量子力学、固体物理学、热力学、物质状态理论、等离子体物理学和流体动力学等领域都有重要贡献. 他的许多工作被认为是这些领域中最重要的理论成果之一. 朗道的工作对于理论物理学的发展产生了深远影响,他的理论框架和方法被广泛应用于研究各种物质和现象. 他还培养了许多杰出的学生,包括诺贝尔奖得主阿布里科索夫(A. A. Abrikosov)和萨哈罗夫(A. Sakharov)等. 朗道在苏联的科学界享有崇高的声誉,并因在低温物理学和液体氦的研究中的贡献而于 1962 年获得了诺贝尔物理学奖.

7.5 原子相干辐射 电磁诱导透明现象

以上为了说明原子内跃迁的量子化,在处理电磁场与原子相互作用时,仅将原子处理为二能级体系,但实际上原子内有无穷多条能级. 虽然原子对每一个光量子的吸收和辐射一般只涉及两条能级,也就是说单独的吸收和辐射只发生在两条能级之间的单一跃迁通道,但是存在关联的多能级之间的跃迁通道之间有可能存在相干效应,这些相干效应有可能进一步增强或者减弱跃迁通道对电磁场光量子的吸收和辐射. 如果这些微观的相干现象能够体现为原子介质对电磁场吸收的宏观现象,这将是利用光学手段验证量子力学的有力证据,甚至发展成为新兴的技术. 下面将以电磁诱导透明现象来说明量子光学的魅力所在,同样的现象还包括无反转激光、多波混频色散、可控负折射原子介质等,读者可根据兴趣自行深入学习和了解.

作为多能级的代表,下面以三能级的原子系统为例. 在实验室中,一般采取共振或近共振的外部电(磁)场对具体要选择的能级间跃迁通道进行调控. 作为基础,首先来考虑原子的暗态(dark state)现象.

如图 7.7 所示,考虑一个 Λ 型的三能级原子系统,包括两个低能级 $|b\rangle$、$|c\rangle$ 和一个高能级 $|a\rangle$,原子的两条跃迁通道 $|a\rangle \to |b\rangle$ 和 $|a\rangle \to |c\rangle$ 分别由两个频率分别为 ν_1 和 ν_2 的外电场(激光束)调控. 典型的三能级原子系统还有 V 型和级联型. 由于所用的调控场的强度一般都不是很弱,所以将外场处理为经典场,即采用半经典理论.

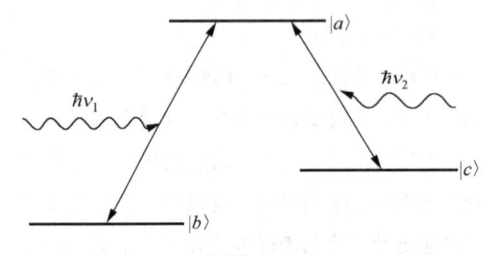

图 7.7

三能级原子系统和双模场构成的体系的哈密顿量为

$$\hat{H} = \hat{H}_0 + \hat{H}_I, \tag{7.87}$$

其中

$$\hat{H}_0 = \hbar\omega_a |a\rangle\langle a| + \hbar\omega_b |b\rangle\langle b| + \hbar\omega_c |c\rangle\langle c|, \tag{7.88a}$$

$$\hat{H}_I = -\frac{\hbar}{2}\left(\Omega_{R1} e^{-i\theta_1} e^{-i\nu_1 t} |a\rangle\langle b| + \Omega_{R2} e^{-i\theta_2} e^{-i\nu_2 t} |a\rangle\langle c|\right) + \text{H.c.}, \tag{7.88b}$$

式中,H.c. 表示前面项的共轭项. 体系的薛定谔方程为

$$i\hbar |\dot{\psi}(t)\rangle = \hat{H}|\psi(t)\rangle, \tag{7.89}$$

原子的波函数可以写为

$$|\psi(t)\rangle = \zeta_a(t)e^{-i\omega_a t}|a\rangle + \zeta_b(t)e^{-i\omega_b t}|b\rangle + \zeta_c(t)e^{-i\omega_c t}|c\rangle, \tag{7.90}$$

代入薛定谔方程中,并且不失一般性,假定外场与跃迁通道共振,即 $\omega_{ab} = \nu_1$ 和 $\omega_{ac} = \nu_2$,则可以得到如下方程组:

$$\dot{\zeta}_a(t) = \frac{i}{2}[\Omega_{R1} e^{-i\theta_1} \zeta_b(t) + \Omega_{R2} e^{-i\theta_2} \zeta_c(t)], \tag{7.91a}$$

$$\dot{\zeta}_b(t) = \frac{i}{2}\Omega_{R1} e^{i\theta_1} \zeta_a(t), \tag{7.91b}$$

$$\dot{\zeta}_c(t) = \frac{\mathrm{i}}{2}\Omega_{R2}\mathrm{e}^{\mathrm{i}\theta_2}\zeta_a(t). \tag{7.91c}$$

现在假定原子系统的初态为两个低能级 $|b\rangle$ 和 $|c\rangle$ 的相干叠加态，即为

$$|\psi(0)\rangle = \cos\varphi|b\rangle + \sin\varphi|c\rangle, \tag{7.92}$$

由此即可对上述方程进行求解. 非常有趣的是，当条件 $\Omega_{R1} = \Omega_{R2}$，$\varphi = \pi/4$，$\theta_1 - \theta_2 - \theta = \pm\pi$ 得到满足时，原子系统将始终处于状态

$$|\psi(t)\rangle = \frac{1}{\sqrt{2}}|b\rangle + \frac{\mathrm{e}^{-\mathrm{i}\theta}}{\sqrt{2}}|c\rangle. \tag{7.93}$$

这意味着原子系统将始终处于两个低能态的叠加状态，即便是在外场的驱动下，原子也不会激发到高能态 $|a\rangle$，也就是说原子将始终处于不吸收外场辐射的状态. 分析其原因，就是在这些条件下，两条跃迁通道 $|a\rangle \leftrightarrow |b\rangle$ 和 $|a\rangle \leftrightarrow |c\rangle$ 处于相干抑制的状态，从而使得原子始终处于初始的状态.

在上述现象中，原子最初被制备到了相干叠加态，当跃迁通道相互抑制时，原子将处于摒弃吸收的状态. 如果没有将原子制备到相干叠加态，跃迁通道的相互抑制能否实现相同的现象呢？

如图 7.8 所示，考虑另一个有两个高能级 $|a\rangle$ 和 $|c\rangle$ 的三能级原子模型，$|a\rangle \leftrightarrow |c\rangle$ 之间通过一个强相干场驱动，频率为 ν_μ，具有拉比频率 $\Omega_\mu \mathrm{e}^{-\mathrm{i}\theta_\mu}$；实际要探测其吸收和色散性质的是 $|a\rangle \leftrightarrow |b\rangle$ 之间的跃迁，探测场的驱动振幅为 $\mathcal{E}$，频率为 ν. 通过重复上述求解过程（请读者尝试自行写出系统的哈密顿量），假定原子初始位于低能级 $|b\rangle$ 态，即

$$\rho_{bb}(0) = 1, \quad \rho_{aa}(0) = \rho_{cc}(0) = \rho_{ca}(0) = 0. \tag{7.94}$$

通过求解系统的薛定谔方程可以得出结论，当探测场的频率和 $|a\rangle \leftrightarrow |b\rangle$ 通道的频率共振，即 $\nu = \omega_{ab}$ 时，原子对探测场的吸收等于零，而对应的折射率等于1，或者说在 $|a\rangle \leftrightarrow |c\rangle$ 之间强驱动时，原子介质对于探测光是透明的，称此现象为电磁诱导透明（EIT）. 这是一个典型的在微观层面可调控的宏观量子现象，通过宏观调控介质的微观原子结构可以实现宏观的相干辐射或者吸收现象，是一个完全的量子现象. 不同于暗态是事先将原子初始制备在

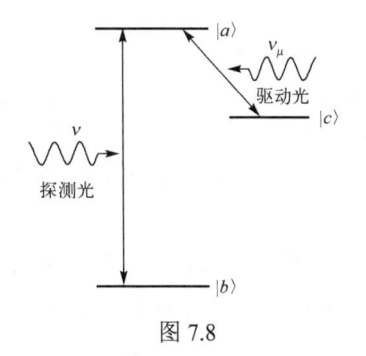

图 7.8

相干叠加态，EIT 是通过强驱动将三能级原子的两个高能级锁在相干的暗态，从而限制高低能级之间的跃迁，使得系统对外场产生"免疫". 在前面提到的激光原理，其本质要求增益介质必须处于能态的反转状态，但是根据当前暗态的思想，如果将

原子的某些能级锁定在相干叠加的暗态，使得处于高能级的状态暂时无法回到基态，也可以变相得到能态的反转，这其实就是无反转激光技术的原理.

> **研讨课题**
>
> 什么叫做"人造原子"？与原子有哪些异同？都有哪些"人造原子"体系？目前的研究现状如何？

7.6 量子计算物理平台

近些年来，量子计算技术在实验上取得了巨大的进步，其本质是利用多粒子量子波函数的叠加等量子特性实现解决复杂计算问题的机器. 然而就像激光在发明之初无法预见其在如眼科手术、工程测距、智能辅助驾驶等实际领域的巨大价值，目前对于实现通用量子计算所采用的物理体系仍在探索中. 然而，一些富有潜力的物理平台已经在特定的量子任务中崭露头角. 本节将介绍基于量子光学基础所发展和衍生的量子计算平台. 在介绍量子计算平台之前，首先需要确认一下构建量子计算平台的必要条件.

(1) 具有良好量子比特特性的可扩展物理系统. 这些量子比特可以是二能级系统，如二能级原子、电子自旋、原子核自旋或具有两个偏振的光子等. 该系统必须是可扩展的，这意味着它必须能够承载任意数量的量子比特.

(2) 具有将量子比特初始化为简单的基准态的能力. 初始化对于量子计算机和经典计算机都是必要的，并且通常是计算过程的第一步.

(3) 具有比量子操作持续时间更长的退相干时间. 退相干时间应该比量子门的持续时间长得多，以最大程度地减少由退相干引起的误差，或能够通过量子纠错来得到纠正.

(4) 具有一组通用的量子逻辑门. 量子门是幺正操作，一个通用门集合应该能够实现任意量子门操作.

(5) 具有对体系中特定量子比特的测量能力，即能够实现量子态的读取. 测量是用来获得计算结果的，通常是计算过程中的最后一步.

7.6.1 光量子计算平台

由于光的量子性，光量子技术的发展是解决量子计算问题的一种有效的途径. 光量子是纯净的、无退相干的量子系统，单量子比特操作能够以极高的保真度执行. 同时利用光量子作为"飞行量子比特"处理量子信息，对以通信为基础的量子信息科学的实现十分重要. 然而，应用光量子实现量子计算仍存在一些挑战，比如光量子不易与其他系统发生相互作用，由于光量子的散射和检测造成信息的损失等.

光量子比特可以被编码为光场两种不同模式的概率幅，这种方法被称为双轨编码. 常用的光量子模式对为其正交极化或不重叠的传播路径，比如光量子不同的偏振模式，或者单个光量子通过分束器后的传播路径. 光学量子计算的一个巨大优势是它不必局限于量子比特，如频率模式、时间间隔和时间模式等自由度，也可为量子比特的编码提供选择. 构建适当的光量子线路，通常是实现基于光量子计算的主要路径之一.

光量子构建的量子线路由以下主要构建模块组成：

(1) 单光子源，理想情况下每个激发脉冲产生一个光量子搭载所需的光学模式；

(2) 高效快速的单光子探测器；

(3) 可重配置的光量子元件，可以实现主动控制，理想情况下可基于中间测量结果进行条件控制；

(4) 超低损耗的波导线路，可以从中创建基本的被动组件，如分束器、滤波器和延迟器；

(5) 量子存储器，使光量子能够以高保真度存储和检索；

(6) 波长转换元件，用于接口不同的光量子组件；

(7) 单光子非线性元件，用于光量子之间的相互作用和确定性量子门.

线性光学的光量子系统是实现通用量子计算机的潜力平台之一，具有显著的物理特点，如光量子不容易受到外界环境的干扰，具备很长的相干时间；光量子的多自由度可以用于编码高维度的量子信息，从而提升计算效率；光量子的操控相对容易，利用线性光学元件可以对单光子实现高保真的量子操作；相比固态量子平台，无须额外的制冷设备，能够在室温下工作等. 这些基本特性使得光量子平台可以实现量子态的编码、操控、传输及探测等操作，进而能够实现各种类型的量子计算任务. 图 7.9 是光量子计算线路的示意图.

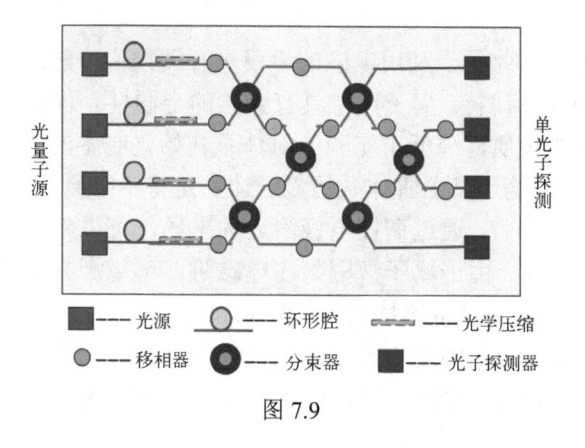

图 7.9

7.6.2 量子退相干

如前所述,量子计算的关键在于能够制备和维持量子比特的相干性,因此比特相干性的保持程度也是衡量量子计算体系质量的重要因素. 理想的光量子不会面临量子退相干的问题,即相干性在量子态演化过程中不会被破坏,而要实现这一点,量子计算体系的内部运行必须与外界隔离开来. 但是在实际中,任何体系都不可能孤立存在,体系和外界总会发生相互作用,在这种情况下,即使是微小的信息泄漏,也可能会导致体系的量子力学性质被破坏,从而发生退相干现象.

量子退相干的发生需要用三个特征时间参数来衡量.

(1) 纵向弛豫时间,可用 T_1 表示,描述了一个量子比特从激发态返回到基态的时间. 这个时间标志着量子态能量弛豫到平衡状态所需的时间. 在 T_1 弛豫过程中,系统会将能量交换给环境.

(2) 横向弛豫时间,可表示为 T_2,用来衡量量子比特相干性逐渐丧失的时间,即比特从相干叠加的初态开始,到不再能进行有效的量子计算为止的时间. T_2 通常受到环境噪声等因素的影响. 如果没有外部干扰,T_2 就会接近 T_1,但由于实际的系统不可避免地会受到外界的作用,因此 T_2 通常会比 T_1 短.

(3) 总退相干时间 T_2^*,包含纯退相干(即与环境的相互作用造成的退相干)和不纯退相干(即频率失配等由量子比特本身因素造成的退相干). T_2^* 通常是实验中可以观测到的退相干时间,比如通过自由感应衰变(free induction decay)实验观测. T_2^* 比 T_2 短,因为它包括了所有退相干的贡献.

相干时间反映了量子比特与外界环境之间的耦合程度,也可将其理解为量子比特存储量子信息的时间. 在量子计算操作中,只有相干时间远大于量子逻辑门的操作时间,才能保证有正确的输出结果.

7.6.3 离子阱平台

离子带有电荷,因此易于利用电磁的手段进行调控,一般选取离子内部一对二能级来实现离子的量子比特. 离子比特具有天然的全同性,保证了体系中所有量子比特具有近乎相同的性质,降低了实验上对体系初始化制备的复杂性.

如图 7.10 所示,基于离子阱体系的量子计算是将单个原子离子(atomic ion)内部的电子态作为量子比特. 通过调控电极附近的电场,可以将单个离子以纳米级的精度限制在自由空间中. 由于离子被囚禁在电磁阱,可用激光或微波来控制量子比特的内态,即 $|0\rangle$ 和 $|1\rangle$. 通过将比特内态的控制和离子之间的库仑排斥相结合,可形成条件逻辑门. 读取量子态则通过测量激光诱导的离子荧光来完成,即利用辅助态 $|a\rangle$ 和基态 $|0\rangle$ 之间的跃迁. 此外,激光诱导的荧光也被用来冷却离子,以为后续的量子操作做准备.

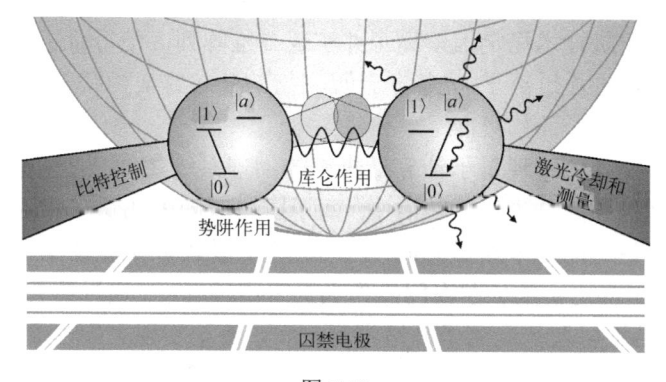

图 7.10

离子阱量子比特具有非常优异的相干特性,其量子退相干时间 T_1 和 T_2 可以达到数秒甚至更高的范围,通过磁屏蔽和动态解耦的方法甚至可以将 ^{171}Yb$^+$ 量子比特的相干时间延长至 6000s. 量子纠缠门方案最初于 1995 年提出,利用合适频率的激光可以将离子的内部能级和离子在空间中的振动耦合起来,从而产生一个自旋相关力(spin-dependent force),不同离子之间的振动通过长程相互作用耦合起来,实现了两个离子之间的双比特量子纠缠门.

实验上常常通过设计适当的约束电场,让离子沿着离子阱轴线方向排列为间距为几微米的一维阵列,从而可以利用激光束对阵列中的每个离子进行独立寻址(individual addressing)的操作. 目前,在低温、真空的环境下制备的一维阵列大约可以实现对 200 个离子的约束. 当然,这与所期待的百万量子比特的大规模通用量子计算机的要求还相差甚远.

在研究的起步阶段,扩展离子量子比特数量的主流方案有两种. 其一是离子输运方案,预设多个空间功能区域分别进行逻辑门、量子比特存储、量子态测量等操作,通过精密调控约束电场使得离子在这些空间功能区域之间输运. 该方案有效抑制了不同区域之间离子的串扰误差,使得每个局域的量子操作仍能维持高的保真度. 其二是离子-光子量子网络方案,多个独立的离子阱作为量子操作的节点,在各个离子阱中让一部分离子量子比特与光子纠缠,再对来自不同离子阱的光子进行纠缠交换,从而把不同离子阱中的量子比特纠缠在一起. 该方案用到了光子具有远距离保真的传输能力,在不移动离子的情况下实现量子操作. 然而,应用该方案实现大规模量子计算可能会受限于离子阱模块之间的通信速率.

在上面的两种方案中,每个子系统中的离子数量需要控制在百个以内,而要将这些子系统扩展到上万甚至上百万的规模,需要巨大的工程量. 随着调控技术的发展,产生了第三种拓展方案,即采用二维离子阵列来扩展体系的量子比特数,可以有效解决一维原子阵列在扩展体系规模上的困难,单个离子阱内可容纳的量子比特数量可以迅速扩展至数百乃至数千量级. 因此,结合以上三种拓展离子阱平台的方法，利用低温离子阱技术稳定囚禁离子并实现二维阵列，使得量子比特规模提升至千甚至万数量级，再通过离子-光量子计算网络的分布式架构联通多个离子阱系统，以实现超大规模的量子计算集群.

离子阱平台是当前实现量子计算最先进的物理系统之一. 通过电场调控，可将离子囚禁在空间尺寸为纳米级的势阱中. 离子阱具有超长的量子相干时间，为容错量子计算提供了足够的量子纠错时间. 利用激光寻址可以实现任意单量子比特的幺正变换，并且对于多比特量子逻辑门操作也具有高保真度. 通过结合离子输运方案、离子-光子量子网络以及扩展离子晶格维度方案，有望实现大规模通用量子计算机.

7.6.4 中性原子阵列平台

由于离子原子带电特性，可以通过电场调控将它们束缚在空间中的固定位置并排列成阵列. 中性原子不能通过单一的电场进行束缚，但可以通过被极化而实现电磁调控，当调控光的振荡电场在原子中引起振荡的电偶极矩时，原子就会发生极化. 在一个光振荡周期内，原子中由诱导的偶极子产生的相关能量的平均位移，称为交流斯塔克位移(AC Stark shift). 当光的频率从原子共振中失谐时，原子的自发辐射被抑制，从而可通过光控为原子创造保守势场.

当原子被共振频率以下的光(红失谐光)照射时，将感受到吸引力；而当被共振频率以上的光(蓝失谐光)照射时，将感受到排斥力. 交流斯塔克位移与光的强度成正比，因此强度场的形状就是其对应原子阱的形状. 利用该机制所实现的最简单的光阱称为光镊(optical tweezers)，本质是用一束红失谐的激光束在其焦点处束缚原子. 通常光镊的束腰半径大约为 1μm，通过光辅助碰撞过程可以保证仅有一个原子被束缚.

不同于超导量子比特等人造原子，天然原子具有全同性，即任意两个量子比特是完全相同的，这使得中性原子平台能在量子计算过程中实现低错误率. 但不同于其他固态量子系统，原子阵列作为量子处理器需要在每次完成量子操作后重建. 因此，利用原子阵列实施一个典型的量子计算周期包括以下三个阶段.

(1)原子阵列的准备：首先将稀释的原子蒸气在室温下注入超高真空系统中，利用多种激光冷却和捕获技术将原子在三维磁光阱(MOT)中进行冷却，制备出高密度的原子系综，如可实现 1mm^3 约有 10^6 个原子的系综. 其次，利用独立的激光捕获系统，将系综中的单个原子隔离出来. 用高数值孔径透镜捕获光束强聚焦到直径约为 1μm 的多个点，也即光镊技术，应用光辅助碰撞技术使得每个光镊只捕获一个原子，直至制备好所需构型的原子阵列. 图 7.11(a)、(b)分别为 MOT 示意图和光镊中原子受力图.

(2)量子操作：一种常用的做法是将原子激发到里德伯态(Rydberg state)，处于该状态的原子称为里德伯原子，即原子中的电子被激发到主量子数很高的状态，具

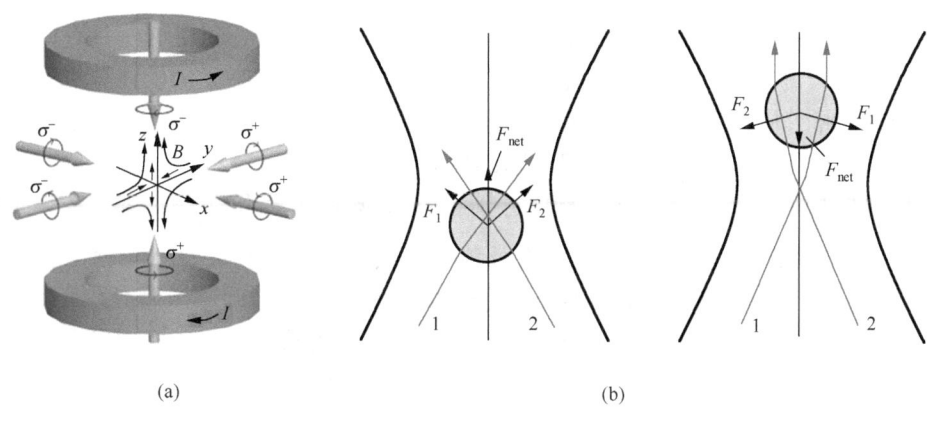

第 7 章　量子光学及量子信息的技术实现　223

(a)　　　　　　　　　(b)

图 7.11

有很大的电偶极子. 这样, 在一定条件下, 一次可以仅有一个原子被激发, 这极大方便了对每个原子的量子操作. 此外, 里德伯原子具有十分优异的品质因子 $Q \sim 10^2$, 即有高的相干演化率与非相干演化率的比值. 里德伯原子之间有着偶极-偶极相互作用, 通过脉冲激光对每个原子独立作用可以调控单个原子的电偶极矩指向, 并且原子间的耦合强度可以通过控制距离来调控.

(3) 量子态读取：量子操作本身进行得非常快, 通常发生在不到 $100\mu s$ 的时间间隔内. 然而整个操作序列, 包括原子阵列的加载和量子态的读取, 持续大约 200ms 的时间. 在量子操作结束后, 信息读取还需要再做一次荧光成像. 对于每个原子来说, 处于比特态 $|0\rangle$ 会呈现亮信号, 与之相反, 处于比特态 $|1\rangle$ 会呈现暗信号. 所有成像需要依赖于电子倍增电荷耦合装置 (electron-multiplying charge-coupled device) 相机. 考虑到量子力学中的每个可能结果以概率的形式呈现的性质, 这样的步骤需要重复多次, 以便重建在量子操作后量子末态的相关统计特性.

中性原子平台具有许多特性, 比如天然原子的能级稳定、散射性质纯净, 避免了固态组件中存在欧姆热等复杂机制影响量子操作的保真度. 其中里德伯相互作用是基于中性原子阵列的量子计算核心, 能够实现多原子纠缠.

7.6.5　核磁共振平台

在磁场中, 原子核自旋通常会平行排列. 然而, 一旦施加射频电磁波, 原子核的自旋就会发生翻转. 这个现象最初由拉比 (I. I. Rabi) 在 1938 年发现, 并首次展示了通过外部射频场调控磁场中核自旋的可能性. 1946 年, 布洛赫 (F. Bloch) 和珀塞尔 (E. M. Purcell) 观察到, 当将奇数个核子 (例如中子和质子) 构成的原子置于磁场中, 并施加特定频率的射频场时, 会发生原子核吸收射频场能量的现象, 这就是最早的核磁共振 (NMR) 现象. 就像高速旋转的陀螺能够在较长时间内保持稳定状态一样, 溶液中分子的核自旋也表现出类似特性, 其快速运动实际上有助于核自旋在数秒内保持方向, 这类似于原子阵列中的单个囚禁原子的相干时间. 利用这些具有较长相干时间的核自旋以及已经相当成熟的核磁共振技术, 来建造小型量子计算机的方案是完全可行的. 核磁共振系统在噪声环境下也具有较强的抗干扰性, 再加上其较长的相干时间, 可以实现对量子比特的精确控制.

核自旋量子比特是将其自旋指向分别编码为 $|\downarrow\rangle=|0\rangle$ 态和 $|\uparrow\rangle=|1\rangle$ 态. 在强磁场中, 核自旋可以通过其拉莫尔频率(在外磁场中核自旋进动的频率)来识别. 在分子中, 由于分子键中的电子屏蔽效应, 原子核的拉莫尔频率会因原子而异. 通过用共振射频率的脉冲照射原子核, 可以操作具有不同频率的原子核, 从而实现通用的单量子比特门. 两量子比特相互作用可以通过分子电子介导的间接耦合来产生, 通过环绕在这些量子比特集合样本周围的线圈中的感应电流来实现对耦合的测量. 液态核磁共振技术在量子计算中备受关注, 目前已经实现了多达十几个量子比特的量子操作. 图 7.12 是核磁共振工作分子结构和核进动的示意图.

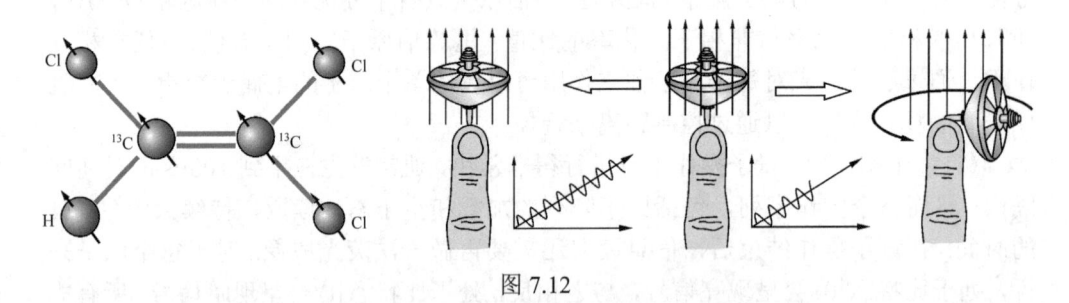

图 7.12

在传统的宏观领域, 核磁共振技术已经应用到人们的日常生活中. 人体内水分子中的氢原子可以产生核磁共振, 利用这一点可以获取人体内水分子的分布信息, 也即应用于医学上的核磁共振成像技术. 基于原子核自旋态作为量子比特的信息处理系统称为核磁共振量子计算机, 因为量子状态是通过核磁共振控制技术来实现的, 利用成熟的核磁共振技术实现量子调控大大提高了量子信息处理能力, 也为操控其他量子系统提供了技术和启发. 核磁共振技术的发展使得很多量子算法的演示成为可能, 目前来看该系统是很好的量子模拟器, 但在规模化方面仍然面临挑战, 因其低态极化受到自旋极化的限制, 随着量子比特的数量增加, 信号强度会呈指数级下降. 除了不可扩展性, 核磁共振仍然有其他一些缺点, 诸如不能重置量子比特, 以及量子门操作的时间长等.

研讨课题

调研核磁共振技术的由来、发展和在量子信息技术中的应用.

7.6.6 量子点平台

用真空中的原子做量子计算需要冷却并囚禁它们,即首先需要实现原子冷却. 但是如果将"原子"集成到固态的主机中,那么大型的量子比特阵列更容易组装和冷却,这促进了使用量子点(quantum dot)作为量子比特方案的发展. 在一个具有纳米结构的杂质半导体中,将一个或者多个电子或空穴结合成一个具有离散能级的局域势场时,就会出现这些类似于原子核束缚电子构型的"人造原子". 常用的一种量子点平台为硅基量子点系统.

硅基量子点系统大致可以分为两类:一类是使用静电量子点中的电子自旋作为量子比特,另一类是使用植入硅基上的杂质核自旋及其附近的电子自旋作为量子比特. 这两种类型的量子点之间的一个关键区别是它们产生的类原子势的深度不同. 因此,静电量子点在非常低的温度下工作(<1K),主要是电控制,而硅基自组装量子点在相对较高的温度下工作(~4K),主要是光学控制.

在半导体领域最早提出的量子计算方案之一是静电点阵列,每个位点包含一个电子,以电子的两个自旋态作为一个量子比特. 量子逻辑操作可以通过改变静电门(electrostatic gates)上的电压来实现. 通过调控使电子之间彼此靠近或远离,从而实现激活或关停交换相互作用. 由于这类器件对临近量子点中单个捕获电子电荷具有敏感的电导率,当单个电子隧穿进入或离开量子点时,量子点的自旋状态就会发生改变,因此根据此机制也可以实现自旋的精确调控和测量.

使用静电量子点或硅基杂质进行量子计算的挑战是交换相互作用的范围极短. 与离子阱核中性原子阵列平台一样,采用光子实现量子点连接有助于解决这个问题. 这种应用光子网络作为连接对自组装量子点十分有效,因其与单个原子相比,它们的大尺寸增加了与光子的耦合强度. 值得注意的是,这些量子比特可以实现非常快速的操控,一般处在皮秒数量级上,因此有可能实现极快的量子计算机.

由于半导体行业先进的微纳加工技术,基于硅基量子点构造量子比特具有可扩展性和可定制性的优势. 然而,量子点量子比特与环境耦合的大量自由度,可能导致较短的相干时间. 当然通过减少硅基材料中的核自旋数量,可以为量子比特提供更纯洁的环境,从而实现量子点集成计算规模的扩展.

7.6.7 金刚石氮-空位色心平台

金刚石氮-空位色心(diamond nitrogen-vacancy center)系统,简称为金刚石 NV 色心系统,同样是极具前景的固态量子计算平台,因为它能够利用核自旋和电子自旋进行量子操作. 该系统可以使用激光或微波进行控制,并可以通过激光泵浦进行初始化. NV 色心系统的一个优点是能够在室温下运行,使其成为量子计算、量子通信和量子精密测量等各个领域潜在的物理实现平台. 如图 7.13 所示,金刚石 NV 色心是一个氮原子取代碳原子以及相邻位置缺失碳原子形成一个空位组成. 这类 NV 色心系统有两种电荷状态：中性和带负电荷. 目前关于 NV 色心系统的研究都集中在负电荷状态上, 因为其易于制备、操作和读取.

在 NV 色心中, 围绕一个空位有 1 个氮原子和 3 个碳原子, 总共有 5 个未成键电子, 加上捕获的 1 个电子, 总共有 6 个电子, 导致整体可以等效为一个自旋量子数为 1 的自旋. 该体系的基态和激发态的电子态都是自旋三重(简并)态. 通讨选择其中的两个状态, 如 $|m_S = 0\rangle$ 和 $|m_S = -1\rangle$, 可以形成一个量子比特. 即使在没有外部磁场的情况下, NV 色心的基态的三重态也会由于自旋之间的相互作用劈裂成两个能级, 即 $|m_S = 0\rangle$ 和 $|m_S = \pm 1\rangle$. 这种零场劈裂的频率为 2.87GHz, 使得体系可以使用微波进行共振操作. 除了电子自旋量子比特外, 色心的 ^{14}N (^{15}N) 原子也可以被视为具有自旋为 1(1/2) 的核自旋量子三能级比特 qutrit (量子比特 qubit). 类似地, 如果 NV 色心附近存在 ^{13}C 原子, 此时该体系也可以被作为自旋为 1/2 的量子比特. 核自旋的利用是扩展 NV 色心平台可用量子比特的关键. 如图 7.13 所示, (a) 为 NV 分子示意图, (b) 为 NV 色心能级结构, 实线为辐射跃迁, 虚线为非辐射跃迁.

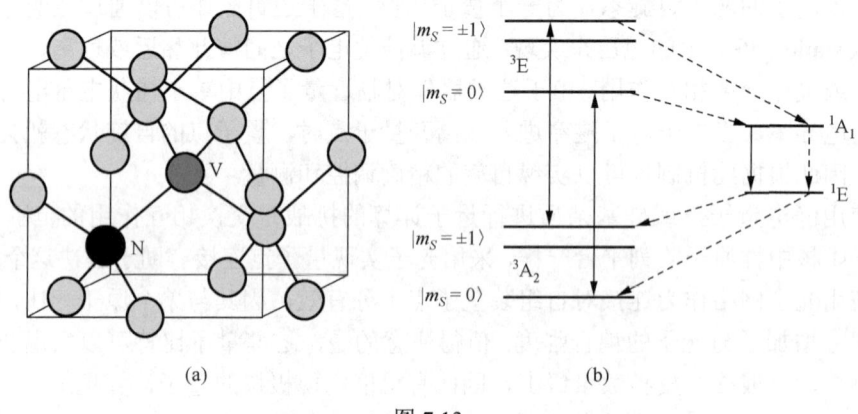

图 7.13

要执行量子计算任务, 不仅需要能够良好受控的量子比特, 还需要具备对体系初始化和读取量子比特状态的能力. 对于 NV 色心, 电子自旋通过激光进行初始化和量子态读取. 在室温下, 通常使用波长为 532nm 的激光将 NV 色心激发到激发态, 此时有两个路径可以回到 NV 色心的基态. 第一种路径是从激发态直接回到基态, 从而会辐射出波长在 637～750nm 范围内的荧光. 第二种路径不会产生荧光信号, 通过一个中间态返回到基态并不会保持电子自旋. 如果 NV 色心的电子被激发到第一激发态之前处于 $|m_S = \pm 1\rangle$ 的自旋态, 则通过中间态回到基态时, 更有可能回到基态 $|m_S = 0\rangle$ 的自旋态; 如果 NV 色心的电子被激发之前处在 $|m_S = 0\rangle$ 的基态, 则在被激发之后更可能沿着辐射跃迁路径直接返回到 $|m_S = 0\rangle$ 的基态. 因此, 处于 $|m_S = \pm 1\rangle$

状态的电子比例减少,而处于$|m_S=0\rangle$状态的电子比例增加,通过这样的机制可以将NV色心的电子自旋初始化到$|m_S=0\rangle$状态. 类似地, NV色心的荧光强度可以用来确定电子自旋返回基态时所选取的路径. 不同自旋态的跃迁路径通常有着不同的荧光辐射强度,这使得应用该机制可以读取NV色心的自旋态.

NV色心的基态电子自旋在室温下具有较长的单自旋退相干时间,一些样品的退相干时间T_2超过了1.8ms. 金刚石氮-空位色心系统在扩展性方面还面临一些挑战. 例如,若想获得大规模的高品质量子比特,需要精细的制备和控制技术,需要精确地操控每个NV色心的位置和物理性质,从而实现基于该体系的量子比特之间精确的耦合. 总地来说,金刚石氮-空位色心系统已成为很多科研团队在实验系统中实现量子算法的选择,并且也是在室温下实现量子传感器最有前景的平台之一.

> **研讨课题**
>
> NV色心具有哪些优势和不足?目前的研究状态是什么?

7.6.8 超导量子电路平台

对于由普通电路制成的量子比特,会因为电阻功耗而迅速退相干. 然而,在低温的超导体中,电子结合成库珀对(Cooper pair)凝聚成零电阻的电流态并具有明确的相位. 在超导电路中,可以通过控制宏观定义的电感L、电容C来改变库珀对的量子参数,从而构建超导量子比特. 同样,电势也可以通过电信号动态地改变,从而实现完全的量子控制. 因此,这类器件类似于传统的高速集成电路系统,可以比较容易地利用现有的电路制造技术实现.

超导量子比特的基本物理原理可以类比于简单的量子力学系统,即在势场中的单粒子系统. 首先,普通的LC谐振电路构成了一个量子谐振子,穿过电路的磁通Φ和电容板上的电荷Q具有对易关系$[\Phi,Q]=\mathrm{i}\hbar$. 因此,Φ和Q分别类比于单量子粒子的位置$\hat{x}$和动量$\hat{p}$. 系统的动力演化由正则势能$\Phi^2/(2L)$和正则动能$Q^2/(2C)$决定,这使得体系作为谐振子可以被量子化为等间距的能级. 其次,由于等间距的能级不易于对特定能级进行精确调控,需要将能级调整为非等间距,即引入能级的非谐性,如此就可以在这些能级中挑出需要的两个能级用于构造量子比特. 能级的非谐性可以通过在电路中加入约瑟夫森结(Josephson junction)而获得. 约瑟夫森结是超导体的一层薄的绝缘层,常被称为三明治结构,隧穿过约瑟夫森结的电荷的量子化带来了一个余弦项,为势能抛物线引入了量子非谐性,其振幅由约瑟夫森能E_J决定,该能量与约瑟夫森结的临界电流成正比. 在由此产生的非谐势能中,选择两个量子化的能级可以作为一个量子比特. 如图7.14所示,(a)为超导量子比特基本单元;(b)~(d)为能级图;(b)为电荷量子比特;(c)为磁通量子比特;(d)为相位量子比特.

图 7.14

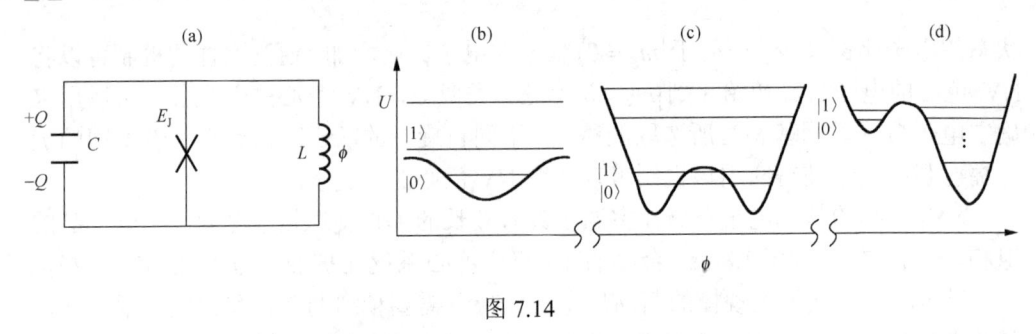

根据不同的自由度，超导量子比特大致可以分为三类：电荷量子比特、磁通量子比特和相位量子比特. 根据 E_J/E_C 的值可以区别这三种超导量子比特，其中 E_J 为约瑟夫森能，E_C 为电荷能. 对于电荷量子比特有 $E_C \gg E_J$，电荷能占据主导位置，此时系统的量子数可以用电荷表示. 对于磁通量子比特通常有 E_J/E_C 远大于 1 但小于 100，其量子比特状态是用超导回路中连续电流状态的方向来区分的. 相位量子比特是一个电流偏置的单约瑟夫森结设备，具有较大的 E_J/E_C 值，也即 $E_J \gg E_C$，势能曲线也发生偏置，因此用单个亚稳态非谐势阱中的两个最低能级作为相位量子比特. 基于这三种量子比特，还有一些改进型的量子比特，例如通过降低 E_C 来降低电荷噪声影响的改进型电荷比特，即 Transmon 量子比特，同时降低磁通和电荷噪声的 Fluxonium 量子比特.

超导量子比特的激发频率可设计为 5~10GHz. 单比特门可以通过持续时间为 1~10ns 的谐振脉冲实现，脉冲通过超导芯片上的导线局域地传输到量子比特，相邻的量子比特自然地通过电容或电感相互耦合，从而实现简单的逻辑门. 然而，对于大规模量子计算架构，通过可调节耦合器控制量子比特之间的相互作用的耦合方案更为理想，将量子比特与超导传输线中的微波光子耦合为超导量子电路带来了新的范式. 基于传输线的谐振器具有极小的模式体积，从而实现了强协同因子(cooperativity factor)的腔体，这种系统可以在几十纳秒内进行两量子比特门操作. 高保真度读取方案也在不断发展，例如约瑟夫森结在临界电流下的转变行为已被广泛用于量子比特两种状态的阈值判别.

总的来说，超导量子电路体系基于现有的半导体制造工艺，具有高度的可设计性和可扩展性. 通过电容或电感可以相对容易地耦合量子比特，并且用微波可以对量子比特进行控制. 这些优势使得超导量子比特成为可扩展量子计算的主要候选方案. 然而，要构建大规模量子计算机仍然面临一些挑战. 由于超导量子比特的尺寸较大，其主要缺点是退相干时间较短，超导量子比特需要稀释制冷机来保持足够低的温度，因此在构建具有数百万量子比特的电路系统时需要提高制冷机的容量.

研讨课题

调研整理超导量子电路的发展现状.

科学家小传

汤川秀树

汤川秀树(Yukawa Hideki, 1907—1981), 日本物理学家, 1949年诺贝尔物理学奖获得者, 也是第一个获得诺贝尔奖的日本人. 汤川秀树最著名的成就之一是提出了"八荷模型", 这是对强子(介子和重子)进行分类的模型, 不仅预言了新的粒子, 并且为后来的夸克模型的发展提供了重要的线索. 他还与美国物理学家默里·盖尔曼共同发展了八荷-盖尔曼理论, 这个理论对现代粒子物理学的发展产生了深远的影响. 除了在粒子物理学领域的贡献, 汤川秀树还对核物理学和宇宙学有重要贡献. 他提出了一种关于核力的理论, 为我们对原子核结构的理解提供了重要的线索. 同时, 他也对宇宙学中的一些问题进行了探讨, 如宇宙射线的性质和宇宙微波背景辐射等, 为我们研究宇宙的起源和演化提供了重要的启示.

施温格

施温格(J. S. Schwinger, 1918—1994), 美国物理学家, 量子电动力学的奠基人之一, 1965年诺贝尔物理学奖获得者. 施温格在其职业生涯中做出了许多重要贡献, 尤其是在量子场论和电磁相互作用领域. 他提出了著名的施温格方程, 描述了自旋1/2粒子的运动, 并且对于光子的量子电动力学理论做出了深远贡献. 此外, 他还开创性地引入了基于路径积分形式的量子力学方法. 凭借在量子电动力学方面所做的对基本粒子物理学具有深刻影响的基础性研究, 1965年施温格与费曼和朝永振一郎分享了诺贝尔物理学奖. 施温格一生都致力于理论物理学的研究, 在整个学术生涯中, 他的工作受到了广泛的认可和赞誉, 他的研究对于现代量子场论和粒子物理学的发展产生了深远的影响.

第 8 章 热力学与统计物理基础

物质由 100 多种原子构成，构成原子的质子、中子由更基本的粒子构成. 在粒子物理标准模型中，一类基本粒子负责物质(如原子、质子和中子等)的构成，被称为费米子，而另一类被称为玻色子的基本粒子则负责传递相互作用等. 应该说，这段包含物理学思想特别是一种科学的世界观的表述，早已被大多数世人所接受，但是其内涵，具体而言就是，由种类有限但数量巨大的微观粒子构成形形色色、极其丰富的物质世界的方式是什么，以及其中都展示出了哪些规律等，其实非常复杂，但总体来说是可以总结和梳理的，这就是从热力学到凝聚态物理的发展.

前文在对近代物理基础进行回顾的时候，围绕热机的发展，以理想气体为例简单梳理了热力学三定律及其相关的概念. 这些知识可以为理解热学系统提供一定的基础，但还远不足以回答上述问题. 本章和第 9 章将以一般物质作为热力学系统的观点出发，在给出热力学系统一般性描述的基础上，针对物态或者物相的不同，分别对气、液、固等物态进行描述，特别以固体物理的基础内容为导引介绍凝聚态物理发展的基本思想和方法，最后介绍一些前沿的新发展.

8.1 热力学基础

8.1.1 热力学系统

热力学系统是指由大量的微观粒子构成的有限宏观物质系统，实际包含了几乎所有的物质系统. 微观粒子在形成宏观系统过程中充满了矛盾的对立和统一. 一方面，物质系统具有形形色色的宏观性质，比如表现为最简单的形状和大小的两个特征，体现出微观粒子在相互结合并形成大尺度物块的过程中一定是充分结合了微观粒子或者不同部分之间的作用方式、结构方式等，比如水汽、液态水和冰同样是由 H_2O 分子构成的，但却体现为完全不同的形态和特征. 从这个角度来看，微观粒子之间的相互作用、相互结合的结构、结构的有序性及其尺度等,都是构成物质形态的积极因素;另一方面,任何微观粒子都在做永不停息的无规则的热运动,热运动不仅使得微观粒子之间有扩散的趋势,从而破坏物质的凝聚性质,同时又由于微观粒子之间频繁地相互作用而导致个体信息共有化,也就是使得凝聚在一起的微观粒子体系真正形成一个统一的整体. 因此,物质是必须要考虑其微观构成的热力学系统,其性质要符合热力学系统的规律,同时又必须要以尺度增大的顺序逐层考虑微观粒子的构成机制和构成方式.

正如热学中所述,热力学系统一般采取宏观观测和微观统计两种方法进行研究. 基于宏观观测,首先物质的热学性质都与温度相关,其次一般需要用压强或者压力(力学参量)、体积(几何参量)、化学组分(化学参量)和电磁性质(电磁参量)来描述其状态及改变. 其中,最为简单的情况是系统及其演化与电磁无关,同时也不发生化学反应,此时系统的状态只取决于温度 T、体积 V 和压强 p,称该系统为简单系统. 由于系统由大量的微观粒子构成,一般又要跨越一定的空间尺度,因此一般情况下系统的状态特别是其状态的变化非常复杂. 为了能够总结得出物质系统的普遍性质和规律,热力学一般主要针对平衡态和准静态(可逆)过程,分别指宏观性质长时间不变化的状态和中间状态都能近似为平衡态的过程. 比如对于简单系统,实验表明,当系统处于平衡态时,物态方程一般要满足

$$f(p,V,T) = 0, \tag{8.1}$$

即三个状态参量 (p,V,T) 中只有两个是独立的(也适用于任意相互独立的状态参量). 为了能够清晰地描述热力学系统的实验结果,引入三个重要的实验参量,分别为: 膨胀系数 α,表示在压强不变的情况下体积对温度的相对变化率(温度单位值对应的体积增加量,下同);压强系数 β,表示在体积不变的情况下压强对温度的相对变化率;等温压缩系数 κ_T,表示在等温情况下体积对压强的相对负变化率. 具体表达式分别为

$$\alpha = \frac{1}{V}\left(\frac{\partial V}{\partial T}\right)_p, \tag{8.2a}$$

$$\beta = \frac{1}{p}\left(\frac{\partial p}{\partial T}\right)_V, \tag{8.2b}$$

$$\kappa_T = -\frac{1}{V}\left(\frac{\partial V}{\partial p}\right)_T. \tag{8.2c}$$

当系统及其演化不满足平衡态条件时,将对应为非平衡态及不可逆过程. 热力学系统的非平衡态及其变化非常复杂,比如热扩散、热传导、黏滞现象和输运过程

等，有大量的专门研究，请读者根据兴趣自行学习，在此不涉及此类内容.

热力学将系统以外的物质系统称为外界，系统和外界之间可以有能量和物质的交换. 将和外界之间没有任何交换和作用的系统称为孤立系统，将与外界之间有能量但没有物质交换的系统称为封闭系统，将完全开放的系统称为开放系统. 热力学系统都必须满足热力学三条定律. 对于热力学第一定律，封闭系统和外界之间通过做功 ΔW（定义为系统对外做功）和传热 ΔQ（定义为系统从外界吸热）交换能量，将系统内所有微观粒子的热动能和相互作用势能的总和称为系统的内能 U，如果系统经历一个可逆微过程，则

$$\mathrm{d}U = \mathrm{d}Q - \mathrm{d}W. \tag{8.3}$$

如果是开放系统，内能的变化还必须要计入系统和外界物质的交换，通常称为化学功；对应的第 j 种粒子构成的物质的化学功，等于化学势 μ_j 和外界注入系统的同一类型的微观粒子数 N_j 的乘积，亦即

$$\mathrm{d}U = \mathrm{d}Q - \mathrm{d}W + \sum_j \mu_j \mathrm{d}N_j. \tag{8.4}$$

热力学系统的参量可分为强度量和广延量. 强度量是指系统内在物理性质的强度度量，广延量是指随系统的大小（空间延伸范围和自由度的数目）改变而必然变化的量. 强度量不一定随系统大小变化而改变，某个强度量通常和广延量伴随出现. 广延量如粒子数、体积、熵等，对应的强度量如粒子的化学势、压强、温度等. 本章内容主要考虑封闭系统，除非有特殊说明.

从物质的微观构成出发，结合统计方法研究热力学系统的理论体系称为统计物理. 统计物理一般从物质微观粒子间的相互作用、构成方式出发建立适当的微观方程，并利用数学统计的思想和方法将微观方程扩延到数量巨大的宏观系统，从而总结得出宏观系统的统计方程或者统计规律. 显然，这种方法比宏观观测法更能触及物质的微观构成本质，并关注微观构成的细节，但是由于从微观个体跨越到数量巨大的宏观客体之间使用了统计方法，统计物理的规律需要通过实验进一步检验. 当然，最有效的研究方式是将两种方法结合.

热力学给物质系统及其变化的研究提供了最普遍的基础. 首先，热力学系统的平衡态是物质系统处于稳定状态的基础，此时系统的宏观参量长时间保持不变，热力学基本方程得以满足；其次，基于平衡态甚至可逆过程，物质系统的状态、结构构成及其性质、热力电等性质能够保持不变或者轨迹可循；最后，热力学平衡态理论也是非平衡态研究的出发点，只有参考平衡态才能更明确更有效地描述更一般的系统和过程.

8.1.2 热力学基本状态函数

对于热力学系统状态的描述,除了上述几类直观的宏观参量以外,热力学还总结出了更为本质的状态参量,包括熵、焓、亥姆霍兹自由能和吉布斯(J. W. Gibbs)自由能函数.

1. 系统的熵函数

在热学中发现,对于任意可逆的循环过程,热力学系统的热温比始终等于零,即

$$\oint \frac{\text{d} Q}{T} = 0. \tag{8.5}$$

该结论说明,如果将循环过程分解为从任意的态 A 经可逆过程演化到 B 态和经 B 态可逆演化至 A 态,热温比 $\frac{\text{d}Q}{T}$ 的积分是相等的,即说明系统的热温比 $\frac{\text{d}Q}{T}$ 虽然是一个跟可逆过程相关的量,但只跟系统的状态变化有关,与具体经历哪一个可逆过程无关,因此可以定义系统的一个状态函数熵 S,其熵变只取决于系统演化前后的两个平衡态 A 和 B,即

$$S_B - S_A = \int_A^B \frac{\text{d}Q}{T}, \tag{8.6}$$

对于无穷小的可逆过程,系统的熵变 $\text{d}S$ 取决于过程中的吸热

$$\text{d}S = \frac{\text{d}Q}{T}. \tag{8.7}$$

热力学第二定律的一个表述为熵增加原理:系统经绝热演化过程其熵永不减少,在可逆过程中熵不变,在经不可逆过程后熵增加. 其数学表达式为

$$S_B - S_A \geqslant 0. \tag{8.8}$$

熵增加原理的本质是,在任何实际的演化过程中,构成物质系统的大量微观粒子的无规则运动的混乱程度总是增加的,亦即其无序程度会自发增加,而由于可逆过程中每一个中间状态具有可恢复性,只有可逆过程的熵是不变的. 由于熵是状态函数,对于初态和终态给定且为平衡态的任意热力学过程,其熵变计算的思路为,设想用若干可逆过程连接给定的初态和终态,即可计算得到该过程的熵变.

比如从温度为 T_2 的高温热源 2 向温度为 T_1 的低温热源 1 传热 Q 的一个普通的实际过程,这个过程显然不是一个可逆过程. 为了计算过程的熵变,设想一个可逆过程连接相同的初态和终态,具体为两个等温的(可逆)传热过程,即在高温 T_2 的两个热源 2 和 3 之间等温放热的过程,以及在高温 T_1 的两个热源 1 和 3 之间等温吸热的过程,两个可逆过程的熵变分别为

$$\Delta S_{23} = -\frac{Q}{T_2}, \quad \Delta S_{13} = \frac{Q}{T_1}. \tag{8.9}$$

因此，系统总的熵变为两个可逆过程的熵变之和，即

$$\Delta S_{21} = \Delta S_{23} + \Delta S_{13} = \frac{Q}{T_1} - \frac{Q}{T_2} > 0. \tag{8.10}$$

根据热力学第一定律 $dU = đQ - dW$，如果可逆过程中只有体积变化的功 $dW = pdV$，则可得

$$dU = TdS - pdV. \tag{8.11}$$

上式是封闭系统的结果．如果将系统扩展为开放系统，就需要考虑粒子数和化学势的变化，式(8.11)则变为

$$dU = TdS - pdV + \sum_j \mu_j dN_j. \tag{8.12}$$

该式综合了热力学第一定律和第二定律，称为热力学的基本微分方程，它确定了两个相近的平衡态之间内能、熵和体积之间的关系．内能作为熵、体积和粒子数的函数，即 $U = U(S,V,N)$，考虑到函数的全微分，可以得到

$$T = \left(\frac{\partial U}{\partial S}\right)_{V,N}, \quad p = -\left(\frac{\partial U}{\partial V}\right)_{S,N}, \quad \mu_j = \left(\frac{\partial U}{\partial N_j}\right)_{S,V}, \tag{8.13}$$

上式中最后一个等式可以作为第 j 类粒子化学势的定义．

对于简单系统而言，内能可以表示为熵和体积的函数，即 $U = U(S,V)$，对比其全微分

$$dU = \left(\frac{\partial U}{\partial S}\right)_V dS + \left(\frac{\partial U}{\partial V}\right)_S dV, \tag{8.14}$$

其中下标表示过程对应的不变量．对比可得重要的状态参量依赖关系

$$T = \left(\frac{\partial U}{\partial S}\right)_V, \quad p = -\left(\frac{\partial U}{\partial V}\right)_S. \tag{8.15}$$

熵是一个广延量，如果一个系统由多个独立的子系统构成，则整个系统的熵是各子系统熵之和，亦可表示为

$$S(\lambda U, \lambda V, \{\lambda N_i\}) = \lambda S(U,V,\{N_i\}). \tag{8.16}$$

2. 系统的焓

由于等压过程在热力学系统演化中的普遍性，引入一个系统的状态函数焓 H，

$$H = U + pV, \tag{8.17}$$

则在等压过程中焓的变化为

$$dH = dU + pdV. \tag{8.18}$$

根据热容的定义可得

$$C_p \equiv \lim_{\Delta T \to 0} \left(\frac{\Delta Q}{\Delta T}\right)_p = \left(\frac{\partial H}{\partial T}\right)_p. \tag{8.19}$$

对于理想气体，由于分子间相互作用及其势能被忽略，内能只是温度的函数，则 $H = U + pV = U + \nu RT$，说明焓也只是温度的函数，即

$$C_p = \frac{dH}{dT}, \tag{8.20}$$

因此，对于理想气体而言

$$H = \int C_p dT + H_0. \tag{8.21}$$

对于简单系统的一般准静态过程，

$$dH = dU + pdV + Vdp = TdS + Vdp. \tag{8.22}$$

同样利用 $H = H(T, p)$ 的全微分，可以得到关系式

$$\left(\frac{\partial H}{\partial T}\right)_p = V - T\left(\frac{\partial V}{\partial T}\right)_p = T\left(\frac{\partial S}{\partial p}\right)_T + V. \tag{8.23}$$

下面引入两个自由能函数. 在力学中，保守系统的功以势能的形式储存而后释放. 在某些热力学过程中，也可以通过可逆过程对系统做功将能量存储至系统，然后再以做功的形式将能量释放. 储存于系统中而后以做功形式释放的那部分能量称为自由能.

3. 亥姆霍兹自由能

首先引入亥姆霍兹自由能，定义为

$$F = U - TS. \tag{8.24}$$

由于内能 U、熵 S 都是系统的态函数，因此亥姆霍兹自由能 F 也是系统的态函数. 考虑到系统的内能 U 代表了构成系统的微观粒子无规则动能和相互作用势能之和，根据亥姆霍兹自由能的定义式 $U = F + TS$，TS 部分代表系统不能向外输出的能量(无用能)，那么亥姆霍兹自由能就代表了系统能够对外做功的极限. 将亥姆霍兹自由能的微分和熵的表达式合并，可以得到

$$dF = -SdT - pdV. \tag{8.25}$$

同样可以得到变化关系式

$$S = -\left(\frac{\partial F}{\partial T}\right)_V, \quad p = -\left(\frac{\partial F}{\partial V}\right)_T. \tag{8.26}$$

考虑到熵增加原理，热力学第二定律用亥姆霍兹自由能表示为

$$dF \leq SdT - pdV, \tag{8.27}$$

其中等号仅适用于可逆过程. 在等温过程中，上式表明

$$dW' \equiv pdV \leq dF, \tag{8.28}$$

亦即表达了系统对外做功的最大极限为自由能的减少量，称此规律为最大功原理. 在系统的温度和体积都固定的情况下，有

$$dF \leq 0. \tag{8.29}$$

该不等式表明，等温等体过程总是沿着亥姆霍兹自由能不增大的方向进行，称为亥姆霍兹自由能减小原理. 当孤立系统达到热平衡时 $dF = 0$，称为热平衡态的自由能判据.

4. 吉布斯自由能

除了亥姆霍兹自由能，另外一个吉布斯自由能 G 定义为

$$G = H + pV = U + pV - TS. \tag{8.30}$$

可以证明，吉布斯自由能满足全微分方程

$$dG = -SdT + Vdp. \tag{8.31}$$

重复以上的分析，可以得到关系式

$$S = -\left(\frac{\partial G}{\partial T}\right)_p, \quad V = \left(\frac{\partial G}{\partial p}\right)_T. \tag{8.32}$$

也就是说，通过吉布斯自由能对温度求偏导，可以得到熵函数；通过吉布斯自由能对压强求偏导，可以得到体积函数.

为了说明吉布斯自由能的意义，从熵函数的热温比定义出发. 对于一个经历等温过程的系统，其熵增必须要满足关系

$$\Delta S \geq \frac{\Delta U + W}{T}, \tag{8.33}$$

如果这个过程是等压的，可将系统对外界做功分解为

$$W = p\Delta V + W', \tag{8.34}$$

其中 W' 为除体积变化功以外其他形式的功，代入式(8.33)有

$$T\Delta S \geq \Delta U + p\Delta V + W', \tag{8.35a}$$

代入吉布斯自由能函数的表达式，可以得到等价式为

$$W' \leq -\Delta G. \tag{8.35b}$$

这一结果表明，在等温等压过程中，吉布斯自由能的减少是系统对外界所做的除体积变化以外的功的上限. 如果 $W'=0$，则有

$$\Delta G \leq 0. \tag{8.36}$$

意味着经过等温等压过程后，系统的吉布斯自由能总是朝着减少的方向进行.

5. 热力学基本关系

基于以上状态函数的定义，进一步分析还可以得到这些量之间的变化关系，称为麦克斯韦关系，即

$$\left(\frac{\partial T}{\partial p}\right)_S = \left(\frac{\partial V}{\partial S}\right)_p, \quad \left(\frac{\partial T}{\partial V}\right)_S = -\left(\frac{\partial p}{\partial S}\right)_V, \\ \left(\frac{\partial S}{\partial V}\right)_T = \left(\frac{\partial p}{\partial T}\right)_V, \quad \left(\frac{\partial S}{\partial p}\right)_T = -\left(\frac{\partial V}{\partial T}\right)_p. \tag{8.37}$$

麦克斯韦关系确定了热力学系统状态函数之间的依赖关系，比如可以由此得到简单系统的等体和等压热容之间的一般性依赖关系

$$C_p - C_V = T\left(\frac{\partial p}{\partial T}\right)_V \left(\frac{\partial V}{\partial T}\right)_p. \tag{8.38}$$

对于理想气体而言，由理想气体的状态方程 $pV = \nu RT$，立即可以得到熟悉的关系

$$C_p - C_V = \nu R. \tag{8.39}$$

而对于一般的简单系统，有

$$C_p - C_V = \frac{\nu T \alpha^2}{\kappa_T}. \tag{8.40}$$

以上从热力学简单系统的基本参量 (p,V,T) 和内能 U 出发，引入了四个基本状态函数，而且发现这些状态参量之间相互依赖，现在对其进行简单梳理. 早在1869年，物理学家马休(F. Massieu)证明，适当选择独立的变量，只要知道一个热力学函数，就可以通过求偏导数(麦克斯韦关系式)而得到均匀系统的基本热力学函数，从而完全确定均匀系统的平衡性质. 也就是说，针对热力学系统所经历的不同过程的特征，从最容易用实验测量的参量出发，可以确定出能够表明系统处于平衡状态的所有状态参量.

具体而言，对于简单系统，最基础的实验关系是物态方程 $f(p,V,T)=0$. 比如，

如果实验确定了物态方程 $p = p(V,T)$，则可以热力学基本函数关系分别得到内能和熵函数，即

$$U = \int \left\{ C_V dT + \left[T\left(\frac{\partial P}{\partial T}\right)_V - p \right] dV \right\} + U_0, \tag{8.41}$$

$$S = \int \left[\frac{C_V}{T} dT + \left(\frac{\partial P}{\partial T}\right)_V dV \right] + S_0. \tag{8.42}$$

如果实验确定了物态方程 $V = V(p,T)$，则可以分别得到焓和熵函数，即

$$H = \int \left\{ C_p dT + \left[V - T\left(\frac{\partial V}{\partial T}\right)_p \right] dp \right\} + H_0, \tag{8.43}$$

$$S = \int \left[\frac{C_V}{T} dT - \left(\frac{\partial V}{\partial T}\right)_p dV \right] + S_0. \tag{8.44}$$

若确定了内能和熵函数，就可以直接求得自由能和吉布斯函数；反过来，若确定了自由能和吉布斯函数，也可以得到内能、焓和熵函数，甚至物态方程．

8.2　物态的分类及相变

对物质状态(即物态)进行基本分类有利于研究形形色色物质世界的共性．常见的物质有气、液、固三种状态，可以利用物质的体积等直观性质进行简单分类．当外界参数条件不变时，固态具有固定的形状和体积且不易被压缩，气态不具有固定的形状和体积、易于被压缩且有流动性，液态介于固态和气态之间，具有固定体积，但其形状依赖于容器，同时具有流动性．

正如前面所述，从微观角度来看，三态的不同正是物质内部微观粒子之间相互作用与无规则运动对立统一的体现．在固态中，分子(或原子)间相互作用居主导地位，使得形成基本固定的空间点阵，原子的无规则运动主要体现为其在平衡位置附近的振动；气态内分子间相互作用只是在相互靠近时才起作用，无规则运动占主导地位；液态内分子间相互作用占主导地位，更接近固态，但相比于固态晶体内分子通过取向结合形成基本稳固的长程有序(即结晶过程，有序尺度一般为 $10^{-5} \sim 10^{-7}$ m)分布，液态内分子间的结合无法或者没有形成稳定的较大尺度的有序状态，仅是维持了分子间短暂的耦合链(易于快速结合和快速断裂)，即短程有序(一般为 10^{-9} m)分布，分子的无规则运动体现为围绕在不断调整的平衡位置附近的振动．

第四种比较典型的物态是等离子态，是指高温等条件下高度气化的等离子气体．当气体的温度从几千摄氏度上升到几百万摄氏度时，气体就变成了自由电子和正离

子的混合物，由于微观构成是处于游离状态的离子，虽然整体呈电中性，但其相互作用为离子间的作用形式，也会受到外电磁场的作用，性质不同于普通气体，属于新的物态. 除了以上四种常见的典型物态，物理学研究前沿还发现了很多其他诸如中子星、超导和超流、玻色-爱因斯坦凝聚(BEC)态等新的物态形式.

物态只是从物质表观的性质进行简单分类，考虑物质内部构成的均匀性，需要提出相的概念. 在没有外界影响的情况下，对被一定边界所包围、具有确定的和均匀的物理与化学性质的系统所处的状态，称为物质的相. 物质系统一般分为单元系和由多个物相构成的多元系. 通常气态只有一个相，常温下液态也只有一个相，固态的相的构成就比较复杂，比如常见的碳会有无定形碳、石墨、金刚石和石墨烯等不同的相.

在温度、压强等外界条件不变的情况下，物质从一个相转变为另一个相的现象，称为相变. 相变过程常伴有某些物理或者化学性质的突然变化，在相变过程中，系统吸收或者放出的热量称为该系统的相变潜热. 比如，物质由固相(态)转变为液相(态)的溶解过程及其反向的凝固过程、液相和气相相互转化的汽化过程及凝结过程、气相和固相相互转化的升华过程及凝华过程，都属于相变过程，相变发生后，不但物质的表现状态发生了明显的变化，而且体积、热容量等物理量也发生了显著的变化. 再比如，金刚石到石墨的变化、超导状态的转变等都是典型相变的过程. 从微观角度来理解，相变潜热的存在，是因为相变要使得"旧相"结构破坏或者"新相"的结构要形成所需要放出或者吸收的"结构"能. 在物理学中，相变过程广泛存在于任何层次，大到宇宙天体，小到基本粒子的演化等.

由于相与相变如此之重要，所以有必要对其进行细致的分类描述，并由此确定物质的基本共性. 首先，可以通过直观的观测，将相变分为一级和二级. 将发生相变时两相之间有潜热及体积的跃变的相变称为一级相变；将发生相变时两相之间没有潜热、没有体积跃变但有热容量跃变的相变称为二级相变. 其次，从热力学系统平衡的角度，可以对相变进行相对量化的描述.

下面针对单元系的复相平衡问题来研究相变的发生. 单元系是指只有一个化学组分的物质系统，虽然化学构成单一，但其分布不一定均匀，就是可能由多个相构成. 比如，封闭容器中的水，经过加热后会产生水蒸气，在容器内水和水蒸气共存构成一个单元两相的系统. 水相会通过汽化转化为气相，当然同时气相也会通过液化转化成水相，当加热进行时，汽化速率大于液化；当加热停止并维持环境温度不变时，汽化和液化速率相同，两相转化达到平衡. 由于是一种动态平衡，两相的物质的量在相互发生变化，如果不发生化学反应，物质总量即总粒子数不变.

以单元两相系(假设包括了Ⅰ相和Ⅱ相)为例，在相变过程中，必须考虑系统内两相粒子数的变化，根据开放系内能的表达式，此时吉布斯自由能微分方程的形式为

$$dG = -SdT + Vdp + \sum_j \mu_j dN_j, \tag{8.45}$$

式中，$j = $ I，II，两相的化学势为

$$\mu_j = \left(\frac{\partial G}{\partial N_j}\right)_{T,p}. \tag{8.46}$$

由于系统整体为孤立系统，显然要求

$$U_\text{I} + U_\text{II} = \text{恒量}，\quad V_\text{I} + V_\text{II} = \text{恒量}，\quad N_\text{II} + N_\text{II} = \text{恒量}. \tag{8.47}$$

当整个系统达到平衡时，系统总的熵值应该达到极大值，即要求 $\delta S = 0$，可证明

$$T_\text{I} = T_\text{II}, \quad p_\text{I} = p_\text{II}, \quad \mu_\text{I} = \mu_\text{II}. \tag{8.48}$$

即整个系统达到平衡时，两相的温度、压强和化学势都必须相等，该结论也可推广至单元复相系，这是复相系达到平衡所需满足的条件. 因此，对于单元平衡系统，不同压强下（温度亦确定）两相共存的条件为

$$\mu_\text{I}(p,T) = \mu_\text{II}(p,T). \tag{8.49}$$

由此确定出两相共存的温度和压强之间的关系，即不同压强下相变温度的依赖关系

$$p = p(T). \tag{8.50}$$

该函数关系确定了在 p-T 图上两相共存的曲线，称为相图. 如果单元系有三个相，三项共存的条件为

$$\mu_\text{I}(p,T) = \mu_\text{II}(p,T) = \mu_\text{III}(p,T). \tag{8.51}$$

上式为两个方程和两个未知数，因此三相点被唯一确定（在 p-T 图中对应为一个确定的位置）. 请思考单元系是否存在四相共存.

由于在温度和压强不变化时，吉布斯自由能可以写为

$$dG = \sum_j \mu_j dN_j, \tag{8.52}$$

因此在相变点，每一个相的吉布斯自由能必须要相同，而且 G 的一阶导数 $\left(\frac{\partial G}{\partial N_j}\right)_{T,p,N_{i \neq j}}$ 也必须相同，但是其另外两个导数 $S = -\left(\frac{\partial G}{\partial T}\right)_{p,N_j}$ 和 $V = \left(\frac{\partial G}{\partial p}\right)_{T,N_j}$ 没有限制，因此可以根据这两个导数的变化情况对相变进行分类.

对于一级相变，其特征为在相变时两相的吉布斯自由能及其对各相粒子数的导数要连续，但其一级偏导数存在突变，即如下两个导函数有突变：

$$S = -\left(\frac{\partial G}{\partial T}\right)_{p,N_j}, \quad V = \left(\frac{\partial G}{\partial p}\right)_{T,N_j}. \tag{8.53}$$

由上式可知，由于等压条件下，$\Delta Q = \Delta H = T\Delta S$，一级相变中存在相变潜热和体积突变，可以分别计算为

$$L = T(S_{II} - S_I), \tag{8.54}$$

$$\Delta V = V_{II} - V_I. \tag{8.55}$$

第二级相变的特征为，在相变时两相的吉布斯自由能及其一级偏导数连续，但是其二级偏导存在突变

$$c_p = T\frac{\partial^2 G}{\partial T^2}, \quad \alpha = \frac{1}{V}\frac{\partial^2 G}{\partial T\partial p}, \quad \kappa = -\frac{1}{V}\frac{\partial^2 G}{\partial p^2}. \tag{8.56}$$

即定压热容量、膨胀系数和压缩系数存在突变。

> **思考题**
>
> 物态与物相两个概念有哪些异同，你能对应实际物质给出分析吗？

科学家小传

李政道

李政道(1926—2024)，美籍华裔物理学家，1957 年诺贝尔物理学奖获得者。李政道的研究涵盖了粒子物理学、统计物理学及凝聚态物理学等多个领域。1956 年李政道与杨振宁合作，提出了弱相互作用中宇称不守恒理论，这一理论为基本粒子物理学的发展做出了开创性的贡献，二人共同获得 1957 年诺贝尔物理学奖。除了诺贝尔奖，李政道还荣获了许多其他科学奖项，包括美国国家科学奖章、狄拉克奖章等。他是一位杰出的科学家，对物理学的发展具有重要影响，并为中国和世界的科学和教育事业做出了杰出的贡献。李政道教授在其职业生涯中还从事了广泛的教学和科普宣传工作，致力于推动科学教育和科学精神的传播。他的学术成就和影响力使他成为 20 世纪最杰出的物理学家之一。

杨振宁

杨振宁(1922—)，物理学家，中国科学院院士，1957 年诺贝尔物理学奖获得者。杨振宁主要从事统计力学和对称原理、粒子物理研究。20 世纪 50 年代，他和 R.L.米尔斯合作提出非阿贝尔规范场理论。1956 年，他与李政道合作提出了弱相互作用中宇称不守恒理论，并于 1957 年与李政道共同获得诺贝尔物理学奖。杨振宁提出的杨-巴克斯特方程开辟了量子可积系统和多体问题研究的新方向。除了诺贝尔物理学奖，杨振宁还获得了许多其他科学奖项，包括美国国家科学奖章、

马克斯·普朗克奖章等. 他是一位杰出的科学家, 对物理学的发展具有重要影响, 并为中国和世界的科学和教育事业做出了杰出的贡献.

8.3 统计物理学基本方法

在前面通过对理想气体的麦克斯韦分布和玻尔兹曼分布的学习, 对气体的统计分布的基本概念有了初步的了解. 统计物理学认为, 不只是气体系统, 由于物质系统都是由大量的微观粒子构成, 诸如一般固液气系统中的原子和分子、金属和等离子体中的自由电子或者离子、电磁辐射中的光量子、晶体中的声子、中子星中的中子等, 任何物质系统的宏观性质都应该是微观粒子整体运动平均效应的体现, 宏观物理量是相应微观物理量的统计平均值. 本节将对统计物理学的基本思想进行简要的梳理.

在前面对分布概念的学习中已经了解到, 虽然构成物质系统的微观粒子的数量巨大, 但是最为关键的是确定微观粒子按照某些物理量的状态分布, 比如在麦克斯韦速率分布中, 可以将速率从 0 到 ∞ 的变化分割为每个速率区间, 只要确定了处在每个速率区间的分子数, 即气体的速率分布, 实际上就可以得到气体的宏观性质甚至宏观物理量的统计平均值.

对于统计物理学的研究方法, 其基本思想亦即如此. 对于微观粒子数量基本确定的孤立的物质系统, 根据其微观构成, 首先需要通过微观粒子的运动规律明确其可能的微观状态, 比如是经典粒子还是量子体系、是自由粒子还是运动受约束的粒子等, 经典体系对应于经典统计, 量子体系则对应于量子统计; 其次, 需要根据统计类型对所有可能出现微观状态的数量进行统计, 即所有可能的分布状态, 同时确定出对应于宏观平衡态的最概然分布(又称最可几分布); 再次, 根据最概然分布对宏观物理量和宏观规律进行统计分析, 以得到统计物理学规律; 最后, 对统计物理学规律进行实验验证.

8.3.1 微观粒子的状态

考虑一个由 N 个微观粒子构成的孤立系统, 具有确定的能量 E 和体积 V. 作为一般性的描述, 这里只考虑按照粒子的能量 ε 的分布. 原则上需要首先对每个粒子的坐标进行标度, 由于课程目标的限制, 这里不作要求, 仅对一些必须的概念进行区分.

满足牛顿定律和电磁场规律的经典粒子, 其能量由动能 $p^2/(2m)$ 和势能 $V(r)$ 构成, 粒子的能量连续分布, 其能态的模式数量不受限制, 属于经典统计. 满足量子力学规律的量子体系, 粒子具有波动性是其主要特征, 其能量满足德布罗意关系式

$\varepsilon = \hbar\omega, p = \hbar k$,因而一般是处于分立的能级状态. 由于量子不确定原理 $\Delta r \cdot \Delta p \approx \hbar$ 的约束,粒子的位置和动量的变化有一个最小的限制,因而在位置和动量直积空间中,一个量子态所占有的最小"体积"为 $\hbar^3$. 也就是说,任意一个微空间 $\mathrm{d}r\mathrm{d}p$ 中可能存在的量子态的模式数量为 $\mathrm{d}r\mathrm{d}p/\hbar^3$. 基于微观粒子遵循量子力学规律的统计体系称为量子统计. 由上述分析可见,经典统计和量子统计具有较大的差别.

对于一般的体系,可以根据其微观构成的粒子是否具有显著的波动性来判断是否需要量子统计. 由于 $\lambda = h/(mv)$,而对于处于热平衡态的体系,其构成粒子的速度 $v \sim \sqrt{T}$,因而有德布罗意波长 $\lambda \sim 1/\sqrt{T}$,所以温度就是判断的主要参量. 对于热平衡系统,用方均根速率来表示微观粒子的速率,因而有

$$\lambda = \frac{h}{m\sqrt{3k_\mathrm{B}T/m}}. \tag{8.57}$$

以粒子间平均间距 a 来估算波长 λ,即 $\lambda \sim a$,则可得到判别的临界温度

$$T_0 = \frac{h^2}{3mk_\mathrm{B}a^2}. \tag{8.58}$$

当 $T < T_0$ 时,德布罗意波长足够大,量子波动性将占主导地位,处理这类体系需要采取量子统计;反之,当 $T > T_0$ 时,粒子的波动性可以忽略不计,可以直接采取经典统计的方式. 当然,对于特殊的量子体系,比如谐振腔中的光量子辐射、中子星系统等,必须要基于量子统计来处理.

除了一般性的粒子分类以外,还必须要考虑微观粒子,特别是量子体系的对称性. 量子力学的全同性原理指出,如果微观粒子是全同粒子,那么所有的粒子都具有不可分辨性,对其状态描述中任意粒子间交换标度坐标都不会改变其状态. 全同性原理基本符合量子体系的运动实际,由于其运动的去轨迹化,粒子间无法区分,也没必要进行区分. 当然,如果微观粒子只是在非常局域的空间内运动(振动),就不满足全同性原理的要求,称其为局域系统.

量子系统还必须区分是玻色系统还是费米系统. 量子力学将自旋量子数为半整数的称为费米子,比如电子、质子、中子、μ 子等;将自旋量子数为整数的称为玻色子,比如光子、π 介子等. 由偶数个费米子构成的复合粒子属于玻色子,比如超导体中的库珀对等. 由费米子构成的费米系统必须要满足泡利不相容原理,即由多个全同独立的费米子构成的费米系统中,不可能有两个和两个以上的粒子占据同一个完全相同的量子态. 这个原理对费米系统中每个能态所能容纳的粒子数进行了限制. 相比而言,玻色系统没有此类约束.

8.3.2 系统微观状态数量的统计

当明确了系统微观构成粒子的状态分类后,现在来统计一个宏观系统可能存在的微观状态数. 用 ε_i ($i=1,2,\cdots$) 表示微观粒子的能级,考虑到同一个能级可能会存在多个不同的微观状态,即简并现象,用 ω_i 表示能级 ε_i 的简并度,能级的分布见表 8.1,则该系统的粒子数分布 $\{\sigma_i\}$ 满足条件

$$N = \sum_i \sigma_i, \quad E = \sum_i \varepsilon_i \sigma_i. \tag{8.59}$$

表 8.1

能级	ε_1	ε_2	...	ε_i	...
简并度	ω_1	ω_2	...	ω_i	...
粒子数	σ_1	σ_2	...	σ_i	...

对于局域系统,微观粒子是可分辨的,并且一个能级上能够容纳的粒子数不受限制,通过概率论分析,可以计算得到对应于分布 $\{\sigma_i\}$ 的微观状态总数为

$$\Omega_M = \frac{N!}{\prod_i \sigma_i!} \prod_i \omega_i^{\sigma_i}. \tag{8.60}$$

对于量子玻色系统,粒子具有全同性是不可分辨的,但每个量子态能够容纳的粒子束不受限制,可以计算得到对应于分布 $\{\sigma_i\}$ 的微观状态总数为

$$\Omega_B = \prod_i \frac{(\sigma_i + \omega_i - 1)!}{\sigma_i!(\omega_i - 1)!}. \tag{8.61}$$

对于量子费米系统,粒子具有全同性是不可分辨的,同时要满足泡利不相容原理的约束,即一个量子态最多只能有一个粒子,可以计算得到对应于分布 $\{\sigma_i\}$ 的微观状态总数为

$$\Omega_F = \prod_i \frac{\omega_i!}{\sigma_i!(\omega_i - \sigma_i)!}. \tag{8.62}$$

考虑到实际情况,一个近似为孤立的实际系统,其能量会局限于某一个确定的区间中变化,由于系统所包括的微观粒子数量巨大,这些粒子可能存在的微观状态的数量也会巨大. 从上面的表达式可以印证这一点. 那么系统的各微观状态出现的概率如何确定? 这是统计物理的一个根本性问题. 玻尔兹曼提出了等概率原理:对于处在平衡态的孤立系统,系统的各微观状态出现的概率相同. 作为一个假设,等概率原理是平衡态统计物理学的基本原理,正确性已被大量的实验

所印证.

等概率原理指出,每一个可能的微观状态出现的概率相同,参照理想气体玻尔兹曼熵的统计诠释,即根据热力学第二定律,微观状态出现最大的分布(即最概然分布)将是系统处于平衡态所对应的分布. 下面将就此原则,分别对局域系统、玻色系统和费米系统的最概然分布进行简单总结.

8.3.3 玻尔兹曼分布

将局域系统的最概然分布称为玻尔兹曼分布. 通过对 Ω_M 求极值,即通过 $\delta(\ln\Omega_M)=0$,可以得到最概然分布为

$$\sigma_i = \omega_i e^{-\alpha-\beta\varepsilon_i}, \tag{8.63}$$

其中待定系数 α 和 β 由式(8.59)来确定,进一步分析可以得到 $\beta = \dfrac{1}{k_B T}$,k_B 为玻尔兹曼常量. 总粒子数为

$$N = \sum_i \omega_i e^{-\alpha-\beta\varepsilon_i} = e^{-\alpha} Z, \tag{8.64}$$

其中定义了配分函数 $Z = \sum_i \omega_i e^{-\frac{\varepsilon_i}{k_B T}}$. 所有微观粒子能量之和,即内能的(微观统计)表达式为

$$U = \sum_i \sigma_i \varepsilon_i = -e^{-\alpha} \frac{\partial Z}{\partial \beta}. \tag{8.65}$$

考虑到力可以表示为势能对位置参量的导数,通过引入外界作用到系统的广义力

$$\varUpsilon = \sum_i \sigma_i \frac{\partial \varepsilon_i}{\partial \zeta} = -\frac{N}{\beta} \frac{\partial(\ln Z)}{\partial \zeta}, \tag{8.66}$$

则系统对外界的功为 $-\varUpsilon d\zeta = -\sum_i \sigma_i d\varepsilon_i$,因此可由热温比得到熵函数的微分

$$\begin{aligned} dS &= \frac{dQ}{T} = \frac{dU - \varUpsilon d\zeta}{T} \\ &= Nk_B d\left(\ln Z - \beta \frac{\partial}{\partial \beta} \ln Z\right), \end{aligned} \tag{8.67}$$

因此可以得到

$$S = Nk_B \left(\ln Z - \beta \frac{\partial}{\partial \beta} \ln Z \right). \tag{8.68}$$

进一步分析还可以继续得到

$$S = k_B \ln \Omega_M. \tag{8.69}$$

这和理想气体中得到的熵的统计表达式一致. 由 $F = U - TS$，可得到自由能的表达式

$$F = -Nk_B T \ln Z. \tag{8.70}$$

作为玻尔兹曼统计分布的一个应用，下面举一个计算固体热容量的例证. 经典的热学理论有一个重要的定理——能量按自由度均分原理：温度为 T 的热平衡态的经典热学系统，粒子的能量在每个自由度的平均值均相同，为 $k_B T/2$. 当然，这个原理也可以通过经典统计推演得到，请读者自行练习. 根据这个原理，如果由 N 个某种分子构成的物质系统，每个分子具有 r 个自由度（包括平动、转动、相互作用势能在内），则系统的内能为

$$U = \frac{r}{2} Nk_B T, \tag{8.71}$$

因此可以计算得出该系统的定体热容和定压热容分别为

$$C_V = \frac{dU}{dT} = \frac{r}{2} Nk_B, \quad C_p = Nk_B + \frac{r}{2} Nk_B. \tag{8.72}$$

比如单原子理想气体分子，可作为自由质点来处理，$r = 3$；而对于考虑相互作用的单原子固体，必须要考虑到每个自由度方向上的势能，因此 $r = 6$. 但无论如何，可以得到一个结论，物质系统的热容量是一个常数. 在低温技术得到快速应用之前，这个结论基本符合大多数的实验结果，即使有一些偏差. 但是在低温范围内，实验发现固体的热容随温度迅速降低，而且当温度趋向于绝对零度时，热容也趋向于零. 这显然和能量按自由度均分原理得到的结论相悖.

爱因斯坦首次考虑用量子统计来解决上述问题，他将固体中的原子处理为以频率 ω 振动的 $3N$ 个谐振子，按照量子理论，其能级为

$$\varepsilon_n = \left(n + \frac{1}{2} \right) \hbar \omega. \tag{8.73}$$

由于假设原子只在其平衡位置附近振动且可分辨，因此遵循玻尔兹曼统计，配分函数为

$$Z = \sum_i e^{\frac{\hbar\omega}{k_B T}\left(n+\frac{1}{2}\right)} = \frac{e^{\frac{\hbar\omega}{k_B T}}}{1 - e^{\frac{\hbar\omega}{k_B T}}}, \tag{8.74}$$

可以计算出内能为

$$U = \frac{3N\hbar\omega}{2} + \frac{3N\hbar\omega}{e^{\frac{\hbar\omega}{k_B T}} - 1}. \tag{8.75}$$

通过引入爱因斯坦特征温度 $\theta_E = \hbar\omega/k_B$，可以计算出定体热容为

$$C_V = 3Nk_B \left(\frac{\theta_E}{T}\right)^2 \frac{e^{\theta_E/T}}{(e^{\theta_E/T} - 1)^2}. \tag{8.76}$$

当 $T \gg \theta_E$ 时，$e^{\theta_E/T} - 1 \approx \frac{\theta_E}{T}$，$e^{\theta_E/T} \approx 1$，则上式就变为经典的热容表达式；当 $T \ll \theta_E$ 时，根据 $e^{\theta_E/T} - 1 \approx e^{\theta_E/T}$，可得

$$C_V \approx 3Nk_B \left(\frac{\theta_E}{T}\right)^2 e^{\theta_E/T}. \tag{8.77}$$

这个结果与低温热容实验的结果定性符合，更精确的理论由物理学家德拜(P. J. W. Debye)在1912年给出. 比起爱因斯坦用单一频率的量子谐振子来表示微观粒子的能级，德拜基于固体的声子模型明确了声子能量分布的频谱，得到了低温下和实验结果精确符合的表达式

$$C_V \approx 3Nk_B \frac{4\pi^4}{5} \left(\frac{T}{\theta_D}\right)^3, \tag{8.78}$$

其中，德拜特征温度 $\theta_D = \hbar\omega_D/k_B$，$\omega_D$ 为声子所允许的最大频率，这两个参数都由实验来确定. 在低温下，物质系统的原子几乎都被冷冻到了其基态，在原子参与无规则热运动贡献之前，若系统需要吸收足够的热量，先要将原子激发到更高的激发态，因此热容随温度降低而快速降低完全符合物理机制.

8.3.4 玻色与费米统计

根据前面得到的微观状态数的表达式，通过求极值可以得到玻色和费米系统的最概然分布为

$$\sigma_i = \frac{\omega_i}{e^{\alpha + \beta\varepsilon_i} \pm 1}. \tag{8.79}$$

上式分母中取"−"号为玻色系统，取"+"号为费米系统. 待定系数由总粒子数 N 和总能量 E 来确定，同样可以得到 $\beta = 1/(k_B T)$. 由上式可知，当 $e^\alpha \gg 1$ 时，分母可略

去 ±1，上式即可变为玻尔兹曼分布. 基于最概然分布, 重复玻尔兹曼统计中的分析, 可以相应确定出熵、内能和自由能等统计表达式, 这里不再重复. 下面分别针对玻色系统和费米系统, 介绍两种典型的凝聚态现象, 即玻色-爱因斯坦凝聚和金属中电子的分布.

1. 玻色-爱因斯坦凝聚

物理学家玻色和爱因斯坦先后于 1924 年、1925 年独立预言了一种新的量子统计现象, 当温度降到某个临界值以下时, 理想的全同玻色子系统由于其物质波波长超过粒子间距从而引起系统的相变, 所有的粒子都会尽可能占据同一个量子基态, 从而表现出量子现象的宏观化. 该现象称为玻色-爱因斯坦凝聚, 简称 BEC. 首个 BEC 现象在 1995 年通过实验实现, 康奈尔 (E. A. Cornell)、威曼 (C. E. Wieman) 和克特勒 (W. Ketterle) 因此获得了 2001 的诺贝尔物理学奖. 目前, 我国在 BEC 方向的研究处于国际领先水平, 多个实验组都能在多种系统中观测到 BEC.

不失一般性, 假设所考虑的玻色系统粒子的自旋为零, 由玻色分布, 温度为 T 的平衡系统处在能级 ε_i 上的粒子数为

$$\varepsilon_i = \frac{\omega_i}{\mathrm{e}^{\frac{\varepsilon_i - \mu}{k_\mathrm{B}T}} - 1}, \tag{8.80}$$

其中 μ 为化学势, 替代了分布式中的 $\alpha = -\dfrac{\mu}{k_\mathrm{B}T}$, 由温度和粒子数密度 $n = \dfrac{N}{V}$ 来确定, 即

$$n = \frac{1}{V}\sum_i \frac{\omega_i}{\mathrm{e}^{\frac{\varepsilon_i - \mu}{k_\mathrm{B}T}} - 1}. \tag{8.81}$$

基于一定近似, 可将粒子的能量分布处理为连续分布, 式 (8.81) 中的求和可用积分代替. 考虑到一个量子态的项体积为 $\hbar^3$, 在体积 V 中, 能量处于 ε 到 $\varepsilon + \mathrm{d}\varepsilon$ 范围内的量子态数, 即处在这个能量区间的简并度为 ε 和 $\mathrm{d}\varepsilon$ 的函数,

$$\omega(\varepsilon) = \frac{2\pi V}{\hbar^3}(2m)^{3/2}\varepsilon^{1/2}\mathrm{d}\varepsilon. \tag{8.82}$$

在温度很低的情况下, 粒子将会被"囚禁"于平衡位置附近而失去流动性, 因而化学势 μ 将趋于零, 定义化学势等于零的温度为临界温度 T_C, 即由

$$\frac{2\pi}{\hbar^3}(2m)^{3/2}\int_0^\infty \frac{\varepsilon^{1/2}\mathrm{d}\varepsilon}{\mathrm{e}^{\frac{\varepsilon}{k_\mathrm{B}T_\mathrm{C}}} - 1} = n, \tag{8.83}$$

可以计算得到 T_C 的表达式为

$$T_C = \frac{2\pi\hbar^2 n^{2/3}}{(3.6)^{2/3} m k_B}. \tag{8.84}$$

考虑到温度降到极低时,有越来越多的粒子将会占据最低能级,用 $n_0(T)$ 表示温度为 T 时处在最低能级 $\varepsilon = 0$ 的粒子数密度,则有

$$n_0(T) + \frac{2\pi}{\hbar^3}(2m)^{3/2} \int_0^\infty \frac{\varepsilon^{1/2} d\varepsilon}{e^{\frac{\varepsilon}{k_B T}} - 1} = n, \tag{8.85}$$

最终可计算出

$$n_0(T) = n - n\left(\frac{T}{T_C}\right)^{3/2}. \tag{8.86}$$

图 8.1 为 n_0/n 随 T/T_C 的变化曲线. 由图可见,当温度降到临界温度之下后,粒子将迅速聚集到基态 $\varepsilon = 0$;当温度趋向于绝对零度时,所有粒子将都凝聚在基态. 该现象就是玻色-爱因斯坦凝聚. 1995 年报告的第一个实验,所用的系统是 ^{87}Rb 原子气体,当温度降低到 170nK 附近时,观测到了每立方厘米约有 2.5×10^{12} 个原子凝聚在基态的现象.

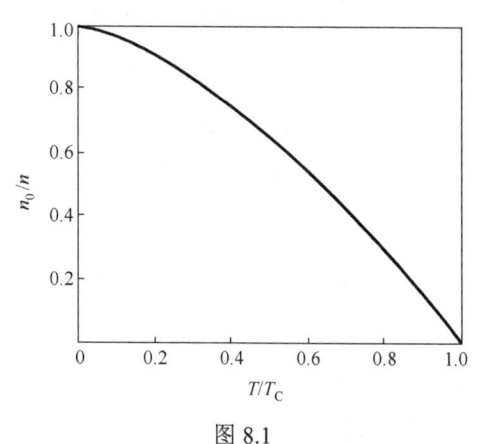

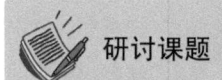

图 8.1

研讨课题

调研 BEC 的实验及其目前研究动态.

2. 电子气体与费米面

金属材料具有良好的导电性和导热性,这是由于在金属中金属原子最外层的价电子近似于自由电子且具有良好的流动性,而正离子(或者原子实)虽然贡献了材料的几乎所有的质量,但对导电和导热没有贡献. 价电子的行为就像气体分子一样,

组成电子气体，在一定温度下达到热平衡态，在外电场或者温度场的作用下进行导电或者导热。电子属于典型的费米子，对电子气体的统计需要用费米统计来处理。不像玻色子，在温度趋于绝对零度时都会尽量占据最低能级，费米子必须要满足泡利不相容原理，即便是在绝对零度时，金属中的电子从最低能级开始会将逐渐增大的能级排满，因此存在一个有电子占据的最高的能级，称为费米能级。

考虑温度为 T 的平衡电子气体系统，根据费米统计可知处在能级 ε 上的粒子数为

$$\sigma(\varepsilon) = \frac{1}{e^{\frac{\varepsilon - \varepsilon_F}{k_B T}} + 1}. \tag{8.87}$$

该式将电子能级处理为连续分布，且用 ε_F 代替了化学势。由该式可见，

$$\sigma(\varepsilon_F) = \frac{1}{2}, \tag{8.88}$$

即当 $\varepsilon = \varepsilon_F$ 时，电子占据和不占据的概率相等，也就是 ε_F 表示最高的临界能级，即费米能级。类似于玻色统计的分析，系统中处于 ε 到 $\varepsilon + d\varepsilon$ 范围内的电子数为

$$dN = \frac{4\pi V}{\hbar^3}(2m)^{3/2}\sigma(\varepsilon)\varepsilon^{1/2}d\varepsilon. \tag{8.89}$$

当 $T = 0$ 时，

$$\sigma(\varepsilon) = \begin{cases} 1, & \varepsilon < \varepsilon_F \\ 0, & \varepsilon > \varepsilon_F \end{cases}, \tag{8.90}$$

因此可以积分得到

$$N = \int_0^{\varepsilon_F^0} dN = \frac{8\pi V}{3\hbar^3}(2m)^{3/2}(\varepsilon_F^0)^{3/2}. \tag{8.91}$$

因此，绝对零度时的费米能级为

$$\varepsilon_F^0 = \frac{\hbar^2}{2m}(3n\pi^2)^{2/3}, \tag{8.92}$$

其中，n 为电子数密度。当 $T \neq 0$ 但 $k_B T \ll \varepsilon_F$ 时，

$$N = \frac{4\pi V}{\hbar^3}(2m)^{3/2}\int_0^\infty \frac{\sigma(\varepsilon)\varepsilon^{1/2}d\varepsilon}{e^{\frac{\varepsilon - \varepsilon_F}{k_B T}} + 1}. \tag{8.93}$$

通过积分可以算出

$$\varepsilon_F \approx \varepsilon_F^0\left[1 - \frac{\pi^2}{12}\left(\frac{k_B T}{\varepsilon_F^0}\right)^2\right]. \tag{8.94}$$

在一般的温度下，假设电子数密度 n 约为 $10^{28}\,\mathrm{m}^{-3}$，质量 $m = 9.0 \times 10^{-31}\,\mathrm{kg}$，则可以估算得到 ε_F^0 约为几电子伏特，条件 $k_\mathrm{B}T \ll \varepsilon_\mathrm{F} < \varepsilon_\mathrm{F}^0$ 总是能够得到满足，因此有 $\varepsilon_\mathrm{F} \approx \varepsilon_\mathrm{F}^0$. 对于自由电子，其动量 $p = h/\lambda = 2\pi\hbar/\lambda = \hbar k$，将电子的能量 $E = (\hbar k)^2/(2m)$ 在波矢 k 空间表示为一系列同心球面的等能面，如图 8.2 所示，则 $E = \varepsilon_\mathrm{F}$ 的等能面称为费米面，其半径为 $k_\mathrm{F} = \sqrt{2m\varepsilon_\mathrm{F}}/\hbar$. 在绝对零度时，费米面 $E = \varepsilon_\mathrm{F}^0$ 以内的量子状态都被电子占满；而当 $T \neq 0$ 时，费米面的半径将小于 k_F^0，在 $\varepsilon_\mathrm{F} - k_\mathrm{B}T$ 到 ε_F 能量范围内的电子被激发到费米面以上，这些电子对金属的热容量等物理特性会起到巨大的贡献.

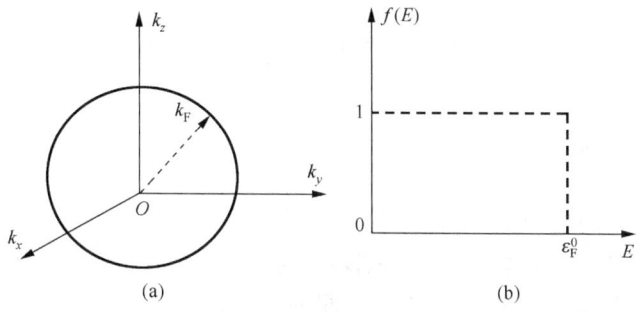

图 8.2

满足费米统计的电子气体模型还曾经用来成功解释白矮星的结构模型. 白矮星 (white dwarf) 是一种低光度、高密度、高温度的恒星，是与太阳质量相当的低质量恒星演化阶段的最终产物，据估计银河系内多数的恒星都属于白矮星. 白矮星密度极高，一颗质量与太阳相当的白矮星，其体积只有与地球一般大小，但是由于内部的温度不足以支撑其构成元素碳和氧进行聚变反应，所以曾一度认为白矮星内部结构无法支撑其巨大引力引起的塌缩，直到 1926 年费米和狄拉克提出费米统计后，物理学家福勒 (R. H. Fowler) 提出，白矮星内部在巨大引力作用的挤压下，原子的壳层结构被破坏产生电子气体，由泡利不相容原理，电子的简并压可支持恒星的引力塌缩，白矮星的结构问题才得以正确理解. 有兴趣的读者可以阅读更多的资料去进行详细了解.

研讨课题

调研白矮星结构问题，了解钱德拉塞卡极限 (Chandrasekhar limit)，并利用数值计算的方法给出相应的结论模拟.

第 9 章 凝聚态物理导论

9.1 物质的凝聚现象

9.1.1 凝聚现象概述

简单来说，将由 100 多种主要的原子及其化合分子凝聚形成宏观物质系统的现象称为凝聚现象. 凝聚态物理的基本任务, 其一是总结凝聚现象所体现出的物质的形态或者更为本质的物相、物相之间的变化, 即相变、导电、导热、硬度等各类物质的物理性质等规律; 其二是从物质微观构成, 即原子(或者分子)的种类、原子之间的作用方式及结合方式、由原子所构成能够过渡到宏观的基本单元(暂时称为原胞)的结合方式及其对称性等性质出发, 探索物质凝聚现象的规律及规律的形成. 对比第 8 章的内容, 可以发现, 这里所说的凝聚态物理的基本任务其实就是对热力学系统两种基本研究方法更深入、更具体的延拓. 其中, 从物质的微观构成出发, 热力学统计物理主要是从单个分子的基本运动参量出发, 重点关注得到宏观物理量的统计方法及其一般性的统计规律; 而凝聚态物理则需要考虑从构成原子或者分子更基本的电子和离子出发, 对构成基本原胞及原胞构成宏观尺度物质的基本作用方式、构成方式、对称性等具体内容进行分类研究, 从而总结得到宏观物质类型及其性质的分类性规律. 更广泛的凝聚现象或者凝聚态物理的研究对象, 也包括了从基本粒子形成核子、从宏观演化到宇观世界的过程及其规律, 还有像玻色-爱因斯坦凝聚、超导、超流、超固态、光子晶体、拓扑介质等新型物质形态.

在凝聚态物理学中, 对称性和有序性是两个相随相伴的重要概念. 对称性一般是指物质系统的性质在交换坐标参量以后保持不变. 比如, 时间反演对称性是指物质的性质在时间反向增加的情况下保持不变; 空间平移对称性是指物体的坐标沿着空间平移后其性质不变; 其他还有空间转动对称性、反射对称性等. 有序性则是指物质的结构性质在时间或者空间上具有一定的可重复性或者周期性. 在凝聚态物理学中, 物质系统的对称性和有序性一般都与其原子或者分子的微观构成的本质相关.

针对微观构成数量巨大的凝聚态系统,从两种特性入手去分析凝聚现象的规律,具有拨开云雾见青山的功效.

从热力学系统的角度而言,凝聚现象的各类性质是物质的热运动和原子或者分子间相互作用对立统一的体现. 对于平衡态的气体系统,一般分子间的相互作用或可忽略或较为微弱,分子的热运动占据绝对的主导地位,在分子尺度以上很难形成较为稳固的结构,从而不具有长程有序性,但同时又体现出完全的对称性及其性质的各向同性. 固体分子间相互作用占据主导地位,一般包括晶体和非晶体,其中,非晶体较为复杂,具有与一般液体相近的结构和性质;晶体的分子间结合易于形成较为稳固的结构,稳固结构周期性的放大构成了晶体长程有序的基础,一般将尺度最小的稳固结构基本单元称为原胞. 引起分子间相互作用的电子和离子的结合方式,体现在不同方向上的不同使得原胞在某些方向具有特殊的性质,打破了完全的对称性,从而形成了某些特殊的对称性,宏观体现出系统性质的各向异性. 这种对称性的破缺在凝聚现象中起到了极为关键的作用,比如给单一原子构成的物质中添加杂质原子从而改变物质的性质,也属于对称性破缺的例子. 液体则介于气体和固体之间,更接近固态的非晶体.

一般情况下,当处在低温状态时,分子的状态更接近低能级的状态,热运动影响降低,分子间的相互作用逐渐占据主导,固态物质的有序性更容易维持并体现其效果,液态或气态有可能发生相变而转化为固态或液态;反之,在高温状态时,热运动将占据主导地位,即便是固态晶体,其有序性也会遭到破坏,甚至被液化或者汽化.

本节主要对范德瓦耳斯气体及气液固之间的相变进行梳理介绍,9.2 节将以晶体为主介绍固体物理的研究内容,最后介绍凝聚态物理的一些新进展.

9.1.2 实际气体的状态

1. 实际范德瓦耳斯气体状态方程

在理想气体模型中,做了分子都是质点、分子间没有相互作用、碰撞为弹性碰撞的基本假定,由此总结出理想气体的克拉珀龙方程,得到理想气体的内能只是温度的函数等结论. 大量的实验表明,这种模型只是在压强不是足够大、气体足够稀薄时才近似成立. 对于实际气体,需要提出接近真实情况的模型.

1873 年,荷兰物理学家范德瓦耳斯(J. D. van der Waals)对理想气体模型进行了修订,建立了范德瓦耳斯方程. 他认为,必须要考虑分子的大小和分子间作用力对状态方程的贡献.

从单摩尔的理想气体状态方程 $pv = RT$ 出发,其中 v 为气体的摩尔体积. 首先,如果要考虑分子的大小，那么气体在容器中能够自由活动的体积就要减小，亦即必须要用 $v-b$ 代替 v；其次，在气体中间假想一个截面，如果要考虑分子间引力对截面上压强的贡献，应该和截面两边的分子数密度 $n=N_A/v$ 都成正比，即相比理想气体的压强增量为

$$\Delta p = -\frac{a}{v^2}. \tag{9.1}$$

综合两个新因素，即可得到新的状态方程，即范德瓦耳斯方程

$$\left(p + \frac{a}{v^2}\right)(v-b) = RT. \tag{9.2}$$

如果对应到 ν 摩尔的气体，则有

$$\left(p + \frac{a\nu^2}{V^2}\right)(V - \nu b) = \nu RT. \tag{9.3}$$

其中，V 是 ν 摩尔气体的体积；a 和 b 为待定系数，需要针对不同气体在实验中进行测量得到。实验表明，在常温、压强为几十个大气压的情况下，两个方程的结果相近，但是当压强接近或者高于 1000 个大气压时，理想气体的状态方程将完全不成立，而范德瓦耳斯方程只有比较小的误差。从 (9.2) 式出发，利用泰勒级数将 b/v 当作小量把压强展开至二级，即

$$p = \frac{RT}{v} + \frac{bRT}{v^2} - \frac{a}{v^2}. \tag{9.4}$$

等式右边第一项为对应于理想气体，后两项源于分子间相互作用，其中第二项表示斥力，第三项表示分子间引力的贡献。范德瓦耳斯方程也只是在理想气体的模型基础上进行了改进，比如假定分子是具有一定体积的弹性钢球，但实际的分子具有复杂的结构，如 9.1.1 节所述，这种结构在分子间作用力占据较大贡献时会对宏观性质产生较大的影响。

2. 气体的节流效应

1852 年，焦耳和汤姆孙 (开尔文) 设计了一个研究气体内能的实验，如图 9.1 所示，在一个绝热的容器中间放置一个多孔塞装置 (或称为节流阀，通常由棉、绒等物质构成)，形成一个气体流经时弯曲且具有很多孔径的通道。缓慢推动多孔塞左边的活塞，使左边的气体稳定流过多孔塞进入右边，右边的活塞保持自由，使得两边的气体压强都保持不变。这种在绝热条件下使高压气体通过多孔塞流向低压区的过程称为节流过程。实验表明，在室温附近，空气、氧气、氮气和二氧化碳等气体经节流过程后温度降低，而氢气、氦气等经节流过程后温度升高。将气体经节流过程温度发生变化的现象称为焦耳-汤姆孙效应。

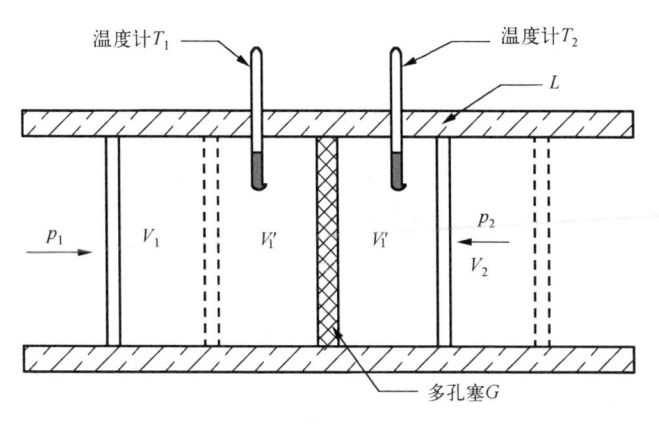

图 9.1

现在来简单分析节流过程. 假定节流前后气体的状态都处于平衡态, 状态参数分别为 (p_1, V_1, T_1)、(p_2, V_2, T_2), 由于整个系统过程是绝热的, 根据热力学第一定律, 系统前后状态变化过程中, 外界对系统的功都转化成了内能的增量, 即

$$p_1V_1 - p_2V_2 = U_2 - U_1, \tag{9.5}$$

或者

$$H_2 = H_1. \tag{9.6}$$

这意味着节流是一个等焓过程. 将内能分解为只跟温度有关的动能和分子间势能两部分, 即有

$$p_1V_1 - p_2V_2 = C_V(T_2 - T_1) + \Delta U_P. \tag{9.7}$$

对于理想气体 $p_1V_1 - p_2V_2 = \nu R(T_1 - T_2)$, 以及势能 $U_P = 0$, 即有

$$(C_V + \nu R)(T_2 - T_1) = 0. \tag{9.8}$$

因此, 理想气体经历节流过程后温度不变, 即 $T_2 = T_1$.

基于范德瓦耳斯方程, 为讨论方便, 只考虑单摩尔的气体模型, 可以得到一个前后状态的方程

$$(T_2 - T_1) = \frac{p_1 - p_2}{C_{V,m} + R}\left(b - \frac{2a}{RT_1}\right), \tag{9.9}$$

其中, $C_{V,m}$ 为气体的等体摩尔热容. 节流过程一定对应 $p_1 > p_2$, 因此可以根据 $b - \frac{2a}{RT_1}$ 的正负来判别气体经节流过程后温度的升降. 其中, 当 $b - \frac{2a}{RT_1} = 0$, 即温度为一个临界温度时,

$$T_1 = \frac{2a}{bR}. \tag{9.10}$$

节流过程为零效应,因此对于不同气体,这个温度称为焦耳-汤姆孙效应的转换温度. 比如,可以算得氮气的转换温度为 866K. 当然,由于范德瓦耳斯方程的近似性,上面的结果具有较大的误差. 更为精确的判断可以从节流过程的等焓性出发,对于缓慢变化的节流过程

$$dT = \left(\frac{\partial T}{\partial p}\right)_H dp, \tag{9.11}$$

定义焦耳-汤姆孙系数为

$$\mu = \left(\frac{\partial T}{\partial p}\right)_H, \tag{9.12}$$

可以得到其宏观参量的表达式

$$\mu = \frac{V}{C_p}(\alpha T - 1). \tag{9.13}$$

对于理想气体而言,$\alpha = 1/T$,因此 $\mu = 0$. 图 9.2 是以 p、T 分别为横、纵坐标画出的焦耳-汤姆孙系数的变化范围.

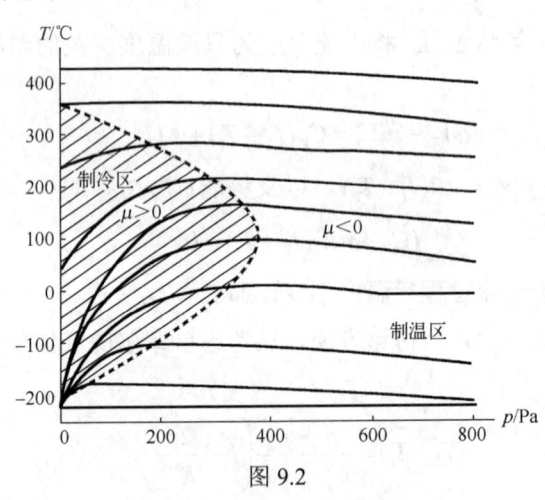

图 9.2

9.1.3 气液固相变基本现象

1. 气液相变

液体通过汽化转变为气态,汽化包括蒸发和沸腾两种形式,气体转变为液态的

相变过程称为液化或者凝结. 气液相变属于一级相变, 该过程伴随有相变潜热, 称为汽化热. 由于温度升高时液体内分子间的相互作用趋近于气体, 因此汽化热随温度增加而减小.

从微观角度分析, 蒸发和凝结通常是同时发生的两个相反过程. 在液体内表面层附近, 一些液体分子能够克服液体内分子引力的束缚而逃离液面变成蒸汽, 即为蒸发; 同时, 蒸汽分子也会由于热运动在靠近液面时被液体拉回到液体中, 即为凝结. 如图 9.3 所示, 假设单位时间蒸发和凝结的分子数分别为 n 和 n', 如果 $n > n'$ 则宏观表现为蒸发, 如果 $n < n'$ 则对应于凝结.

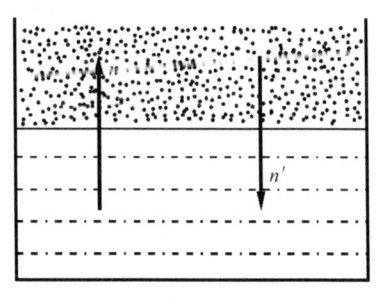

图 9.3

宏观实际表现的蒸发是两种过程相互抵消后剩余的蒸发量, 即单位时间蒸发的分子数量减去凝结的分子数量 $n - n' > 0$. 如果液体处于完全开放的环境, 蒸汽分子可以扩散至远处, 液面处始终会保持 $n > n'$, 因此液体会持续处于宏观的蒸发直至全部变成蒸汽. 但是对处于密闭容器中的液体, 随着蒸发过程不断进行, 液面以外蒸汽分子的密度不断增大, 直到 $n = n'$, 此时蒸发和凝结达到动态平衡, 气液两相实现平衡, 此时的蒸汽称为饱和蒸气, 对应的压强称为饱和蒸气压.

饱和蒸气压跟液体的种类、温度及液面的弯曲情况都有关系, 其本质还是对比不同情况下能够产生的 n 和 n' 之间的大小关系. 在特定的条件下, 若蒸汽压已经超过液面上饱和蒸气压几倍仍没有凝结液体出现, 则称这种现象为过饱和现象, 处于这种状态的蒸汽称为过饱和蒸气. 如果此时在蒸汽中存在尘埃或者杂质等, 蒸汽便会围绕这些杂质粒子发生凝结而形成液滴, 这些杂质粒子被称为凝结核.

在地球表面大气对流层中形成云层以及下雨的过程即为饱和蒸气凝结的实例. 简单而言, 在地面附近未饱和蒸气上升至高空时, 由于对流层气压过低而变成过饱和蒸气, 通过凝结成小雨滴聚集而形成云. 随着云层不断变厚, 由于大曲率液面(小体积液滴表面)所需要的饱和蒸气压小于小曲率液面(大体积液滴表面), 因此当云层中的汽压达到大液滴的饱和蒸气压时, 大液滴会由于不断吸附新的蒸汽通过凝结而持续不断增大, 小液滴则由于周围未达到其饱和蒸气压而不断蒸发直至消失, 当大液滴的半径超过约 $200\mu m$ 时就会形成雨滴落下而形成雨.

在一定的外界压强下, 当液体被加热时, 液体内部特别是器壁内表面会产生大量的气泡不断上升至液面外, 最初稳定而缓慢, 持续加热升温至沸点时整个液体发生剧烈的汽化, 这种现象称为沸腾. 一般情况下, 液体内会有很多小气泡, 气泡内的空气和液体蒸汽形成泡内压强 p_{In}，气泡外的压强为液体在该处的压强 p_{Li}，达到平衡时有 $p_{In} = p_{Li}$. 当液体被加热温度不断升高时，一方面气泡体积增大导致 p_{In} 减小，另一方面气泡内蒸发的速度增大而使得蒸汽压变大从而导致 p_{In} 增大，所以液体内气泡的数量增多，同时气泡的体积变大，但气泡内仍然能够维持 $p_{In} = p_{Li}$ 的平衡. 当液体被加热至沸腾的温度(沸点)时，液体内气泡的内压强大于液体内和液面外的压强，从而彻底打破平衡，大量的气泡急剧膨胀并在浮力作用下迅速上升，在液面处破裂放出其内的蒸汽，从而发生沸腾. 由此可见，沸腾的本质仍然是蒸发，只不过是液体气泡内的蒸发. 根据以上分析，很容易理解沸点随大气压的降低而降低，海拔高地区水的沸点要低于 100℃.

2. 固液相变

在一定条件下固液之间也能相互发生相变，将固相转变为液相称为溶解，反之液相转变为固相称为结晶或者凝固. 在一定压强下，晶体的溶解需要温度升高到熔点才能发生，这个熔点也是凝固过程发生的凝固点. 固液相变也属于一级相变，该过程也伴随有相变潜热. 从微观角度来看，晶体的溶解是在被加热时有序的点阵结构被破坏的过程，随着温度不断升高，粒子的无规则能量逐渐变大并最终脱离点阵结构的约束，使得晶体微观的长程有序被破坏而转变为仅有近邻粒子耦合的短程有序，即转化为液体. 这个过程需要吸热但基本保持温度不变，因为获取的热量主要用于破坏点阵结构而非增加温度，将晶体溶解过程需要吸收的相变潜热称为溶解热.

3. 固气相变

固相可以直接转变为气相，这个过程称为升华，相反的过程则被称为凝华. 比如，衣柜中樟脑球通过升华逐渐消失，寒冷夜间水汽经凝华变成早晨路边的霜. 升华和凝华也属于一级相变，其相变潜热即升华热的数值较大，因此通常可采用升华过程实现一般程度的制冷. 比如，在一个大气压下，冰的溶点为 0℃，对应的溶解热为 80kcal/kg，汽化热约为 590kcal/kg，升华热约为 670kcal/kg. 在升华过程中，固气平衡状态所对应的蒸气压称为固体方向上的饱和蒸气压. 一般的固体(如金属)在常温下的饱和蒸气压很低，因此实际上不会蒸发；但是冰的饱和蒸气压较高，所以冬天结冰的衣服也会被晾干.

9.1.4 固液气相变的理论

在第 8 章对相变及单元多相系的多相共存的理论进行了简单的介绍，下面将以此为基础，分别对固液气相变的基本现象进行较为详细的阐述.

1. 固液气三相相图

单元系一般由一种分子构成,其微观构成的分子间有基本固定的相互作用范围,因此通常会表现出多相共存现象. 最典型的例子是水,在不同的温度和压强的范围内,水可以分别处于气相、液相或者固相. 首先,通过大量实验可以以 T、p 分别为横、纵坐标画出单元系的相图. 如图 9.4 所示,固、液、气三相单独存在的温度和压强范围分别以三条独立变化的曲线隔开. 隔开气、液两区域的是汽化曲线,确定了温度和饱和蒸气压的变化关系,在汽化曲线上气液两相平衡共存. 汽化曲线上有一个临界点 C,当温度高于临界点的温度时,液相将不存在,相应的温度和压强称为临界温度和临界压强. 比如,水的临界温度是 647.3K,临界压强是 261.5atm. 临界点 C 的存在,意味着可以不通过相变而使气态和液态进行连续过渡. 隔开固、液两区域的是溶解曲线,迄今在该曲线上没有发现临界点,意味着固液转化必须通过相变,而不能发生连续过渡的现象. 这是因为固态和液态、气态之间有着很大的区别,晶体固态具有长程有序的点阵结构,表现出各向异性,而液态和气态则没有这样的性质. 点 A 是三相点,也是唯一的固液气三相共存点,水的三相点为 $T = 273.16\text{K} \sim 0.01°\text{C}$,压强 $p = 4.58\text{mmHg} \sim 6.00 \times 10^{-3}\text{atm}$.

为方便地表示相变体积的变化,也可以以 V、p 分别为横、纵坐标画出单元系的三相相图. 如图 9.5 所示,用虚线表示等温线,三相点和汽化曲线的临界点可直接对应于图 9.4. 由图 9.4 可直观地了解三相两两共存区域体积大小的改变量,即相变体积的大小对比. 而且会发现,在共存相区域,等温线的压强变化是一条水平线,表明相变过程中体积 V 变化,但压强 p 和温度 T 保持不变.

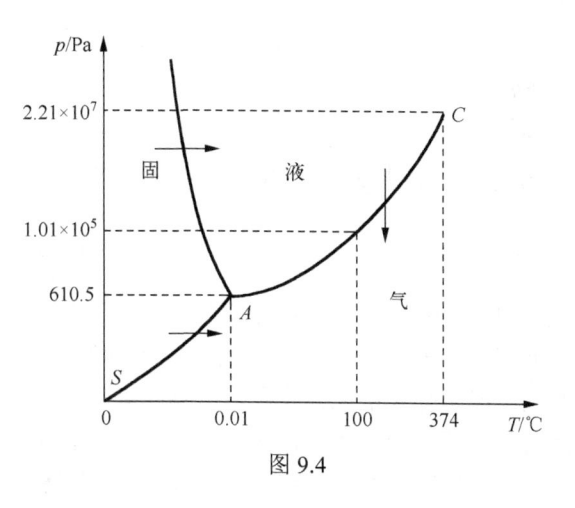

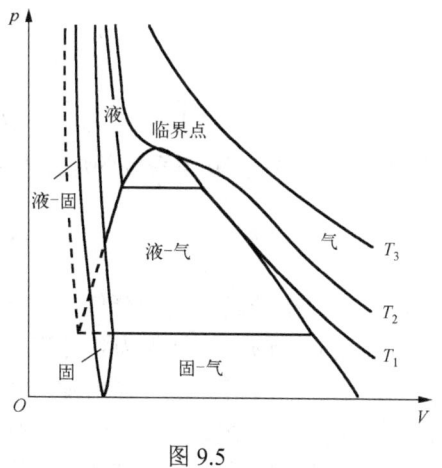

图 9.4

图 9.5

2. 克拉珀龙方程及两相共存曲线

如前所述，吉布斯自由能保持相等是单元系两相(设为 I 相和 II 相)共存的基本条件，意味着当维持两相共存的压强和温度改变时，两相的吉布斯自由能的改变量必须相等，亦即对于共存曲线

$$(\Delta G)_{\mathrm{I}} = (\Delta G)_{\mathrm{II}}. \tag{9.14}$$

利用式(9.14)对应于微改变，即有

$$-S_{\mathrm{I}}\mathrm{d}T + V_{\mathrm{I}}\mathrm{d}p = -S_{\mathrm{II}}\mathrm{d}T + V_{\mathrm{II}}\mathrm{d}p, \tag{9.15}$$

亦即两相共存曲线要求

$$\frac{\mathrm{d}p}{\mathrm{d}T} = \frac{\Delta S}{\Delta V} = \frac{S_{\mathrm{II}} - S_{\mathrm{I}}}{V_{\mathrm{II}} - V_{\mathrm{I}}} = \frac{\Delta H}{T\Delta V}. \tag{9.16}$$

该式即为决定两相共存曲线的克拉珀龙方程，式中 $\Delta H = T\Delta S$ 为两相的焓差. 进一步分析表明，从低温走向高温时系统必须吸热，亦即相变潜热要大于零，即 $\Delta S > 0$. 下面依次讨论两相共存曲线.

1) 汽化曲线

假定在气液两相共存区域改变系统的压强和温度，液态体积变化相对于气态体积变化可以忽略不计，蒸汽近似为理想气体，即

$$\Delta V \approx V_{\text{气}} = \frac{\nu RT}{p}. \tag{9.17}$$

同时，可进一假定在所考察的温度变化范围内汽化热保持为常数，因此可以得到

$$\frac{\mathrm{d}p}{\mathrm{d}T} = \frac{\Delta h_0 p}{RT^2}, \tag{9.18}$$

式中，$\Delta h_0 = \Delta H_0 / \nu$ 为系统的摩尔汽化潜热. 对上式积分可以得到汽化曲线的方程

$$p(T) = p_0 \mathrm{e}^{-\frac{\Delta h_0}{RT}}, \tag{9.19}$$

可以得到温度升高、饱和蒸气压液增加的结论. 但是从该关系无法得到汽化曲线具有临界点的结论，这是因为将蒸汽简单处理为理想气体. 1873 年范德瓦耳斯发现，从他提出的范德瓦耳斯方程出发，该方程是摩尔体积的三次方程，对应于每一组 p 和 T 方程应有三个实根，三个根在临界温度 T_c 时重合，而当温度高于临界温度时两个根为虚数，因此是非物理的. 因此，范德瓦耳斯方程是能够反映真实气体许多性质的最简单的状态方程.

2) 溶解曲线

如果继续用 Δh_0 来表示摩尔溶解热,即固相转变到液相的相变潜热,则溶解曲线所对应的克拉珀龙方程具有如下形式:

$$\frac{dp}{dT} = \frac{\Delta h_0}{T(v_{液} - v_{固})}, \tag{9.20}$$

式中,$v_{液}$ 和 $v_{固}$ 分别为液相和固相的摩尔体积. 由式可见,如果固相经溶解后体积变大,溶解曲线的斜率为正,否则为负. 根据曲线方程,对于斜率为正的情况,固定温度、增加压强,会使得系统固化程度增加;对于斜率为负的情况,维持温度不变,仅依靠增加压强会使固体完全变成液体. 水的溶解曲线为负,用尖刀挤压冰块可使其变成液态水是我们的生活常识之一.

3) 升华曲线

固体最显著的特征之一,是其热膨胀系数 α 和等温压缩系数 κ_T 非常小,因此其状态方程可以表述为

$$V = V_0(1 + \alpha T - \kappa_T p), \tag{9.21}$$

其中,V_0 是零温度、零压强下固体的体积;α 的量级为 $10^{-4} K^{-1}$,而 κ_T 的量级为 $10^{-5} atm^{-1}$. 利用上式可以得到固体的摩尔焓的微分为

$$dh = Tds + vdp = c_p dT + v(1 - T\alpha)dp, \tag{9.22}$$

式中,v、c_p、s 分别为摩尔体积、摩尔等压热容和摩尔熵. 继续用 $\Delta h_0 = h_{汽} - h_{固}$ 表示摩尔汽化热,蒸汽用理想气体近似,忽略固体体积变化,则可以得升华曲线的克拉珀龙方程

$$\frac{dp}{dT} = \frac{\Delta h_0 p}{RT^2}, \tag{9.23}$$

式中,p 表示升华过程中固气两相共存的饱和蒸气压,在特定温度下,对于不同的物质,饱和蒸气压完全不同,因而其升华速率也完全不同. 例如,铝在其熔点 962℃ 的饱和蒸气压约为 2.0×10^{-8} mmHg,而干冰在 -78.5℃ 时饱和蒸气压约为 760 mmHg.

9.1.5 金兹堡-朗道相变理论

正如前面所述,物质的凝聚现象是物质微观构成的有序性和无规则热运动相互对立统一的结果. 一般而言,当温度降低时,物质的结构变得更加有序,而温度升高将会破坏原来的有序性. 物相为物质凝聚状态的宏观体现,相变则体现为破坏原来的凝聚状态继而构建新的凝聚状态,而且往往发生在一个温度变化的临界点(固液相变没有临界点是极少出现的反例),由于温度的变化跟物质结构的有序性相关,能

否引入一个能够指向物质结构对称性的序参量来描述物相的转变呢？

1955 年，为了描述超导现象，物理学家金兹堡(V. L. Ginzburg)和朗道(L. D. Landau)创立了一个带有普遍意义的连续对称性破缺的相变理论，他们引入了一个能够指向物相对称性的序参量，序参量随温度连续变化，在接近温度临界点时序参量具有大的涨落，突出系统在微观结构所出现的大的调整。序参量可以是与系统性质相关的一个矢量、标量、张量或是其他形式的参量。自由能是序参量的标量函数，因此，作为自由能函数的自变量，序参量只能以标量的形式出现，比如，如果序参量是矢量，则只能以矢量标积的形式出现。

假设序参量是一个矢量 ς，则自由能 $A(T, \varsigma)$ 只能展开为 $|\varsigma|^2 = \varsigma \cdot \varsigma$ 的级数形式，注意没有 ς 的单次项，即

$$A(T, \varsigma) = A_0(T) + \alpha_2(T)|\varsigma|^2 + \alpha_4(T)|\varsigma|^4 + \cdots, \tag{9.24}$$

一般可以忽略更高次项。系数 $\alpha_2(T)$ 的选取应使得自由能在各种情况下取极小值，在临界点 $T = T_c$ 处，$\alpha_2(T_c) = 0$，通过临界点时自由能能够连续变化，因此有

$$\alpha_2(T) = \alpha_0(T - T_c). \tag{9.25}$$

系统总体的稳定性要求

$$\alpha_4(T) > 0, \tag{9.26}$$

为了保证当 $|\varsigma|$ 很大时，自由能要增加而非减小（请思考原因），需要分为 $\alpha_2 > 0$ 和 $\alpha_2 < 0$ 两种情况来考虑，如图 9.6 所示为相应的自由能曲线。自由能取极值要求 $\frac{\partial A}{\partial \varsigma} = 0$，代入可求得极值点

$$\begin{cases} \varsigma = 0, & \alpha_2 > 0, \\ \varsigma = \pm\sqrt{\frac{-\alpha_2}{2\alpha_4}}\hat{\varsigma}, & \alpha_2 < 0, \end{cases} \tag{9.27}$$

式中，$\hat{\varsigma}$ 为 ς 的单位矢量。代入可知，在相变点以上，即 $T > T_c$，有

$$A(T, \varsigma) = A_0(T). \tag{9.28}$$

在相变点以下，即 $T < T_c$，有

$$A(T, \varsigma) = A_0(T) - \frac{\alpha_0^2(T - T_c)^2}{4\alpha_4}. \tag{9.29}$$

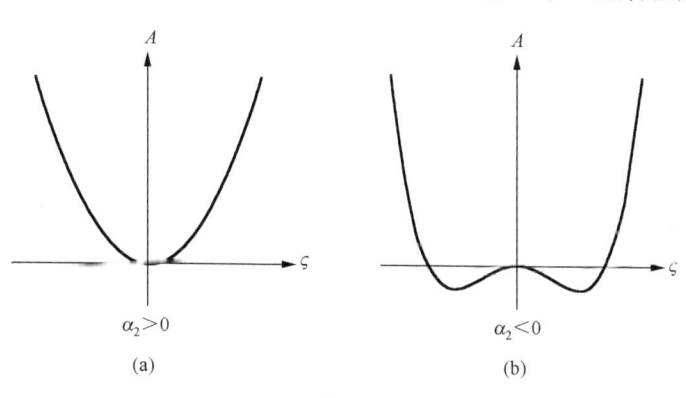

图 9.6

利用式(9.28)，很容易验证热容量在临界点的跃变行为. 金兹堡-朗道相变理论在凝聚态物理中具有十分重要的地位，不仅可以很好地解释第一类和第二类超导现象，也被成功应用于顺磁系统到铁磁系统的转变及液氦的超流现象.

9.2 固体物理概述

人类基于固体的力学、热学、电学和光学等不同方面的性质来实现不同功能的设计和发明，这是因为固体有基本固定的大小和形状，能够体现出方便使用的各向异性. 从微观过渡到宏观来看，气体和液体的微观构成不同一般不会使其宏观性质产生很大的差异，但是固体微观构成的结构则直接决定着其宏观性质的主要性质，其原因还是要归咎于"物态的性质是其微观构成粒子间相互作用和热运动对立统一的体现". 对于固态物质，由于分子间的相互作用起主导作用，因此构成分子的不同、分子间结合方式的不同及分子聚合的不同等微观因素，都会以对称和有序性放大的方式过渡体现在物态的宏观性质中，这是固体区别于气液两态的主要特征.

固体分为晶体和非晶体. 非晶体接近于液体，没有有序的微观结构，比如玻璃、橡胶和塑料等，一般具有较好的透光性，没有固定的熔点. 而对于晶体，通过 X 射线衍射的方法，可以探测到其内部微观粒子具有规则的排列，这种规则性过渡到宏观尺度(至少微米量级)时体现出显著的周期性和对称性特点，具体体现为构成晶体的分子通过相互间的作用力形成规则的点阵结构，处在点阵结构中的分子(格点)形成大尺度的耦合体系. 比如，由于耦合体系的形成和破坏都需要能量(晶体的结合能)的释放和注入，晶体都具有明确的熔点等. 比如，天然的盐岩、水晶、硅单晶等都属于晶体. 由于规则的结构，一方面，仅在平衡位置附近形成的分子振动不再相互独立，而是相互关联形成晶体中所有分子共有的整体振动，或者形成点阵中各分子(格点)间传播的波，从而决定了晶体的力学和热学等性质；另一方面，周期性分布的格点形成了电子运动的周期性的势场，分子中原子的最外层电子逃逸自身原子束缚后,其运动状态产生于所有格点形成的周期势场的整体作用,使得由电子运动主导的晶体的电学和发光性质明显不同于非晶体. 比如,周期性势场使得电子的能量分布形成了能带而非单原子束缚下的能级,从而极大地改变了晶体的导电性. 特别是在低温的条件下,由于分子间耦合大幅度增强,以及微观量子特性的进一步凸显,许多微观个体的量子特征被放大成宏观性质的主导因素,前面提到的在低温下金属的热容量的行为、玻色-爱因斯坦凝聚现象等就是很好的例证.

另一个需要关注的就是晶体结构的缺陷及掺杂. 实际的晶体,其空间点阵的规则性并不是很完美,加之热运动会使得长程有序的周期性有一定程度的破坏,另外会有少量的其他分子原子掺入使得晶格点阵原有的对称性被破坏,这会导致晶体的性质被改变. 但正是这种改变,有时恰恰提供了对有缺陷晶体的特殊性能进一步利用的基础. 比如,纯铁中掺杂进微量的碳以后就变成了质地坚硬得多的钢、硅、锗等纯晶体,掺杂入微量的三价或者五价的元素后才能成为灵敏的半导体材料等.

在量子光学的研究中发现,量子光场及其与物质原子相互作用展示出的新效应曾经是量子力学区别于经典物理学最好的验证. 但是从目前追逐的"高精尖"新技术而言,凝聚态特别是固态所能展示出来的量子特性才应该是量子力学最好的应用. 非常幸运的是,固体物理的发展基础以及重要的突破和发现,几乎都是建立在量子力学基础之上的. 这不仅为学习量子力学的应用提供了很好的素材,而且也提示将来有志于未来新技术开拓的读者要打好量子物理学的基础. 当然,本书仅只是引导性的学习,更专业的学习还需要专业性的教材和大量的训练.

目前,凝聚态物理的许多领域正处于物理学研究的前沿,特别是在特殊甚至极端条件下,具有特殊功能的固态新型材料的挖掘和研究更是引领着新的工业革命,比如石墨烯在导电和储能方面的研究、高性能生化材料和纳米材料、柔性透明材料、拓扑材料、量子材料,以及从量子物理揭示生命现象的生物物理学前沿等,其中一些已经逐步走出实验室,而更多研究则还处在探索阶段.

本节仅对固体物理中的最关键内容和思想方法进行简单梳理,希望能起到抛砖引玉的作用,启发读者开展更为专业的深入学习.

9.3 晶体的结构

晶体包括单晶体和多晶体. 单晶体一般是具有光滑且规则的凸多面体,如盐岩、石英、冰和云母等,体现为微观构成的分子间周期性排列的长程有序,且具有固定的熔点,电学和光学性质表现出宏观的各向异性. 多晶体没有规则的外形,如金属,由许多微米量级的单晶体(晶粒)构成,虽然每个单晶体规则且各向异性,但宏观为许多单晶体无规则地排列在一起,总体表现为各向同性,在一定的压强下具有固定的熔点. 晶体具有沿某些确定晶面易于劈裂的性质, 称之为晶体的解理性, 对应的晶面称为解理面. 将能够体现单晶体方向特征的相邻晶面的交线称为晶轴. 无论外界的生长条件如何不同, 晶体的任意确定方位的两个晶面间的夹角保持恒定不变, 被称为晶面角守恒定律, 是晶体的一个重要的共性特征.

9.3.1 晶体的空间点阵

结构的周期性是晶体最重要的特征, 由于这种周期性源于其构成的分子或原子间规则排列尺度, 而与电子运动所表现出的量子波动的波长尺度相当, 因而晶体具有区别于其他物态的卓著的导电和导热等性质. 现代社会高度依赖的半导体技术, 正是基于基体材料的晶体结构. 晶体结构的实验观测主要通过 X 射线衍射技术实现. 由于晶体内周期性排列的基本单元的间距和 X 射线的波长相当, 对于 X 射线来说, 晶体的规则结构相当于 X 射线的光栅, 通过分析照射到晶体表面 X 射线衍射的光谱, 就可以实现对晶体内部结构的观测. 最早的 X 射线衍射理论和实验由劳厄 (M. von Laue) 在 1912 年主导完成, 晶体结构也可以通过中子衍射和电子衍射技术来实现.

理想的晶体是由完全相同的原子团在空间无限重复排列而形成, 该原子团为晶体的基本单元 (基元), 原子团内可以是一种原子, 比如金刚石的 C 原子, 也有可能是多种原子, 比如盐岩晶体的 NaCl. 可用基元中的某个点来表示基元, 这些点称为结点, 这些结点的集合被称为晶格. 这样, 晶格可以看作是结点 (基元) 沿着空间三个独立的方向, 按照一定间距周期平移所形成. 如果基元只有构成完全相同的一种原子, 那么晶格就是原子按照周期平移排列形成的立体网格; 如果基元包括多种原子, 晶格就是由每种原子独立的子晶格镶嵌形成的复式网格, 每种原子单独形成的子晶格结构相同, 可通过平移操作实现完全重合.

沿着平移方向连接结点, 可以得到许多平行的直线和平行的晶面族, 晶格的所有结点都在这些直线上. 以一个结点为顶点, 选取一个可作为平移重复单元的六面体来代表晶格的特征, 该六面体称为晶体的原胞. 基于原胞及其空间的周期性重复来描述晶体结构, 称为空间点阵. 由于对称性的要求, 原胞可以包括多个最小的重复单元 (六面体). 为方便描述, 这里特指 (体积) 最小的六面体. 选取某个原胞的顶点, 设其位置矢量为 r, 则晶格中任意一个结点的位置矢量 r' 可以表示为

$$r' = r + l_1 a_1 + l_2 a_2 + l_3 a_3, \tag{9.30}$$

其中, a_1、a_2、a_3 分别为原胞 (六边形) 上所选顶点的三条邻边对应的矢量, 称为原胞的基矢, 其大小也称为晶体的晶格常数; l_1、l_2、l_3 为任意正整数. 这就说明晶格上的任意结点可以从顶点出发平移基矢的整数倍得到. 原胞基矢所对应的方向为晶体的晶轴.

对晶体结构的测量反映出晶体具有很好的对称性, 这些对称性实际上可以从微

观角度通过对晶格实施对称操作来理解. 从上述晶格构成的描述来看, 晶格具有基本的平移对称性, 也就是说, 可以通过将原胞在空间三个方向实施平移从而得到整个结构. 典型的对称操作还包括转动对称, 亦即围绕一个晶轴将晶格转动一定角度以后, 晶格将会与自身重合. 进一步分析表明, 转动角度为 2π、π、$2\pi/3$、$\pi/2$、$\pi/3$ 或者这些角度的整数倍时, 晶格表现出转动对称性, 而其他的角度则不具备这一特征. 除了平移和转动操作以外, 还有镜像反射操作、反演操作等. 按照对称操作的类型, 可以将晶体分为 7 个晶系类型, 分别为三斜、单斜、正交、四角、立方、二角和六角晶系, 其中最一般的为三斜晶系, 最为直观的是立方晶系, 包括简立方(sc)、体心立方(bcc)和面心立方(fcc)三种类型.

从每个原子形成的晶格来看, 如图 9.7(a)~(c)所示, 三种立方晶系三个基矢的长度相等并相互垂直, 即每个基元均为正立方体, 除了八个顶点上均有原子的简立方外, 体心立方在立方体的中心、面心立方在六个面的中心均有一个原子. 图 9.7(d)~(f)表示三种立方结构原胞的选取, 粗线条表示原胞的三个基矢, 每个原胞中确保只有一个原子. 比如, 氯化铯的结构为 Cl^- 和 Cs^+ 各自形成的体心立方平移套构而成, 氯化钠(盐岩)的结构为 Cl^- 和 Na^+ 各自形成的面心立方平移套构而成, 金刚石虽然只包含了一种原子 C, 但也是由价键取向不同的两个原子的面心立方平移套构而成.

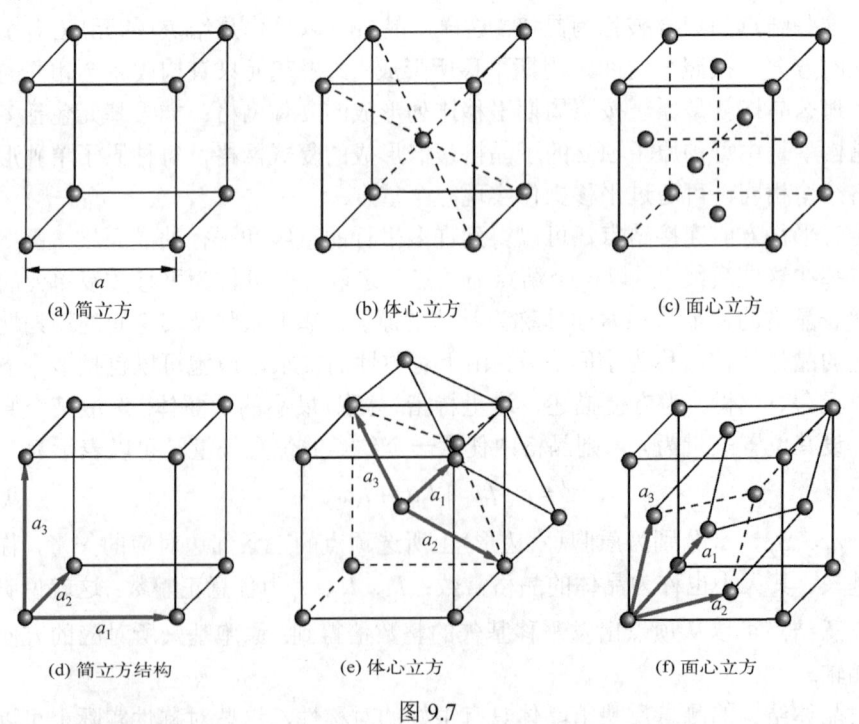

(a) 简立方

(b) 体心立方

(c) 面心立方

(d) 简立方结构

(e) 体心立方

(f) 面心立方

图 9.7

晶面角守恒定律说明,晶面的相对方位是晶体的重要参数. 为了确定一个晶面的取向,可以从一个固定的结点(设为坐标原点)出发,确定出三条基矢对应的晶轴与该晶面相交的三个结点位置,分别以三个晶轴的晶格常数 a_1、a_2、a_3 为单位,确定出每个结点在各自晶轴上的截距 l_1a_1、l_2a_2、l_3a_3,其系数的倒数分别为 $1/l_1$、$1/l_2$、$1/l_3$,设与三个系数倒数比值相同的三个最小整数为 m_1、m_2、m_3,即 $\frac{1}{l_1}:\frac{1}{l_2}:\frac{1}{l_3}=m_1:m_2:m_3$,则晶面的指数即为 m_1、m_2、m_3,一般记为 $(m_1m_2m_3)$. 如果晶面在某个方向的截距为无限大,则该方向对应的指数为 0,如图 9.8 所示,该晶面的指数为 (233). 晶格中某个方向的指数等于该方向的一个矢量在三个轴上的分量的最小整数比. 比如立方晶系中三个轴的指数分别为 [100]、[010]、[001].

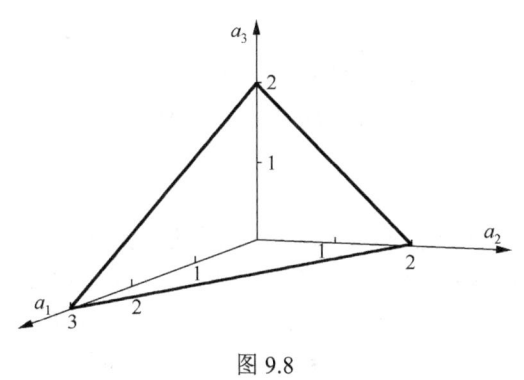

图 9.8

前面的晶格结构是把原子当成几何点来理解的. 但实际上,原子都有大小,考虑到晶体平衡时原子都要尽量地密集分布,以使得结构稳定且具有最小的自由能. 将晶体结构分布中一个原子周围最邻近的原子数量称为晶体的配位数. 最简单的情况是只有一种全同的原子,即晶体中所有的原子都是大小相同的小圆球,则最稳定的分布就是所有的小圆球紧密堆积在一起. 按照小圆球分层垒叠放置的思路,即假设第一层所有小圆球都紧密平铺在平面上,使得近邻的小圆球都相切,则任一个小圆球都和 6 个小球相切,第二层和第三层的小圆球都依次紧密排列在下一层三个近邻相切小圆球的空隙,如此会有两种不同的堆积方式,其中一种方式就对应于面心立方的结构(将小圆球的中心作为晶格结点位置). 但无论是哪种,可以计算出所对应的配位数是 12. 由此也可以得到结论,晶体中最大的配位数是 12. 如果晶体中包含的原子种类是两个以上,则相应的配位数一定小于 12. 进一步分析表明,晶体中所允许的配位数只能是 12、8、6、4、3、2 共六种情况.

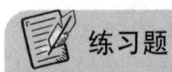

> **练习题**
>
> 1. 一种原子形成面心立方结构的密堆积方式.
> 2. 半导体硅和锗的结构就是金刚石的结构，请自行查阅资料了解金刚石晶体结构的情况.

9.3.2 晶体微观粒子间的结合力

前面讨论了晶体内微观粒子形成空间点阵的基本内容，下面来介绍粒子间结合力（化学中称为化学键）的情况. 结合力是指晶体内粒子间通过相互作用凝聚在一起的具体方式，分析表明，这些不同相互作用的本质为带负电的原子核外层电子和原子核正电荷之间的库仑力，引力和磁力可以忽略不计. 虽然本质相同，但是由于不同粒子的外层电子在对应壳层的饱和程度不同，所以产生的结合力的方式截然不同，由此导致晶体具有截然不同的力、热、光、电特性. 常见的几种结合力对应的晶体为离子晶体、共价晶体、范德瓦耳斯晶体、金属键晶体和氢键晶体.

1. 离子晶体

以盐岩即 NaCl 晶体为例，碱金属 Na 的最外层电子只有一个，因此其非常不稳定或者很活跃，而卤族元素 Cl 最外层有七个电子，因此当 Na 失去一个电子变成正离子 Na^+，而 Cl 得到一个电子变成负离子 Cl^-，它们都将变成与惰性气体一样稳定的电子组态，这样的电子壳层结构是稳定的，而此时的结合力就体现为 Na^+ 和 Cl^- 两个离子之间的库仑力. 常见的离子晶体还有 NaCl、KCl、Pbs、AgBr、MrgO 等. 由于库仑力强度较大，离子晶体的结构稳固，离子晶体具有导电性差、熔点高、硬度高及膨胀系数小等特性.

2. 共价晶体

共价晶体也称为原子晶体，其构成元素以 C、Si、Ge、Sn 原子为典型代表，晶格类型为金刚石结构，如图 9.9 所示，每个原子都和相邻的四个原子结合，由于每个原子最外层有 4 个电子，每个原子本身没有达到稳定的壳层结构，当相邻的两个原子各出一个电子共有，从而在每个原子的外层就会形成稳定的封闭电子壳层结构，这种相互作用的方式称为共价键.

根据共价键的结合方式，共价晶体能够结合的键的数量有限制，共价键之间也有确定的方向取向. 如图 9.10 所示，金刚石结构 4 个键的方向均指向正四面体的 4 个顶角，键间的夹角恒为 109°28′. 共价晶体也具有导电性差、熔点和硬度高等特点.

图 9.9　　　　　　　　　　　图 9.10

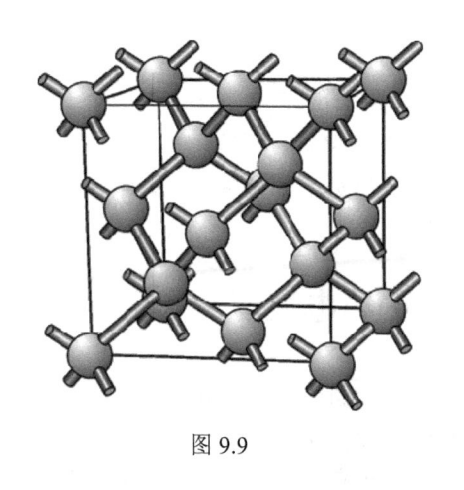

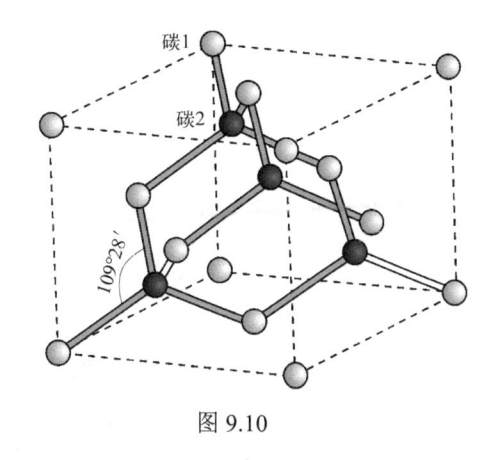

3. 范德瓦耳斯晶体

这类典型的晶体为在低温条件下惰性元素结晶形成的晶体, 也称为分子晶体. 惰性元素本身原子的最外层电子已经构成了稳定的电子壳层结构, 但在电子运动过程中, 由于正负电荷中心不重合而出现瞬间的偶极矩, 因而会出现微弱的中性分子间的分子力,这种力最早由范德瓦耳斯在1873年提出,所以也称为范德瓦耳斯力. 此类晶体产生于低温, 为透明的绝缘体, 具有熔点低的特征.

4. 金属键晶体

这类晶体的元素, 如碱金属 Li、Na、K、Rb 以及 Cu、Ag、Au、Al、Mg、Zn 等金属, 它们的最外层电子一般为 1～2 个, 受到原子核的束缚较弱, 因而容易脱离自身原子而游离于整个晶体中, 成为所有原子的共有电子, 形成所谓的"电子气体", 脱离电子的原子实则受到"电子气体"的库仑作用. 由于游离的电子的流动性较好, 因而金属键晶体具有良好的导电性.

5. 氢键晶体

由于氢原子只有一个电子, 当它和其他原子形成共价键以后, 失去电子且体积又很小的氢原子核就会直接暴露在外, 该氢原子核还可以通过离子作用和其他负性较强但半径较小的原子(典型的如 F、O 和 N 等)吸引而结合, 这种结合称为氢键. 存在氢键结合的晶体即为氢键晶体, 比如 H_2O 分子形成的冰晶就是一种氢键晶体, 氢原子不但和一个氧原子通过共价键 H—O 结合, 而且和另外一个氧原子通过氢键 H—O 弱结合. 由于已经参与结合的两个氧原子互相干扰, 氢原子不再接受更多原子结合, 因而氢键具有饱和性. 氢键在一些铁电晶体和 DNA 中也具有重要作用.

以上介绍了晶体中五种典型的微观粒子的结合方式，在一些晶体中，可能有不同的结合方式同时出现的综合情况. 比如不同于金刚石的结构，石墨中一个 C 原子的三个电子在同一个平面内和另外三个 C 原子形成共价键，形成层状结构，而这个 C 原子的另外一个电子则在层中自由运动，使得层与层之间依赖分子力较为松散地结合，因而形成了石墨完全不同于金刚石的特殊的性质.

9.4 能带理论及晶体的导电性能

物质的导电性是一个很古老的课题，经典物理学将金属中的电子理解为具有一定障碍的自由运动电子，可以正确地推导出欧姆定律、电导率等，但无法正确解释低温条件下金属的比热容的变化规律. 在量子力学建立特别是量子统计得以发展以后，可以根据费米统计给出金属低温条件下比电容实验规律的理论解释，其基本思想是将金属中能够自由流动的电子处理为满足费米统计的电子气体，求解电子能态的分布，即费米能级依赖于温度的关系，就可以得到电子气体内能对温度的变化，即比热容的变化规律，同时也可以进一步给出金属的电导率、热导率和磁化率的理论模型，其中金属中电子气体的费米统计分布的基本思路在前面的内容中已有一定程度的描述. 尽管电子气体的费米统计理论能够很好地解释金属的比电容对温度的依赖关系，但是对于如何区分绝缘体、导体和半导体这样的问题，则无法给出合理的模型. 而晶体的能带理论，从晶体长程有序的空间点阵结构出发，认为能够脱离原子束缚的外层价电子在具有规则晶格分布的带正电的原子核周期性势场中运动，近自由运动电子的能态分布由独立的每个原子中能级变成了属于所有原子共同贡献的带状分布的能带，基于电子填充能带的情况及对比相邻能带之间禁带的大小，即可给出绝缘体、导体和半导体等概念的区分.

9.4.1 近自由电子模型及布洛赫定理

对于金属原子中最外层的(价)电子，比如碱金属都只具有一个价电子，其内层电子填满了低能级的壳层而达到了稳定状态，价电子容易脱离原有的原子而成为金属中所有原子的共有电子. 这些共有的价电子，一方面受到金属的约束只能在金属中运动，另一方面又受到处于晶格格点位置且周期分布的正原子核的作用. 金属界面对电子的约束可以用界面外的势垒为无限大来描述，而周期性库仑势场作为对电子稍弱的作用可以作为微扰来处理. 因此，首先来处理电子在无限深势阱中的运动，然后在此基础上考虑周期性势场中的情况.

不失一般性，假定金属是一个边长为 L 的立方体，金属内电子的势能为零，金属边界以外势垒高度无限大，电子相当于被约束在一个三维的立方体中自由运动，

第9章 凝聚态物理导论

选立方体的一个顶点为坐标原点，电子的定态薛定谔方程为

$$-\frac{\hbar^2}{2m}\left(\frac{\partial^2}{\partial x^2}+\frac{\partial^2}{\partial y^2}+\frac{\partial^2}{\partial z^2}\right)\psi(r)=E\psi(r). \tag{9.31}$$

由于电子被限定在边长为 L 的正立方体中运动，可求得波函数具有驻波的形式

$$\psi_n(r)=A\sin\left(\frac{\pi n_x x}{L}\right)\sin\left(\frac{\pi n_y y}{L}\right)\sin\left(\frac{\pi n_z z}{L}\right), \tag{9.32}$$

其中，n_x、n_y、n_z 为正整数. 引入周期性边界条件

$$\begin{aligned}\psi(x+L,y,z)&=\psi(x,y,z),\\ \psi(x,y+L,z)&=\psi(x,y,z),\\ \psi(x,y,z+L)&=\psi(x,y,z),\end{aligned} \tag{9.33}$$

由此可确定出平面简谐形式的波函数

$$\psi_k(r)=\psi_0 e^{ik\cdot r}. \tag{9.34}$$

而波矢 $k=2\pi/\lambda$ 的分量满足量子化条件

$$k_\alpha=0,\pm\frac{2\pi}{L},\pm\frac{4\pi}{L},\cdots,\pm\frac{2n\pi}{L},\cdots, \tag{9.35}$$

其中，$\alpha=x,y,z$. 电子的能量对应为分立的能级，对应于波矢 k 的能级的能量为

$$\epsilon_k=\frac{p^2}{2m}=\frac{(\hbar k)^2}{2m}=\frac{\hbar^2}{2m}(k_x^2+k_y^2+k_z^2), \tag{9.36}$$

其中，波矢满足 $k^2=k_x^2+k_y^2+k_z^2$. 当考虑有 N 个电子处于金属内时，必须考虑电子的状态要受到泡利不相容原理的约束，即前面所提到的费米面的约束. 也就是说，N 个电子不能像玻色子一样占据同样的状态，处在基态的情况下，只能去尽可能占满费米能级以下（或者费米面内）的状态. 对于波矢为 k 的 N 个自由电子，其费米能级即为 $\varepsilon_F=\varepsilon_k=\frac{\hbar^2 k^2}{2m}$，对应波矢 k 空间中费米面为半径等于 $k_F=k$ 的球面. 根据波矢的量子化条件(9.35)，在波矢空间中一个状态所占的体积为 $\left(\frac{2\pi}{L}\right)^3$，亦即在该体积中最多只能容纳 2 个电子. 那么，在费米面以内总的电子数为

$$2\times\frac{4\pi k_F^3}{3}\left(\frac{L}{2\pi}\right)^3=\frac{Vk_F^3}{3\pi^2}=N, \tag{9.37}$$

于是有

$$k_F = \left(\frac{3\pi^2 N}{V}\right)^{1/3}, \tag{9.38}$$

$$\varepsilon_F = \frac{\hbar^2}{2m}\left(\frac{3\pi^2 N}{V}\right)^{2/3}. \tag{9.39}$$

上式即为在前面电子气体模型中所用的零温度下的费米能级. 处理完受金属边界条件约束的自由电子运动以后,下面来考虑周期性势场对电子运动的影响. 布洛赫针对含有周期性势场的薛定谔方程,发现其具有以下形式:

$$\psi_k(r) = u_k(r)e^{ik\cdot r}, \tag{9.40}$$

其中, $u_k(r)$ 满足周期性, $u_k(r) = u_k(r+\eta)$, η 为晶格的平移矢量.

这里给出一个简单但又严格的证明. 考虑一个长度为 Na 的圆环上的 N 个全同格点, a 为周期性势能的周期, 即 $V(x) = V(x+la)$, l 为整数. 根据对称性, 波函数因具有形式 $\psi(x+a) = C\psi(x)$, 绕行一周后有 $\psi(x+Na) = C^N\psi(x) = \psi(x)$, 唯有

$$C = e^{i2\pi l/N}, \quad l = 0,1,2,\cdots,N-1. \tag{9.41}$$

因此, 对于满足周期性 $u_k(x) = u_k(x+a)$ 的 $u_k(x)$, 波函数一定具有以下形式

$$\psi_k(x) = u_k(x)e^{i2\pi l/N}, \tag{9.42}$$

即为布洛赫定理.

9.4.2 克勒尼希-彭尼(Kronig-Penney)模型

下面来具体考虑晶体中格点上带正电的原子核所产生的周期性分布势场,以及对近自由电子的运动状态的解析解. 在所考虑的立方体金属中,三个方向相互独立,因此可以分别按照一维的模式进行求解. 如图 9.11 所示, 正电荷势能分布为一个以 $a+b$ 为周期的方形的周期势阱结构, 即

$$V(x) = \begin{cases} 0, & 0 < x < a, \\ V_0, & -b < x < 0. \end{cases} \tag{9.43}$$

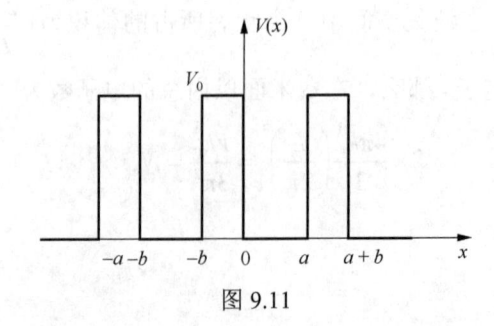

图 9.11

在其他区域，势能满足 $V(x) = V(x+na)$，其中 n 为整数. 电子的定态薛定谔方程为

$$-\frac{\hbar^2}{2m}\frac{d^2\psi(x)}{dx^2} + V(x)\psi(x) = E\psi(x). \tag{9.44}$$

利用边界条件以及布洛赫定理，在使 $V_0 \to \infty$，$b \to 0$ 且保持 $V_0 b$ 有限的情况下，可以求得方程有解的条件为

$$\frac{P}{a\alpha}\sin(a\alpha) + \cos(a\alpha) = \cos(ka). \tag{9.45}$$

其中，$P = \dfrac{mV_0 ab}{\hbar^2}$，$\alpha^2 = \dfrac{2mE}{\hbar^2}$. 由于 $\cos(ka)$ 介于 -1 和 1 之间，所以上式确定了电子能量的范围. 如图 9.12 所示，首先画出等式左边 $f(a\alpha) = \dfrac{P}{a\alpha}\sin(a\alpha) + \cos(a\alpha)$ 以 $a\alpha$ 为自变量的函数曲线，根据曲线的变化范围，可以确定出允许的 $a\alpha$，即 α 及 ka 的取值范围，以此即可做出能量 $E = \dfrac{\alpha^2 \hbar^2}{2m}$（以 $\dfrac{2ma^2}{\pi^2 \hbar^2}$）随 ka 的关系，如图 9.13 所示.

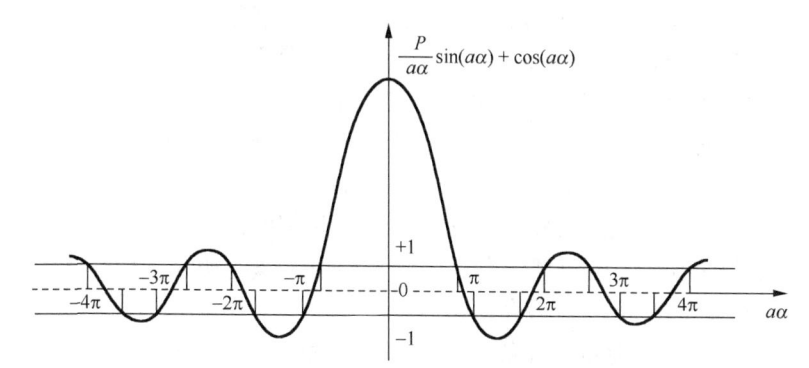

图 9.12

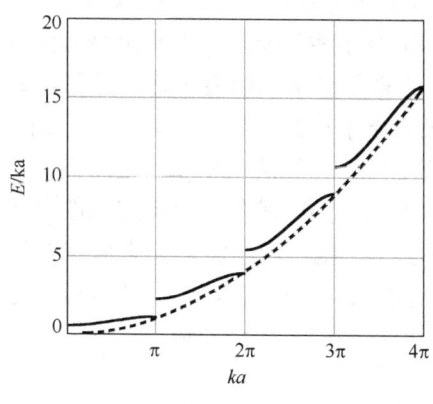

图 9.13

由能量分布曲线来看，允许的能量范围呈现隔断的带状分布，将允许存在的能量带称为能带，而将相邻能带之间能量不允许的范围称为禁带。由图 9.12 可见，能带的分界点处于 $ka = \pi, 2\pi, 3\pi, \cdots$，由于 $\cos(ka)$ 是偶函数，$ka = -\pi, -2\pi, -3\pi, \cdots$ 也是能带的分界点。由图 9.13 可见，分布于 $0 \sim \pi$（即 $-\pi \sim \pi$）范围的第一条能带最窄，随着能量增大，能带越来越宽。

如果选择 $P = 0$，可得 $a\alpha = 2n\pi + ka$，说明对能量没有限制，对应于 $V_0 = 0$ 的自由粒子的情况；而对于 $P \to \infty$，对应于 $\dfrac{\sin(a\alpha)}{a\alpha} \to 0$，即为 $E = \dfrac{n^2 \pi^2 \hbar^2}{2ma^2}$，意味着此时回到了粒子均处于无限深势阱中只有分立的能级的情况。

9.4.3 能带与导电性

以上给出了近自由电子模型在周期性势场中的量子力学处理结果，由结果可见，不同于电子在独立原子中的运动，由于周期性势场的共同作用，电子在原子中的能级被能带所取代。进一步分析表明，当晶体中的原子数量为 N，晶体中原子的每条能级都会劈裂为 N 条间距较小的能级，这些劈裂形成能级的大小处于原有原子能级大小附近的一个范围 ΔE，形成能带。一般 ΔE 的范围约为几电子伏特，而由于晶体中的原子数量是一个很大的值，比如 1mol 晶体中的结点数约为 10^{23} 个，所以能带中劈裂能级之间的差距一般小于 10^{-23} eV，能带可以看成是连续分布的。能带的宽度随能级升高而变大，低能级的电子运动轨道较小，形成的能带较窄不会产生交叠，能量较高的外层电子的能带较宽，从而有可能和相邻的能带产生交叠，当能带有交叠时，禁带消失。当然上述模型没有考虑到不同原子态的相互作用，当考虑这些因素时，能带和能级的对应关系将会变得复杂。

对应于上述模型，能带和能级有一一对应关系，可以沿用能级符号 s, p, d, $\cdots$ 来表示能带的顺序，泡利不相容原理对容纳电子状态的限制在能带中仍然适用，即 s 能带最多容纳电子数为 $2N$，p 能带最多容纳电子数为 $6N$ 等。

按照能量最小原理和泡利不相容原理，电子总是有限占据能量低的能带，然后再去占据高一级的能带。将被电子填满的能带称为满带，最外层价电子所在能级形成的能带称为价带，而没有电子填充的能带称为空带。如图 9.14 所示，对于满带而言，所有的能级都填充有电子，即便是在外电场作用下，一旦出现带内电子转移，将同时伴随有反向电子的流动，因此满带不参与宏观的电子流动，即对导电性没有贡献。对于未填满电子的价带，电子容易流动到带内空的能级上，从而在外电场作用下易于参与导电，称此类能带为导带。如果价带和相邻能量更高的空带有交叠，无论此价带是否满带，都可以等同为一个导带。

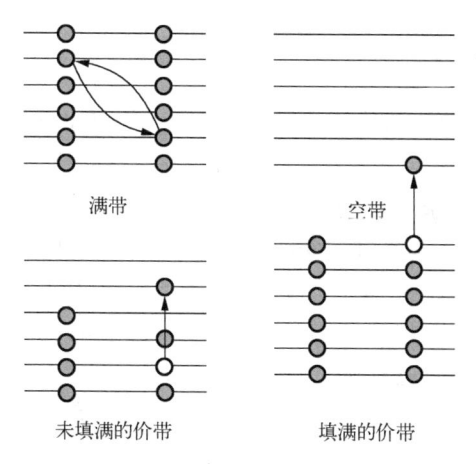

图 9.14

如图 9.15 所示，如果价带是满带，而又距上一级空带有大的带隙，即禁带宽度，一般约为几电子伏特，即便是在外电场作用下，电子也很难被激发到空带导电，这类物质对应为绝缘体. 对应于这种情况，金刚石是典型的绝缘体.

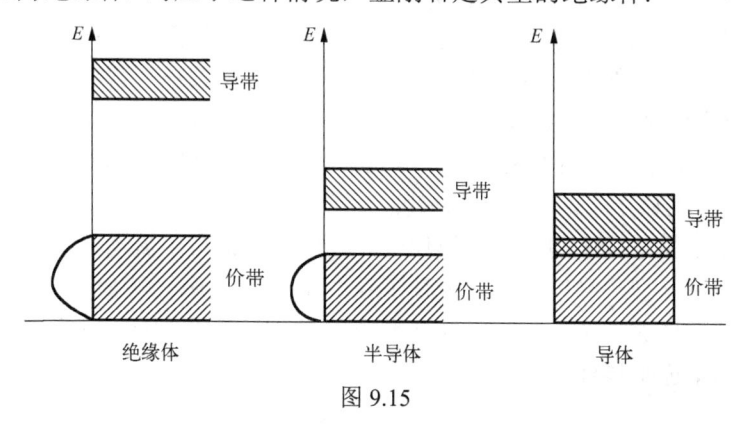

图 9.15

如果价带是满带，但是离上一级空带的禁带宽度较小，一般小于 1eV，当温度升高时，在热运动的驱使下，电子比较容易进入空带形成新的导带，从而具有较弱的导电性，这类结构对应于半导体. 当价带中一个电子被激发到导带后，原能级会空出一个带正电的空位，附近能级的电子就会补充过来，该过程也相当于正电荷在能级间流动，将这种带正电的空位称为空穴，空穴的流动（空穴导电）也对导电有贡献. 典型的晶体如硅和锗，虽然也属于金刚石结构晶体，但由于能隙较小，导电性与金刚石不同.

对于一价碱金属，由于外层有一个电子，价带只有一半电子填充即为导带，具有良好的导电性；而对于二价碱土金属，虽然价带被电子填满，但价带与上一级空带交叠从而形成较宽的新导带，也具有较好的导电性. 此类晶体对应为导体.

9.4.4 杂质半导体与 pn 结

单纯的硅和锗等半导体晶体，其导电性依赖于温度，其参与导电的载流子浓度（即能够被激发到相邻空带的电子数和空穴数）可大致由比值 $E_g/k_B T$ 确定，其中 E_g 为禁带宽度。如果这个比值大，则载流子浓度低，导电性也低。当接近绝对零度时，大多数完美的纯的半导体晶体将都变成理想的绝缘体。将此类半导体称为本征半导体。由于导电性弱，本征半导体几乎没有实用价值。

实践表明，某些杂质和缺陷对本征半导体的导电性有很大的影响。比如，将硼的原子数量以百万分之一的比例加入纯硅中，能使掺杂以后的硅在室温下的电导率提高约 10^5 倍。这种掺杂以后的半导体称为杂质半导体。下面以硅和锗型半导体为例进行说明。

硅和锗晶体都属于金刚石结构，每个原子都和近邻的原子形成共价键，处于稳定的状态。如果有一个五价的原子，如磷、砷和锑，在晶格中取代一个正常的原子，那么在和最近邻的四个四价原子形成共价键以后，还剩下一个来自杂质原子的电子，并未改变晶体的电中性，但同时却大大提高了晶体的导电性。将此类相对多电子的原子称为施主原子。同样的道理，如果掺杂的是三价的原子，如硼、铝、镓和铟等，它们占据了一个正常的四价原子的位置，为了能够与近邻原子形成四个共价键，会接受一个其他四价原子的电子，同时在四价原子的位置处留下一个空穴，空穴的流动使得晶体的导电性大幅度提高。将此类相对少电子的原子称为受主原子。图 9.16(a)、(b) 分别显示了两种能级的情况。

在掺杂施主原子构成的杂质半导体中，以电子在价带中流动形成导电，称为电子型半导体或者 n 型半导体；而在掺杂了受主原子的杂质半导体中，以原满带中释放的空穴的流动形成导电，称为空穴型半导体或者 p 型半导体。而将没有掺杂、纯的半导体称为本征半导体。

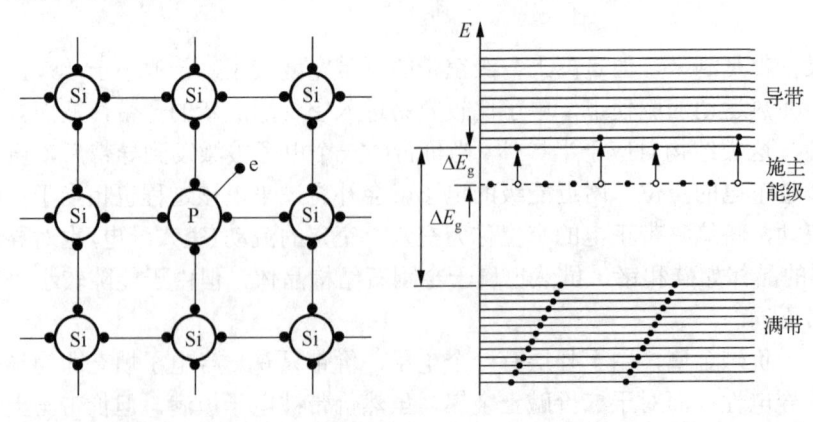

(a)

(b)

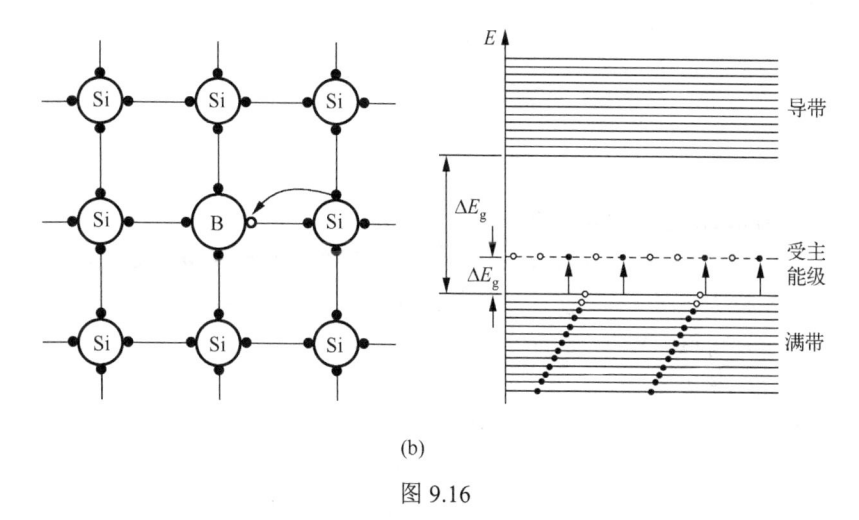

图 9.16

基于一块半导体晶片，通过掺杂使其一半为 n 型，而另一半为 p 型，那么在它们的交界区，由于热运动的影响，n 型中的电子将会扩散至 p 型中，而 p 型中的空穴将会扩散至 n 型中，这样在交界区，靠近 n 型区域由于多空穴而呈现电正性，靠近 p 型区域由于多电子而呈现电负性，从而形成一个势垒．将此交界区称为 pn 结．pn 结由于形成了一个单向导电的势垒区域，是现代所有半导体器件的心脏，在微电子技术及信息处理的硬件技术中起着关键性的作用．

研讨课题

尝试完成一个如何从 pn 结发展形成微型计算机的研究报告．

科学家小传

昂内斯

昂内斯（H. K. Onnes，1853—1926），荷兰物理学家，1913 年诺贝尔物理学奖获得者．昂内斯以他的低温物理学研究而闻名，尤其是他首次成功实现了液态氦的凝聚和发现了超导性．这项工作使他成为第一个成功制造液态氦的人，同时也为超导现象的研究奠定了基础．1908 年，昂内斯使用液态氦冷却汞样品，使其电阻急剧降低，发现了超导性．这个发现引发了对超导现象的广泛研究，并在未来的几十年中产生了深远影响．此外，昂内斯还在低温物理学领域做出了其他重要贡献，包括发现了超流体现象，并对固体在低温下的性质进行了广泛的研究．他的研究工作为理解物质在极低温度下的行为提供了重要的洞见，并对后来的物理

巴丁

巴丁(J. Bardeen, 1908—1991), 美国物理学家, 1956 年和 1972 年两届诺贝尔物理学奖获得者. 巴丁以在凝聚态物理学领域的杰出贡献而闻名, 特别是在超导性和半导体研究方面的成就. 1956 年的诺贝尔物理学奖授予巴丁与肖克莱(W. B. Shockley)和布拉坦(W. H. Brattain), 以表彰他们对晶体三极管发明的贡献. 这项发明是现代电子设备的基础, 对电子工业的发展产生了深远影响. 1972 年的诺贝尔物理学奖授予巴丁与库珀(L. N. Cooper)和施里弗(J. R. Schrieffer), 以表彰他们提出的 BCS 理论, 解释了超导性的基本原理. 这个理论奠定了超导性研究的基础, 并为后续的超导材料开发和应用提供了重要的指导.

9.5 晶格振动与声子

晶体中的原子都会在格点的位置附近做微小振动, 由于原子之间的相互作用, 各个原子的振动并非独立而是相互关联, 这种关联的振动实际上形成了晶体中传播的格波. 当振动较为为弱时, 原子的振动可以看成简谐振动, 不同振动模式之间可以近似看成相互独立, 而且由于晶格的周期性分布及有限的边界约束, 振动模式的能量不再连续分布而是分立的, 可以理解为一个个独立的简谐振子, 类似于光场的量子化, 引入格波的能量量子来描述此简谐振子, 即声子. 声子是一种准粒子, 类似于光子, 也可以通过能量交换而产生和湮灭, 但是不像光子的传播不需要介质, 而声子一定要依赖于介质.

固体的比热、热传导和热膨胀等性质都可以用声子的概念进行很好的解释, 比如前面提到的固体比热容的德拜模型就是从声子模型出发构建的. 除此之外, 声子的概念已经得到了普遍的应用, 特别是在超导的 BCS 等理论中, 利用声子与电子对(即库珀对)的相互作用理论, 能够很好地解释金属在低温下的零电阻和排斥磁场等现象. 本节将从晶体中晶格振动出发, 建立基本的声子概念.

假设晶体包含 N 个原子, 第 n 个原子围绕其平衡位置 R_{n0} 做微小振动, 振动位移为 $\zeta_n(t)$, N 个原子的位移矢量共有 $3N$ 个分量, 可以分别写为 $\zeta_i (i=1,2,\cdots,3N)$. 将格点上的原子体系的势能在平衡位置附近展开为

$$V = V_0 + \sum_{i=1}^{3N}\left(\frac{\partial V}{\partial \zeta_i}\right)_0 \zeta_i + \frac{1}{2}\sum_{i,j=1}^{3N}\left(\frac{\partial^2 V}{\partial \zeta_i \partial \zeta_j}\right)_0 \zeta_i \zeta_j + \text{高阶项}. \tag{9.46}$$

第 9 章 凝聚态物理导论

上式中下标"0"表示平衡位置,第一项可以通过调整势能零点设为零,第二项由于平衡性也为零,忽略掉高阶项,势能函数为

$$V = \frac{1}{2} \sum_{i,j=1}^{3N} \left(\frac{\partial^2 V}{\partial \zeta_i \partial \zeta_j} \right)_0 \zeta_i \zeta_j. \tag{9.47}$$

近似后的势能函数仅为坐标的二次项,称为简谐近似. 原子体系的动能为

$$T = \frac{1}{2} \sum_{i=1}^{3N} m_i \dot{\zeta}_i^2. \tag{9.48}$$

为了使得表述更加简洁,引入简正坐标,将势能函数中的交叉项消去,以实现对角化,一组简正坐标 $\Lambda_i (i=1,2,\cdots,3N)$ 及相应坐标变换为

$$\sqrt{m_i} \zeta_i = \sum_{j=1}^{3N} \eta_{ij} \Lambda_j. \tag{9.49}$$

式中,已将质量因子吸入新坐标中,则简正坐标下系统的动能和势能分别为

$$T = \frac{1}{2} \sum_{i=1}^{3N} \dot{\Lambda}_i^2, \tag{9.50}$$

$$V = \frac{1}{2} \sum_{i=1}^{3N} \omega_i^2 \Lambda_i^2, \tag{9.51}$$

则系统的哈密顿量为

$$H = \frac{1}{2} \sum_{i=1}^{3N} (\dot{\Lambda}_i^2 + \omega_i^2 \Lambda_i^2). \tag{9.52}$$

其中亦可引入简正动量 $p_i = \dot{\Lambda}_i$. 对于一个孤立体系,如果其势能函数是一个二次型函数,则其运动方程具有简谐振动方程的形式,考虑到原子振动的独立性,即有

$$\ddot{\Lambda}_i + \omega_i^2 \Lambda_i = 0. \tag{9.53}$$

这是我们非常熟悉的 $3N$ 个简谐振动的方程,其解为

$$\Lambda_i = \Lambda_0 \cos(\omega_i t + \omega_0), \tag{9.54}$$

或者退回到原坐标

$$\zeta_i = \frac{\eta_{ij}}{\sqrt{m_i}} \Lambda_0 \cos(\omega_i t + \omega_0). \tag{9.55}$$

这说明一个简正坐标表示的振动并不代表某一个原子的振动,而是表示晶体中所有原子振动的共同贡献. 类似于光场的量子化,为了实现上述体系的量子化,需要将位置坐标和动量实施算符化,保持位置坐标不变(位置空间),动量为

$$p_i = \dot{\Lambda}_i \to -i\hbar \frac{\partial}{\partial \Lambda_i}. \tag{9.56}$$

设系统的状态波函数为 $\psi \equiv \psi(\Lambda_1, \Lambda_2, \cdots, \Lambda_{3N})$，则薛定谔方程为

$$\left[\sum_{i=1}^{3N} \frac{1}{2}\left(-\hbar^2 \frac{\partial^2}{\partial \Lambda_i^2} + \omega_i^2 \Lambda_i^2 \right) \right] \psi = E\psi. \tag{9.57}$$

由于每个模式振动的独立性，上述方程可以通过每个模式的方程求解，即

$$\frac{1}{2}\left(-\hbar^2 \frac{\partial^2}{\partial \Lambda_i^2} + \omega_i^2 \Lambda_i^2 \right)\varphi(\Lambda_i) = \varepsilon_i \varphi(\Lambda_i). \tag{9.58}$$

对应量子力学谐振子的解为

$$\varepsilon_i = \left(n_i + \frac{1}{2}\right)\hbar\omega_i, \tag{9.59}$$

$$\varphi_{n_i}(\Lambda_i) = \sqrt{\frac{\omega_i}{\hbar}} e^{-\zeta^2/2} H_{n_i}(\zeta), \tag{9.60}$$

式中，$\zeta = \sqrt{\frac{\omega_i}{\hbar}} \Lambda_i$，$H_{n_i}(\zeta)$ 表示 ζ 的厄米多项式。由每个振动的能量表达式可见，每个模式的振动已经被量子化为量子谐振动，其量子基元的能量为 $\hbar\omega_i$，即声子，该模式的声子数为 n_i，$\frac{1}{2}\hbar\omega_i$ 则表示这个模式所对应的零点能。系统的能量为 $E = \sum_{i=1}^{3N} \varepsilon_i$，本征态为

$$\psi(\Lambda_1, \Lambda_2, \cdots, \Lambda_{3N}) = \prod_{i=1}^{3N} \varphi_{n_i}(\Lambda_i). \tag{9.61}$$

如果将晶格简化为一维周期分布的原子链，相邻原子间的距离为 a，对于包含 N 个原子链，采取周期性边界条件，势能函数可表示为

$$V = \frac{1}{2}\kappa\delta^2, \tag{9.62}$$

其中，δ 表示原子偏离平衡位置的位移，则可以计算得到原子链上只存在 N 个格波，每个格波的频率与波矢 k 之间满足的关系称为色散关系，具体为

$$\omega = 2\sqrt{\frac{\kappa}{m}} \left| \sin\left(\frac{1}{2}ak\right) \right|. \tag{9.63}$$

波矢 k 满足条件

$$k = \frac{2\pi}{Na}n, \tag{9.64}$$

其中，n 为介于 $-N/2$ 到 $N/2$ 之间的整数，共有 N 个值。

本节中引入了声子的概念，需要强调，声子不是真实的粒子，而是反映晶格中原子集体运动状态的激发单元，在一定近似下，表明原子的集体运动的不同振动模式之间以及与其他系统之间，以"准粒子"行为离散的交换能量的方式．

9.6 超导现象

9.6.1 超导实验现象

对于许多金属和合金，当其被冷却到足够低的温度时，其电阻率会突然降到零，这个现象被称为超导现象．超导现象由昂内斯在 1911 年首次观测得到．如图 9.17 所示，昂内斯观测到的水银样品从一个正常的电阻态到超导态的相变过程曲线，当温度低至临界温度 $T_c = 4.15\text{K}$ 以下时，电阻率突变到了零.

零电阻只是超导体的一个现象，超导体还有其他的基本实验现象.

1. 电导率无限大

超导体在临界温度以下具有零电阻或无限大的电导率．这个状态的突变并没有伴随金属晶格结构和性质的变化，因此只能是一种电子性质的转变，即导电电子进入到某种有序的状态．由欧姆定律 $\boldsymbol{j} = \sigma \boldsymbol{E}$ 和麦克斯韦方程 $\dfrac{\mathrm{d}\boldsymbol{B}}{\mathrm{d}t} = -\nabla \times \boldsymbol{E}$ 可知，σ 无穷大意味着电场 $\boldsymbol{E}$ 必须要为零，因而磁场 $\boldsymbol{B}$ 要保持不变．

2. 迈斯纳(Meissner)效应

位于均匀磁场中的正常金属，当温度冷却至临界温度以下金属变成超导体后，磁场将全部从金属内被排出，超导体内磁场为零，如图 9.18 所示．

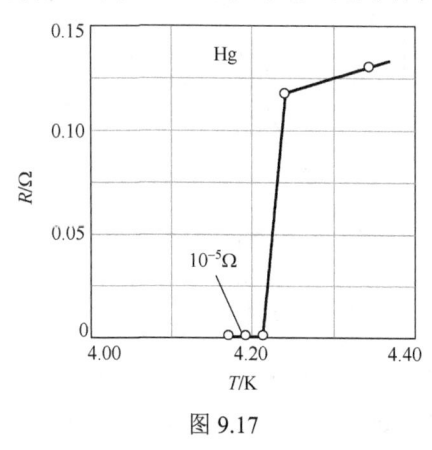

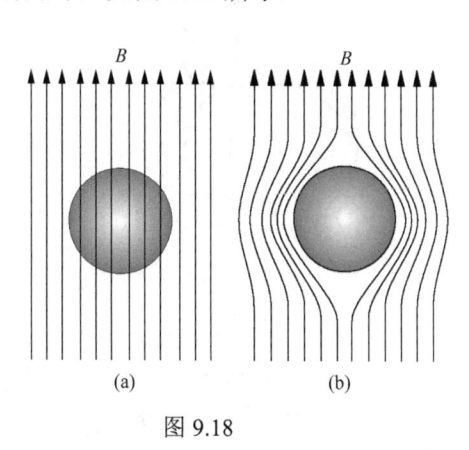

图 9.17

图 9.18

3. 临界磁场

只有当外界磁场小于一个临界值时迈斯纳效应才有效；当超导体所处的外磁场超过了临界值，迈斯纳效应就会消失；但当磁场减弱到临界值以下，迈斯纳效应又会重新出现．临界磁场的经验公式为

$$H_c(T) = H_c(0)\left[1-\left(\frac{T}{T_c}\right)^2\right]. \tag{9.65}$$

4. 持久电流和磁通量子化

如图 9.19 所示，考虑放置在磁场中的金属环，环面垂直于磁场．当温度降低至临界温度以下，金属变成超导体并将磁场排出体内，然后撤掉外磁场，金属环内维持有持久的超导电流并在环内侧空间保持有恒定不变的磁通，磁通是量子化的，量子基元为 $\phi_0 = hc/(2e)$．

5. 比热的二级相变

与正常态比热 C_n 随温度线性变化不同，如图 9.20 所示，超导态比热 C_u 在 $T < T_c$ 附近处先超过 C_n，然后又低于 C_n，并随着 $T \to 0$ 呈指数式趋向于零．实验表明，

$$C_n \propto \exp(-\Delta_0/k_B T). \tag{9.66}$$

这个关系说明电子的能谱存在将激发态和基态隔开的能隙．超导体除了具有以上性质以外，还有同位素效应，这里略去．

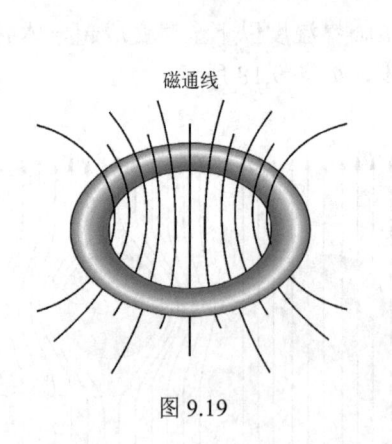

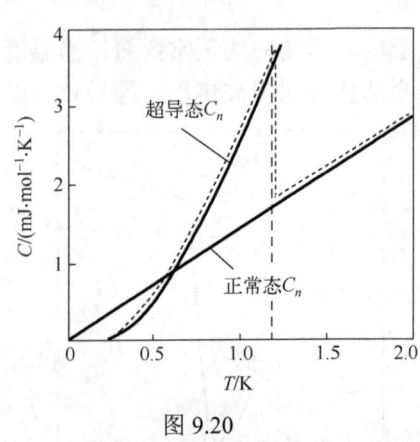

图 9.19

图 9.20

超导现象是一种典型量子现象，自从被发现以后，物理学家构建了几种模型来对其进行解释，其中最为典型的是伦敦兄弟(F. London 和 H. London)的唯象理论和

金兹堡(V. Ginzburg)-朗道(L. Landau)的序参量相变理论等. 能够成功解释低温超导所有实验现象的量子理论由巴丁(J. Bardeen)、库珀(L. N. Cooper)和施里弗(J. R. Schrieffer)三人提出，称为 BCS 理论.

在超导现象被发现后的很长一段时间内，人们普遍认为超导现象只能发生在 30K 以下的低温条件下，但是到了 1986 年发现陶瓷性金属氧化物可以作为超导体，临界温度达到了 77K 甚至更高，称为高温超导. BCS 理论无法解释高温超导的微观机制，其物理机制尚在探索之中.

研讨课题

超导技术都有哪些应用？具体的发展情况如何？

9.6.2 伦敦唯象理论

1935 年，伦敦兄弟提出了一个唯象理论，考虑到超导电流既然是可以永久保持的电流(即零电阻)，其实质应该是一种宏观的电流分布，但有别于正常状态下由电场作用产生电流的情况，也就是说不能再用欧姆定律 $j=\sigma E$ 来界定电场与电流之间的关系，需要重新确定超导电性的依赖关系. 如果将超导电子当作不可压缩的无黏滞的带电流体，超导电流密度 j_s，即超导电子在超导体中流动的大小分布，就会引起周围局部电磁场的变化，局部电磁场的分布情况应该依赖于 j_s 的分布情况，比如要使体内的磁场等于零(迈斯纳效应).

在保持麦克斯韦方程不变的情况下，假设超导态下的电流密度正比于局部磁场的矢势 A (亦可假设电流的变化正比于局部电场强度)，因此可唯象地提出以下关系：

$$j_s = -\frac{A}{\mu_0 \mathcal{L}^2}, \tag{9.67}$$

其中，$\mathcal{L}$ 是一个无量纲的调节参量. 对上式两边取旋度，根据 $\nabla \times A = B$ 可以得到

$$\nabla \times j_s = -\frac{B}{\mu_0 \mathcal{L}^2}. \tag{9.68}$$

同时对矢势 A 做规范要求 $\nabla \cdot A = 0$. 以上两个关系式对于超导体永远成立，一起构成伦敦方程. 伦敦方程的本质是超导态的零电阻和迈斯纳效应的综合，下面导出迈斯纳效应的结论.

将式(9.68)代入麦克斯韦方程 $\nabla \times B = \mu_0 j$ 中，可以得到

$$\nabla^2 B = B / \mathcal{L}^2. \tag{9.69}$$

该方程即为唯象理论的一个重要结论，可以用来解释迈斯纳效应. 上式要求在空间

上不存在均匀分布的解，即要求超导体内不存在均匀磁场，除非 $B=0$. 如图 9.21 所示，可以构建式(9.69)的一个解. 如果用 $\boldsymbol{B}(0)$ 表示一个半无限长超导体的界面处的磁场，指向超导体内为 x 轴正向，则超导体内磁场的变化为

$$\boldsymbol{B}(x) = \boldsymbol{B}(0)\exp(-x/\mathcal{L}). \tag{9.70}$$

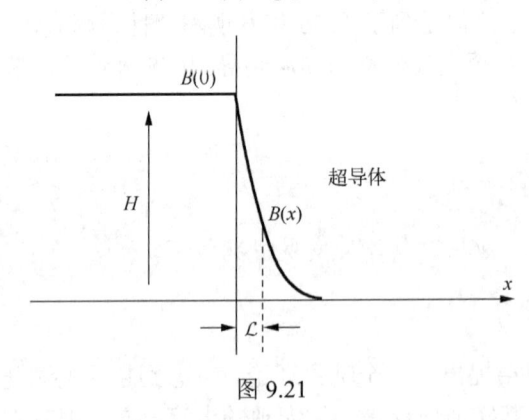

图 9.21

由此可见，$\mathcal{L}$ 表示磁场投入到超导体内的深度，称为伦敦穿透深度. 对于电荷为 q，质量为 m，粒子浓度为 n 的系统，BCS 理论可以给出伦敦穿透深度的表达式为

$$\mathcal{L} = \left(\frac{m}{\mu_0 n q^2}\right)^{\frac{1}{2}}. \tag{9.71}$$

可以估算出，相干长度是一个很小的值，典型的数量级为 $10^{-8}\,\mathrm{m}$.

9.6.3 金兹堡-朗道相变理论

将超导现象作为金属体的相变理论来处理. 根据量子力学 BCS 理论，由于和晶格中格点的作用，超导体中的电子因感受到相互吸引的作用，一部分电子形成电子的束缚对(即库珀对). 电子由于形成成对的束缚对而由费米子体现为玻色子的行为，类似于玻色-爱因斯坦凝聚，自由能极小的状态即为束缚对的电子占据相同的量子态. 因此，束缚对的电子形成了一个宏观上被占据的量子态，由于其相干作用而形成凝聚相. 当外加电场时，凝聚相作为整体运动，不会类似于正常导体产生与格点的"摩擦"而被减速.

按照朗道相变理论，从金属的正常相到超导相的转变，体现了一种规范对称性的破坏. 对应于宏观上被占据的量子态，引入一个宏观的"波函数" $\varPsi$ 来表示处于凝聚相状态的序参量，$|\varPsi|^2 = n_s$ 表示凝聚相电子对的数密度. 如果超导体的体积足够大，在有外磁场作用下，序参量应该能包括正常相和凝聚相两种区域，因此序参量与位置有关，即为 $\varPsi(r)$. 在临界温度附近，超导体的自由能密度用序参量表示为

$$F(r,B,T) = F_0 - \alpha|\Psi|^2 + \frac{1}{2}\beta|\Psi|^4$$
$$+ \frac{1}{2m}|-i\hbar\nabla\Psi - qA\Psi|^2 + \frac{B^2}{2\mu_0}. \tag{9.72}$$

式中前三项是没有外场作用时关于序参量展开的自由能密度，其中 F_0 表示正常态的自由能密度，α 和 β 都是大于零的参量；最后两项为外磁场作用下所增加的序参量自由能部分，其中 $q = -2e$、m 分别为电子对的电荷和质量，A 为磁场 B 的矢势，即 $\nabla \times A = B$.

将自由能密度对整个空间积分得到总的自由能，并对整体自由能求极值，可以得到稳定状态的序参量需要满足的 G-L 方程

$$\left[-\alpha + \beta|\Psi|^2 + \frac{1}{2m}(-i\hbar\nabla - qA)^2\right]\Psi = 0. \tag{9.73}$$

求解上述方程即可得到超导体的序参量表达式. 设 $A = 0$，$\Psi = \Psi(x)$，即沿着 x 方向变化，并假定 $\beta|\Psi|^2$ 相比 α 项可以忽略不计，则 G-L 方程改写为

$$-\frac{1}{2m}\frac{d^2\Psi}{dx^2} = F_2\Psi. \tag{9.74}$$

该方程具有一个 $\exp(-ix\xi)$ 形式的解，其中 ξ 称为金兹堡-朗道相干长度，定义为

$$\xi(T) \equiv \sqrt{\frac{\hbar^2}{2m\alpha}}. \tag{9.75}$$

现在回到一般情况，假定一个超导体样品，在 y 和 z 方向是无限的，但在 x 方向从 $-\infty$ 到 0 为真空，样品从 $x = 0$ 开始延伸到 ∞. 在 $x = 0$ 处 $\Psi(0) = 0$，即没有凝聚相，但在样品内部很深的地方凝聚相达到最大值. 在此情况下 G-L 方程 (9.73) 为

$$-\frac{1}{2m}\frac{d^2\Psi}{dx^2} - \alpha\Psi + \beta\Psi|\Psi|^2 = 0, \tag{9.76}$$

求解方程可以得到序参量的解，即

$$\Psi(x) = \sqrt{\frac{\alpha}{\beta}}\tanh\left(\frac{x}{\sqrt{2}\xi}\right). \tag{9.77}$$

上式表明，在超导体深处超导体达到其凝聚相的极大值 $\Psi_0 = \sqrt{\alpha/\beta}$，而相干长度 ξ 表示超导波函数进入正常态区域的相干范围. 结合磁体热力学，可以进一步得到临界磁场为

$$H_c^2(T) = \frac{\alpha^2}{\mu_0\beta}. \tag{9.78}$$

假设在超导体内，$|\Psi|^2 = |\Psi_0|^2 = n_s$，超导电流可以写为

$$j_s = -\frac{qn_s}{m}A. \tag{9.79}$$

对比伦敦方程 $j_s = -\dfrac{A}{\mu_0 \mathcal{L}^2}$，可得穿透深度的表达式

$$\mathcal{L} = \sqrt{\frac{m\beta}{q^2\alpha}}. \tag{9.80}$$

穿透深度和相干长度的比值 $\kappa = \mathcal{L}/\xi$ 是超导体导电理论中的一个重要参数，即为

$$\kappa = \frac{m\sqrt{2\beta}}{q\hbar}. \tag{9.81}$$

比值 κ 的取值范围确定了第一类和第二类超导体的分界，即 $\kappa_0 = \dfrac{\sqrt{\pi}}{c}$（高斯单位制对应为 $\kappa_0 = \dfrac{1}{\sqrt{2}}$），$\kappa < \kappa_0$ 为第一类超导体，$\kappa > \kappa_0$ 为第二类超导体。临界磁场 H_c 也可以用相干长度和穿透深度表示为

$$H_c = \frac{\phi_0}{2\pi\sqrt{2}\xi\mathcal{L}}, \tag{9.82}$$

式中，ϕ_0 为磁通量子。

9.6.4　BCS 理论简述

伦敦理论和金兹堡-朗道理论属于宏观理论模型，没有涉及超导电性的微观机制，而且都针对实验结果做了基本假设，所以两个理论都是唯象理论。1957年，巴丁、库珀和施里弗发表了关于超导电性的微观量子理论，通常称为 BCS 理论。BCS 理论推导过程非常复杂，这里只简单介绍其主要的观点和定性分析。

正常态导体的电阻可以用电子和声子的散射过程来解释，也就是说，晶格的振动、热涨落等构成了对处在费米面附近电子的运动即电流的阻碍作用。声子对电子的散射意味着电子吸收或者发射声子的过程，同时电子将从一个稳定态跃迁到另外一个稳定态。可以证明，在常温及高温情况下，温度越高，声子数就越高，单位时间散射次数同温度成正比，即表明正常导体的电阻和温度成正比。

1950年，弗勒利希 (H. Fröhlich) 研究表明，两个电子之间也可以通过交换声子而产生间接的相互作用，这可以理解为，一个电子发射的声子立即被另外一个声子吸收，从而发生间接的相互影响。图 9.22 表示由声子传递的两个电子之间的相互作用。根据量子不确定性原理，由于交换声子的中间过程时间很短，意味着过程中能

量的不确定性很大,也就是说过程中间能量不一定不守恒,称此类过程为虚过程.形象地去理解,当一个电子和晶体中的格点发生相互作用时,体现为能量和动量的交换和影响,导致格点发生变化,从而会对另外一个电子产生吸引的作用,也就是说,晶体中运动的电子-电子之间包含了库仑斥力以及因为交换声子而产生的吸引作用.

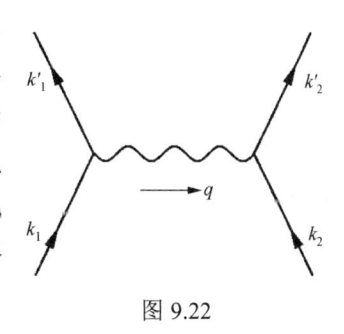

图 9.22

BCS 理论给出的主要物理图像包括以下内容.

1. 库珀对

在超导态下(即临界温度以下),位于费米面附近的电子通过交换声子互相吸引形成电子对.如果声子的波矢为 q,配对电子的波矢分别为 k_i 和 k_j,则声子和电子的能量分别为和 $\hbar\omega q$ 和 $\dfrac{\hbar^2 k^2}{2m}$.电子对形成中动量守恒要求

$$k_i = k_j + q. \tag{9.83}$$

由于处于费米面附近,如果取近似 $k_i \approx k_j = k_F$,其中 k_F 为费米能级对应的波矢,则能量守恒要求

$$\hbar\omega q = \frac{\hbar^2}{2m}(k_i^2 - k_j^2) \approx \frac{\hbar^2 k_F \Delta k}{m}. \tag{9.84}$$

也就是说,k_F 所对应的费米面上宽度为 $\Delta k = \dfrac{m\omega q}{\hbar k_F}$ 内的电子态都可能形成配对,其中动量相反($\Delta k = k_i - k_j = 0$)、自旋相反的电子配对的可能性最大.

2. 能隙的存在

当温度为绝对零度即 $T=0$ 时,超导体在费米面附近电子全部配对体现为凝聚相,这对应于超导基态.当温度升高,超导态逐渐被破坏时,把电子对拆散成单电子正常态需要耗费能量,这意味着基态和正常态之间存在能隙,如图 9.23 所示.能隙的典型值约为 10^{-4} eV,虽然很小,但正是能隙的存在,保证了超导电流无损耗的持续存在.超导体的很多性质都与能隙的存在相关.可以计算得到能隙为

$$E_g = 2\hbar\bar{\omega}_q \exp\left(-\frac{1}{N_F G}\right), \tag{9.85}$$

式中,$\bar{\omega}_q$ 为平均声子的频率;N_F 为费米能级处的能态密度;G 代表电子与声子的耦合强度.如图 9.24 所示,给出了 $E_g(T)/E_g(0)$-T/T_c 的变化曲线.

图 9.23

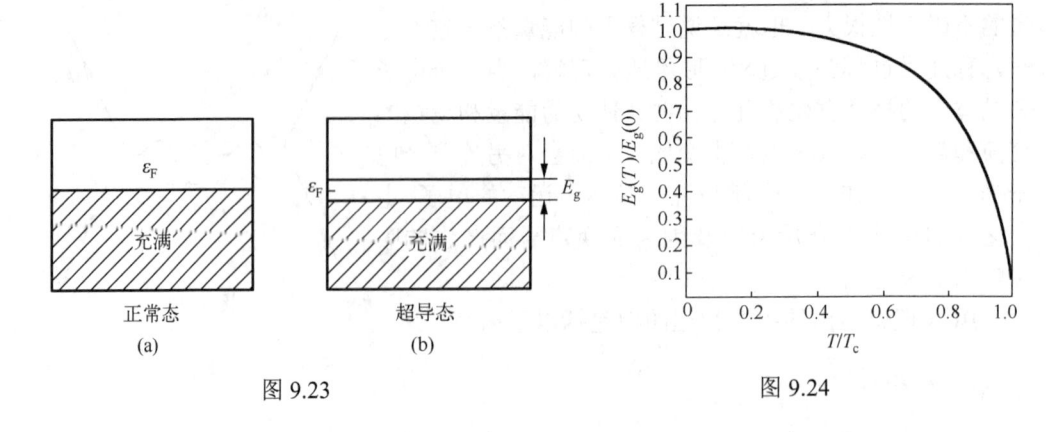

图 9.24

3. 零电阻的超导电流

在超导基态，动量（自旋）相反的电子形成库珀对，没有电子流动. 当超导体处于载流状态时，每个库珀对的总动量不再等于零，但都具有相同的动量 $p=\hbar k$，表示为 $\left[\left(k_i+\dfrac{k}{2}\right)\uparrow,\left(-k_i+\dfrac{k}{2}\right)\downarrow\right]$. 在超导载流的情况下，库珀对电子通过交换声子相互作用，但保持总动量不变，因此电流不变化，体现为零电阻. 拆散库珀对需要克服能隙的能量，在临界温度之下没有足够的能量能够跨越能隙而对电子进行激发，当温度升高以及外磁场变强时，能隙消失，使得电子可以激发到正常态. 能隙由表达式 (9.85) 给出，而理论和实验都给出了 $T=0\text{K}$ 时能隙和临界温度之间满足的关系

$$E_g(0)=4.53k_BT_c. \tag{9.86}$$

超导现象是典型的量子力学多体相互作用的物理现象，不仅孕育了超导技术，而且其物理机制的探索再次证明量子力学强大的生命力. 超导技术自 1911 年首次发现以来，一直是物理学和材料科学研究的热点领域，目前常见的应用有磁共振成像（超导磁体是 MRI 设备中的关键部件，能够产生强大且稳定的磁场）、粒子加速器（如大型强子对撞机，使用超导磁体来引导和加速粒子）、磁悬浮列车（利用超导材料产生的强大磁场实现列车的高速悬浮运行）和电力传输（虽然现阶段成本高昂，但超导电缆理论上可以实现无损耗电力传输，对于改善电网效率具有潜在价值）. 近年来，超导领域的研究侧重于寻找新的超导材料，提高现有材料的临界温度和临界磁场及降低制冷成本，科学家们一直在努力将这些温度阈值提高至更实用的水平.

高温超导的发现是 20 世纪物理学中的一项重大突破. 1986 年，两位瑞士物理学家，即米勒（K. A. Müller）和贝德诺尔茨（J. G. Bednorz），首次发现了铜氧化物（cuprate）材料（LaBaCuO）的超导转变温度远高于之前已知的任何超导材料，打破了超导材料必须在极低温度下才能表现出超导性的常规认识,开启了高温超导研究的新纪元.

目前的高温超导材料主要包括铜氧化物超导材料和铁基超导材料两类.铜氧化物超导体通常具有层状结构,电子在这些层之间移动,形成超导态.铜氧化物超导体的临界温度可以超过液氮的沸点(77K),极大地降低了实现超导状态的成本和技术难度,其微观机制被普遍认为与材料中的强电子关联和晶格振动有关.铁基超导体的基本结构通常包括铁原子和砷原子构成的层状结构,这些层与其他原子(如钙、钾、钠或铁自身)的层交替排列.这种结构决定了它们独特的电子性质和超导机制.铁基超导体的临界温度(转变为超导态的温度)可以高达56K(如$SmFeAsO_{1-x}F_x$),虽然这比铜基超导体的记录低,但显著高于传统的低温超导材料.与铜基超导体类似,铁基超导体的超导机制也不完全遵循传统的BCS理论.BCS理论解释了通过声子介导的电子配对导致超导现象的过程,但铁基超导体中的电子配对机制似乎涉及更复杂的电子关联和自旋涨落.这些材料通常显示出多带(multi-band)电子性质,意味着超导电性来自材料中不同电子带上的电子配对.

超导技术的未来发展有望解锁更多科学和工程上的可能性,尤其是在材料科学的新发现和制冷技术的进步推动下.然而,如何实现成本效益高、易于维护的超导系统仍是挑战之一.此外,寻找或开发在更高温度下表现出超导性的材料将是该领域研究的重点,这将极大地扩展超导技术的实用性和应用范围.

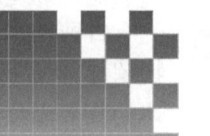

第 10 章 现代物理学的发展

相对论和量子力学推动了物理学各领域的全面进步,同时也孕育出许多新的技术基础. 作为对时间和空间新认识的理论,广义相对论极大地推动了人类对宇宙结构、演化和未来探索的渴望,自从其诞生 100 多年以来,全世界很多国家持续投入于宇宙太空的探索及其技术的开发,由此又衍生了许多相关新方向并推动其发展.

相比而言,由于量子力学更多聚焦于微观尺度,恰好符合人类对高精尖技术和工具开发的实际需求,比如已经非常成熟的激光技术、半导体技术、光纤通信、显微技术(包括电子显微、扫描电子显微、扫描隧道显微等)、核磁共振技术、低温超导等,还有正在快速发展的纳米技术,特别是针对超大规模集成电路的纳米芯片、量子计算和量子通信、高温超导等. 现代物理学特别是量子物理对新技术的催生,再次强而有力地证明了物理学基础及其发展对科学技术的巨大影响和推动作用.

作为本书前面基础内容的回应和展望,本章将简单介绍物理学前沿发展中有可能催生新技术革命的研究领域,内容包括量子传感技术、新形态能源(核聚变、量子储能)、新型材料的发展、光子微结构材料、纳米结构中电子的量子输运现象、生物物理学的发展.

10.1 量子传感技术

传感技术是指利用物体的物理特性来响应和探测某种物理量,实现对这些物理量的感知和测量. 例如,通过材料的电学特性与待测物理量之间的依赖关系,可以设计出压力传感器、温度传感器等多种类型的传感器. 精密传感技术不仅是人类从自然界获取信息的关键途径,更是推动物理学突破和进步的重要力量. 随着量子通信、量子计算、量子传感等领域的快速发展,人类正迅速迈向量子信息技术的新时代. 量子传感技术通过检测对环境高度敏感的量子态来实现对目标物理量的精确测量,将测量精度从经典力学的散粒噪声极限提升至量子力学的海森伯不确定性原理所允许的极限. 与传统传感器相比, 量子传感器在灵敏度和准确度等方面实现了显著的提升, 是传感技术领域的一次革命性变革. 量子传感器因其卓越的性能, 被誉为工业生产的"倍增器"和科学研究的"先行官", 预示着在各个领域中将具有深远的影响和广泛的应用前景.

1. 量子传感的提出

自计量单位诞生以来, 人类便踏上了追求精确测量物理量方法的不懈探索之旅. 以测量物体长度为例, 早期的方法从简单的直尺单次测量, 发展到通过反复测量求取平均值, 再到将多个相同物体叠加后测量总长度并除以物体数量, 这些都是人类在实践中逐步积累的最基础的测量方法. 同时, 在基础科学理论的发展过程中, 许多理论的正确性往往依赖于对某些物理量的高精度测量进行验证. 例如, 中微子的静止质量是否为零, 将直接影响现有基本粒子物理理论的形态; 引力波的测量是进一步验证广义相对论的重要证据等. 高精度测量的研究不仅能够推动基础理论的进步, 也是技术发展的必然需求和产物. 从卫星、潜艇等大型装置的制造到半导体芯片的加工, 高精度测量即传感测量技术无处不在.

在经典传感问题中, 散粒噪声极限(标准量子极限)代表了传感参数估计理论上所能达到的最高精度. 所谓的散粒噪声, 是指在观测以粒子数量为载体的物理量(如电流和光强)时, 由于粒子数目的量子涨落所产生的噪声. 在电路系统中, 这种噪声是电荷量子化的结果. 散粒噪声遵循泊松分布, 这意味着粒子数的涨落与平均粒子数 N 成正比. 因此, 待估计参数的方差与 $1/N$ 成正比, 标准差与 $1/\sqrt{N}$ 成正比, 这便是我们通常所说的散粒噪声极限.

散粒噪声极限一直是经典传感测量中的难题. 在经典光学和通信等领域中, 散粒噪声的影响无处不在. 例如, 在经典光学中, 干涉过程是将一束光通过分束器分成两条光路, 然后在这两条光路上设置光程差(相位差), 再通过另一个分束器进行干涉, 如图 10.1 所示. 通过观测干涉条纹或读取输出端口的光子数目, 就可以得到两臂之间的相位差. 但无论使用何种光源, 干涉仪的测量始终无法突破散粒噪声极限, 这给学界带来了极大的困扰. 由于这一极限是由量子力学所定义的, 人们自然期望能够利用量子力学的特性来超越这一极限. 直到 20 世纪 80 年代, 通过将真空压缩态用于实现量子传感为突破, 才对这一问题给出了清晰的解答, 也标志着量子度量学的真正诞生.

2. 量子传感技术的应用与发展

在过去的几十年里, 量子传感技术取得了令人瞩目的进展. 研究人员利用量子资源, 比如纠缠、压缩等, 发展了各种基于光、冷原子、超导电路等物理系统的新型测量方案. 在实验方面, 量子传感技术也不断取得突破, 一系列量子传感方案已在光子、原子、核磁共振及固态系统等领域成功实现. 同时, 它们在原子钟、原子磁力仪、原子陀螺仪、原子重力仪等关键应用中发挥着重要作用.

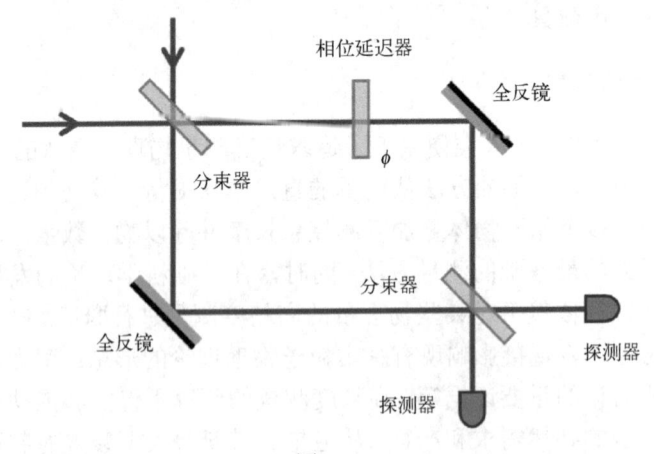

图 10.1

时间精密测量是现代科学研究和生活中一项非常重要的技术, 通过量子传感技术可以实现对时间的精密测量. 当前最精确的时钟是基于原子或离子中光学频率转换的光学时钟(光钟). 原子钟是利用原子吸收或释放能量时产生的电磁波的频率来计算时间的. 目前最先进的光钟不确定度和稳定性最高可以达到 10^{-19} 量级. 例如, 美国的 Sr 光钟不确定度已经达到 2×10^{-18}; 美国国家标准与技术研究院(NIST)的 Yb 光钟的不确定度和稳定性分别达到了 1.4×10^{-18} 和 4.2×10^{-19}; 2017 年中国科学院武汉物理与数学研究所的 $40Ca^+$ 光钟不确定度达到了 10^{-17} 量级; 2019 年美国 NIST 报道了芯片级原子钟, 其蒸气室体积仅为 3mm×3mm×3mm, 功耗约为 275mW, 在 4000s 时的不确定度为 1.7×10^{-13}; 2020 年中国科学技术大学"墨子号"星地量子安全时间传递达 30ps 精度; 2020 年美国 NIST 报道了光钟输出可成功转换到微波波段, 并保证其不确定度优于 10^{-18} 量级.

地球重力场反映了物质分布及其随时间和空间的变化, 实现对重力加速度的高精度测量, 可以广泛应用于地球物理、资源勘探、地震研究、重力勘察和惯性导航等领域. 量子重力测量的研究, 主要朝超高精度和小型化两个方向发展. 大型超高精度喷泉式冷原子重力仪有望应用于验证爱因斯坦广义相对论理论、探测引力波、研究暗物质和暗能量等, 成为基础科研的重要平台. 小型化的发展有望应用于航空重力仪、潜艇重力仪甚至卫星重力仪等.

精密微弱磁场的测量, 不仅对基础物理对称性研究有非常重要的意义, 同时在生物医学、地磁学、外空间探索和工业无损检测等领域都有广泛的应用. 高灵敏度量子磁力仪主要有光泵磁力仪、自旋交换弛豫(SERF)原子磁力仪及相干布居囚禁(CPT)磁力计等.

惯性传感器主要用于检测倾斜、冲击、振动、旋转、多自由度运动,广泛应用于导航、飞行器和舰船制导及自动驾驶等领域. 目前的全球定位系统(GPS)定位精度仅限于几米,而且并非在所有环境下(如隧道、水下)都可用,还可能受到干扰. 量子传感与测量技术有望将其精确度提高到厘米级别,并能避免干扰,在自动驾驶、无人机、潜艇、导弹等领域有广阔的应用前景. 在量子惯性测量领域,特别是角速度传感器(陀螺)领域,核磁共振陀螺发展最为成熟,已经进入芯片化产品研发阶段,而原子干涉、超流体干涉和金刚石色心陀螺等,目前还处于原理验证或技术试验阶段.

总体而言,量子传感可以实现超高精度的测量,在地质勘测、空间探测、惯性制导和基础科学研究等重要领域具有广阔的发展和应用前景. 近些年来,量子传感领域的国际竞争日趋激烈,我国推出了一系列创新举措,包括强化量子传感技术的交叉研究、制定量子传感与测量路线图和出台量子传感国家战略等. 可以预见,量子传感技术将逐渐改变传统的传感方式,对未来的基础研究和高科技发展产生巨大影响.

10.2 新形态能源

1. 核聚变能源

核聚变是一种潜在的能源,它模仿太阳等恒星在其核心中产生能量的方式. 在这一过程中,两个轻原子核合并成一个更重的原子核,同时释放出巨大的能量,如图 10.2 所示. 这种反应在地球上实现是非常具有挑战性的,因为它需要极高的温度和压力及高度精确的控制条件来维持和控制反应. 核聚变的优点在于能够提供几乎无尽的能量,其燃料(如氘和氚)在地球上相对丰富,并且聚变产物相对清洁,产生的放射性废物比现有的裂变核反应堆少得多且更易于管理.

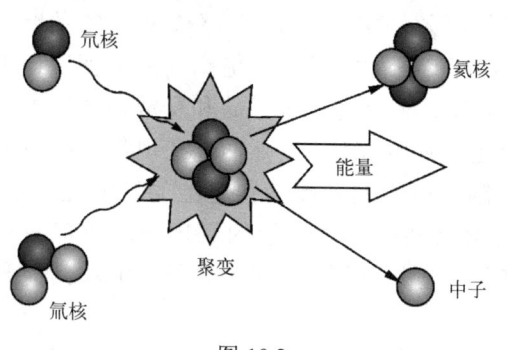

图 10.2

当前，国际热核实验反应堆(ITER)和其他项目正在致力于开发核聚变反应堆，以实现这种能源的商业化．尽管已经取得了重要进展，但核聚变作为一个商业上可行的能源解决方案，仍然面临着技术和经济的障碍，科学家们正在研究如何有效地克服这些挑战．

核聚变是实现人工恒星的能量输出的过程，它涉及一系列复杂的物理问题和挑战．首先是所需的极端条件，核聚变反应需要达到非常高的温度(达数亿开尔文)，以克服原子核之间的库仑排斥力，让它们足够接近以允许强相互作用力起主导作用从而使它们结合．其次，需要等离子体的约束，由于在地球上实现这样的高温，物质会处于等离子体状态．等离子体非常热和不稳定，必须通过磁场或激光来约束和控制，以避免与容器壁接触．同时，等离子体容易产生各种不稳定性，会导致能量快速损失和等离子体冷却，使得维持聚变所需的条件变得更加困难．再次就是材料问题，极端的高温会对聚变反应堆的内部材料形成巨大的挑战，需要开发新的材料来承受高热负载和中子辐照．当然，最终核聚变产生的能量需要以某种形式被捕获并转化为电能，而当前技术还未能有效地将聚变产生的高能中子转换为电力．最后就是燃料循环的问题，核聚变常用的氘和氚是一种稀有资源，特别是氚，创建有效的燃料循环，包括燃料的生成、存储和再循环，是技术上的一大挑战．这些问题都是目前研究的焦点，解决它们对实现核聚变能量的商业化至关重要．

近期，核聚变领域取得了显著进展，多个研究团队实现了核聚变研究的重要里程碑．美国国家点火装置(NIF)多次实现了"点火"，即核聚变产生的能量超过了投入的能量，这是利用聚变作为可持续低碳能源的一个重要步骤．然而，还有许多挑战需要克服，比如提高效率、大规模生产高质量目标、精确传递激光脉冲，以及增强基础设施对聚变反应副产品的抵抗力．

2. 量子储能

能源存储和安全利用是现代文明的基础和动力，作为一种储能的重要方式，电池由于便携和能够被高效利用等性质，在各个领域的发展中发挥着至关重要的作用．现代电池需要具有的三大特征为：更高的能量密度、更长的储能寿命和更高的充放电效率．为实现更高效的能量存储和释放，现代电池的制造要求人们不断优化电池所使用的化学和电极材料．然而，在现代传统电池工艺快速发展的大背景下，现有材料和制造成本的限制使得电池的性能逐渐逼近目前的上限门槛．量子储能的研究正在尝试利用量子力学的原理来增进能量存储系统的性能．关于这方面的一些关键研究包括使用量子点、量子电池和其他利用量子态的技术来存储和释放能量．

量子电池的概念于 2013 年首次提出．研究发现，利用量子纠缠可以大幅度提高量子体系可用能量的提取,这意味着可以将量子体系设计为能够充放电的量子电池,其中量子纠缠充当了增强量子电池性能的核心物理要素. 与传统的电化学电池存储电子和离子能量的方式不同, 基于量子体系的量子电池可以存储光子的能量. 微型化的能量存储装置代表了在能量操控范式的重大变革. 利用量子非经典特性,如量子叠加、纠缠和多体的集体行为,量子电池能在存储能量、充电时间、平均充电功率和可提取的功等方面超越其经典对应指标. 从实际应用的角度看,在不久的将来,量子电池将以快速且可控的方式为更复杂的量子设备和传感器提供所需的能量.

量子储能面临的核心问题和挑战,比如,纠缠增强(量子电池的设计依赖于量子纠缠以增强其性能,但目前对大规模可控纠缠的理解和技术仍然有限)、退相干的控制(量子系统倾向于与环境发生相互作用并迅速失去其量子特性(退相干),这对于保持量子电池的储能效率是一个挑战),以及材料和构建(找到能够在室温下工作并保持量子性质的材料是一大挑战). 此外,构建实用的量子储能设备还需要新的技术和方法,即能量提取和转换(研究人员需要开发有效的方法来提取和转换在量子状态中存储的能量,以便能够被现有的电力网络和设备所利用).

10.3　新型材料的发展

1. 二维材料

二维材料是指那些仅由单层或几层原子构成的材料,常见的如石墨烯、二硫化钼、黑磷、硫化硒、二氧化硅等. 由于它们具有独特的物理、化学和机械特性,因而备受关注,比如具有高比表面积(二维材料的表面积与体积比极高,这使它们在催化和传感器应用中特别有用)、量子限域效应(在二维层面上,电子行为受到限制,这会导致与三维材料完全不同的电子特性)、高度各向异性(二维材料在层面内和层面间的物理特性有很大差异,这可以用来设计出具有特定方向性特性的材料)、可调节的电子特性(通过控制层数、堆叠顺序或者化学修饰,可以调节二维材料的电子带隙和其他电子性质).

二维材料最典型的代表就是石墨烯,它由一个单一的碳原子层组成,具有出色的电导性、热导性及机械强度,如图 10.3 所示. 石墨烯是一种由碳原子以 sp^2 杂化轨道形成的二维蜂窝状结构,这种特殊的结构赋予了石墨烯独特的电子性质. 在石墨烯中,每个碳原子与其三个最近邻碳原子通过 σ 键相连,而每个碳原子的 p_z 轨道则贡献一个 π 电子,这些 π 电子在石墨烯平面上形成了一个大的 π 键. 并且,这些 π 电子可以在石墨烯的整个平面内自由移动,赋予石墨烯出色的电导性.

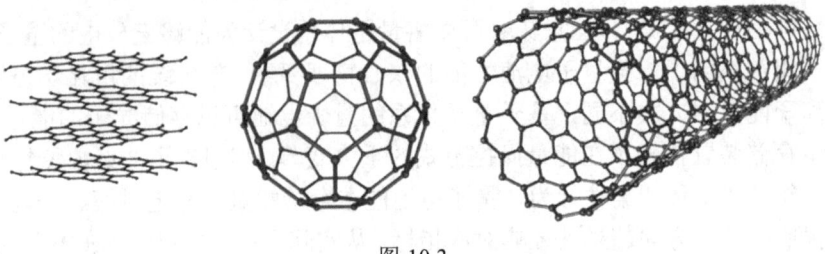

图 10.3

石墨烯的能级结构的一个关键特征是其狄拉克锥(Dirac cone),即在能带结构中狄拉克点(Dirac point)附近的圆锥形色散关系. 石墨烯的导带和价带在费米能级处相遇,形成了狄拉克点,没有能量间隙,导致接近该点的能量色散关系呈线性, 这些点附近的电子行为类似于无质量的狄拉克费米子. 这意味着石墨烯中的电子可以在没有能隙的情况下在导带和价带之间移动,这是石墨烯独特电子性质的来源, 如图 10.4 所示.

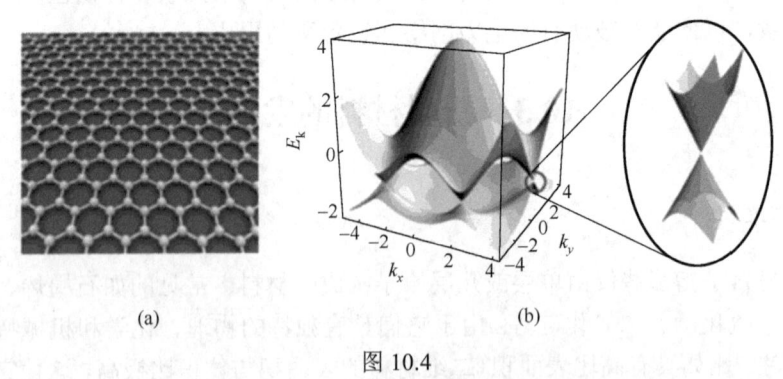

图 10.4

狄拉克锥的存在是石墨烯及类似材料的标志,代表着无质量狄拉克费米子的存在. 在这些系统中,电子表现得仿佛没有质量,在固体内以很高的速度移动. 这种行为对于石墨烯的显著电子性质至关重要,如高电导率和迁移率,电荷在其中的传输几乎不受阻力,使其具有广泛的应用潜力,包括从电子设备到各种传感器等. 接近狄拉克点的线性色散也意味着这些点的态密度为零,导致了如异常整数量子霍尔效应等不寻常现象,即使在室温下也能在石墨烯中观察到.

石墨烯的重要特性之一是其无与伦比的导电性,这对新一代材料的研发至关重要. 石墨烯具有零带隙,价带和导带之间几乎没有重叠,为基础研究和应用开辟了巨大的可能性. 石墨烯中存在高达 $10^{13} cm^{-2}$ 的载流子,在室温下的迁移率为 $10^4 cm^2 \cdot V^{-1} \cdot s^{-1}$,并可以根据应用要求进行调整. 在低温下,迁移率可以进一步增加到 $2 \times 10^5 cm^2 \cdot V^{-1} \cdot s^{-1}$. 由于石墨烯中的载流子表现为半金属性质,通常被称为无质量狄拉克费米子. 这些狄拉克费米子可以表现出半整数量子霍尔效应,并显示出电荷、厚度和载流子速度间的特殊关系.

此外,石墨烯具有优异的光学、热学和力学特性. 每层石墨烯可吸收高达 3.3% 的白光,反射率低于 0.1%. 因此,纯单层石墨烯具有高透明度和高柔韧性. 吸光度与石墨烯层数呈线性关系,随着石墨烯层数的增加,吸光度迅速增加. 在室温下,单层石墨烯的导热系数可以达到 $3000 \sim 5000 W \cdot m^{-1} \cdot K^{-1}$. 对于单层石墨烯,根据衬底的性质,该导热系数也可以降低到 $600 W \cdot m^{-1} \cdot K^{-1}$. 这种不同的热导率变化是由于声子在石墨烯廊的界面的传播阻碍了声子的运动. 事实上,即使在这种低导电性下,石墨烯的性能也比铜好得多. 因此,石墨烯是最强和最好的导电材料.

纯石墨烯包含单层碳原子,这些单层结构通常以超薄膜的形式存在. 石墨烯的性质取决于层数和石墨烯层中存在的缺陷. 例如,原始石墨烯的理论表面积约为 $2630 m^2/g$,远高于炭黑($850 \sim 900 m^2/g$)、碳纳米管($100 \sim 1000 m^2/g$)和许多其他类似物的表面积. 另外,与单层石墨烯相比,多层石墨烯、氧化石墨烯和许多其他衍生物的表面积要小得多. 由于这些特殊的性质,石墨烯是很多现代科技领域的完美材料,包括电子应用,以及作为许多其他材料的基底或模板.

石墨烯的多学科特性使其具有广泛的应用,如在传感器、生物医药、复合材料和微电子等领域,透明导电膜、超灵敏化学传感器、薄膜晶体管、量子点器件和防腐覆盖物等均已取得了有目共睹的进展.

首先,石墨烯基晶体管是单电子纳米级器件,一次只允许一个电子通过. 这种晶体管自问世以来就引起了巨大的关注. 石墨烯基晶体管的主要优点是能够在室温下照常工作并具有低电压、高灵敏度的优良特性. 这些特性使得石墨烯基晶体管优于硅基晶体管,同时也可推动微芯片技术的未来发展. 此外,由于石墨烯的固有特性,这种晶体管具有极高的柔韧性和可折叠性. 由于电子在石墨烯中的移动速度是硅中的 1000~10000 倍,因此,在电子迁移率方面,它比硅要好得多. 然而,由于带隙问题,原始石墨烯不能用作硅的替代品.

石墨烯和传感器是天然的搭档,因为石墨烯具有大的表面体积比、独特的光学性质、优良的导电性、高载流子迁移率和密度、高导热性等特性. 石墨烯的大表面积可以增强生物分子的表面负载,其优良的导电性和小的带隙有利于生物分子和电极表面之间传导电子. 由于石墨烯片上粒子的二维、平面和相容沉降的特性,其可作为完美的传感器来区分周围环境的微小变化. 值得注意的是,薄片内的每个粒子都处于包围条件. 这使得石墨烯能够在微米尺度上充分识别周围环境的变化,从而具有高水平的亲和性. 石墨烯同样可以在原子水平上区分奇异扰动. 总之,石墨烯的许多特性有助于传感器的应用,可以用作不同领域的传感器的一部分,包括生物传感器、诊断学、场效应晶体管、DNA 传感器和气体传感器.

其次,石墨烯可以被整合到不同电池框架的阳极和阴极中,以构建电池的有效性,并在许多方面提高充放电循环率. 自 1940 年以来,包括锂-硫电池在内的各种电池被制造出来. 锂-硫电池和其他电池的缺点是, 价格昂贵, 寿命短. 一般来说, 在锂-硫电池中, 硫充当阴极, 锂充当阳极. 在锂-硫电池放电过程中, 锂在阳极被氧化转化为锂离子, 硫在阴极被还原转化为硫离子. 锂离子向阴极移动, 与还原的硫发生反应, 形成 Li_2S. 石墨烯的高导电性、高纵横比和分散性比传统的无机基阴极优越得多, 同时减轻了它们的终端限制. 由于其适应性, 石墨烯已被广泛应用于锂离子电池、锂 硫电池、超级电容器和能源组件中. 锂-硫电池目前可提供高达 $500Wh \cdot kg^{-1}$ 甚至更高的能量. 因为具有高的纵横比, 石墨烯还是一种适合用于电子发射显示器(EED)的材料, 其薄片两端的悬空键容易导致电子隧穿.

石墨烯还可以被融合到不同的复合材料中, 用于限定品质和重量的组件, 例如在航空领域. 石墨烯已经被引入许多材料中, 使它们更坚固, 更有效, 重量更轻. 对于航空工业来说, 一种比钢轻得多的复合材料可以节省燃料, 这也是石墨烯开始被融合到这类材料中的原因.

综上所述, 石墨烯在科学技术的各个领域都表现出了很强的能力, 石墨烯及其衍生物在光电子学、生物成像、倍频器、霍尔效应传感器、导电墨水、自旋电子学、紫外线透镜、电荷导体、无线电波吸收、催化剂、声换能器、防水涂层、电容器涂层、冷却剂、添加剂和压电应用等方面展现了极大的潜力.

2. 拓扑绝缘材料

在凝聚态物理中, 材料的相变通常用朗道的对称破缺理论来解释. 例如, 从气体(高对称)到固体(低对称)的相变涉及平移对称性的破缺. 然而, 随着二维体系中量子霍尔效应的发现, 人们认识到要理解量子霍尔效应中的量子相变, 需要一种基于材料拓扑结构的新的物质分类. 这些用拓扑学表征的物质的新量子相被称为物质的拓扑相. 拓扑学是纯数学的一个分支, 是研究光滑变形下不变的特性. 拓扑相与拓扑不变量总是相关联的, 只要参数连续变化, 拓扑不变量就不会改变. 例如, 二维表面可以通过计算它们的 g 因子来进行拓扑分类, g 表示二维表面上孔的数量. 长方体和球体都属于 $g=0$ 的同一拓扑相. 然而, 球面($g=0$)和环面($g=1$)的拓扑结构是不同的. 这里 g 作为一个拓扑不变量, 用于对二维曲面的拓扑结构进行分类, 如图 10.5 所示.

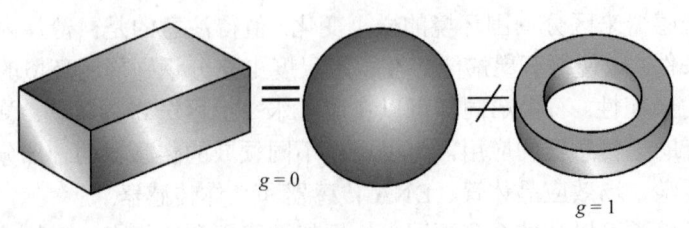

图 10.5

拓扑绝缘材料是目前凝聚态物理最受关注的研究焦点之一，由于其内部的量子拓扑序，这些材料的表面或边缘参与导电而内部则保持绝缘状态. 由于量子拓扑不变量的存在，描述系统的参量取决于系统的全局的拓扑性质，如电子波函数的对称性和相位，而非某些局部的性质，说明即使表面或边缘受到某些形式的扰动(如杂质或缺陷)，只要这些扰动不改变材料的整体拓扑顺序(即拓扑不变量)，表面或边缘的导电状态就可以保持不变. 这种特殊的性质使拓扑绝缘材料在未来的电子器件和量子计算机中具有潜在的应用价值.

由于在拓扑绝缘材料的表面，导电电子的动量和自旋是锁定的，则该现象称为自旋-动量锁定. 这意味着如果一个电子在表面上移动，其自旋的方向将取决于它移动的方向，如图 10.6 所示. 由于这种自旋-动量锁定，电子无法散射到相反动量的状态(除非它们同时反转自旋)，这使得这些表面状态在背散射(backscattering)过程中是受保护的，因此也非常适合于低耗散的电子输运.

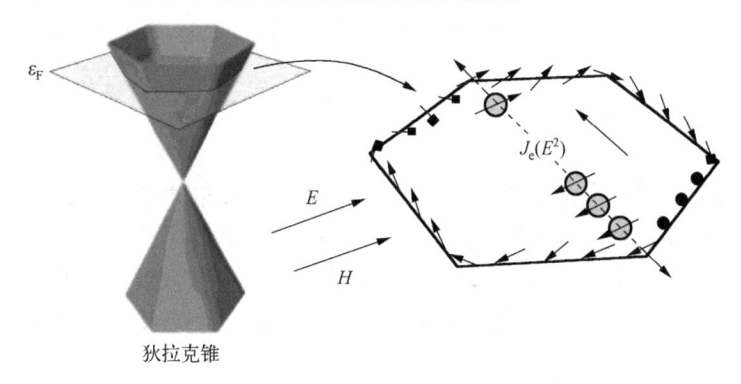

图 10.6

同时该材料由于表面电子自旋结构的特殊性，可用来开发基于电子自旋调控的自旋电子学技术，即利用电子的自旋而非传统的电子电荷的流动来进行信息的处理和传输，可以理解为材料中存在不伴随电荷流动而仅有自旋状态的传播，或者自旋极化的电子集团的集体运动，即在没有电荷流动的情况下传输自旋角动量. 这种性质使得经典电子电荷流动带来的热耗和信息损失被大幅度降低. 利用拓扑绝缘材料的表面状态可以传输无耗散的电流，为设计新型低功耗电子器件提供了可能. 拓扑绝缘材料也可应用于量子信息技术，利用其边缘状态可以实现拓扑量子比特，这种比特对外部干扰具有天然的抵抗力，对于建立稳定的量子计算机至关重要.

目前已在凝聚态物理中发现了许多拓扑相，但这只是冰山一角. 新的拓扑相的发现需要使用密度泛函理论进行能带结构算法，相信在未来会发现许多新的拓扑相/材料. 从应用的角度来看，拓扑绝缘体和拓扑半金属有望通过自旋极化的渠道实现无耗散输运. 这些材料在未来的自旋电子器件、量子计算应用中具有巨大的潜力. 由于大多数拓扑相存在于低温下,所以将它们推广到室温是未来亟待解决的问题之一,这需要实验、理论和计算领域等的集体努力.

10.4 光子微结构材料

随着信息技术和现代科技的快速发展,电子器件的尺度发展到了纳米量级,已经接近理论的极限,要进一步提高信息传播速度和降低能耗存在较大的困难. 相比于电子,光子具有一些明显优势,比如传输速度大、光子间没有相互作用、具有偏振特性等,因此人们很早就将目光转向光子. 由于将自然材料设计成光波长或亚波长尺度的微结构可以灵活调控光的传输特性,于是,光子周期性微结构这个概念便应运而生,其主要包括多重散射机制的光子晶体(photonic crystal)、等效介质理论的超构材料(metamaterial)和引入拓扑概念的拓扑光子结构(topological photonic structure)等.

1. 光子晶体

最早的调控光的人工微结构材料,是在1987年由雅布罗诺维奇(E.Yablonovitch)和约翰(S.John)分别独立提出的光子晶体,即由不同折射率的介质周期性排列而成的人工微结构. 1991年,在雅布罗诺维奇制成了第一个微波波段的光子晶体后,随着各种工艺的发展,多种多样的光子晶体结构陆续地被制备出来,许多理论预测得到了验证.

光子晶体的原理是借鉴了固体晶体概念. 固体晶体中原子周期性的排列,使晶体中产生了周期性的势场,电子(物质)波在这种周期性势场中会受到布拉格散射,从而形成能带结构. 带与带之间可能存在带隙,电子波的能量如果落在带隙中,就无法继续传播. 其实,不论电子波还是其他波(如电磁波、声波),只要受到周期性调制,都会伴随有能带结构,即可能出现带隙,使得能量落在带隙中的波无法传播. 对于光波(电磁波)来说,具有不同折射率的介质就等效于不同的势,不同折射率的介质周期性排列就形成了周期性的势场,从而形成了电磁波的能带,在某些频率处形成带隙. 这种情况下,即使组成光子晶体的材料都是透明的,只要频率落在带隙中,电磁波就不能在其中传播. 因此,光子带隙结构控制着光在光子晶体中的运动.

随着光子晶体研究的开始,人们很快发现自然界中一直存在光子晶体结构的物质,例如用来装饰的蛋白石(opal),更有趣的还有孔雀的羽毛以及一些蝴蝶翅膀上的粉,它们在微观上都是由大小均匀的微米、亚微米量级的结构密堆积而成的,从而在不同的角度反射不同波长的光. 通过研究发现,几乎所有沿不同角度观察就会有不同颜色的自然物品,其本质就是光子晶体.

在实验室中，按照其折射率变化的周期性，可以分为一维、二维和三维光子晶体。常见的光子晶体的制备方法有自然生长法、机械制备法、光刻法、光学方法、化学刻蚀方法、薄膜生长法和胶体自组织密堆积方法等。

由于光子晶体是将不同折射率的介质按周期排列，利用布拉格反射（即多重散射原理）形成的光子带隙来控制光的传输，其所提供的高反射率要高于金属镜面，因此光子晶体可用于控制光流、低损耗的反射镜、微谐振腔、低阈值激光振荡和宽带带阻滤波器等领域。

2. 超构材料

超构材料是一种自然界中不存在，但通过人工构造可以实现不同于自然材料响应的特异性材料，也被称为美特材料。它最早于 1968 年由苏联理论物理学家菲斯拉格（V. G. Veselago）提出。他从理论上提出了一种新型材料，其介电常量和磁导率均小于零，因而称这种材料为负折射率材料。电磁波在这种材料中传播时，电场 E、磁场 H 和波矢 k 三者满足左手定则。因此，负折射率材料也被称为"左手材料"。左手材料中能量传输方向 S 与波的传播方向 k 相反。因此，利用左手材料，可以实现新奇的负折射效应、反常多普勒效应、反常切伦科夫辐射效应等。

由于在自然界中不存在这种材料，该工作很长一段时间都没引起人们的重视。事情的转机发生在 20 世纪 90 年代末，研究人员基于局域共振机制，将亚波长共振结构周期排列起来，使得整个结构的电磁特性可以用等效介质理论来描述，从而在特定波长可以调控材料的等效介电常量和磁导率。这种亚波长周期性微结构就是超构材料。

20 世纪 90 年代，研究人员利用细金属导线阵列在微波波段制备出了等效介电常量为负的超构材料，即电单负材料（epsilon-negative material, ENG）；利用开口金属谐振环（split ring resonator, SRR）在微波波段制备出了磁导率为负的超构材料，即磁单负材料（mu-negative material, MNG）。随后在 21 世纪初，研究人员将细金属导线阵列和开口金属谐振环阵列组合起来，实现了等效介电常量和磁导率均为负数的负折射率材料。上述工作激发了人们对超构材料探索的积极性，从而出现了大量关于电单负、磁单负和负折射率材料的研究。

随着研究的深入，人们还对介电常量近零的材料（epsilon-near-zero material, ENZ）、磁导率近零的材料（mu-near-zero material, MNZ），以及介电常量和磁导率同时为零的零折射率材料（zero-index material, ZIM）产生了浓厚兴趣。

需要注意的是，超构材料和光子晶体在表象上似乎是一样的，但是其内在原理则完全不同。光子晶体基于多重散射原理，充分利用散射光的干涉来形成光子带隙；而超构材料的周期单元就是一个微谐振器，其对电磁场的响应基于共振原理，这些微谐振器之间的相互作用可以忽略，将它们周期排列起来只是为了形成均匀材料，从而可以用等效介质理论来得到等效的介电系数、磁导率和折射率.

为了得到负折射率材料,最初的尝试是在三维的各向同性结构上,但是实验难度太大.随着将维度从三维降到二维,研究聚焦到了超构表面(metasurface).超构表面是在二维平面上对微观结构的周期性和形状进行精确地设计和控制,以实现对电磁波的传播和散射特性进行精确调控.超构表面通常由周期性排列的微观单元组成,这些单元可以是金属、介质等材料.通过调整单元之间的间距、尺寸、形状等参数,可以实现对电磁波的相位、振幅等特性进行精确调控.

由于制备难度大大降低,超构表面得到了广泛的关注和应用.比如,其对电磁波的透射和反射行为可以进行精确控制,从而应用于天线设计、光学器件等领域;其通过调整微观单元的形状和排列方式,可以实现对电磁波偏振方向的选择性传输或反射,从而在光学成像、信息传输等领域发挥重要作用;其通过设计和控制超构表面的微观结构,可以实现对入射光的聚焦效果,从而应用于光学成像、光学通信等领域.

超构材料不仅可以解决难以调控光子传输的问题,还有着不同于普通材料的奇异电磁特性,从而可以制成隐身斗篷、光学黑洞、完美透镜等.

隐身斗篷是利用超构材料设计出等效折射率是空间的渐变函数,从而操控电磁波完美绕过一个被隐藏的区域,来实现隐身.光学黑洞也是设计出等效折射率是空间的渐变函数,让光线弯曲螺旋运动并最终聚集到空间中某一点的超构材料.完美透镜则是用超构材料制成的成像设备,利用超构材料特殊的电磁特性超越衍射极限.

3. 拓扑光子结构

在过去十多年里,拓扑光子学受到了广泛关注并得到了快速发展,它是将固体材料中的拓扑电子学拓展到光学中形成的.在这之前,人们一直认为拓扑相是量子系统所特有的,但有研究人员在 2008 年提出电磁波在周期性结构中所形成的能带也具有拓扑特性,他们研究了包含磁光元件的二维周期性结构,发现其能带具有非平庸的拓扑量,并预言了带隙中的手征性边界态,从而拉开了拓扑光子学研究的序幕.

随即出现了一系列理论预测和实验制备拓扑光子结构的工作,目前已经制备的拓扑光子结构主要包括二维的光子量子霍尔系统、二维的光子量子自旋霍尔系统,以及一维的拓扑光子系统,并通过拓扑边界态的展示得到证实.

严格来说,这三种拓扑光子结构都属于光子晶体,都存在能带结构.对于无限周期的情况,拓扑光子结构与普通的光子晶体在性能上并没有区别.它们的区别仅仅出现在结构尺寸变成有限大小时.普通光子晶体从无限大变成有限大时,处于禁带频率的电磁波在无限大光子晶体中不能传播变为被有限大光子晶体界面全反射.然而对于拓扑光子结构,当尺寸变成有限大时,则会在禁带中某一频率或某些频率存在可绕着边界传播的边界态.如果是三维拓扑光子结构,其边界态就是二维传播的；如果是二维拓扑光子结构，其边界态就是一维传播的；如果是一维拓扑光子结构，则边界态就是 0 维局域的.

因此，拓扑光子结构与普通光子晶体有一定的区别，下面简单介绍三种拓扑光子结构.

对比普通光子晶体，光子量子霍尔系统需要时间反演对称性破缺，可以用陈数对其光学能带进行描述. 时间反演对称性破缺有两种手段：第一种也是最直接的手段，就是在含旋磁材料的结构中施加磁场，因此这类拓扑光子结构一般都是采用了磁性材料周期排列，并施加了磁场；第二种是通过时域调控. 为了提高拓扑光学结构的工作频率，需要利用周期性驱动的光波导阵列来进行调控.

光子量子自旋霍尔系统则是不施加磁场却具有拓扑特性的结构. 由于这种结构保持了时间反演对称性，不需要磁场，而引起了人们更广泛的兴趣，但其核心则是构造等效磁场（合成磁场）. 这方面的进展最早来自于硅基环形谐振器阵列，将两个相邻的环形谐振器通过第三个与它们失谐的谐振环耦合起来，使这两个环形谐振器正向跳变的相位与反向跳变的相位不同，从而可以通过控制这种相位差来得到光子的合成磁场. 图 10.7 是由耦合环阵列构成的二维拓扑光子结构.

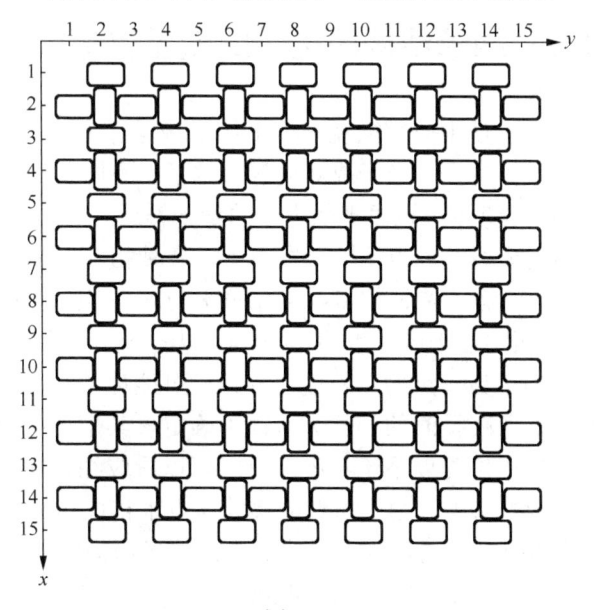

图 10.7

因为全电介质结构可以降低欧姆损耗，提高工作频率，增强与芯片集成的兼容性，全介质的拓扑光子结构引起了人们的注意. 谷光子晶体拓扑光子结构就属于这一种. 与普通的光子晶体不同，谷光子晶体的电磁模工作在光锥以下，从而抑制了不必要的面外辐射，提高了与手征性量子发射子的耦合效率. 人们在硅平台上实现了谷光子晶体拓扑绝缘体，其菱形元胞呈蜂窝状晶格排列，元胞内含两个直径不同的圆孔，从而打开能隙，而直径大小交换将产生具有不同拓扑性质的谷光子晶体拓扑绝缘体，在两类不同的谷光子晶体相接的界面上得到了谷光子晶体拓扑波导.

一维拓扑光子系统，其代表性的模型是 Su-Schrieffer-Heeger(SSH)模型，即由强弱耦合交替排列的一维链系统具有手征性对称，其拓扑相可由绕数描述. SSH 模型可以在光子晶体、电磁超材料、等离子体和介电纳米粒子、等离子体波导阵列以及耦合光波导中实现. 图 10.8 是由耦合光波导构成的 SSH 拓扑光子结构.

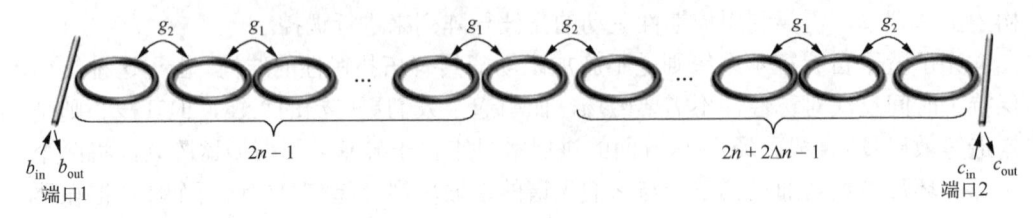

图 10.8

10.5 纳米结构中电子的量子输运现象

量子输运是指量子力学中研究微观尺度下粒子输运行为的一个领域. 量子输运理论是指在量子系统中，电子、光子或其他量子粒子在不同条件下的输运现象，涉及量子干涉、量子隧穿等现象. 这里聚焦电子的量子输运.

在经典的电子输运模型中，电子被看成粒子，各种相互作用被纳入相应的弛豫时间. 这时电子作为波的运动特征的量——相位被忽略. 实验也证明这种忽略在很多情况下是合理的. 以电子在固体中的扩散为例，电子从一点到另一点有很多路径可以选择，那么电子到达另一点的可能性为各路径可能性的叠加. 如果固体尺寸远大于相位相干长度，则各路径间的相位关系很不确定，其平均值为零. 所以对大多数固体而言，电子波的相位可以不予考虑，电子可以看成经典粒子. 但是当固体的尺寸减小时，如在纳米材料中，由于材料的尺寸与电子相位相干长度可比拟，就必须考虑不同路径的干涉效应. 正是这种干涉效应，纳米结构中的电子输运明显不同于经典电子扩散，从而体现出丰富的量子现象.

1. 弱局域化效应

1958 年，安德森(P. W. Anderson)首先提出了局域化(localization)概念. 局域化通常指的是电子在无序系统中，由于散射和干涉效应导致的电子波函数局部化的现象. 在这种情况下，意味着电子在系统中的传播受限，不能自由扩展，从而导致电导率急剧下降，甚至在某些情况下趋近于零．在低维系统(如一维或二维)中，局域化效应特别显著．局域化有安德森局域化(Anderson localization)和强关联局域化(mott localization)两种主要类型．其中，电子弱局域化(weak localization)是量子输运中的一个重要现象，它是由量子干涉引起的电子输运效应，在弱无序的导体中表现为电阻的轻微增加．与强局域化不同，弱局域化并不会完全阻止电子的扩散，而是引起电阻的细微变化．

20 世纪 70 年代的标度理论发展出了局域化物理理论，不仅肯定了一维无序体系是局域化的，而且对二维体系的行为给出了明确的答案，即二维体系本质上也是局域化的，而在电导较好时表现出弱局域化．

弱局域化是电子波的相干属性所引起的．电子在固体中扩散运动时会以一定的概率返回它的出发点，这种路径为闭合路径，如图 10.9 所示．考虑处于 k 态的电子从空间 0 点开始，经过 1 至 7 点的顺序散射之后回到 0 点，并处于 $-k$ 态，其波函数为 A_+；同时它以相同的概率经过相反的顺序由 7 至 1 的散射回到 0 点，其波函数为 A_-，且满足 $|A_+|=|A_-|=A$．这两个路径的顺序具有时间反演对称性，称为时间反演路径．如果仅考虑弹性散射，则 A_+、A_- 具有相同的振幅、相位，两分波叠加的结果为 $|A_+ + A_-|^2 = |A_+|^2 + |A_-|^2 + A_+ A_-^* + A_+^* A_- = 4A^2$，相干电子返回原点的概率为非相干电子的两倍，意味着计及量子效应之后，电子似乎更趋向于待在原点，这就是"弱局域化现象"．

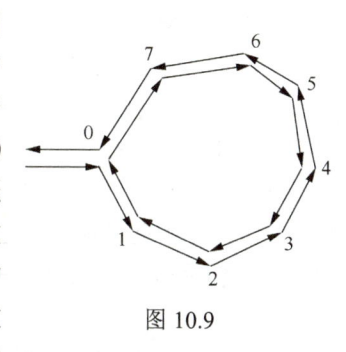

图 10.9

弱局域化效应常被用于研究低维材料中的量子输运行为．例如，在二维电子气体中，弱局域化效应常用于探测电子的相位破缺时间和相干长度，也可以作为一种工具来研究无序材料的性质，通过测量电阻随温度、磁场等外部条件的变化，可以获取材料的无序程度和电子散射机制的信息．弱局域化效应在量子干涉装置中也起着重要作用，例如在量子点中，通过调控电子路径的相干性，可以实现对电子输运性质的精确控制．

2. 普适电导涨落

另外一种电子的量子输运现象为普适电导涨落(universal conductance fluctuation，UCF)．20 世纪 80 年代中期，实验发现小的金属样品(环或细线)，在低温下其电导作为磁场的系数 $G(B)$ 具有非周期的涨落．实验还发现 Si 等金属-氧化物-半导体场效应晶体管(metal-oxide-semiconductor field-effect transistor，MOSFET)随栅压的变化 $G(V_G)$ 也有类似的涨落．在此类金属性介观样品中所观察到的这种涨落具有如下特征．

(1) 它是与时间无关的非周期涨落, 而不是热噪声.

(2) 这种涨落是样品所特有, 每一个样品有自己特有的涨落图样, 而且在保持宏观条件不变的情况下, 此涨落图样是可以重现的. 因此, 这种涨落被称为样品的指纹(fingerprint).

(3) 涨落大小的数量级为 e^2/h 的普适量, 与样品材料、大小、无序程度、电导平均值的大小无关, 只要求是介观大小的且处于金属区. 正是由于电导涨落大小的这一普适性, 故称之为普适电导涨落.

普适电导涨落是量子输运中的一个重要现象, 特别是在低温和低维系统中, 它描述了电子系统中的电导随着外界条件(如磁场、化学势、杂质分布等)的变化而产生的随机但普遍的涨落. 这种现象是由量子干涉和电子波的相干性引起的.

由于电子在介观材料中的传播路径因量子相干性发生干涉, 当环境或系统的条件发生改变时(例如改变磁场), 电子的相位会随之变化, 导致干涉模式改变, 从而引起电导的涨落. 在一维和二维系统中, 电导的涨落幅度是有限的, 并且与普朗克常量 h 和电子电荷 e 有关. 即使系统的大小或无序程度不同, 这种涨落的幅度也保持在同一量级, 因此被称为"普适"电导涨落, 其典型涨落幅度为 $\delta G \sim e^2/h$. 普适电导涨落和弱局域化都与电子的量子干涉相关, 但普适电导涨落是随机的, 而弱局域化则表现为电导的系统性下降.

普适电导涨落被广泛用于研究低维电子系统(如纳米线、石墨烯、二维电子气体等)中的量子输运行为, 通过研究普适电导涨落, 可以了解无序系统中的散射机制和相干效应. 由于普适电导涨落与电子相干性密切相关, 因此在量子计算和量子信息领域也具有一定的研究价值, 特别是在量子比特的相干性控制和噪声抑制方面.

3. 介观正常金属环中的持续电流

20 世纪 80 年代初, 理论预言在介观尺寸的一维非超导金属环中, 可能通过磁场诱导产生持续电流, 类似于超导中的持续电流现象. 这种持续电流是金属环的平衡性质, 没有耗散. 1990 年第一次从实验上证实了介观正常金属环中持续电流的存在.

介观正常金属环中的持续电流是一个非常有趣的量子效应, 发生在小尺度的导电环中. 这个现象表明, 即使在没有外加电压的情况下, 电子在金属环中也可以持续地流动, 产生一个持久的电流, 在介观系统(尺寸接近电子相干长度的系统)中特别明显.

持续电流的产生依赖于电子波函数的相干性. 在介观尺度下, 电子的相干性保持完好, 导致电子波函数在环形路径中发生干涉. 由于波函数在环形路径中的相干性, 持续电流的大小取决于环的周长与电子相位的量子化条件. 电子在环中运动时, 其波函数必须满足周期性边界条件, 这导致能量量子化, 从而产生持久电流.

持续电流的一个重要特征是它对外加磁通量的敏感性. 这可以通过阿哈罗诺夫-玻姆(Aharonov-Bohm，A-B)效应来理解，A-B 效应是量子力学中的一个重要现象，由物理学家阿哈罗诺夫和玻姆在 1959 年首次提出. 这个效应揭示了电磁势在量子力学中的深刻作用，在经典物理学中长期以来电磁势被认为没有直接的物理意义. A-B 效应表明，电子的相位因经过一个存在电磁势但电场和磁场强度为零的区域而发生变化，从而影响电子的干涉图样. 根据 A-B 效应，电子的相位会受到穿过金属环的磁通量的调制，从而影响持续电流的大小和方向.

持续电流现象为理解量子相干性、A-B 效应及介观量子系统中的输运行为提供了重要的实验支持. 在这之前, 正常金属中能否观察到 A-B 效应是一个长期引起争议的问题. 在量子计算和量子信息处理中，持续电流可以用于量子位的实现和读出. 由于持续电流对外界磁通量非常敏感，因此它在高精度磁场传感器的设计中也有潜在的应用.

除了以上三种效应，电导量子化和量子霍尔效应也是电子的量子输运性质的体现. 量子输运作为量子力学的一个重要研究领域，不仅推动了基础物理学的发展，而且为未来量子技术的创新提供了新的思路和方法. 比如，利用不同种类的一维、二维纳米材料，实现具有原子级平整界面的异质结构，围绕其电子输运的基本性质，探索了这些结构分别在信息存储、光电探测、信息传感等不同方向可能的器件应用. 通过不断深入研究和探索，量子输运将继续在量子领域发挥重要作用，从而推动量子技术的发展和应用.

10.6　生物物理学的发展

在探索生命奥秘的旅途中，生物物理学作为一门跨学科的研究领域，将物理学的原理和方法应用于生物学问题的研究中，为我们揭示了生命现象背后的物理本质. 生物物理学的研究范围广泛，涵盖了从分子到宏观生物体结构的多个层次，它不仅为我们理解生命现象提供了新的视角，也为生物技术的发展提供了坚实的理论基础. 生物物理学的研究对象包括生物大分子、细胞、组织、器官及整个生物体，旨在揭示生物体内物质、能量和信息传递的物理机制.

1. 分子生物物理学

分子生物物理学主要利用物理学的原理和方法来研究生物大分子的结构、动态行为及与功能相关的物理性质. 生物大分子，如蛋白质、核酸、多糖和脂质，是构成生命体的基本单元，它们的结构和功能直接决定了生物体的生命活动.

在分子生物物理学中，X 射线晶体学是一种重要的实验技术，它可以用来确定生物大分子的高分辨率三维结构. 例如，科学家们利用 X 射线晶体学技术解析了人类胰岛素的三维结构，揭示了其由两条多肽链组成的特征，并发现了其在调节血糖水平中的关键作用．这种结构信息对于理解胰岛素的功能至关重要，也为研发治疗糖尿病的药物提供了重要基础．

核磁共振（nuclear magnetic resonance, NMR）也是一种重要的分子生物物理技术，它可以用来研究生物大分子的动态行为和结构．例如，通过 NMR 技术，可以研究蛋白质的折叠过程，了解蛋白质如何从无序状态转变为其功能性的三维结构．此外，NMR 还可以用于研究蛋白质与配体的相互作用，例如，研究药物分子如何与蛋白质靶点结合，这对于药物的设计具有重要意义．

光谱学技术，如圆二色谱（circular dichroism spectrum）和荧光光谱，可以用来研究生物大分子的二级结构和动态变化．例如，圆二色谱可以用来确定蛋白质的 α-螺旋和 β-折叠含量，而荧光光谱可以用来监测蛋白质在与配体结合时的构象变化．除了上述技术，单分子技术，如单分子荧光共振能量转移（single molecule fluorescence resonance energy transfer, smFRET），也已成为研究生物大分子动态行为的重要工具．通过 smFRET，科学家们可以实时观察单个生物分子的行为，如蛋白质的折叠和组装过程，以及核酸的三维结构变化．

在药物设计领域，分子生物物理学的应用尤为突出．例如，通过研究人类免疫缺陷病毒（human immunodeficiency virus, HIV）蛋白酶的三维结构，科学家们能够设计出特异性抑制该酶活性的药物，从而有效抑制 HIV 的复制．此外，通过研究 G 蛋白偶联受体（G protein-coupled receptors, GPCRs）的结构和动态特性，科学家们可以开发出针对多种疾病的新药物．总之，分子生物物理学通过结合多种实验技术和理论计算，为我们提供了深入理解生物大分子结构和功能的重要工具．这些研究不仅增进了我们对生命现象的理解，而且为生物医学、药物开发和生物技术的发展提供了坚实的基础．

2. 细胞生物物理学

细胞生物物理学专注于细胞层面的物理过程和机制．细胞作为生物体的基本单元，其结构和功能对于整个生物体的健康和功能至关重要．细胞生物物理学通过应用一系列先进的实验技术，揭示了细胞内部复杂的物质、能量和信息传递过程，这些过程是生命活动的基础．

光学显微镜和电子显微镜是细胞生物物理学中常用的工具，它们能够提供细胞结构的直观图像．例如，光学显微镜被用于观察细胞的形态和运动，而电子显微镜则提供了更高分辨率的细胞内部结构图像．通过电子显微镜，科学家们能够详细观察到细胞膜的双层结构、细胞器的分布以及细胞骨架的纤维网络．力学测量技术在细胞生物物理学中也发挥着重要作用．例如，原子力显微镜（atomic force microscope, AFM）可以用来测量细胞膜的力学性质，如弹性模量和黏附力．这些性质对于细胞的形态维持、运动和细胞间相互作用至关重要. 通过 AFM, 研究人员能够研究细胞膜的局部力学特性, 这对于理解细胞如何响应外部力和内部信号具有重要意义.

细胞内物质的扩散和运输是细胞生物物理学研究的另一个重要领域. 细胞内部的物质交换和信号传递依赖于分子在细胞内的扩散和运输. 利用荧光显微镜和荧光共振能量转移(fluorescence resonance energy transfer, FRET)等技术, 可以观察和量化蛋白质、核酸和其他分子在细胞内的动态行为. 例如, 通过 FRET 技术, 能够监测细胞内信号传导过程中蛋白质之间的相互作用和构象变化.

细胞骨架的组装和动力学是细胞生物物理学研究的核心内容之一. 细胞骨架由微管、肌动蛋白丝和中间丝组成, 它们负责维持细胞的形状、支持细胞运动和分裂. 利用活细胞成像技术和光操纵技术, 科学家们可以研究细胞骨架的动态组装过程及其对细胞功能的影响. 例如, 通过光操纵技术, 研究人员能够精确控制细胞骨架蛋白的位置和运动, 从而研究其在细胞分裂和运动中的作用.

细胞间相互作用的物理机制也是细胞生物物理学的一个重要研究方向. 细胞间的通信和相互作用对于组织的形成和功能至关重要. 通过研究细胞间的黏附、信号传递和力学相互作用, 科学家们能够更好地理解组织如何协调其内部的细胞活动. 例如, 通过研究细胞黏附分子的力学特性, 研究人员能够揭示细胞如何通过黏附和脱离来响应环境变化.

总之, 细胞生物物理学通过运用多种实验技术和理论模型, 为我们提供了深入理解细胞结构、功能和细胞间相互作用的物理机制的重要工具.

3. 组织与器官生物物理学

组织与器官是生物体中比细胞更高层次的功能性单元, 它们通过复杂的结构和功能相互作用, 共同维持着生物体的生命活动. 组织与器官生物物理学通过应用成像技术、生物力学、电磁学等实验技术, 深入研究这些结构的物理特性.

成像技术, 如磁共振成像(magnetic resonance imaging, MRI)、计算机断层扫描(computed tomography, CT)和光学成像, 是研究组织与器官结构的重要工具. MRI 能够提供组织和器官的高分辨率三维图像, 帮助科学家们理解其形态和功能. 例如, 功能性 MRI(functional MRI)能够监测大脑活动, 通过检测血氧水平依赖的信号变化, 研究者可以观察到大脑在思考、记忆和感觉等过程中的活动模式.

生物力学涉及对组织和器官的应力、应变和材料特性的测量. 例如, 心脏的生物力学特性对于理解心脏泵血功能至关重要. 通过使用压力传感器和应变测量技术, 科学家们可以研究心脏壁的应力分布和心脏的收缩动力学, 从而揭示心脏病理过程.

电生理特性是组织与器官生物物理学的另一个重要研究领域. 心脏、肌肉和神经系统等组织和器官都依赖于电信号的传递来执行其功能. 例如, 心电图

(electrocardiogram, ECG)是一种广泛使用的电生理技术,它可以记录心脏的电活动,帮助医生诊断心律失常和其他心脏疾病. 生物电磁场的研究也是组织与器官生物物理学的一个重要方面. 生物体内部存在微弱的电磁场,这些电磁场与细胞信号传递、神经活动和心脏功能等生理过程密切相关. 通过使用脑磁图(magnetoencephalography, MEG)和磁共振成像(MRI)等技术,科学家们可以非侵入性地探测和映射这些电磁场,从而更好地理解它们的生理作用. 组织与器官生物物理学还关注疾病发生机制的物理基础. 例如,癌症的发展与组织微环境的物理特性变化有关. 通过研究肿瘤组织的力学特性和血流动力学,科学家们可以了解肿瘤如何影响周围组织,以及如何通过物理干预来抑制肿瘤的生长和转移.

随着人类越来越关注生命的起源及自身的健康,生物物理学不断展示出其新的功能与重要应用.

1) 推动生命科学的发展

生物物理学作为生物学与物理学的交叉学科,为生命科学的发展提供了新的研究思路和方法. 通过运用物理学的原理和方法,生物物理揭示了生命现象背后的物理本质,为理解生命活动的规律和机制提供了重要的理论基础. 同时,生物物理学的研究也为生物技术的发展提供了新的思路和手段,推动了生命科学的发展. 例如,冷冻电镜技术允许科学家观察生物大分子在接近自然状态下的三维结构. 2015年,科学家利用冷冻电镜技术解析了非洲锥虫病病原体布氏锥虫(Trypanosoma brucei)的核糖体结构,揭示了其独特的核糖体回收机制,为开发针对该病原体的新药提供了重要线索. smFRET技术能够提供关于生物分子构象变化的精确信息. 研究人员通过smFRET能够实时监测DNA复制过程中DNA聚合酶的动态行为,从而揭示其精确复制DNA的机制.

2) 促进医学和健康科学的进步

生物物理学在医学和健康科学领域具有广泛的应用前景. 通过运用生物物理学的技术和方法,我们可以更好地理解疾病的发病机制和病理过程,为疾病的诊断和治疗提供新的思路和手段. 例如,在肿瘤治疗中,利用生物物理学的技术可以实现精确的肿瘤定位和治疗;在神经科学研究中,利用生物物理学的技术可以揭示神经信号的传递和处理机制,为神经性疾病的诊断和治疗提供新的思路.

3) 推动新技术的创新与发展

生物物理学的研究不仅推动了生命科学和医学的发展,也促进了新技术的创新与发展. 例如,在纳米技术领域,利用生物物理学原理设计的纳米粒子可以用于药物递送,提高药物的靶向性和疗效. 在癌症治疗中,纳米粒子可以被设计为响应特定pH值或温度变化,从而在肿瘤部位释放药物,减少对正常细胞的损害. 超分辨率显微镜技术,如受激发射损耗(stimulated emission depletion, STED)显微镜和光激活定位显微镜(photo activation localization microscopy, PALM)等,利用了生物物理学中的光学原理，使得科学家能够在纳米尺度上观察细胞内部的结构和动态过程，这对于细胞生物学和疾病机制的研究具有重要意义．生物磁学是研究生物体内磁场的科学，它在理解生物体如何利用地球磁场进行导航方面有重要应用．例如，研究表明鸽子利用地磁场进行导航．此外，生物磁学还涉及生物体内电子传递和离子转移等过程产生的电致内源生物磁场．

生物物理学作为生物学与物理学的交叉学科，在揭示生命现象背后的物理本质、推动生命科学的发展、促进医学和健康科学的进步，以及推动新技术的创新与发展等方面发挥着重要作用．随着科学技术的不断发展，对生物物理学的研究将不断深入和拓展，从而为我们理解生命活动的本质和规律提供更多的启示和发现．

科学家小传

钱学森

钱学森（1911—2009），空气动力学家，中国航天事业奠基人，国家杰出贡献科学家，"两弹一星功勋奖章"获得者．钱学森出生于上海，于 1929—1934 年就读于上海交通大学机械工程系；1939 年，获得美国加利福尼亚理工学院航空和数学博士学位；1947 年，任美国麻省理工学院教授，曾任加利福尼亚理工学院教授兼喷气推进中心主任；1955 年 10 月，钱学森冲破重重阻力回到祖国．

钱学森开创了工程控制论、物理力学两门新兴学科，为人类科学事业的发展做出了重要贡献．钱学森最先为中国火箭导弹技术的发展提出了极为重要的实施方案，并长期担任中国火箭导弹和航天事业的技术领导职务，为实现中国国防尖端技术的新突破建立了卓越功勋．

钱学森被公认为中国现代航天科学的奠基人之一，他的成就和贡献对中国航天事业产生了深远的影响．他潜心研究的工程控制论、系统工程理论广泛应用于军事、农业、林业乃至社会经济各个领域的实践活动中，在中国现代化建设中发挥了重要作用．

参 考 书 目

[1] 吴百诗. 大学物理(新版)(上下册). 北京: 科学出版社, 2001.

[2] 卢德馨. 大学物理学. 北京: 高等教育出版社, 1996.

[3] 曾谨言. 量子力学(上册). 北京: 科学出版社, 1981.

[4] 赵凯华, 罗蔚茵. 新概念物理教程: 力学. 北京: 高等教育出版社, 1995.

[5] 朱栋培, 陈宏芳, 石名俊. 原子物理与量子力学(上册). 2版. 北京: 科学出版社, 2014.

[6] 方俊鑫, 陆栋. 固体物理学(上册). 上海: 上海科学技术出版社, 1980.

[7] 汪志诚. 热力学·统计物理. 6版. 北京: 高等教育出版社, 2019.

[8] 冯端, 金国钧. 凝聚态物理学: 上卷. 北京: 高等教育出版社, 2003.

[9] 费特 A L, 瓦立克 J D. 多粒子系统的量子理论. 北京: 科学出版社, 1984.

[10] 雷克 L E. 统计物理现代教程(上册). 北京: 北京大学出版社, 1983.

[11] 黄淑清, 聂宜如, 申先甲. 热学教程. 北京: 高等教育出版社, 1987.

[12] 爱因斯坦. 相对论的意义. 上海: 上海科技教育出版社, 2005.

[13] 梁九卿, 韦联福. 量子物理新进展. 北京: 科学出版社, 2011.

[14] 胡友秋, 程福臻, 叶邦角, 等. 电磁学与电动力学(上册). 2版. 北京: 科学出版社, 2014.

[15] 黄昆, 韩汝琦. 固体物理学. 北京: 高等教育出版社, 1998.

[16] Walls D F, Milburn G J. Quantum Optics. 2nd ed. Berlin: Springer-Verlag, 2008.

[17] Nielsen M A, Chuang I. Quantum Computation and Quantum Information. Cambridge: Cambridge Vniversity Press, 2010.

[18] Stephen M. Barnet, Quantum Information. Oxford: Oxford University Press, 2009.

[19] Marlan O, Scully M. Suhail Zubairy, Quantum Optics. Cambridge: Cambridge University Press, 2001.

[20] Kittel C. Introduction to Solid State Physics. Hoboken: John Wiley & Sons, Inc, 2005.

[21] Aasi J, Abadie J, Abbott B, et al. Enhanced sensitivity of the LIGO gravitational wave detector by using squeezed states of light. Nature Photon, 2013, 7: 613-619.

[22] Cirac J I, Zoller P. Quantum computations with cold trapped ions. Physical Review Letters, 1995, 74(20): 4091.

[23] Wang J, Paesani S, Ding Y, et al. Multidimensional quantum entanglement with large-scale integrated optics. Science, 2018, 360(6386): 285-291.

[24] Hanson R, Kouwenhoven L P, Petta J R, et al. Spins in few-electron quantum dots. Reviews of Modern Physics, 2007, 79(4): 1217.

[25] Doherty M W, Manson N B, Delaney P, et al. The nitrogen-vacancy colour centre in diamond. Physics Reports, 2013, 528(1): 1-45.

[26] Nakamura Y, Pashkin Y A, Tsai J S. Coherent control of macroscopic quantum states in a single-Cooper-pair box. Nature, 1999, 398(6730): 786-788.

[27] Orlando T P, Mooij J E, Tian L, et al. Superconducting persistent-current qubit. Physical Review B, 1999, 60(22): 15398.

[28] Mooij J E, Orlando T P, Levitov L, et al. Josephson persistent-current qubit. Science, 1999, 285(5430): 1036-1039.

[29] Yablonovitch E. Inhibited spontaneous emission in solid-state physics and electronics. Physics Review Letter, 1987, 58: 2059.

[30] John S. Strong localization of photons in certain disordered dielectric superlattices. Physics Review Letter, 1987, 58: 2486.

[31] Veselago V G. The electrodynamics of sub stances with simultaneously negative values of ϵ and μ. Soviet Physics Uspekhi, 1968, 10:509.

[32] Haldane F D M, Raghu S. Possible realization of directional optical waveguides in photonic crystals with broken time-reversal symmetry. Physics Review Letter, 2008, 100: 013904.

[33] Banerjee A, Bhakta S, Sengupta J. Integrative approaches in cryogenic electron microscopy: Recent advances in structural biology and future perspectives. iScience, 2021, 24(2): 102044.

[34] Fraser J S, Murcko M A. Structure is beauty, but not always truth. Cell, 2024, 187(3): 517-520.

[35] Xiao P, Guo S C, Wen X, et al. Tethered peptide activation mechanism of the adhesion GPCRs ADGRG2 and ADGRG4. Nature, 2022, 604(7907): 771-778.

[36] Singh R K, Nayak N P, Behl T, et al. Exploring the intersection of geophysics and diagnostic imaging in the health sciences. Diagnostics, 2024, 14(2): 139.

[37] Altshuler B L, Lee P A, Webb R A. Mesoscopic Phenomena in Solids. Leiden: Elsevier, 1991.

[38] Aharonov Y, Bohm D. Significance of electromagnetic potentials in the quantum theory. Phys. Rev., 1959, 115: 485-491.

[39] Levy L P, Dolan G, Dunsmuir J, et al. Magnetization of mesoscopic copper rings: Evidence for persistent currents. Phys. Rev. Lett., 1990, 64: 2074-2077.